基于大数据的重庆市气候可行性论证关键技术研究与应用

廖代强　杨宝钢　朱浩楠　等　著

内 容 简 介

本书围绕重庆城市规划和重点工程建设中防灾减灾关键技术问题，开展复杂地形气象资料处理关键技术研究及应用、重点工程建设气象保障关键技术研究及应用、城市规划设计气象保障关键技术研究及应用、气象灾害风险评估关键技术研究及应用、多尺度数值模拟技术研究及应用和基于大数据的气候可行性论证系统等研发。在研究的基础上，先后在梁平湿地公园、海绵城市建设、广阳岛生态规划等进行成果应用，实现了重庆地区生态工程气候效应评估、规划设计气候可行性论证、海绵城市热岛效应评估、气象灾害风险评估等精细化气候论证评估，提高了重庆气候应用服务能力。本书可供气象及相关行业从业人员参考。

图书在版编目（CIP）数据

基于大数据的重庆市气候可行性论证关键技术研究与应用 / 廖代强等著. -- 北京 : 气象出版社, 2024. 8.
ISBN 978-7-5029-8294-2

Ⅰ. P46

中国国家版本馆 CIP 数据核字第 2024VY5241 号

基于大数据的重庆市气候可行性论证关键技术研究与应用

JIYU DASHUJU DE CHONGQINGSHI QIHOU KEXINGXING LUNZHENG GUANJIAN JISHU YANJIU YU YINGYONG

出版发行：气象出版社
地　　址：北京市海淀区中关村南大街 46 号　**邮政编码**：100081
电　　话：010-68407112(总编室)　010-68408042(发行部)
网　　址：http://www.qxcbs.com　**E-mail**：qxcbs@cma.gov.cn
责任编辑：邵　华　宋　祎　**终　　审**：张　斌
责任校对：张硕杰　**责任技编**：赵相宁
封面设计：艺点设计
印　　刷：北京建宏印刷有限公司
开　　本：787 mm×1092 mm　1/16　**印　　张**：14.75
字　　数：378 千字
版　　次：2024 年 8 月第 1 版　**印　　次**：2024 年 8 月第 1 次印刷
定　　价：98.00 元

本书如存在文字不清、漏印以及缺页、倒页、脱页等，请与本社发行部联系调换。

《基于大数据的重庆市气候可行性论证关键技术研究与应用》主要作者

廖代强　杨宝钢　朱浩楠　王　颖

郭　渠　康　俊　刘　川　雷　婷

孙　佳　张　芬　周　杰　姜　平

张　驰

前　言

气候可行性论证是指对与气候条件密切相关的规划和建设项目进行气候适宜性、风险性以及可能对局地气候产生影响的分析、评估活动。开展气候可行性论证是为了充分考虑面对当地极端天气气候事件的脆弱性，降低气象因素对项目或工程建设的影响程度，规避气象灾害风险，同时评估项目或工程对局地气候环境造成的可能影响。2013 年以来，重庆市气候中心在中华人民共和国科学技术部、中国气象局、重庆市住房和城乡建设委员会、重庆市气象局相关项目资助下，围绕重庆气候可行性论证关键技术开展了持续深入的研究。项目组在复杂地形气象资料处理、重点工程建设气象保障、城市规划设计气象保障、气象灾害风险评估、多尺度数值模拟、气候可行性论证系统研发等方面开展了大量工作，取得了丰富的成果，为重庆市防灾减灾救灾、经济社会发展、生态文明建设等提供了科学决策依据。

《中华人民共和国气象法》第三十四条第一款明确规定：各级气象主管机构应当组织对城市规划、国家重点建设工程、重大区域性经济开发项目和大型太阳能、风能等气候资源开发利用项目进行气候可行性论证。《重庆市气象灾害防御条例》第四章防灾减灾第二十四条规定：市、区、县（自治县）编制城乡规划、土地利用总体规划和基础设施建设、旅游开发建设等规划时，应当结合当地气象灾害的特点和可能造成的危害，科学确定规划内容。编制机关应当就气候可行性、气象灾害参数、空间布局等内容，征求气象主管机构意见。市、区、县（自治县）气象主管机构应当按照国家强制性评估的要求，对重大建设工程、重大区域性经济开发项目和大型太阳能、风能等气候资源开发利用项目进行气候可行性论证。气候可行性论证是法律赋予气象部门的职责。

随着全球气候变化加剧，极端天气气候事件频发，气象灾害呈增多趋势，加之社会经济快速发展，工程也呈现密集化、规模化发展，人类生产生活对灾害性天气的敏感性和脆弱性加大，在有限的技术和经济条件下，人类不可能抵御所有自然灾害。气候可行性论证要求在工程建设时考虑气候风险，防御气象灾害，预见性地开展工作，以准备在前、防患未然为基本出发点，是最科学的防灾减灾的理念，如：大型工程、区域规划或开发项目等均是在预先确定的安全系数下开展规划、设计和建设，与工程安全紧密联系的工程气象设计参数往往在很大限度上影响着工程投资成本，甚至有可能成为工程建设的颠覆性因素。气候可行性论证在合理开发利用气候资源、科学应对气象灾害风险、重大工程科学设计和安全运行方面发挥着重要作用，是应用气候学最重要的社会效益体现。

气候可行性论证广泛应用于建筑、能源、交通、规划等领域，不同领域的气候可行性论证内容和技术方法有所不同。随着气候可行性论证工作的开展，相关技术也得到了长足发展，相继出台了《气候可行性论证规范 总则》《气候可行性论证规范 报告编制》《气候可行性论证规范 资料收集》《重大建设项目气候可行性论证技术规范》《城市总体规划气候可行性论证技术规范》等各种标准规范，但距离完全覆盖的需求仍有较大差距。一方面，点式论证方法仍然是气候可行性论证中采用最多的技术，即直接将参证站某点的数据或计算参数应用到大片区域上，对复杂地形下重大工程项目的气候可行性论证来说是十分粗放的。气候资料栅格化处理方法和高分辨率数值模拟技术为复杂地形的气候可行性论证提供了可行的技术方法，通过采用多尺度数值模式系统开展城市尺度、小区尺度或单体尺度的数值模拟，从而得到温度、湿度、风场等气象要素定量分析结果，满足城市功能区规划、建筑设计等需求。另一方面，重大工程投资大、施工建设和运营周期长，各种气象灾害存在不确定性和随机性，需要在极值理论和多种水文气象分布函数下，开展各种致灾因子极值分析，构建不同重现期灾害要素的统计特征分析，并借助于工程项目的灾害影响过程或灾情统计资料，构建不同强度致灾因子对所论证的重大工程规划设计的影响评估模型是迫切需要解决的技术难题。未来气候可行性论证项目的规模和领域必将进一步扩大，不断完善气候可行性论证技术体系，加强气候可行性论证指标和评价技术方法的客观化、定量化、动态化和精细化十分必要。作者在汇集已有的研究成果、查阅大量资料、吸收国内其他省份先进经验和技术的基础上，在复杂地形气象资料处理关键技术及应用、重点工程建设气象保障关键技术研究及应用、城市规划设计气象保障关键技术研究及应用、气象灾害风险评估关键技术研究及应用、多尺度数值模拟技术研究及应用方面取得了大量研究成果。

本书是重庆市气候可行性论证业务技术人员共同努力的成果。全书由廖代强、杨宝钢、朱浩楠、王颖、郭渠、康俊、刘川、雷婷、孙佳、张芬、周杰、姜平和张驰共同编写，由廖代强负责全书的整体架构的设计及其初稿撰写，郭渠和朱浩楠负责统稿，杨宝钢和雷婷负责修订和校准。各章撰写的主要贡献者如下：

第 1 章（复杂地形气象资料处理关键技术研究及应用）：朱浩楠、廖代强、王颖、杨宝钢；

第 2 章（重点工程建设气象保障关键技术研究及应用）：王颖、廖代强、孙佳；

第 3 章（城市规划设计气象保障关键技术研究及应用）：廖代强、郭渠、王颖、杨宝钢、孙佳；

第 4 章（气象灾害风险评估关键技术研究及应用）：康俊、刘川、郭渠、姜平、张芬、雷婷；

第 5 章（多尺度数值模拟技术研究及应用）：朱浩楠、廖代强、王颖、杨宝钢、周杰；

第 6 章（基于大数据的气候可行性论证系统研发）：刘川、朱浩楠、廖代强、王颖、郭渠、张驰、雷婷。

本书编写过程中得到了中华人民共和国科学技术部、中国气象局、重庆市住房和城乡建设委员会、重庆市气象局、中国气象局气候资源经济转化重点开放实验室等多个项目的资助。一些相关学科的专家学者从技术上对本书也提出了许多宝贵意见，在此一并表示感谢！

在本书编写过程中，参考了许多学者的研究成果，书中罗列的参考文献可能收集得并不是很齐全，敬请有关作者谅解。

鉴于气候可行性论证业务技术发展日新月异，加之编写组人员水平有限，如有错漏之处，恳请读者批评批正。

作者

2024 年 3 月

目　录

第1章　复杂地形气象资料处理关键技术研究及应用

随着社会经济的不断发展，为社会各界提供更精细化的气候可行性论证服务、进行更精细化的区域气候研究也变得越发重要。而在开展相关工作时，高时空分辨率的栅格化（格点化）地面气象资料是重要的数据支撑。利用栅格化的气象数据，可得到特定区域任意坐标点的气象环境特征，从而能极大地提高服务和研究的广度及深度。

目前获取栅格化数据的方法主要有：使用再分析资料、进行数值模拟、通过算法利用地面气象站观测生成。国际上常用的再分析资料通常分辨率较低，难以满足实际需求。进行高时空分辨率的数值模拟会消耗大量的时间和计算资源，限制了其应用场景。随着气象事业的发展，地面气象站数量越来越多，逐渐形成了较为密集的地面观测网络。尽管其在空间上仍呈散点分布，但通过适当的插值算法便能将其用以生成任意空间精度的栅格化数据，是一种相对廉价且高效的获取栅格数据的途径。

气象要素的空间分布受很多因素的影响，如天气过程、空间距离、下垫面属性等。而常见的插值方法均建立在气象要素空间平滑连续的假设上，往往只考虑了空间距离对要素的影响（徐成东 等，2008）。但实际上，气象观测站的密度是有限、不均匀的，在下垫面复杂的区域会出现缺少甚至没有观测数据的情况，重庆作为地形多变的山地城市便是一个典型的例子，大部分的地面气象站都分布在地形相对平坦的渝西地区，渝东南和渝东北等地的观测站点较少。在这样的条件下，继续使用仅考虑空间距离因素的插值方法不再合适，尤其对于历史上观测站点数量较少的年份或某些观测较少的要素，传统方法会生成过于平滑的栅格数据，从而缺乏合理性。

本章首先介绍了一种适合在复杂地形情况下应用的站点数据栅格化技术，并通过插值试验将该算法与其他插值算法进行对比，检验了该算法的插值效果；然后介绍了一种基于资料同化的栅格数据订正算法；最后介绍了一些复杂地形气象资料处理关键技术的应用案例。

1.1　复杂下垫面站点资料栅格化处理方法研究

站点数据的空间插值是气候可行性论证中的常用技术，常用的插值算法有反距离权重法（IDW）、样条插值法以及普通克里金法（Kriging）等，这些算法均建立在气象要素空间平滑连续的假设上，主要考虑了空间距离对要素的影响（徐成东 等，2008）。但实际中的气象要素往往还与地形、土地利用等下垫面地理信息有关。同时，受地理位置或者人力、物力的影响，气象站的空间密度极不均匀，且难以代表真实的要素空间变化特征（姜晓剑 等，2010），因此获取精度较高的格点化资料存在一定难度（熊敏诠，2013）。为改善这一状况，国内外相关领域的研究人员开始将地形也考虑到插值过程中，其中坡面回归插值模型（PRISM）是一种较为常见的可考虑地形的插值算法。本节对 PRISM 插值算法进行了介绍，并通过与协克里金(Cokriging)插值和反距离加权法(IDW)插值进行对比，评估了 PRISM 的适用性。

1.1.1 插值算法介绍

(1)PRISM 插值

PRISM 是由美国气象学家 Daly 等(2002)提出的插值方法。该算法认为局部山地区域内控制气象要素空间分布的最主要因素是高程，但又并非是简单的线性相关关系，还受到距离、坡向、坡度、高度等其他地理因子因素的综合影响。Daly 等(2008)利用 PRISM 对美国 1971—2000 年的月平均降水和气温进行了插值试验，结果表明 PRISM 插值得到的数据集质量相比 WorldClim 和 Daymet 气候数据集有所提升，但提升幅度与地形的复杂程度有关。朱华忠等(2003)利用 PRISM 模型结合中国及周边国家气象站点数据，较好地模拟了我国温度和降水的空间分布及季节变化。蒋育昊等(2016，2017)和夏智武等(2016)利用 PRISM 模型开展了对山地地区的大气湿度、气温、降水的空间插值试验，结果表明，PRISM 的插值效果较 IDW、克里金法(Kriging)、样条插值等方法更好，但当站点密度较低时，PRISM 的误差增长较快。

PRISM 插值的方程如式(1-1)所示。其中，X 表地形高程，Y 代表插值结果，β_1 和 β_2 为方程系数。一般求解一元线性方程时，可采用最小二乘法；而 PRISM 中为了考虑地形的影响，引入了综合权重系数并进行加权线性回归，因此求解如式(1-2)(Park et al.，2016)。

$$Y=\beta_1 X+\beta_2 \tag{1-1}$$

$$\beta_1=\frac{\sum w_i(x_i-\overline{x})(y_i-\overline{y})}{\sum w_i(x_i-\overline{x})^2} \tag{1-2}$$

$$\beta_2=\overline{y}-\beta_1\overline{x}$$

$$\overline{x}=\frac{\sum w_i x_i}{\sum w_i}$$

$$\overline{y}=\frac{\sum w_i y_i}{\sum w_i}$$

其中，x_i 、y_i 和 w_i 分别代表参与插值的每个样本的高程、要素值和对应的综合权重。

为与重庆实际情况相符合，本研究最终使用的综合权重系数计算方程如式(1-3)。

$$W=(F_d W_d^2+F_z W_z^2)^{\frac{1}{2}} W_f W_e \tag{1-3}$$

其中，W 代表综合权重，W_d 代表距离权重，W_z 代表高度权重，W_f 代表坡向权重，W_e 为有效地形权重，F_d 和 F_z 分别代表距离权重及高度权重比例。

距离权重的计算如式(1-4)(Park et al.，2016)。其中，d 为样本点到预测格点的距离，r_m 代表距离阈值，a 代表距离权重放大系数，取值通常为 2。通过距离权重，参与建模的样本点的权重将随其到预测格点的距离而递减。

$$W_d=\begin{cases}1 & (d-r_m\leqslant 0)\\ \min\left(\dfrac{1}{(d-r_m)^a},1\right) & (d-r_m>0)\end{cases} \tag{1-4}$$

高度权重的计算如式(1-5)所示(Park et al.，2016)。其中 Δz 表示样本点与预测格点的高度差；Δz_m 和 Δz_x 表示最小和最大高差阈值；b 为高度放大系数，取值通常介于1～2。通过高度权重，与预测点高差过大的样本点将获得较小权重。

$$W_z = \begin{cases} \dfrac{1}{\Delta z_m^b} & (\Delta z \leqslant \Delta z_m) \\ \dfrac{1}{\Delta z^b} & (\Delta z_m \leqslant \Delta z \leqslant \Delta z_x) \\ 0 & (\Delta z > \Delta z_x) \end{cases} \tag{1-5}$$

坡向权重的计算如式(1-6)(徐成东，2008)。其中 Δf 代表样本点与预测格点间的坡向差，c 代表坡向放大系数。引入该权重后，与预测格点坡向相近的样本点将获得较大权重。

$$W_f = \begin{cases} 1 & (|\Delta f| \leqslant 45) \\ \dfrac{1}{|\Delta f|^c} & (45 < |\Delta f| \leqslant 180) \\ \dfrac{1}{(360 - |\Delta f|)^c} & (180 < |\Delta f| < 315) \\ 1 & (|\Delta f| \geqslant 315) \end{cases} \tag{1-6}$$

对复杂地形地区，位于地势平缓区域的格点依然用位于地势复杂区域的样本进行建模，显然并不合理。因此参考 Daly 等(2008)的研究引入了有效地形权重。提取有效地形分为如下几步：①统计高程数据中每一个栅格点周围半径 20 km 圆域内最小高程值，得到最小高程基面；②在最小高程基面上对每一个栅格点计算半径 20 km 圆域内像元的平均值以进行平滑；③用原始 DEM 减去平滑后的最小高程基面，得到初始有效地形高度；④对初始有效地形高度的每个像元，参照步骤②按半径 10 km 圆域进行平滑，得到最终平滑后的有效地形高度。不断平滑的原因是为了去除一些对气象要素影响不明显的小地形。得到有效地形高度后，需进一步表征平坦地形(2D 地形)和复杂地形(3D 地形)。因此定义有效地形指数 I_{3c} 如式(1-7)。其中：h_c 为有效地形高度；h_2 和 h_3 分别为 2D 地形和 3D 地形阈值，研究中分别设置为 50 m 和 800 m。同时，还应考虑有效地形的影响范围。因此，继续定义有效距离指数 I_{3a} 如式(1-8)所示。其中 h_a 是栅格点周边特定范围内以距离反比为权重的有效地形高度平均值，h_2 和 h_3 为阈值。最终，根据有效地形指数和有效距离指数，高程的 3D 指数 I_{3d} 可定义为式(1-9)(Daly et al.，2008)。

$$I_{3c} = \begin{cases} 1 & (h_c \geqslant h_3) \\ \dfrac{h_c - h_2}{h_3 - h_2} & (h_2 < h_c < h_3) \\ 0 & (h_c \leqslant h_2) \end{cases} \tag{1-7}$$

$$I_{3a} = \begin{cases} 1 & (h_a \geqslant h_3) \\ \dfrac{h_a - h_2}{h_3 - h_2} & (h_2 < h_a < h_3) \\ 0 & (h_a \leqslant h_2) \end{cases} \tag{1-8}$$

$$I_{3d} = \max(I_{3c}, I_{3a}) \tag{1-9}$$

图 1-1 给出了基于 1 km 分辨率地形数据计算得到的重庆市 3D 指数空间分布，能看出数

值较高的区域大多集中在渝东北和渝东南地区，而渝西地形相对平缓的区域，3D 指数较小。在插值过程中，如果预测站点向相对平坦(3D 指数较低)的地区过渡时，应当逐步减小高程对插值结果的影响，使 PRISM 在地势平缓区域变化为距离权重插值，具体方法如方程(1-10)所示。另外，位于复杂地形区域的样本权重也应随 3D 指数变化——这就是有效地形权重，其定义如式(1-11)(Daly, 2002)。其中，I_{3ds} 和 I_{3dc} 分别为气象观测点和插值格点的 3D 指数。

$$\begin{aligned}\beta_{1\text{new}} &= I_{3d}\beta_1 \\ b_{1\text{new}} &= I_{3d}b_1 \\ c_{1\text{new}} &= I_{3d}c_1\end{aligned} \tag{1-10}$$

$$W_e=\begin{cases}1 & (I_{3dc}=1)\\ \dfrac{1}{(100\left|I_{3dc}-I_{3ds}\right|)^{0.5(1-I_{3dc})}} & (0\leqslant I_{3dc}<1)\end{cases} \tag{1-11}$$

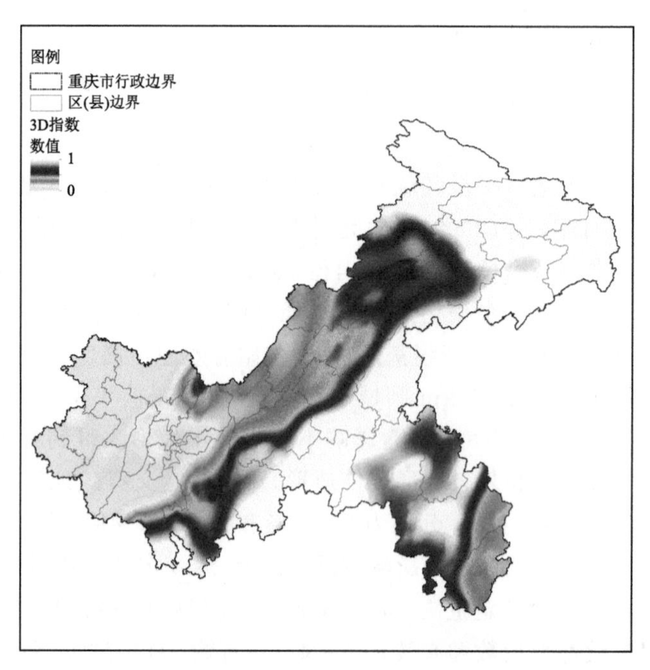

图 1-1 重庆市 3D 指数

计算上述各子权重系数后代入式(1-3)得到综合权重系数，最终代入式(1-1)、式(1-2)，即可求解 PRISM 模型并利用高程数据得到任意栅格点的插值结果。另外，根据 Daly 等(2008)的文献，对降水要素进行插值时将对 PRISM 生成栅格数据进一步做反距离权重平滑，以减小复杂地形导致的降水场空间分布不平滑。所用平滑公式如式(1-12)所示。

$$\overline{x}=\frac{\sum_{i=1}^{n}x_i\dfrac{1}{d_i^{\,a}}}{\sum_{i=1}^{n}\dfrac{1}{d_i^{\,a}}} \tag{1-12}$$

其中，x_i 为平滑区域中心点周围特定距离内的格点值；d_i 为距离；a 为距离阶数，取法为：

$$a=\begin{cases} a_{\max} & (\overline{\Delta x}\geqslant \Delta x_{\max}) \\ a_{\max}\left(\dfrac{\overline{\Delta x}}{\Delta x_{\max}}\right) & (\overline{\Delta x}<\Delta x_{\max}) \end{cases} \tag{1-13}$$

其中 $a_{\max}$ 通常取为4%；$\Delta x_{\max}$ 通常取为中心点数值的4%；$\overline{\Delta x}$ 代表中心点与周围格点数值的差值的平均。通过这样的平滑，便可在保留原始结果3D地形特征的情况下，对不平滑点进行适度平滑。

(2)Cokriging插值

Kriging是一种常用的插值算法(贺芳芳 等，2018)，它建立在地理统计学基础上。Cokriging插值法是其可考虑地形因素的变种算法：通过在Kriging系统中添加约束项再计算无偏最优解从而完成插值(Hevesi et al.，1992)。当约束项为地形高程时，便实现地形对插值过程结果的影响。Adhikary等(2017)利用普通Kriging、Cokriging插值法和漂移Kriging对澳大利亚地区的降水数据进行了插值试验，结果表明，在这几种地理统计学方法中，Cokriging插值法可以得到最好的插值效果。Xu等(2015)、徐天献等(2010)及吴昌广等(2010)采用Kriging法、反距离权重法和Cokriging插值法进行区域降水插值，表明Cokriging插值法相比另外两种算法在降水的插值中表现更好。刘强等(2015)利用重庆市台站降水数据进行插值，对比了反距离权重法、Kriging法、样条函数法和Cokriging插值法4种算法的插值效果，认为Cokriging插值法效果最佳。但宋丽琼等(2008)的研究表明，在深圳地区，考虑了海拔高度的Cokriging插值法精度相对普通Kriging法并没有明显提高。

根据地理统计学理论，空间一点处的观测值可以理解为一个随机变量在该点处的实现，而空间中各个点的随机变量的集合便能构成表征该随机变量类型的随机函数。若随机变量满足二阶平稳或准二阶平稳假设：①随机变量在整个研究区域或有限大小区域内的期望存在且为常数。②在整个研究区域或有限大小研究区域内，该随机变量的协方差函数存在且变化平稳，只与空间中的相对位置有关(可以理解为任意两点间的相似程度，距离越近相似度越高，协方差越小)，则可利用随机函数理论对特定位置的变量进行无偏估计。

Kriging插值法认为，空间中特定位置的区域化变量的真值 u_0 可以用它周围的一系列观测点进行估计，即：

$$\tilde{u}_0=\sum_{i=1}^{n}a_i u_i \tag{1-14}$$

其中，$\tilde{u}_0$ 为估计值，n 代表观测样本数量，u_i 为估计值邻近的观测点(或样本点)，a_i 为每个观测点对应的权重。而Cokriging插值法则在Kriging法的基础上，引入一个或多个次要变量：

$$\tilde{u}_0=\sum_{i=1}^{n}a_i u_i+\sum_{i=1}^{n}b_i v_i \tag{1-15}$$

其中，v_i 和 b_i 代表次要变量和其对应的权重。选择权重 a、b 的条件为无偏和最优：

$$E\left[u_0-\tilde{u}_0\right]=0$$

$$\mathrm{Var}\left[u_0-\tilde{u}_0\right]=\min$$

即估计值与真实值之间残差的期望为0，同时估计值与真值间残差的方差最小。根据二阶平稳假设，特定邻域中的区域变量期望存在且为常数，于是无偏估计条件可演变为：

$$E[u_0-\tilde{u}_0]=E\left[\sum_{i=1}^{n}a_iu_i+\sum_{i=1}^{n}b_iv_i-\tilde{u}_0\right]$$
$$=E\left[\sum_{i=1}^{n}a_iu_i\right]+E\left[\sum_{i=1}^{n}b_iv_i\right]-E[\tilde{u}_0]$$
$$=U\sum_{i=1}^{n}a_i+V\sum_{i=1}^{n}b_i-U$$
$$=U(\sum_{i=1}^{n}a_i-1)+V\sum_{i=1}^{n}b_i \tag{1-16}$$

其中U和V分别代表估计变量和次要变量的期望。若要使上述方程为0，则权重a、b需要满足一定条件。具体如何选择条件决定了Kriging系统类型，这里讨论。普通Cokriging插值法所使用的条件为：

$$\sum_{i=1}^{n}a_i=1$$
$$\sum_{i=1}^{n}b_i=0$$

对于方差，可推导出：

$$\mathrm{Var}[u_0-\tilde{u}_0]=\sum_{i}^{n}\sum_{j}^{n}a_ia_j\mathrm{Cov}(u_iu_j)+\sum_{i}^{m}\sum_{j}^{m}b_ib_j\mathrm{Cov}(v_iv_j)+$$
$$2\sum_{i}^{n}\sum_{j}^{m}a_ib_j\mathrm{Cov}(u_iv_j)-$$
$$2\sum_{i}^{n}a_i\mathrm{Cov}(u_iu_0)-2\sum_{j}^{m}b_j\mathrm{Cov}(v_ju_0)+\mathrm{Cov}(u_0u_0) \tag{1-17}$$

其中Cov代表协方差，n和m代表样本数量。因此最优估计便是要求上述方程最小，即关于a和b的偏导为0。但除了偏导为0，方程还应当满足之前得到的无偏约束。求解多个限定条件的方程组时，引入拉格朗日乘子进行解决，最终得到$n+m+2$个成员的方程组如式(1-18)所示，只需要得到两个样本之间的方差，便能根据线性代数方法求解a和b。

$$\begin{gathered}\sum_{i=1}^{n}a_i\mathrm{Cov}(u_iu_j)+\sum_{i=1}^{n}b_i\mathrm{Cov}(u_iv_j)+\mu_1=\mathrm{Cov}(u_ju_0)(j=1...n)\\ \sum_{i=1}^{n}a_i\mathrm{Cov}(u_iv_j)+\sum_{i=1}^{n}b_i\mathrm{Cov}(v_iv_j)+\mu_2=\mathrm{Cov}(v_ju_0)(j=1...m)\\ \sum_{i=1}^{n}a_i=1\\ \sum_{i=1}^{m}b_i=0\end{gathered} \tag{1-18}$$

而对样本之间方差的估计，就要利用二阶平稳假设中的“区域变量在空间任意两点的协方差可以表示为相对距离的函数”。根据地理学第一定律，地理空间上的所有值都是互相联系的，距离越近的值具有更强的联系。因而协方差与距离应当呈近似反比的关系，即类似于图1-2所示。其中横坐标代表距离，纵坐标代表协方差。Range为“变程”，代表协方差变化趋近平稳的距离;Partial Sill 为"拱高",表示初始状态的协方差数值;Nugget 为"块金值",用于模拟采样或观测造成的误差;拱高和块金值之和称为 Sill,即"基台"。建立块金值、拱高和变程为自变量的经验方差函数,便能近似描述协方差和距离的关系。

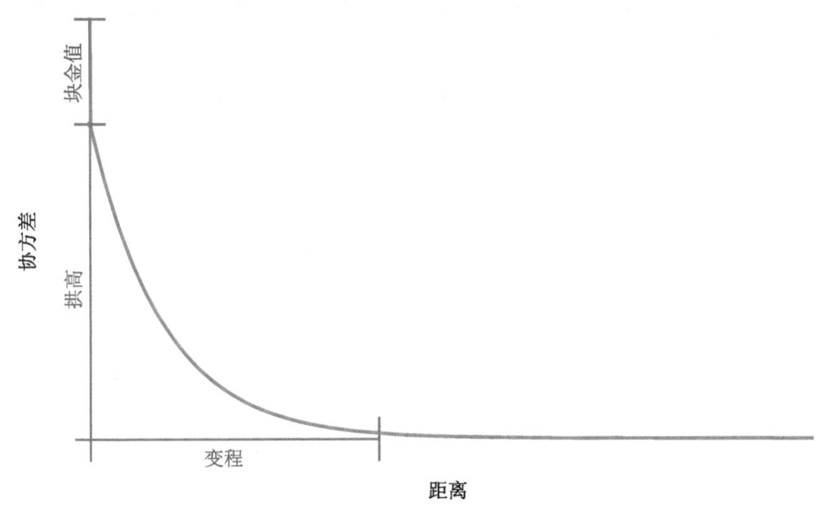

图 1-2　协方差和距离的经验关系

经验方差函数有很多,为了简化处理,本书中编写了球状函数、指数函数、高斯函数和孔洞效应函数 4 种常用的函数。其方程形式分别如下,其中 c_0 代表块金值,cc 代表拱高,a 代表变程,代表距离。

① 球状函数:

$$C(h)=\begin{cases} c_0+cc & (h=0) \\ cc\left(1-\dfrac{3}{2}\dfrac{h}{a}+\dfrac{1}{2}\left(\dfrac{h}{a}\right)^3\right) & (0<\mathrm{h}\leqslant \mathrm{a}) \\ 0 & (h>a) \end{cases} \tag{1-19}$$

② 指数函数:

$$C(h)=\begin{cases} c_0+cc & (h=0) \\ cc\left(\exp\left(-3\dfrac{h}{a}\right)\right) & (h>0) \end{cases} \tag{1-20}$$

③ 高斯函数:

$$C(h)=\begin{cases} c_0+cc & (h=0) \\ cc\cdot\exp\left(-3\dfrac{h^2}{a^2}\right) & (h>0) \end{cases} \tag{1-21}$$

④ 孔洞效应函数:

$$C(h)=\begin{cases} c_0+cc & (h=0) \\ cc\cdot\cos\left(\pi\dfrac{h}{a}\right) & (h>0) \end{cases} \tag{1-22}$$

实际插值时,首先采集站点观测样本和距离,选择合适的经验协方差函数,然后利用最小二乘法进行参数拟合。拟合得到方程形式后,便可计算经验协方差;再代入 Cokriging 方程组,利用高斯消元法对矩阵进行求解,即可得到权重 a 和 b,从而求得插值结果。

综上所述,相比 PRISM 插值法,Cokriging 方法的复杂程度更高、数学理论更先进,且并不需要准备大量的地理数据。由于经验协方差函数形式较为简单,因而只需指定经验协方差函数类型和样本采样步长等参数,便可通过最小二乘拟合自动得到模型参数,使得 Cokriging 插值法相比 PRISM 插值法减少了很多外部参数的输入。但 Cokriging 系统的求解难度也相应较大,实际应用中如果变量不满足准二阶平稳假设,则很容易造成奇异矩阵的出现从而导致异常结果,这一问题同时也限制了 Cokriging 插值法可考虑的次级变量类型数。另外,Cokriging 插值法的好坏与经验协方差函数的选择及其参数有重要关系,若拟合效果较差或选择了不合适的模型,也会造成插值结果出现较大偏差。从计算效率来看,Cokriging 插值法需要对栅格中的每一格点求解各自的 Cokriging 系统。再加上采样和拟合经验协方差模型所消耗的时间,若不考虑并行计算,Cokriging 计算时耗是非常巨大的。

(3)反距离权重插值

反距离权重插值(IDW)是一种传统的插值算法,它根据样本点和预测点之间的距离按距离反比计算权重,从而进行插值。其公式如式(1-23)所示,其中 x 代表样本值,d 代表样本到预测格点的距离。

$$y=\frac{\sum_{i=1}^{n}\frac{x_i}{d_i^p}}{\sum_{i=1}^{n}\frac{1}{d_i^p}} \tag{1-23}$$

1.1.2 资料与试验设计

(1)资料介绍

研究使用的基础地理信息数据为美国国家航空航天局(NASA)提供的 Shuttle Radar Topographic Mission (SRTM)30 m 分辨率高程数据(吴昌广 等,2010),使用 Arcgis 10.2 插值到 1 km 分辨率。PRISM 插值法所需坡向、有效地形等数据均利用 Arcgis 得到。图 1-3a 为 1 km 分辨率重庆地区高程分布,可见重庆市地形分布非常复杂,重庆东北部和东南部海拔较高,以山区为主;重庆西部和中部偏北地区地势相对平缓,但也有局部山体分布。

研究所用气象资料来自重庆市气象信息与技术保障中心提供的 2017 年全市范围内 2024 个自动气象站逐日气温和降水资料,并参考前人工作(江志红 等,2018)进行了质量控制,对问题数据采取剔除处理,最后再统计得到逐月累计降水和平均气温。通过质量控制并保证 12 个月有连续记录的站点一共 1761 个。图 1-3b 为研究所用站点的空间分布,其中填色为 20 km 半径圆域内的站点数量。由图 1-3b 可知,重庆市的地面气象站分布密度也极不均匀,绝大部分站点都位于重庆西部地势较为平缓的区域,而重庆东北部和东南部等地形复杂区域站点密度较少,有些局部山区甚至没有站点。

(2)试验设计

为评估 PRISM 插值法、Cokriging 插值法和 IDW 插值法在重庆地区的插值效果,研究针对不同数量样本进行了交叉验证试验。为减少随机采样导致站点空间分布不均匀影响插值结果,首先按照一定约束条件挑选 1300 个站点,挑选时应当满足:①保证每个区县都至少有 20 个观测点。②采样结果中包含样本数最少的区(县),其站点数量不得低于各区(县)站点数量

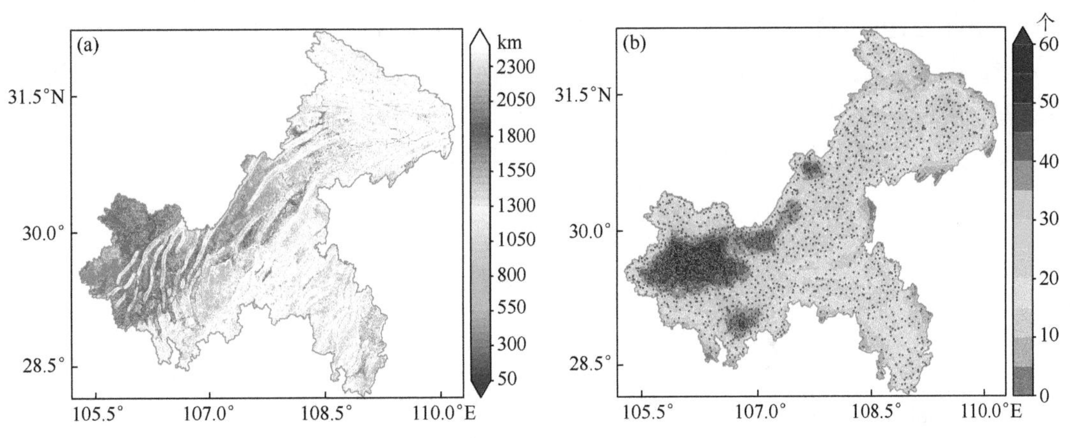

图 1-3 重庆市地理高程分布(a)以及区域自动气象站点(红点)及20 km半径圆域内站点数量(填色)分布(b)

平均值的40%。③站点数量最多的区(县),其站点数量不得超过平均数量的2倍。再由初始1300个样本按100逐次递减至200,得到一共12组样本,后一组样本均从前一组中进行采样,未参与采样的461个站点将作为验证站。由于重庆地区站点空间分布较不均匀,因此插值时使用固定插值半径搜索建模样本并不合适。经试验后,最终确定利用待插栅格点邻近的20个站点作为样本进行建模,如此既能得到较好的插值结果,同时也可兼顾计算效率。利用插值算法得到1 km分辨率栅格后,再经双线性内插到验证站得到要素值,使用平均相对误差(MRE)、平均绝对误差(MAE)和均方根误差(RMSE)作为检验标准。MRE可反应误差相对估计值的大小,MAE可估算预测值可能的误差范围,RMSE则能反应估值的灵敏度和极值效应(李朝奎 等,2007)。MRE、MAE和RMSE的计算公式如式(1-24)所示。为减少因随机采样造成的不确定性,参考陈锋等(2016)的研究工作,按照前述采样方法进行十次独立采样,得到十组样本并分别进行插值试验及检验,最终统计并对比平均误差。

$$
\begin{aligned}
\mathrm{MRE} &= \frac{1}{n}\sum_{i=1}^{n}\left|\frac{X_i - Y_i}{Y_i}\right| \\
\mathrm{MAE} &= \frac{1}{n}\sum_{i=1}^{n}\left|X_i - Y_i\right| \\
\mathrm{RMSE} &= \sqrt{\frac{1}{n}\sum_{i=1}^{n}(X_i - Y_i)^2}
\end{aligned}
\tag{1-24}
$$

1.1.3 试验结果分析

(1)不同插值方法的比较

图1-4为IDW、PRISM和Cokriging三种插值算法使用1300个样本时的2017年6月平均气温和累计降水插值结果。对比气温的插值,IDW插值法(图1-4a)由于仅考虑样本与格点间的空间距离,使得在局部地形较复杂的重庆出现大量“牛眼”现象,尤其在重庆东北部和东南部等山地为主的区域更为明显。进一步试验发现,增加或减少插值时的扫面范围并不能有效地改善该现象(图略)。PRISM插值法(图1-4b)采用了基于高程的回归模型,并没有出现“牛

眼”，同时还能清晰地分辨出复杂地形区域山体脉络。另外，由于考虑了有效地形，在重庆西部地势平缓区域，PRISM 插值法基于距离权重得到了相对平滑的结果，且仍能分辨出重庆主城区一带的高温中心。Cokriging 插值法（图 1-4c）是三种算法中得到结果最平滑的，这是因为经验协方差函数本身只是协方差空间变化的近似，拟合过程不可避免会损失局部细节。但 Cokriging 插值法依然能较好地得到气温“西高东低”主要空间分布型。

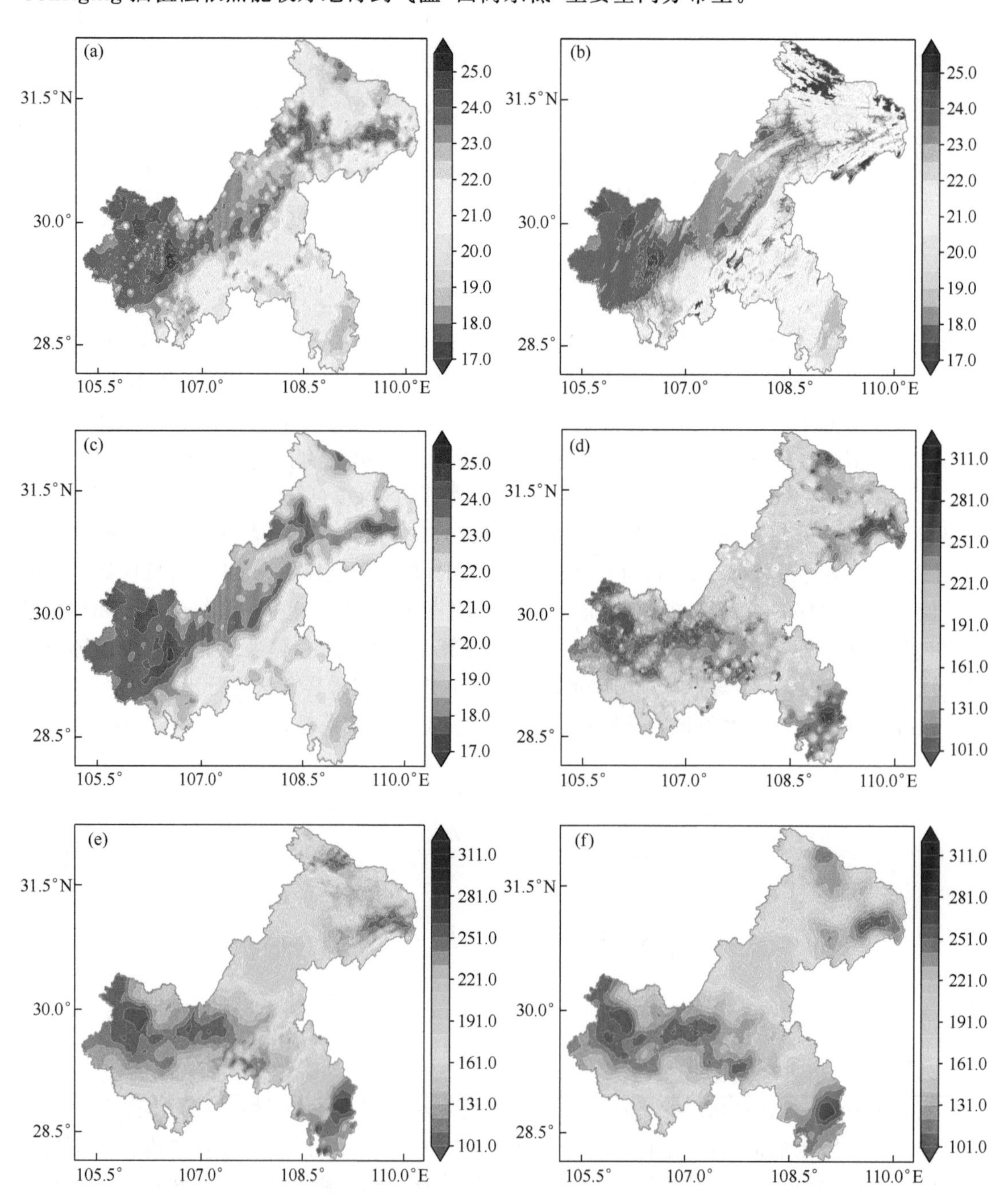

图 1-4　IDW(a)、PRISM(b)和 Cokriging(c)3 种插值法在 2017 年 6 月的平均气温插值（单位：℃）；IDW(d)、PRISM(e)、Cokriging(f)3 种插值法 6 月累计降水插值结果（单位：mm）

对比累计降水的插值结果可知，IDW 插值法（图 1-4d）依然得到了大量的“牛眼”，显得非常零乱，但可大致判断重庆西部和东北部降水较少、东南部存在较大降水中心。而 PRISM 插值法（图 1-4e）由于做了一步反距离权重平滑，使插值结果损失了一些局部细节。但在重庆东南和东北等地形复杂区域，PRISM 插值法依然能得到较明显的随地形而变化分布的降水。在 Cokriging 插值法中（图 1-4f），由于经验协方差函数的平滑效果而并未出现“牛眼”，但同时重庆西部地区一些局部降水分布细节也得到保留，这对于气候研究中分析降水空间形态能提供一定帮助。

图 1-5a、图 1-5c 和图 1-5e 为使用 1300 个样本时三种插值算法得到的 2017 年逐月平均气温误差分布。从图中可知，PRISM 插值法的三类误差在三种插值算法中都是最小的，年平均 RMSE 仅有 0.75 ℃；而 Cokriging 插值法的插值误差与 IDW 插值法基本相当，均为 1.03 ℃。从平均气温的 MRE 可知，三种算法均呈现冬季（12 月、1—2 月）高、夏季（6—8 月）低的现象，其中 IDW、Cokriging 和 PRISM 3 种插值法在 1 月（7 月）的 MRE 分别为：0.125（0.029）、0.126（0.028）和 0.083（0.022），这说明重庆地区冬季气温的空间分布比夏季更有局地性，插值算法很难把握个别极端气温地区的插值效果。图 1-5b、图 1-5d 和图 1-5f 所示为三种插值算

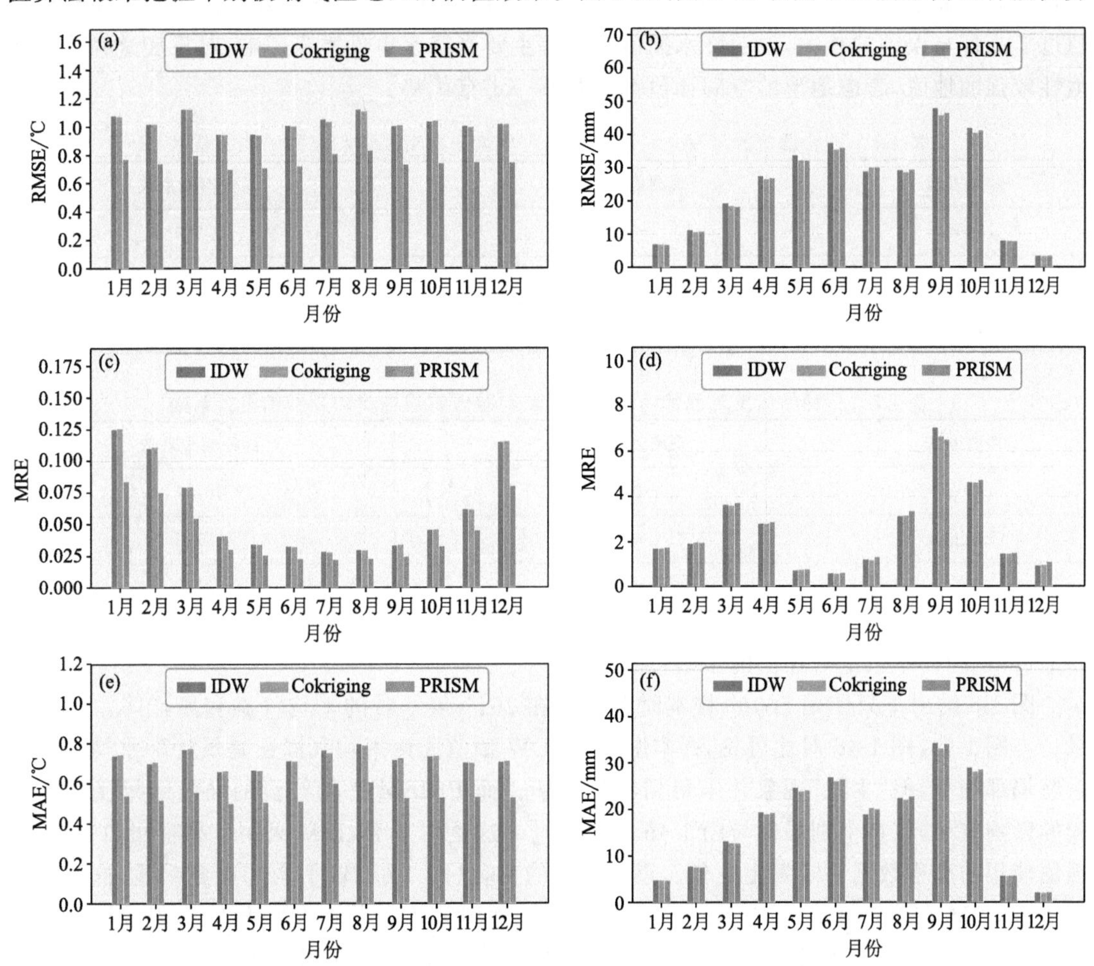

图 1-5　逐月平均气温的 RMSE(a)、MRE(c)和 MAE(e)变化；逐月累计降水对应的 RMSE(b)、MRE(d)、MAE(f)误差变化

法得到的逐月累计降水误差。根据 RMSE 变化可知两种考虑了地形的插值算法误差较 IDW 插值法略小，但优势并不明显。三种算法的累计降水 RMSE 均表现为从 1—12 月先呈增长趋势，并在 7 月和 8 月突然下降后，又在 9 月、10 月突然增加，然后又减小。其中最大 RMSE 出现在 9 月，IDW、Cokriging 和 PRISM 3 种插值法的误差分别为 48.04 mm、45.84 mm 和 46.50 mm；最小 RMSE 出现在 12 月，分别为 3.55 mm、3.48 mm 和 3.45 mm。对比逐月的总降水量可知，累计降水插值误差的 RMSE 与当月降水量分布一致，说明降水事件的强弱对插值误差有重要影响。而从 MRE 分布可知，9 月和 10 月的累计降水插值相对误差明显较高，说明这两个月降水局地性较强，使得空间插值算法将很多降水量级较小的地区也预测为大量级降水。

表 1-1 给出了利用三种插值算法 2017 年平均气温插值绝对误差与验证站观测值和高程值计算的相关系数。从表中可见高程是气温误差的重要影响因素，IDW 和 Cokriging 算法的插值误差关于高程的相关系数均达到了 0.3 以上；但 PRISM 将误差与高程的相关系数降到了 0.142，说明 PRISM 算法有效地改善了因地形高度造成的平均气温插值误差。表 1-2 给出了累计降水插值绝对误差与验证站观测和高程的相关系数，可见降水量与误差的相关性已经超过了高程与误差的相关，说明降水插值的误差主要受降水事件本身影响，对重庆这样降水局地性较强的地区，考虑地形的空间插值算法并不一定有优势。

表 1-1　三种插值算法平均气温插值误差与验证站观测值和高程的相关系数

插值方法	观测值相关系数	高程相关系数
IDW	−0.065	0.333
Cokriging	−0.067	0.325
PRISM	−0.013	0.142

表 1-2　三种插值算法累计降水插值误差与验证站观测值和高程的相关系数

插值方法	观测值相关系数	高程相关系数
IDW	0.305	0.107
Cokriging	0.307	0.113
PRISM	0.315	0.120

(2)不同样本数量对插值的影响

图 1-6 给出了只使用 500 个样本时各算法在 2017 年 6 月的平均气温和累计降水插值结果。与图 1-4a、图 1-4d 对比可见，样本减少后 IDW 插值无论平均气温还是累计降水均损失了一些局部细节，但“牛眼”现象并未得到明显缓解。而 PRISM 平均气温的插值结果受样本数量的影响较小，仅在个别局部与图 1-4b 存在区别。这是由于 PRISM 采用了高程回归模型，而插值使用的高程数据并未发生变化。累计降水的变化(图 1-6e)较平均气温更明显，这可能是由于 PRISM 在降水插值中进行了反距离平滑，因而对样本数量变化更敏感。当采用较少数量样本时，Cokriging 插值结果(图 1-6c、图 1-6f)较图 1-4c、图 1-4f 明显更加平滑，这可能是由于样本与格点间距离增大，对应了经验协方差函数中较平滑部分所致。

图 1-7 给出了不同样本数量时三种算法 2017 年月平均气温和累计降水插值的全年平均

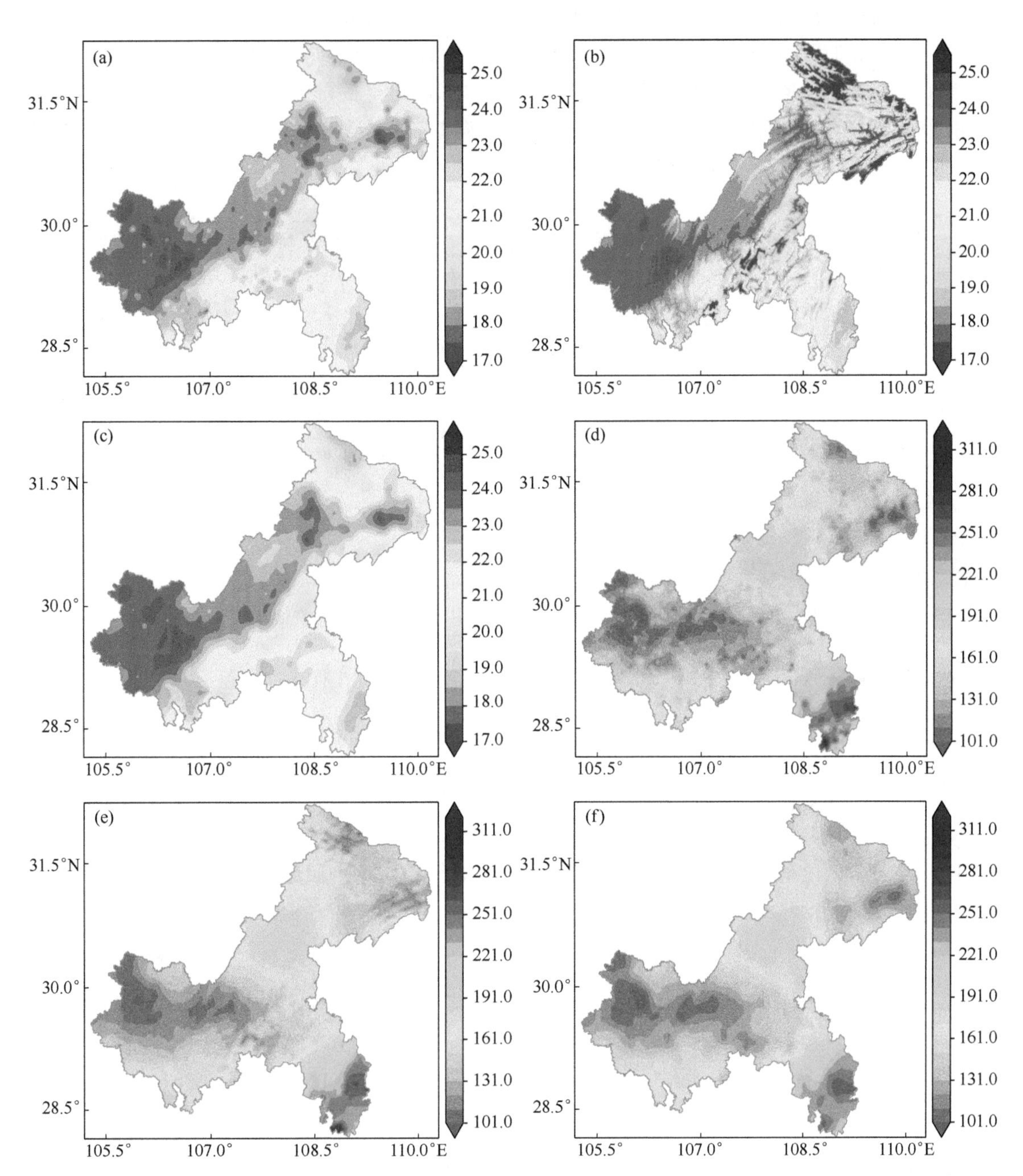

图 1-6 仅选取 500 个样本情况下 IDW(a)、PRISM(b)、Cokriging(c)3 种插值法在 2017 年 6 月的平均气温差值(单位:℃);IDW(d)、PRISM(e)、Cokriging(f)3 种插值法 6 月累计降水(单位:mm)的插值结果

RMSE、MRE 和 MAE 变化。从图 1-7a、图 1-7c 和图 1-7e 可见,IDW、Cokriging 和 PRISM 的气温插值平均误差均随样本数量减少而递增,三种算法的 RMSE 斜率分别为:0.0055、0.0051、0.0018,以 IDW 误差斜率最大,PRISM 最小。当样本数量低于 600 个时,IDW 的平均 RMSE 已经略高于 Cokriging,成为误差最大的算法。从累计降水的误差变化可知(图 1-7b、图 1-7d 和图 1-7f),不管样本数量多少,两种考虑地形的插值算法 RMSE 均低于 IDW,但

PRISM 的 MRE 较另外两种算法更高，且 PRISM 的误差增长速度较快：RMSE 的增长斜率为 0.056，明显高于另外两种算法。使用不同数量样本时，PRISM 的误差均高于 Cokriging；当只有 200 个样本时，PRISM 的均方根误差达到 26.29 mm，已经约等于 IDW 的误差。这说明进行累计降水插值时，PRISM 受样本数量影响较大，误差随样本数量减少增长较快；当样本数量较少时，采用 Cokriging 算法可能误差更小。

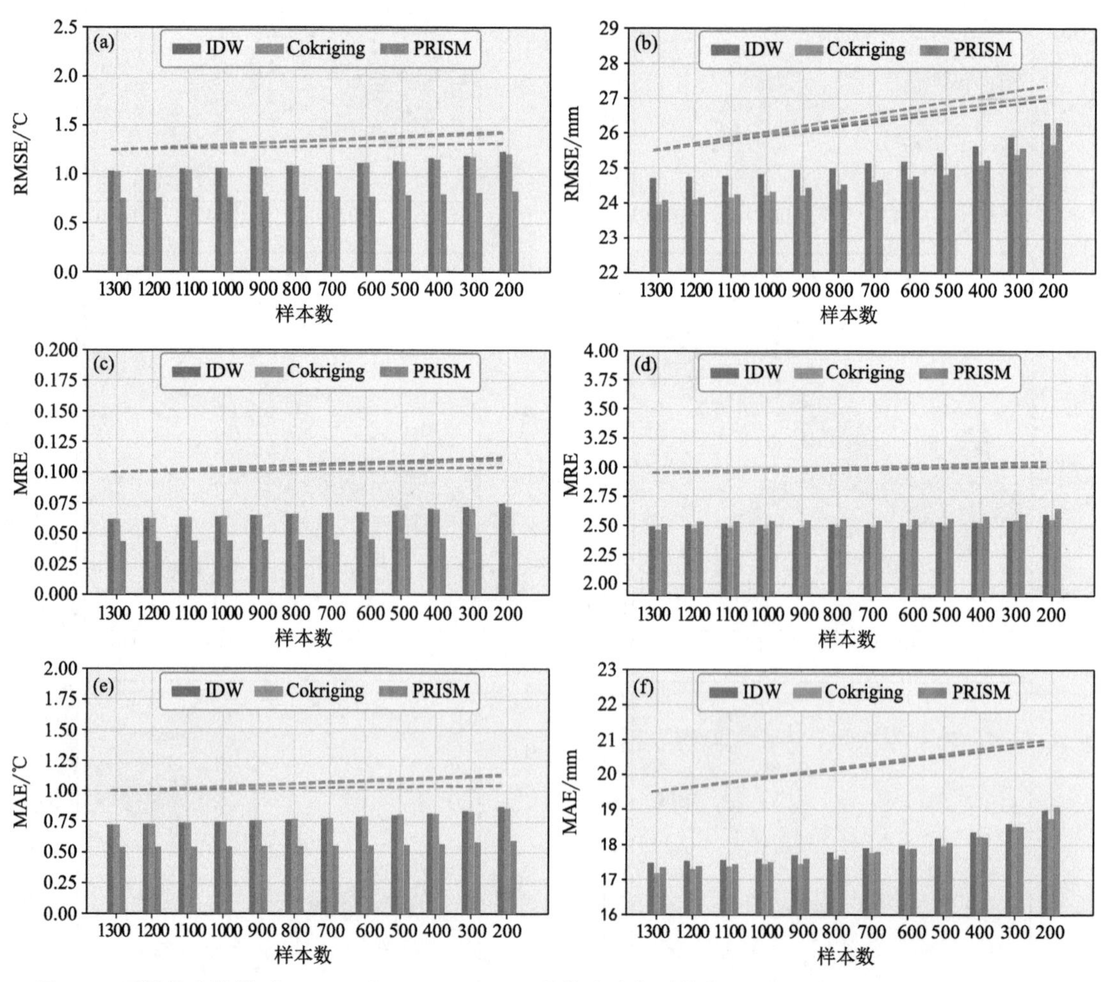

图 1-7 不同样本数量时 IDW、Cokiging、PRJSM 3 种算法全年平均气温 RMSE(a)、MRE(c)和 MAE(e)变化和累计降水 RMSE(b)、MRE(d)、MAE(f)对应的误差变化(虚线为误差增长趋势线)

为更直观地分析误差的分布情况，图 1-8 给出了各算法采用 1300 个样本和 200 个样本时在不同观测数值和验证站高度等级区间的全年平均 RMSE 变化。由图 1-8a 可知，三种算法气温插值误差表现为随高度增加先减小后增大，并以 Cokriging 和 IDW 误差随海拔升高增大最明显；说明在地势较矮地区和地势较高区域插值误差都偏大，前者可能是受城市热岛或河谷的影响，后者则可能受高海拔地区站点数量较少影响。采用 200(1300)个样本时，IDW、Cokriging 和 PRISM 三种算法在 200 m 以下地区的气温 RMSE 分别为：1.42(1.05)℃、1.25(1.10)℃和 1.16(0.95)℃；在 1200 m 以上地区的 RMSE 分别为：2.60(1.90)℃、2.50(2.00)℃和 1.05(0.90)℃。可见样本数量较少时，Cokriging 的误差略低于 IDW；而不论样本数量多少，在任意海拔区间 PRISM 的 RMSE 都是最低的，且可见 PRISM 在温度插值中对样本数量的变化并不敏感。另外根据图 1-8c，三种方法按气温数值分段的误差呈两端高中间低，说明算法对极端气温的插值误差偏大，但依然以 PRISM 误差最小。

图 1-8b 为累计降水插值误差随高度的变化，可见当高度低于 200 m 时插值误差较高，随后误差减小又随高度递增，并以 PRSIM 增速较快。采用 200(1300)个样本时，IDW、Cokriging 和 PRISM 三种算法在 200 m 以下地区的累计降水 RMSE 分别为：31.6(30.1)mm、29.5(29.5)mm 和 32.2(29.8)mm；在 1200 m 以上地区的 RMSE 分别为：43.3(38.5)mm、41.2(38.1)mm 和 48.3(39.3) mm。根据站点降水与海拔关系(图略)，低海拔地区误差较大可能是因局地性强降水较多造成，而高海拔地区的误差可能因样本较少造成。另外，当样本数量较多时，PRISM 与 Cokriging 插值误差接近；而当样本数量较少时，PRISM 在高海拔与低海拔地区误差均大于 Cokriging。图 1-8d 为降水误差随降水量级的变化，可明显看出误差随降水量级增大而增大。其中当样本数量较少时，Cokriging 对大量级降水的插值误差小于另外两个算法。综合图 1-8b、图 1-8d 可见，Cokriging 算法在对累计降水的空间插值中相对 IDW 和 PRISM 有一定优势。

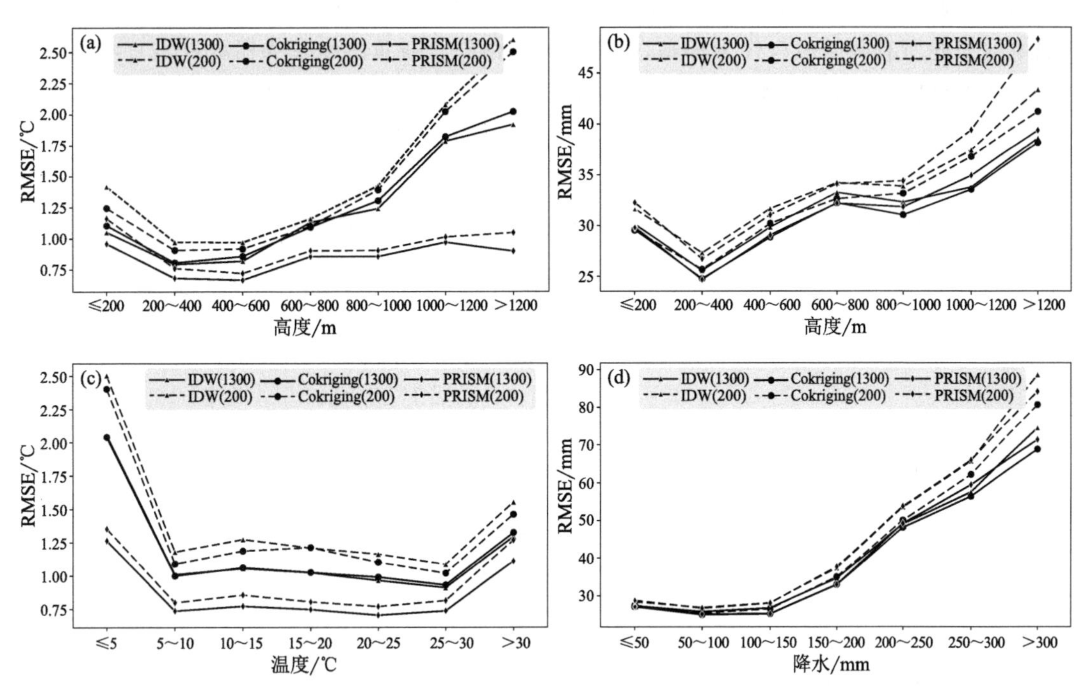

图 1-8 采用 1300 个样本(实线)和采用 200 个样本(虚线)时，三种算法插值结果在不同高程区间(a)、不同观测数值区间(c)的平均 RMSE 和不同高程区间(b)、不同观测数值区间(d)累计降水对应的 RMSE

1.1.4 PRISM 算法改进

根据上述研究，可知 PRISM 插值能较好地完成对站点气温观测的栅格化(插值误差相对传统插值算法较小)，但在站点降水观测的栅格化中并没有明显优势。这一方面是由于降水要素具有空间不连续的特征，同时也有 PRISM 采用的一元线性回归模型不符合一些要素与地形间非线性关系的因素，因此有必要对算法进行改进。

参考相关研究发现，对降水进行插值时，可首先定义降水概率 POP，如式(1-25)所示。其中 PO_i 代表站点是否存在降水，P_i 代表站点降水值。计算得到格点降水概率后，可根据人为设定的参数确定降水落区(式(1-26))，后续降水插值仅在 PO_p 为 1 的格点(即降水落区)进行。

$$\mathrm{POP}_p = \frac{\sum_{i=1}^{n} W_i \mathrm{PO}_i}{\sum_{i=1}^{n} W_i} \tag{1-25}$$

$$\mathrm{PO}_i = \begin{cases} 0 & (P_i = 0) \\ 1 & (P_i = 0) \end{cases}$$

$$\mathrm{PO}_p = \begin{cases} 0 & (\mathrm{POP}_p < \mathrm{POP}_{\mathrm{crit}}) \\ 1 & (\mathrm{POP}_p \geqslant \mathrm{POP}_{\mathrm{crit}}) \end{cases} \tag{1-26}$$

为在加权回归中引入非线性因子，这里将地形加权回归方程修改为如式(1-27)形式，其中 Y_1 和 Y_2 代表不同两点的降水量，X_1 和 X_2 代表两点的海拔高度。拟合回归系数时，使用站点观测数据的所有两两组合作为样本，以两个站点的综合权重之积作为样本权重，使用加权最小二乘法拟合即可得到 β_1 和 β_2。计算时，3D 指数的使用方法与气温插值一致。

$$\frac{Y_1 - Y_2}{Y_1 + Y_2} = \beta_2 + \beta_1 (X_1 - X_2) \tag{1-27}$$

得到回归系数后，便可使用式(1-28)计算得到站点观测降水的栅格化结果。

$$P_p = \frac{\sum_{i=1}^{n} W_i P_i \mathrm{PO}_i \left(\frac{1+f}{1-f}\right)}{\sum_{i=1}^{n} W_i \mathrm{PO}_i} \tag{1-28}$$

$$f = \beta_2 + \beta_1 (X_p - X_i)$$

完成插值后再进行平滑，便得到最终的降水插值数据。

1.2 多尺度变分订正

无论哪一种插值算法都存在插值误差，尤其是对于降水、相对湿度、风速等空间不连续的要素，其误差会相对更大。为获取更接近观测值的栅格数据，有必要以插值结果为背景场，使用资料同化算法再次进行订正。

资料同化是一种为数值模式提供接近实际大气状态初始场的重要手段，常用于得到更好的模式初值(Lewis et al.，2006)，是模式数据集研制中的重要步骤。同化算法通常会利用不同时次、不同类型的观测资料获得对大气运动状态的估计(Talagrand，1997)，并将其与格点化的背景场相融合从而得到订正后的格点化数据，之后可用于驱动数值模式或直接展开应用。资料同化经历了传统经验性算法到变分同化算法、卡尔曼滤波算法，再到混合同化算法的发展过程，已经逐渐趋于完善。其中，传统方法包括多项式插值(Panofsky，1949)、逐步订正法

(Bergthórsson et al.，1955；Cressman，1959)、最优插值(Wiener，1949)以及松弛逼近(Lakshmivarahan et al.，2013)等方法。变分算法中包含了三维变分(Sasaki，1958；Lorenc，1986)、四维变分(Cacuci et al.，2013；Lorenc，2003)，卡尔曼滤波算法中包括了卡尔曼滤波(Kalman，1960)、拓展卡尔曼滤波(Miller et al.，1994)和集合卡尔曼滤波(Evensen，1994)等方法。混合(Hybrid)同化则是将不同的算法进行结合从而得到混合同化方法，是当前国际国内研究及应用的重点与热点，其中包括 En3DVar 混合同化(Pan et al.，2014；Wang et al.，2008)、Nudging-EnKF 混合同化(Lei et al.，2012；Yubao，2012；朱浩楠 等，2016)。

在众多的同化算法中，建立在贝叶斯最大似然估计理论上的变分资料同化得到了较为广泛的应用。首先定义状态矢量 x，代表了模式数据、背景场数据或分析场数据所在空间；观测矢量 y 代表同化所使用的观测值所在的空间。其中：

$$x=(x_1,x_2,x_3,\cdots x_n)^T$$

$$y=(y_1,y_2,y_3,\cdots y_m)^T$$

且有函数关系可将 x 映射至 y 所在空间：

$$y=h(x) \tag{1-29}$$

h 称为观测算子。资料同化的目的便是利用有偏观测场 y^o 寻找最合适的分析场 x。

而根据贝叶斯理论，A 相对于 B 的后验概率与 B 相对于 A 的后验概率和 A 的概率的乘积成正比：

$$P(A\mid B)\propto P(B\mid A)P(A)$$

对于气象领域，则可将事件 A 确定为分析场 x 出现的概率，B 定义为观测 y^o 出现的概率。因此上式可变为：

$$P(x\mid y^o)\propto P(y^o\mid x)P(x)$$

上式左边可以解释为：当观测资料为 y^o 时对应分析场 x 的概率。最大似然估计便是求出一个分析场使该概率密度函数达到最大值，即为当观测资料为 y^o 时可能性最大的分析场。该概率密度函数可表达为 $P_a(x)$。

对于 $P(x)$，由于已知的为背景场 x_b，因此 $P(x)$ 实际上可以表征为背景场与真实场偏差的概率密度函数，即 $P_b(x-x_b)$。假设背景场 x_b 与分析场 x 的偏差为 ε_b，且满足 $N(0,\boldsymbol{B})$ 的正态(高斯)分布，其中 $\boldsymbol{B}$ 为背景误差协方差矩阵，那么根据高斯概率密度函数公式，分析场的概率密度函数可最终定义为：

$$P_b(x-x_b)=\frac{1}{(2\pi)^{\frac{n}{2}}\left|\boldsymbol{B}\right|^{\frac{1}{2}}}e^{\left[-\frac{1}{2}(x-x_b)^{\mathrm{T}}\boldsymbol{B}^{-1}(x-x_b)\right]} \tag{1-30}$$

同样，对于概率密度函数 $P(y^o\mid x)$，由于 x 近似于“真实场”且 y^o 确定，因此该概率密度函数可以表征为观测误差的概率，即 $P(y^o\mid x)$ 可表达为 $P_o(y^o-h(x))$。观测误差一般来自仪器误差和代表性误差，因此可以将二者统一在一起，设：

$$y^o=h(x)+\varepsilon_o \tag{1-31}$$

其中 ε_o 代表观测误差矢量。假设 ε_o 满足多元正态分布 $\varepsilon_o\sim N(0,\boldsymbol{R})$，那么根据高斯分布概率密度函数，有：

$$P_o(y^o-h(x))=\frac{1}{(2\pi)^{\frac{n}{2}}\left|\boldsymbol{R}\right|^{\frac{1}{2}}}e^{\left[-\frac{1}{2}(y^o-h(x))^{\mathrm{T}}\boldsymbol{R}^{-1}(y^o-h(x))\right]} \tag{1-32}$$

最终可得：

$$P_a(x) \propto P_o(y^o - h(x)) P_b(x - x_b) \propto e^{J(x)}$$

其中有泛函表达式：

$$J(x) = -\frac{1}{2}(x - x_b)^T \boldsymbol{B}^{-1}(x - x_b) - \frac{1}{2}(y^o - h(x))^T \boldsymbol{R}^{-1}(y^o - h(x)) \quad (1\text{-}33)$$

$J(x)$ 即为变分同化的代价函数。可见若想要 $P_a(x)$ 达到最大值，则要求 $J(x)$ 达到极小值，对分析场 x 的最大似然估计问题由此转化为求解泛函 $J(x)$ 极值的问题，因此称为“变分”。将式(1-33)转为增量形式后，便可利用共轭梯度法、牛顿迭代法等算法进行求解。

根据上述内容，可知本书利用变分资料同化算法将观测与背景场进行融合，实现对背景场的订正。但传统的三维变分同化存在背景误差协方差矩阵 B 计算困难、代表性不足等问题，对此 Xie 等(2011)提出了 STMAS 这种基于多重网格的变分同化算法。该算法采用多重网格技术，对模式的误差进行从大尺度到小尺度的逐级变分订正，在提高了变分同化算法计算效率的同时也得到了包含多尺度信息的订正结果。该算法首先将背景场插值到不同分辨率上，以暴露其中的多尺度信息；然后利用观测资料对不同尺度的背景场做逐级变分订正，最后将订正增量相加得到最后终的分析场，从而得到经过多尺度订正的同化结果。该算法的代价函数具体公式为：

$$J^k(x^k) = \frac{1}{2}(x^k)^{\mathrm{T}}(x^k) + \frac{1}{2}[y^k - h^k(x^k)]^T \boldsymbol{O}^{-1}[y^k - h^k(x^k)] \quad (1\text{-}34)$$

$$y^1 = y^o - h^1(x_b)$$

$$y^k = y^{k-1} - h^{k-1}(x^{k-1}) \qquad (k = 2, \cdots, n)$$

其中上标 k 代表第 k 层网格，x^k 代表分析增量，O 为观测误差协方差与背景误差方差的比值。根据研究，由于 STMAS 进行了多尺度分析，因而可将背景误差简化为对角矩阵，即一个经验性数值。得到逐级网格的分析增量后，利用下式计算得到最终的分析场：

$$x = x_b + \sum_{k-1}^{n} x^k \quad (1\text{-}35)$$

进一步，通过在代价函数中增加平滑项做约束，还可以过滤掉在由于不同网格间插值造成的不平滑现象，起到和传统区域模式同化技术 3DVar 中递归滤波类似的效果。图 1-9 给出了多重网格同化的概念图。目前，STMAS 算法已在中国气象局气象信息中心的多源数据融合产品制作中发挥了重要作用。

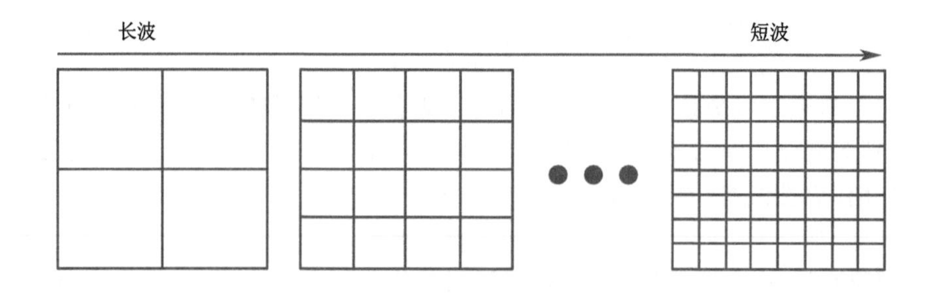

图 1-9 STMAS 同化概念图(李超 等，2017)

基于此，本研究将时空多尺度数据分析同化系统（STMAS）作为栅格数据产品制作的后处理算法，在 PRISM 对站点气象观测完成插值后，进一步将插值结果作为背景场，使用 STMAS 算法利用观测数据对其进行订正。

1.3 应用案例

1.3.1 天气个例分析评估

2021 年 7 月 21 日，重庆市合川区发生局地大风过程，最大风速达到 12 级以上。合川区金星玻璃制品有限公司 4 号库房因大风发生坍塌事故，造成 5 名作业人死亡。为还原天气过程，使用 PRISM 算法结合 STMAS 订正，制作了空间分辨率 100 m 的风场栅格数据。图 1-10 给出了事发地 2021 年 7 月 21 日 16 时 45 分风场，可见算法能较好地还原出当时的局地阵风区的分布特征。这为个例的分析和灾害评估提供了基础数据信息。

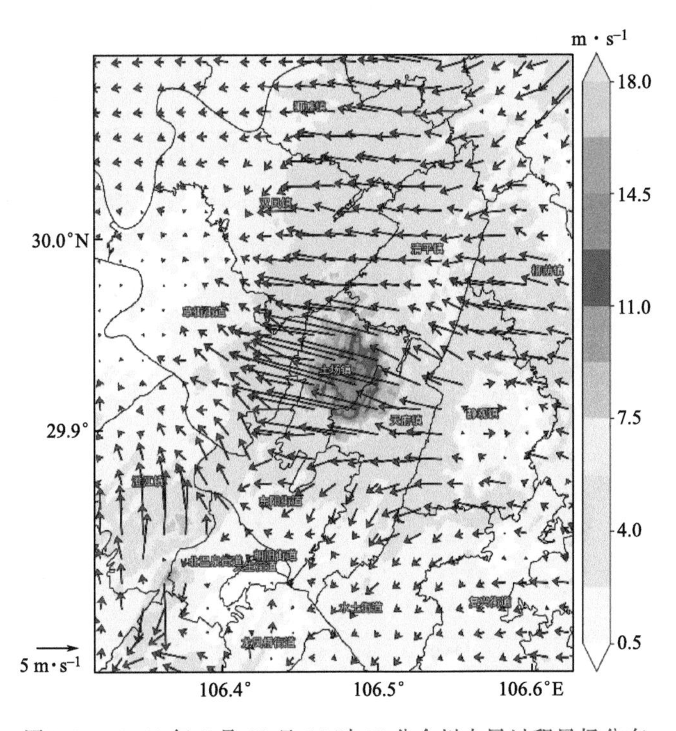

图 1-10 2021 年 7 月 21 日 16 时 45 分合川大风过程风场分布

1.3.2 气候数据集研制

基于 PRISM 算法和 STMAS 算法，研制了重庆市 100 m 分辨率的降水、气温、相对湿度等要素气候数据，为气候资源评估、精细化气候研究和服务提供了数据支撑。图 1-11 为全市年平均降水分布、图 1-12 为全市年平均气温分布。

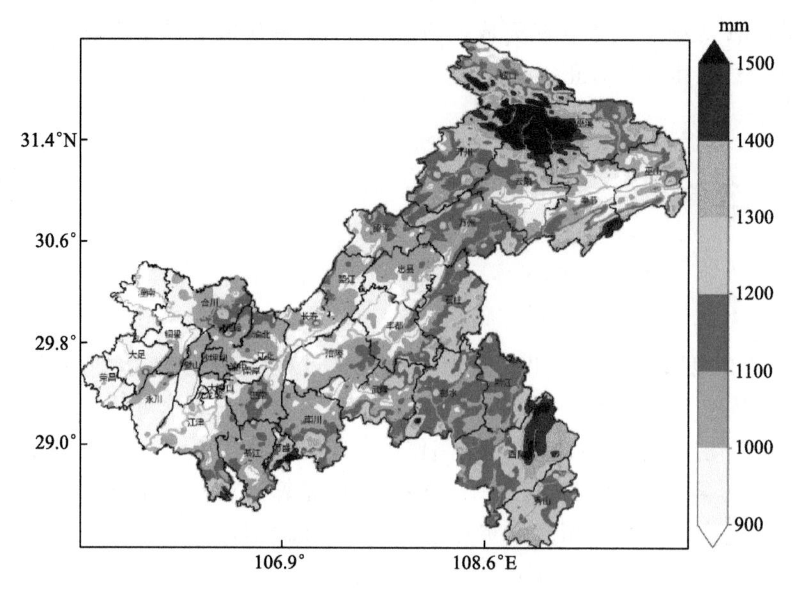

图 1-11　全市年平均降水分布

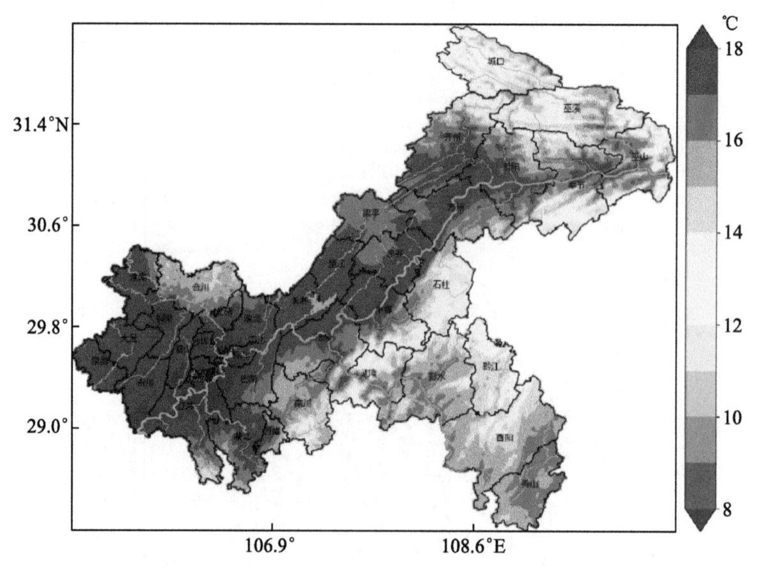

图 1-12　全市年平均气温分布

1.3.3　气象灾害风险评估

为进一步将算法投入应用，团队将算法进行优化改进，并植入预报精准——天资·智能气候业务系统气象灾害风险评估子系统(图 1-13)，为每日暴雨洪涝、高温、低温冻害等气象灾害的风险评估提供基础数据，支撑了重庆市的气象灾害风险评估业务。

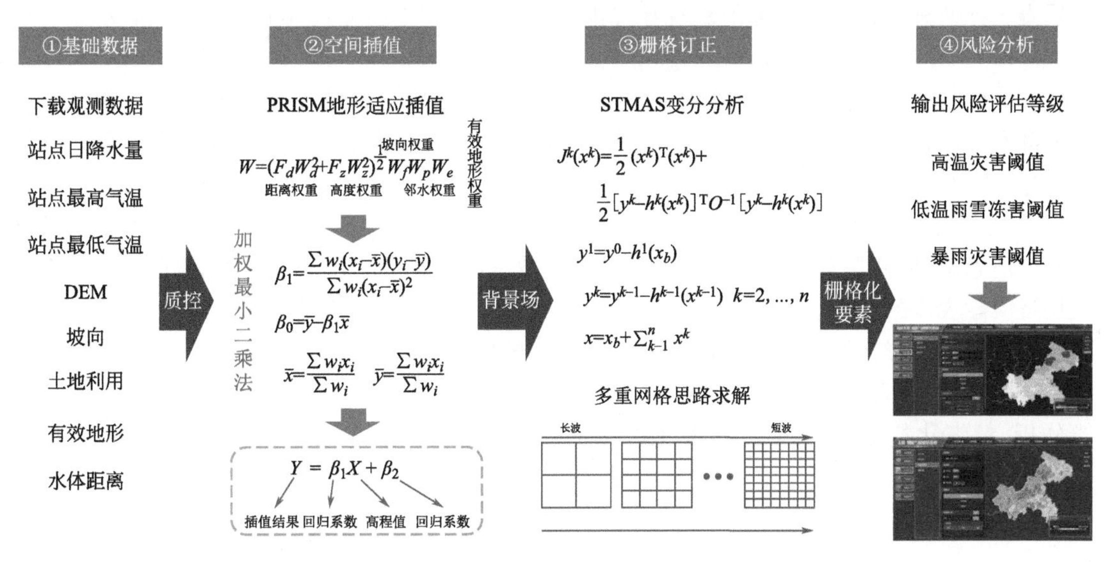

图 1-13 栅格数据制作算法在气象灾害风险评估子系统中的应用流程

1.4 本章小结

本章首先介绍了一种适合在地形复杂区域数据处理中应用的站点数据栅格化算法(PRISM 插值),并通过插值试验将算法与 Cokriging 和 IDW 两种算法进行对比,分析了其误差特征。然后又介绍了一种能考虑多尺度信息、计算效率较高的资料同化算法,并作为 PRISM 的后处理流程,以进一步减少栅格数据误差。最后,本章介绍了算法一些实际工作中的应用案例。具体的内容小结如下。

① PRISM 和 Cokriging 能较好地改善 IDW 算法插值结果中明显的"牛眼"现象。其中,PRISM 的插值结果能较好地表现出局地地形轮廓,对实际气候研究与分析有很大帮助;Cokriging 的插值结果相比另外两种算法更加平滑,但依然能保留一些重要的要素局部细节。

② 采用 1300 个样本时,平均气温的插值误差以 PRISM 最小,年平均均方根误差仅为 0.75 ℃;累计降水插值效果则以两种考虑地形的算法略优,年平均均方根误差为 24 mm 左右,略低于 IDW。进一步分析表明,PRISM 能较好地改善地形对气温插值误差的影响,可将绝对误差与高程的相关系数降低至 0.142,另外两种算法均为 0.3 以上;但对于累计降水,由于局地性较强,误差主要受降水量级影响,两种考虑地形的插值算法并无明显优势。

③ 采用不同数量样本的插值试验表明,三种算法插值误差均随样本数量减少而递增。气温插值误差以 PRISM 增长最慢,增长斜率为 0.0018,低于 IDW 的 0.0055 和 Cokriging 的 0.0051;但 PRISM 的降水插值误差则为最快,同时各数量样本均以 Cokriging 误差最小。这说明 Cokriging 算法在累计降水插值中,尤其当样本数量较少时,具有一定优势。

④ 对算法在不同样本数值和高度区间的误差分析表明,平均气温插值在低海拔和高海拔地区的误差最大,前者可能是受河谷、城市热岛影响,后者可能是高海拔地区观测样本较少的缘故。PRISM 在不同高度区间、不同气温数值区间的误差均为最小,且误差随高度增加的增

速较慢。但两种考虑地形的插值算法在降水插值中优势并不明显：Cokriging 误差略小于另外两种算法；当样本数量较少时，Cokriging 的优势相对突出。

⑤ PRISM 在降水差之中误差较大的原因，可能是算法采用的一元线性回归不能完全反映出降水和海拔间的关系所致。为解决这一问题，本研究通过对模型自变量和因变量进行修改，对算法做出了改进。

⑥ 为了进一步减少栅格数据的误差，本章提出了将 STMAS 变分分析作为 PRISM 后处理算法的思路，即使用资料同化手段将站点观测数据与插值模型生成的结果进行融合，以得到更接近实际观测的结果。事实证明 STMAS 运算效率高、订正后的栅格数据误差得到改善，将其应用于复杂地形区域栅格数据制作是一种可行的方案。

⑦ 业务实践证明，PRISM＋STMAS 的复杂地形数据处理算法可以为包括精细化天气气候分析、精细化气象灾害风险评估以及气候预测提供高分辨率的栅格数据，是重要的技术支撑。

第 2 章　重点工程建设气象保障关键技术研究及应用

重庆地区气象灾害种类多，发生频繁，给重点工程建设造成严重影响，迫切需要根据重庆气候特征研究重点工程建设气象相关气象参数，增强重点工程防灾减灾能力。本章将研究重庆建筑节能设计气象参数及设计标准、重庆建筑能耗评估的典型气象年数据构建、基于均一性订正的重庆设计风速风压推算、工程设计气象参数概率拟合及重现期推算等重点工程建设气象参数，这将为重庆部分重点工程建设决策提供科技支撑。

2.1　重庆建筑节能设计气象参数及设计标准研究

2.1.1　概述

全球气候变暖和极端气候事件加剧对社会各行业的影响日益显现，特别是对约占社会终端总能耗 30%的建筑能耗有明显影响，这对建筑节能工作提出了新的要求。本研究利用重庆地区 34 站的逐月、逐日、每日 4 次和逐小时的气温和相对湿度数据，计算在不同时段下，供暖室外计算温度、冬季通风室外计算温度、冬季空调室外计算温度、冬季空调室外计算相对湿度、夏季空调室外计算干球温度、夏季通风室外计算温度、夏季通风室外计算相对湿度和夏季空调室外计算日平均温度共 8 个建筑节能设计气象参数，分析建筑节能设计气象参数的空间特征以及气候变化对其影响，以期为重庆地区制定建筑节能设计气象参数标准奠定基础，也为从气候变化角度制定建筑节能决策提供依据。

2.1.2　计算方法

根据《工业建筑供暖通风与空气调节设计规范》(GB 50019—2015)，冬季空调室外计算温度、供暖室外计算温度、夏季空调室外计算干球温度、夏季空调室外计算日平均温度、冬季通风室外计算温度、夏季通风室外计算温度和夏季通风室外计算相对湿度这 7 个建筑节能设计气象参数的计算方法如下。

① 供暖室外计算温度：采用累年平均每年不保证 5 d 的日平均温度，即日平均温度低于采暖室外计算温度的天数不大于 5 d。

② 冬季通风室外计算温度：采用历年最冷月月平均温度的平均值。

③ 冬季空调室外计算温度：采用累年平均每年不保证 1 d 的日平均温度。

④ 夏季空调室外计算干球温度：采用累年平均每年不保证 50 h 的干球温度。

⑤ 夏季通风室外计算温度：采用历年最热月 14 时平均温度的平均值。

⑥ 夏季通风室外计算相对湿度：采用历年最热月 14 时平均相对湿度的平均值。

⑦ 夏季空调室外计算日平均温度：采用累年平均每年不保证 5 d 的日平均温度。

历年：逐年，特指整编气象资料时，所采用的以往一段连续年份的每一年。累年：多年，特指整编气象资料时，所采用的以往一段连续年份的累计。

对 2007 年以前的每日 4 次定时观测记录的干球温度数据采用分段三次样条函数插值方法插补为逐小时干球温度数据。

以北京时间 02 时、08 时、14 时和 20 时 4 次定时气温和日最高气温、日最低气温为基本插值点，利用分段三次样条函数插值法可以模拟计算一个气象观测日内 24 次的定时气温。具体步骤如下（以每日 4 次定时观测为例，如某一时刻缺测，则该时刻不参与时段划分与计算）。

① 将一个气象日分为 4 个区间（图 2-1），区间 1 为前一日的 20 时至当日 02 时；区间 2 为当日 02—08 时；区间 3 为当日 08—14 时；区间 4 为当日 14—20 时（区间均为开区间，分隔点处的模拟值均等于观测值）。

② 按照日最高气温和日最低气温出现的时间，确定它们的整点时刻，具体确定方法见《中国建筑热环境分析专用气象数据集》中。

③ 按照分段三次样条函数插值法要求的条件选取三次样条插值函数模拟计算 24 h 资料，采用的边界条件为日最高（低）温度处的一阶导数为 0，以保证日最高（低）温度位于日逐时温度的极值点处。其他情况则以自然边界条件作为补充。既保证得到的插值函数在节点处的连续性，同时又能使插值曲线具有一定的光滑性。

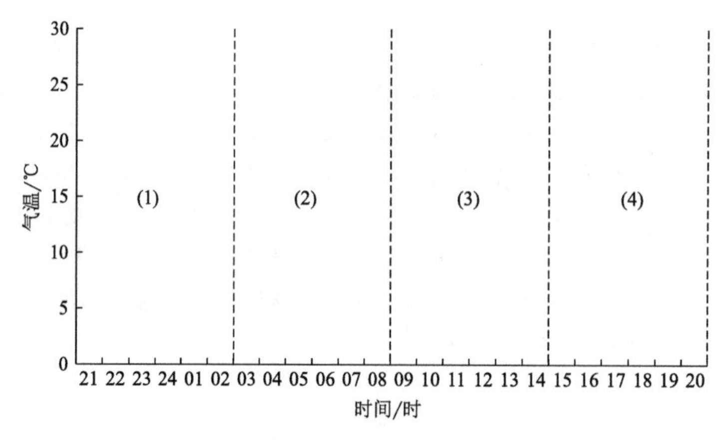

图 2-1 三次样条函数插值法的时段划分

应用以下指标对模拟的有效性进行验证。

① 平均绝对误差（MAE）表示不考虑误差正负的情况下误差的平均大小，数值越小表明模型的模拟效果越好。

② 平均误差（MBE）考虑了误差的正负，可以反映模型的高估或低估趋势大小，MBE 为正值说明模型总体为高估的趋势，MBE 为负值说明模型总体为低估的趋势，因此，MBE 越接近 0，在一定程度上表明模型的模拟效果越好。

③ 平均相对误差（MPE）采用相对误差衡量模型的高估或低估趋势，避免了较大或较小的观测值引入较大或较小的绝对误差造成的影响，MPE 越接近 0，模型的模拟效果越好。

④ 均方根误差（RMSE）放大了较大误差的影响，可以较好地反映误差的离散程度，RMSE 越小，表示误差越集中在 0 误差线上下，数据的离散程度越低，模型效果越好。

计算公式分别为：

$$\mathrm{MAE}=\frac{1}{n}\sum_{i=1}^{n}|t_i'-t_i| \tag{2-1}$$

$$\mathrm{MBE}=\frac{1}{n}\sum_{i=1}^{n}(t_i'-t_i) \tag{2-2}$$

$$\mathrm{MPE}=\frac{100}{n}\sum_{i=1}^{n}(|t_i'-t_i|/t_i) \tag{2-3}$$

$$\mathrm{RMSE}=\sqrt{\frac{1}{n}\sum_{i=1}^{n}(t_i'-t_i)^2} \tag{2-4}$$

式(2-1)～式(2-4)中，t_i 为第 i 个观测值；t_i' 为第 i 个模拟值；n 为样本总数。

2.1.3　逐小时气温模拟效果检验

采用分段三次样条函数插值方法对重庆 34 站逐小时气温进行模拟，将 2007—2017 年模拟的逐小时观测气温与实际观测值进行模拟检验。每年样本总数为 8760 h(闰年为 8784 h)，除去建模中使用的每日 4 次的定时观测数据(1460/1464 h)，所以检验样本为每年 7300 h，闰年则为 7320 h。

根据式(2-1)～式(2-4)计算 2007—2017 年逐年的 MAE、MBE、MPE 和 RMSE(表略)，可以看出，2007—2017 年间，各个气象站的气温均较稳定，模拟的气温年际间变化较小。然后根据 MAE、MBE、MPE 和 RMSE 的逐年值求取各自 11 年的平均值，以此值作为检验判据值(图 2-2)。图 2-2 给出了重庆地区 34 个国家气象站分段三次样条函数插值法模拟气温的统计检验。MAE、MBE、MPE 和 RMSE 均是越接近 0，表明模拟的逐小时气温与实际观测值之间的误差越小，模拟效果越好。由图 2-2 可知，34 站的 MBE 均为负值，表明分段三次样条函数插值法模拟的逐小时气温均存在偏低的现象。但综合 MAE、MBE、MPE 和 RMSE 结果而言，4 个统计判据的值均较小，其中 MAE 最大值(0.5996)不超过 0.6，MBE 最小值(－0.1782)不小于－0.2，MPE 最大值(4.7742)不超过 5.0，RMSE 最大值(0.8958)不超过 0.9，表明分段三次样条函数插值法模拟的逐小时气温与实际观测值之间误差较小，模拟效果较好。

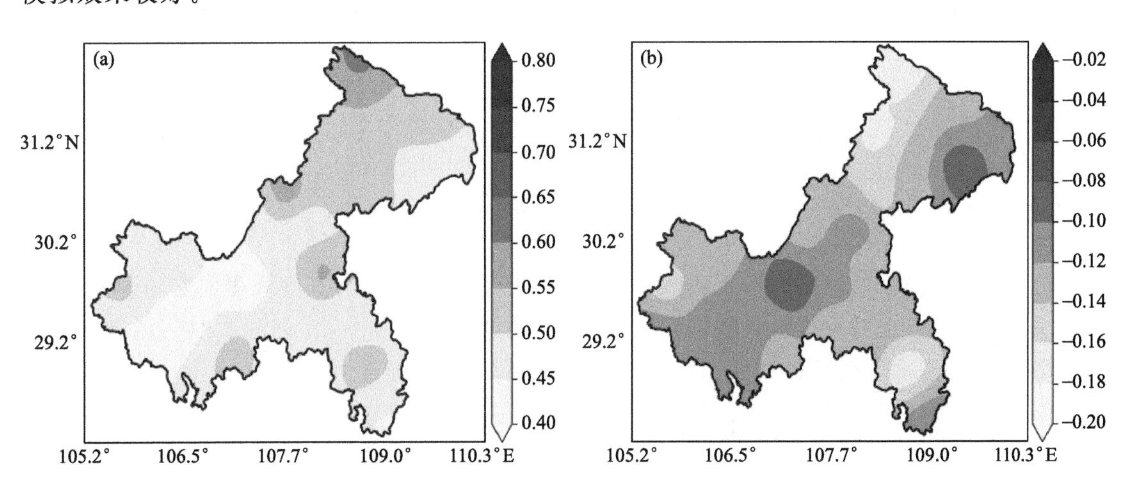

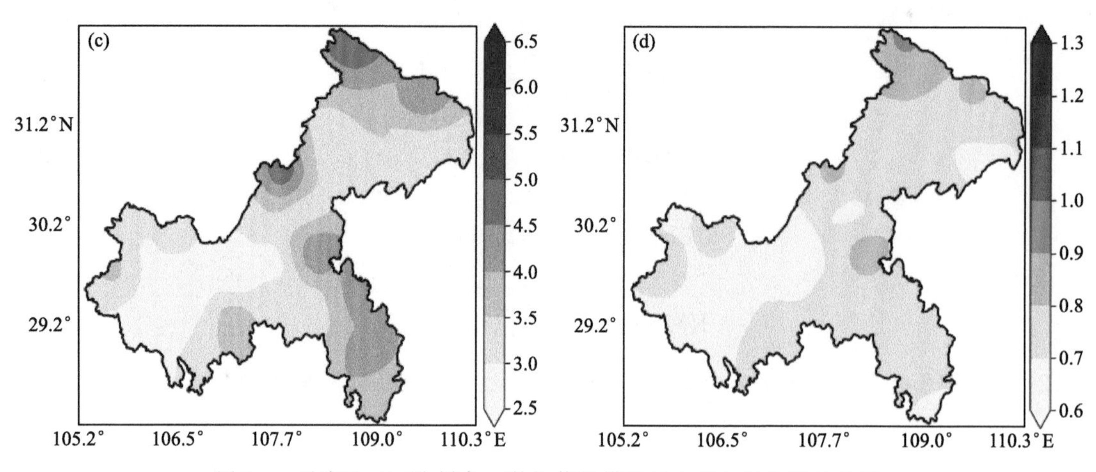

图 2-2 重庆地区三次样条函数插值法模拟逐小时气温的统计检验

(a)平均绝对误差;(b)平均误差;(c)平均相对误差;(d)均方根误差

此外,利用 2007—2017 年逐小时气温的模拟结果与实际观测的对应时刻气温进行相关分析,计算了重庆 34 站相关系数(图略),发现模拟的逐小时气温数据与实际观测值之间存在显著的正相关关系,其中相关系数最小值在石柱站,为 0.9943,最大值在长寿站,为 0.9976,其他站介于二者之间。所有站的相关系数均通过了 0.01 的显著性检验。为了简洁,此处仅给出相关系数最大(长寿)和相关系数最小(石柱)的气象站逐小时的模拟气温与观测气温的线性拟合关系(图 2-3)。由此可见,34 站逐小时模拟气温与观测气温的相关性均较好。

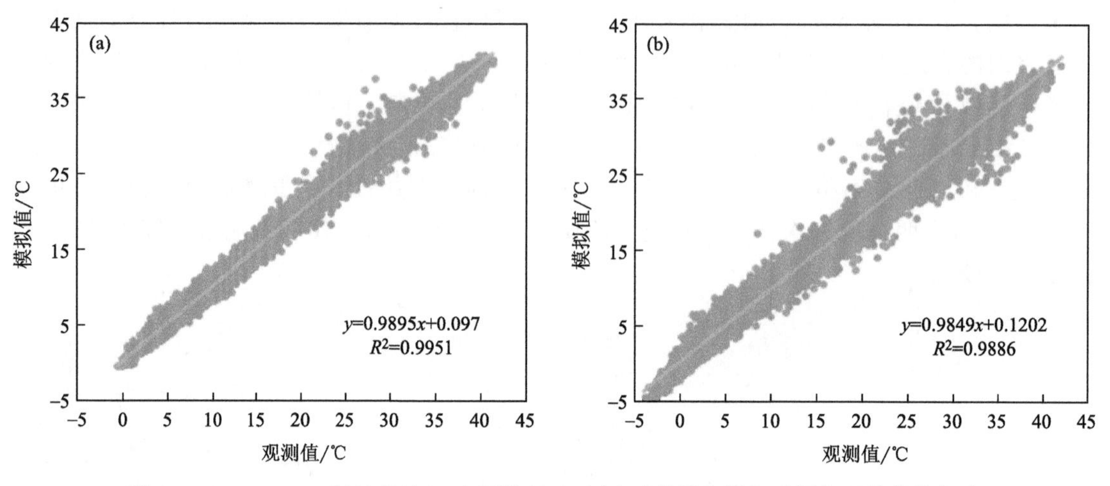

图 2-3 2007—2017 年长寿站(a)和石柱站(b)逐小时模拟气温与观测气温的线性拟合

经过检验,采用分段三次样条函数插值法模拟的逐小时气温与实际观测值之间误差较小,相关性较好,该方法的模拟效果较好。因此,重庆地区 1951—2006 年的逐小时气温数据均采用三次样条函数插值模拟得到。

2.1.4 建筑节能设计气象参数空间特征

利用每 30 年的数据(1951—1980 年,1952—1981 年,1953—1984 年,1954—1985 年,……,依

次类推至1988—2017年)首先统计各参数在不同统计年限下的值,然后求其多年平均值,对各个建筑节能设计气象参数多年平均的空间特征进行分析。

目前重庆地区建筑节能设计气象参数参照的是最新版的《工业建筑供暖通风与空气调节设计规范》(GB 50019—2015)中利用1971—2000年的数据计算的全国主要城市的建筑节能设计气象参数。其中重庆地区共3个气象站:重庆、万州和奉节。为了检验对各个建筑节能设计气象参数理解和计算的正确性,将计算的1971—2000年这个时段的各个建筑节能设计气象参数与以上国标中的参数进行对比。由于重庆站在1986年后就撤站,不再进行观测,所以此处对万州和奉节两个站进行对比。将《工业建筑供暖通风与空气调节设计规范》(GB 50019—2015)各个建筑节能设计气象参数的值称为标准值,将计算的值称为计算值,对比结果如表2-1所示。由表2-1可知,除了夏季空调室外计算干球温度外,其他各个建筑节能设计气象参数的计算值和标准值均一样,表明了对各个建筑节能设计气象参数的理解和计算是正确的。对于夏季空调室外计算干球温度而言,标准值与计算值出现差别的原因可能是二者所用数据的时间分辨率不一样。标准值是以每天四次(02时、08时、14时、20时)的定时温度记录为基础,以每次记录代表6 h进行统计的,而计算值是用逐小时的气温进行统计的。总体而言,除了夏季空调室外计算干球温度外,其他各个参数的计算值与标准值均是吻合的。

表2-1 建筑节能设计气象参数标准值与计算值对比表(1971—2000年)

建筑节能设计气象参数	标准值		计算值	
	万州	奉节	万州	奉节
供暖室外计算温度/℃	4.3	1.8	4.3	1.8
冬季通风室外计算温度/℃	7.0	5.2	7.0	5.2
冬季空调室外计算温度/℃	2.9	0.0	2.9	0.0
夏季空调室外计算干球温度/℃	36.5	34.3	36.0	34.0
夏季通风室外计算温度/℃	33.0	30.6	33.0	30.6
夏季通风室外计算相对湿度/%	56	57	56	57
夏季空调室外计算日平均温度/℃	31.4	30.9	31.4	30.9

图2-4给出了重庆地区多年平均的冬季空调室外计算温度和供暖室外计算温度的空间分布。由图2-4a可知,重庆地区冬季空调室外计算温度存在明显的区域差异。东北北部(城口)和东南地区(酉阳、秀山和黔江)在0.0 ℃以下,其余地方在0.0 ℃以上,其中酉阳和城口最低,为−2.1 ℃。温度较高的地方位于重庆中、西部和东北南部地区,其中綦江最高,达3.8 ℃,云阳次之达3.7 ℃。温度最高的綦江和温度最低的酉阳和城口相差5.8 ℃。重庆地区供暖室外计算温度的空间特征与冬季空调室外计算温度的特征基本一致,也表现出明显的区域差异(图2-4b)。东北北部(城口)和东南局部(酉阳)在0.0 ℃以下,其中城口最低为−0.3 ℃。温度较高的地方主要位于重庆中、西部和东北南部,其中綦江温度最高,达5.4 ℃,巴南和江津并列第二,达5.2 ℃。温度最高的綦江和温度最低的城口相差5.7 ℃。

图2-5给出了重庆地区多年平均的夏季空调室外计算干球温度日平均温度的空间分布。由图2-5a可知,重庆地区夏季空调室外计算干球温度具有明显的区域性差异。东北南部、中部局部和西南部地区温度较高,东北北部和东南部温度较低。其中东南部的酉阳温度最低为32.0 ℃,东北南部的云阳温度最高达37.2 ℃。整个重庆地区最高温度与最低温度之间相差

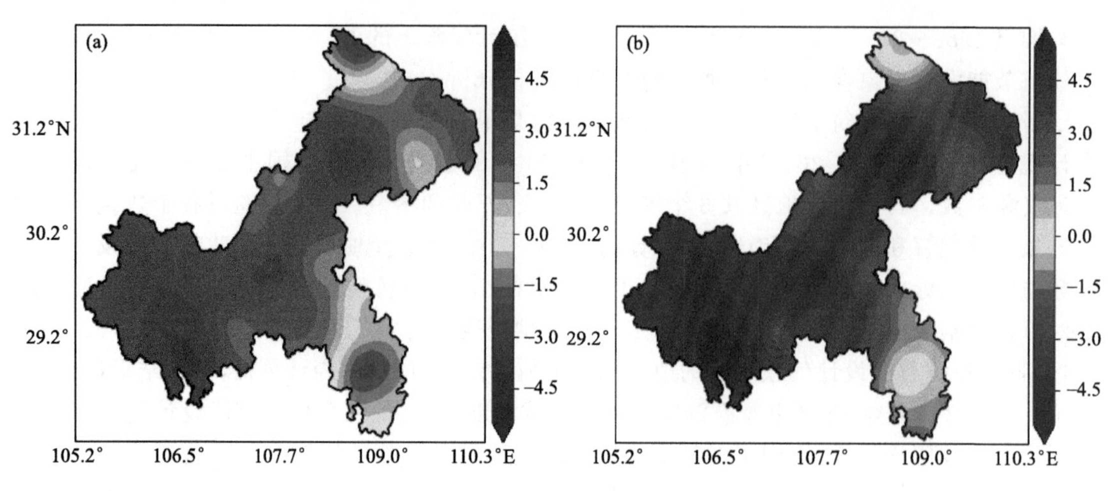

图 2-4 重庆地区冬季空调室外计算温度(a)和供暖室外计算温度(b)的空间分布(单位:℃)

5.2 ℃。夏季空调室外计算日平均温度的空间特征与干球温度一致,也具有明显的区域差异(图 2-5b),仍然表现为东北北部和东南部温度较低,中西部和东北南部地区温度较高。其中东北北部的城口温度最低为 27.3 ℃,西南部的綦江温度最高达 33.2 ℃,相差 5.9 ℃。

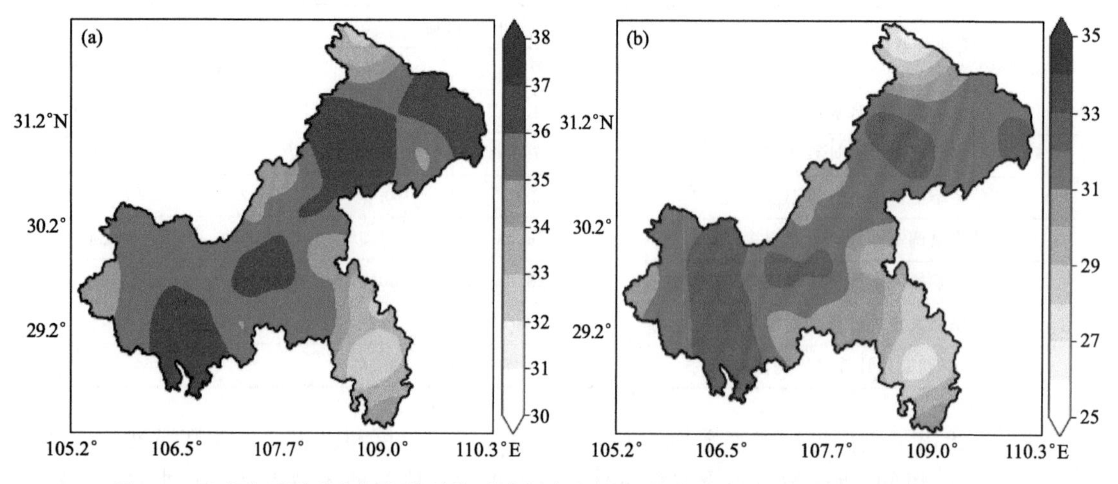

图 2-5 重庆地区夏季空调室外计算干球温度(a)和日平均温度(b)的空间分布(单位:℃)

图 2-6 给出了重庆地区多年平均的冬季和夏季通风室外计算温度以及夏季通风室外计算相对湿度的空间分布。由图 2-6a 可知,冬季通风室外计算温度存在明显的区域差异,东北北部和东南部温度较低,中西部地区温度较高。其中东北北部的城口温度最低为 2.6 ℃,西南部的綦江温度最高达 8.2 ℃,相差 5.6 ℃。夏季通风室外计算温度的空间特征与冬季类似,仍然具有明显的区域差异(图 2-6b)。东北北部和东南部温度较低,东北南部温度较高。其中东南部的酉阳温度最低为 29.2 ℃,东北北部的云阳温度最高达 33.5 ℃,开州紧随其后为 33.4 ℃。最高温度和最低温度之间相差 4.3 ℃。夏季通风室外计算相对湿度的空间分布也存在区域差异,但是没有冬季和夏季的温度这么明显。东北部相对湿度较低,东南部和西部偏西地区相对湿度较高(图 2-6c)。其中东北部的巫溪相对湿度最低为 52.8%,西部以西的大足最高达 63.7%,最高与最低之间相差 10.9%。

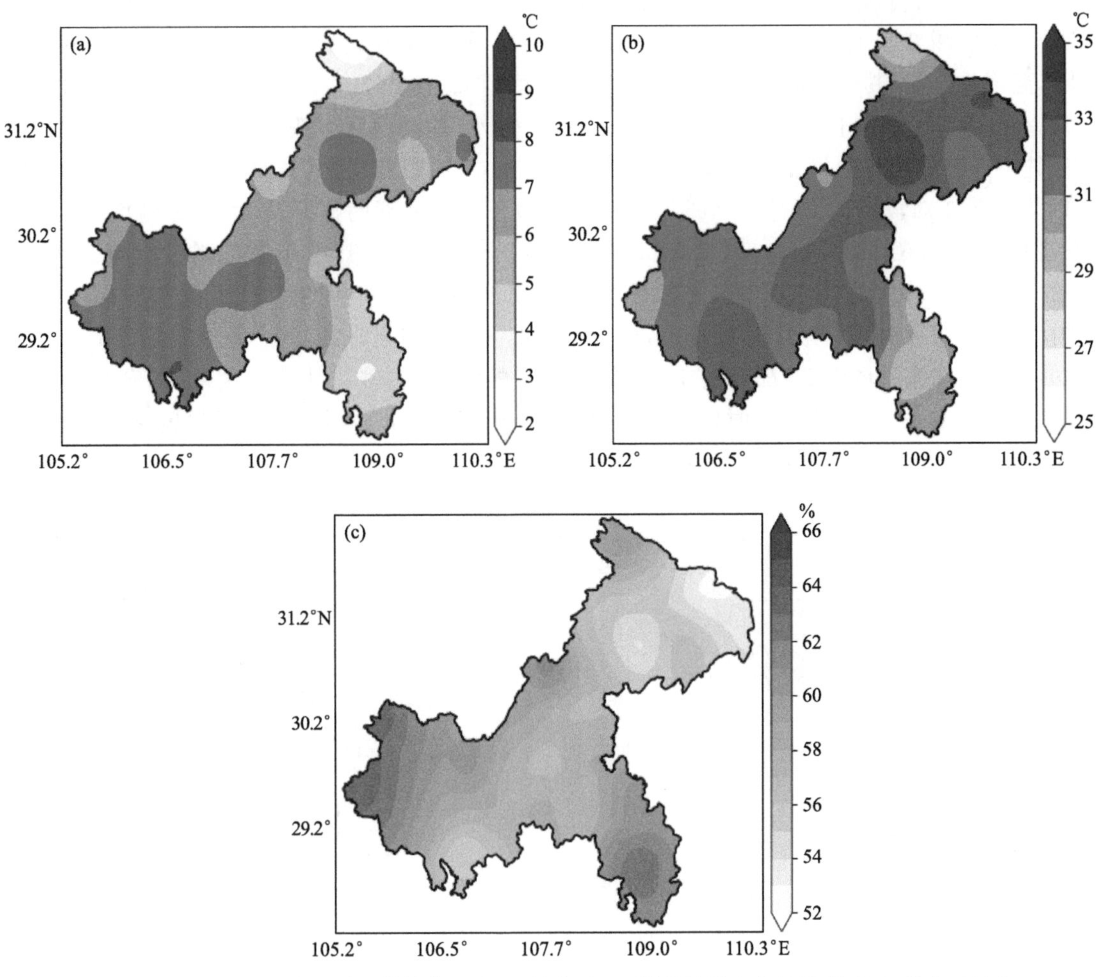

图 2-6 重庆地区冬季通风室外计算温度(a,单位:℃)、夏季通风室外计算温度(b,单位:℃)和夏季通风室外计算相对湿度(c,%)的空间分布

由以上分析可知,重庆地区冬季空调室外计算温度、供暖室外计算温度、夏季空调室外计算干球温度、夏季空调室外计算日平均温度、冬季通风室外计算温度、夏季通风室外计算温度的空间分布都具有明显的区域差异,基本表现为东北北部和东南部温度较低,沿长江区域温度较高。重庆地区冬季空调室外计算温度的最大值与最小值之间相差 5.8 ℃,供暖室外计算温度相差 5.7 ℃,夏季空调室外计算干球温度相差 5.2 ℃,夏季空调室外计算日平均温度相差 5.9 ℃,冬季通风室外计算温度相差 5.6 ℃,夏季通风室外计算温度相差 4.3 ℃,温差都较大。由此可见,仅用万州和奉节两个气象站并不能代表整个重庆地区的建筑节能设计气象参数。

2.1.5 气候变化对建筑节能设计气象参数的影响

将 1951—2017 年划分为 5 个时段:1951—1980 年(以下称第 1 时段)、1961—1990 年(以下称第 2 时段)、1971—2000 年(以下称第 3 时段)、1981—2010 年(以下称第 4 时段)、1991—2017 年(以下称第 5 时段),分析第 2～5 时段与第 1 时段的差异,并利用每 30 年的数据分析重庆地区各个建筑节能设计气象参数的变化趋势。

图 2-7 给出了重庆地区冬季空调室外计算温度第 2～5 时段分别与第 1 时段的差值的空间分布。由图 2-7a 可知，第 2 时段与第 1 时段相比，整个重庆地区（开州除外）冬季空调室外计算温度均升高，其中升高幅度最大的是东南部的酉阳，达 0.7 ℃；沙坪坝、巫溪和黔江次之，都升高 0.5 ℃。第 3 时段与第 1 时段相比，除开州外，其余地区冬季空调室外计算温度均升高，其中升温最明显的仍然是东南部的酉阳，升高 1.0 ℃；黔江次之，升温 0.9 ℃（图 2-7b）。第 4 时段与第 1 时段相比，整个重庆地区冬季空调室外计算温度明显升高，大部分地区（27 个气象站）升温 0.5 ℃以上，东南部、东北部和主城区升温最明显，其中东南部黔江升温最大，达 1.2 ℃；酉阳次之，达 1.1 ℃；东北部的巫山和巫溪以及主城区的沙坪坝也都升温 0.9 ℃（图 2-7c）。第 5 时段与第 1 时段相比，整个重庆地区温度明显升高，其中升温最显著的为东北部的巫山和东南部的黔江，都升高 1.1 ℃；主城区的渝北、北碚和沙坪坝次之，均升高 0.8 ℃（图 2-7d）。总的来说，从第 1 时段到第 5 时段，重庆地区冬季空调室外计算温度越来越高，整体呈现出明显的上升趋势（图 2-9a）。

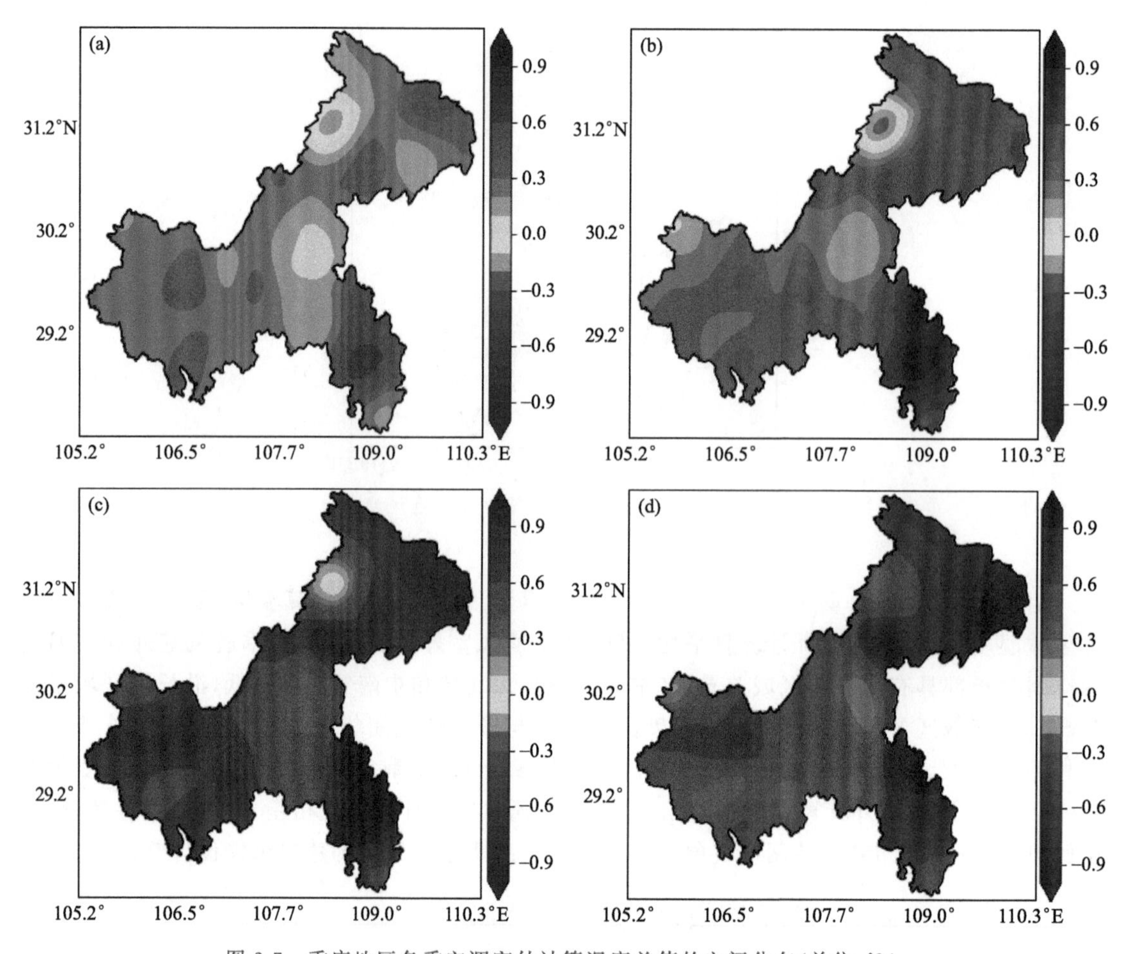

图 2-7 重庆地区冬季空调室外计算温度差值的空间分布（单位：℃）

（a）第 2 时段减第 1 时段；（b）第 3 时段减第 1 时段；（c）第 4 时段减第 1 时段；（d）第 5 时段减第 1 时段

图 2-8 给出了重庆地区供暖室外计算温度第 2～5 时段分别与第 1 时段的差值的空间分布。第 2 时段与第 1 时段相比，重庆大部地区供暖室外计算温度都升高，但是并不明显，最高

酉阳仅升高 0.3 ℃(图 2-8a)。第 3 时段与第 1 时段相比,除开州外,其余地区供暖室外计算温度都升高,升高幅度比第 2 时段稍明显。升温最大的仍然是酉阳,为 0.6 ℃(图 2-8b)。第 4 时段与第 1 时段相比,整个重庆地区供暖室外计算温度都明显升高,17 个气象站升高 0.5 ℃以上,其中升高最大的分别为东南部的酉阳,升高 0.9 ℃(图 2-8c)。第 5 时段与第 1 时段相比,大部分地区供暖室外计算温度进一步明显升高,23 个气象站升高 0.5 ℃以上,其中酉阳升温最大,达 1.0 ℃;南川次之,升温 0.9 ℃(图 2-8d)。总的来说,从第 1 时段到第 5 时段,重庆地区供暖室外计算温度也越来越高,整体也呈现出显著的上升趋势(图 2-9b)。

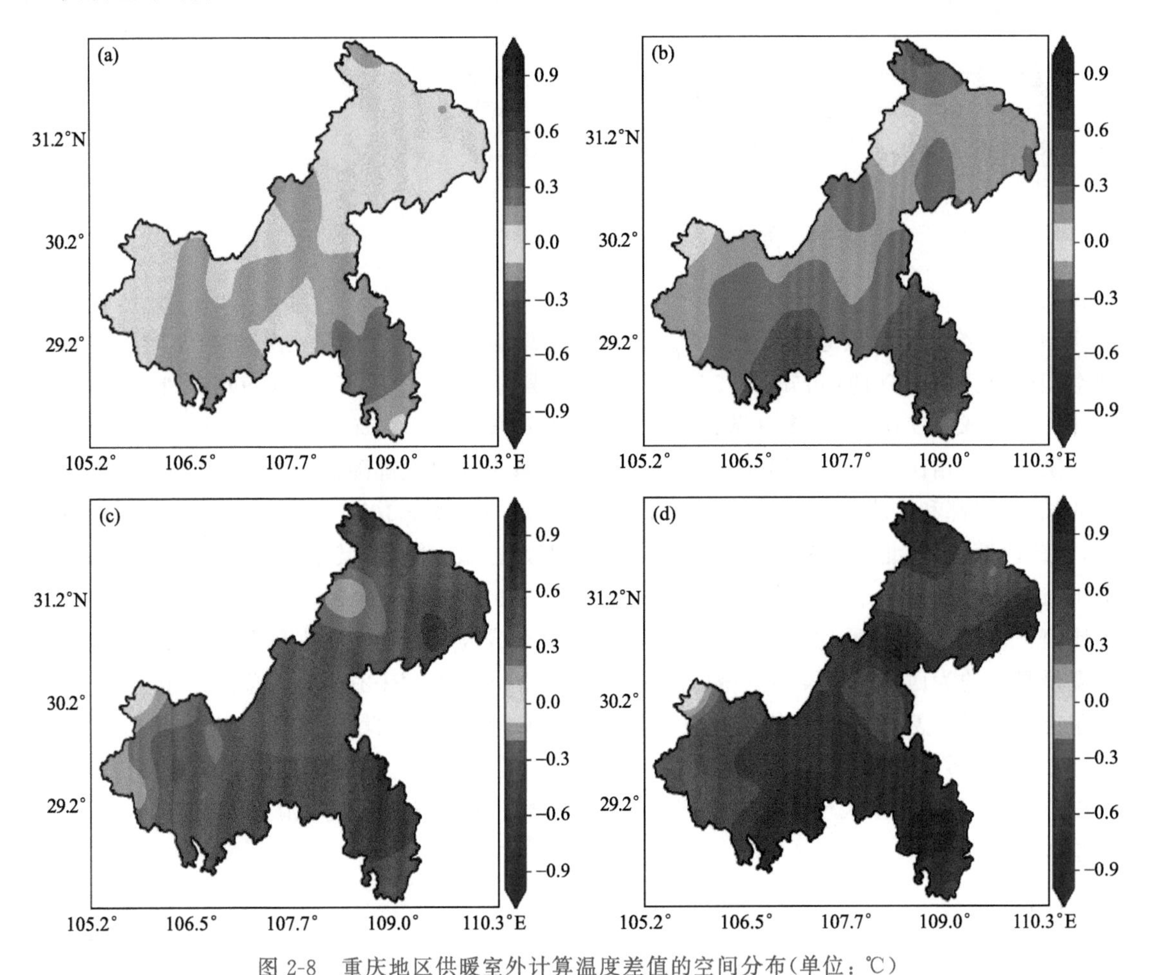

图 2-8　重庆地区供暖室外计算温度差值的空间分布(单位：℃)

(a)第 2 时段减第 1 时段;(b)第 3 时段减第 1 时段;(c)第 4 时段减第 1 时段;(d)第 5 时段减第 1 时段

冬季空调室外计算温度主要用于计算新风负荷和围护结构传热,用于指导空调设计负荷,温度升高(降低)使得冬季空调设计负荷降低(升高)。供暖室外计算温度主要用于计算锅炉,尤其是集中采暖锅炉的燃料定额,从而确定其供热容量。供暖室外温度升高(降低)使得供暖燃料定额降低(升高)。从以上分析可知,重庆地区冬季空调室外计算温度和供暖室外计算温度均呈现明显的升高趋势。第 5 时段与第 1 时段相比,二者温度明显升高,最大升温分别达 1.1 ℃和 1.0 ℃。冬季空调室外计算温度和供暖室外计算温度的升高非常有利于降低冬季空调设计负荷和供暖燃料定额,具有明显的节能潜力,在实际设计中应充分考虑以达到节能减排

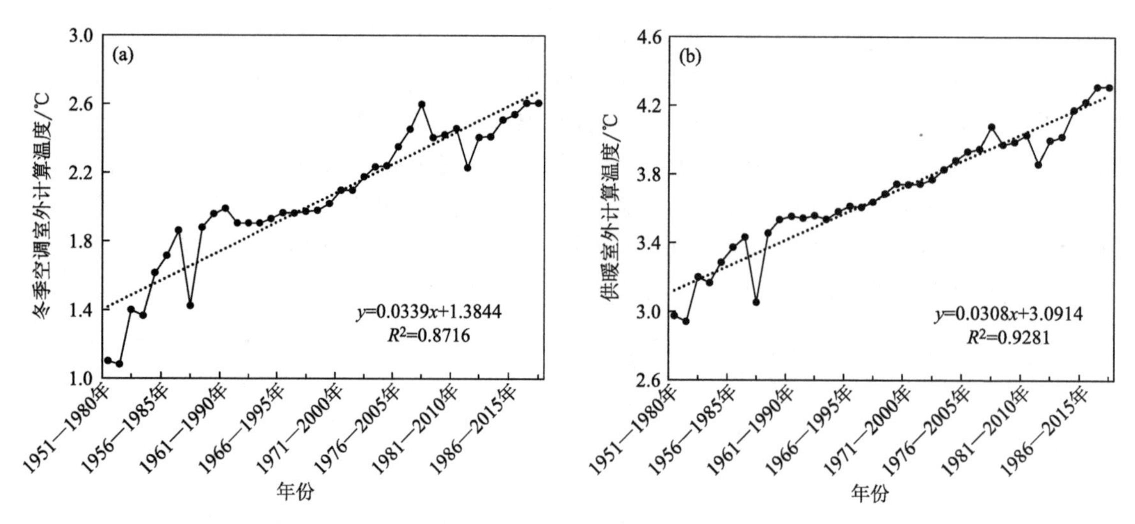

图 2-9　重庆地区冬季空调室外计算温度(a)和供暖室外计算温度(b)的变化趋势

的目的。

图 2-10 给出了重庆地区夏季空调室外计算干球温度第 2～5 时段分别与第 1 时段的差值的空间分布。由图 2-10a 可知，第 2 时段与第 1 时段相比，整个重庆地区(南川除外)夏季空调室外计算干球温度均降低，其中降低幅度最大的是西部的永川和荣昌，均达－0.4 ℃。第 3 时段与第 1 时段相比，重庆大部地区夏季空调室外计算干球温度都降低，其中降温最明显的是中部的长寿、丰都和涪陵以及东南部的秀山，均达－0.5 ℃(图 2-10b)。第 4 时段与第 1 时段相比，重庆西部、东北北部和东南部温度都升高，中部地区温度降低，其中升温最明显的为西部的南川，达 0.5 ℃，降温最明显的为东北部的奉节，为－0.6 ℃(图 2-10c)。第 5 时段与第 1 时段相比，整个重庆地区夏季空调室外计算干球温度显著升高，24 个气象站升高 0.5 ℃以上，其中升温最显著的为西部的铜梁和主城区的渝北，均升高 1.3 ℃(图 2-10d)。总的来说，重庆地区夏季空调室外计算干球温度的变化具有明显的阶段性特征，从第 1 到第 3 时段，温度越来越低，从第 4 到第 5 时段，温度越来越高，特别是第 5 时段，温度升高特别明显。结合图 2-12a 也可以看出，近几十年重庆地区夏季空调室外计算干球温度呈上升趋势，尤其从 1976 年开始，上升趋势异常明显。

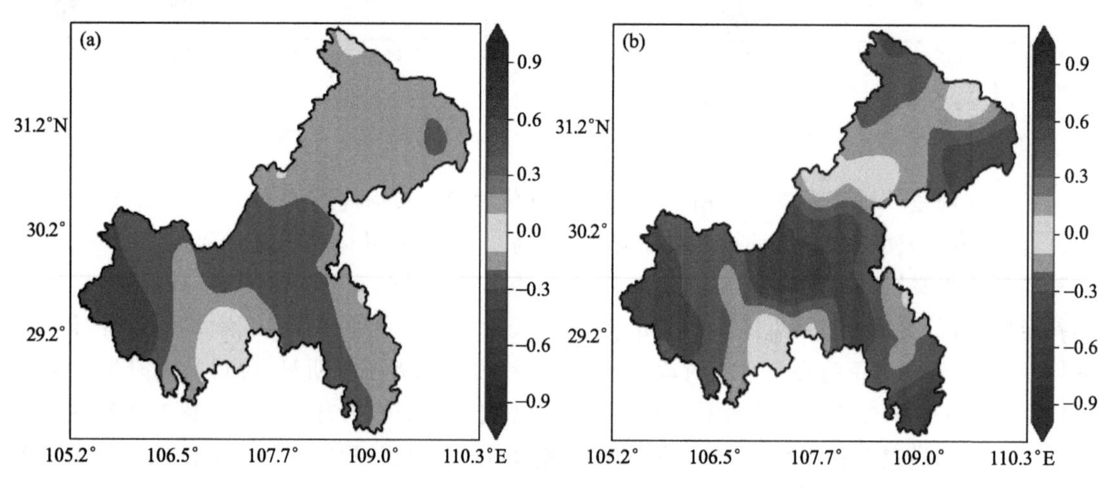

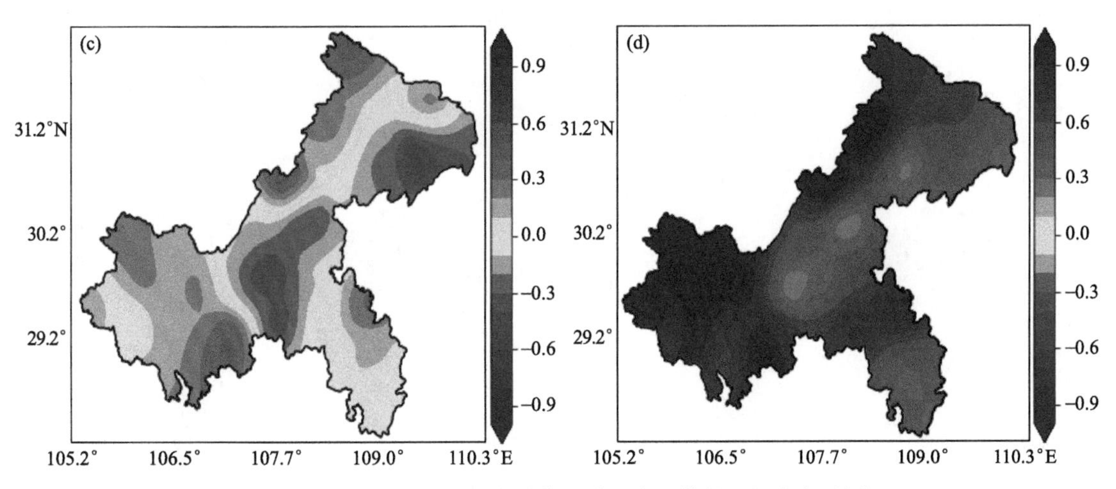

图 2-10　重庆地区夏季空调室外计算干球温度差值的空间分布(单位:℃)

(a)第 2 时段减第 1 时段;(b)第 3 时段减第 1 时段;(c)第 4 时段减第 1 时段;(d)第 5 时段减第 1 时段

图 2-11 给出了重庆地区夏季空调室外计算日平均温度第 2～5 时段分别与第 1 时段的差值的空间分布。第 2 时段与第 1 时段相比,整个重庆地区夏季空调室外计算日平均温度都降低,其中降低幅度最大的是东北部的巫溪,达－0.5 ℃(图 2-11a)。第 3 时段与第 1 时段相比,整个重庆地区夏季空调室外计算日平均温度都明显降低,其中降低最明显的是东北部的巫山,均为－0.8 ℃,中部的忠县和长寿也降低 0.7 ℃(图 2-11b)。第 4 时段与第 1 时段相比,东南部温度开始出现升高,其余地区温度明显降低,其中东南部的酉阳升高 0.2 ℃,东北部的巫山降低 1.0 ℃(图 2-11c)。第 5 时段与第 1 时段相比,重庆大部地区(18 个气象站)温度都升高,升温的区域主要位于西部和东南部,东北部和中部地区仍以降温为主。升温最明显的是主城区的沙坪坝,升高 1.0 ℃;降温最明显的是东北部的巫山,降低 0.9 ℃(图 2-11d)。

总的来说,从第 1 时段到第 4 时段,重庆地区夏季空调室外计算日平均温度都是降低的,且东北和中部地区越来越低。第 5 时段,大部地区温度明显升高。结合图 2-12b 可知,近几十年重庆地区夏季空调室外计算日平均温度长期变化趋势并不明显,但是从 1974 年以后,呈现出显著的上升趋势。

夏季空调室外计算日平均温度主要是用于计算夏季空调室外逐时温度。根据《工业建筑供暖通风与空气调节设计规范》(GB 50019—2015)中的方法,计算了不同时段重庆 34 站的夏季空调室外逐时温度,此处选取 6 个代表站(城口、酉阳、巫山、开州、涪陵和沙坪坝)进行分析,结果如图 2-13 所示。从第 1 时段到第 5 时段,城口(图 2-13a)、巫山(图 2-13c)和开州(图 2-13d)的夏季空调室外计算逐时温度在夜晚到凌晨之间(22 时—次日 07 时)是下降的,其中城口最大下降 1.7 ℃(05 时),巫山最大下降 1.8 ℃(05 时),开州最大下降 1.0 ℃;在上午到下午之间(11—18 时)是上升的,其中城口最大上升 0.8 ℃(14—15 时),巫山最大上升 0.4 ℃(14—15 时),开州最大上升 1.1 ℃。从第 1 时段到第 5 时段,酉阳(图 2-13b)和沙坪坝(图 2-13f)的夏季空调室外计算逐时温度在 01—24 时都呈上升趋势,其中酉阳和沙坪坝分别上升 0.2 ℃和 1.0 ℃。涪陵(图 2-13e)的夏季空调室外计算逐时温度除了在 12—15 时略有上升外,其余时刻温度都降低。由此可见,第 5 时段与第 1 时段相比,重庆地区夏季空调室外计算逐时温度上升幅度最大的时段出现在午后(14—15 时)。

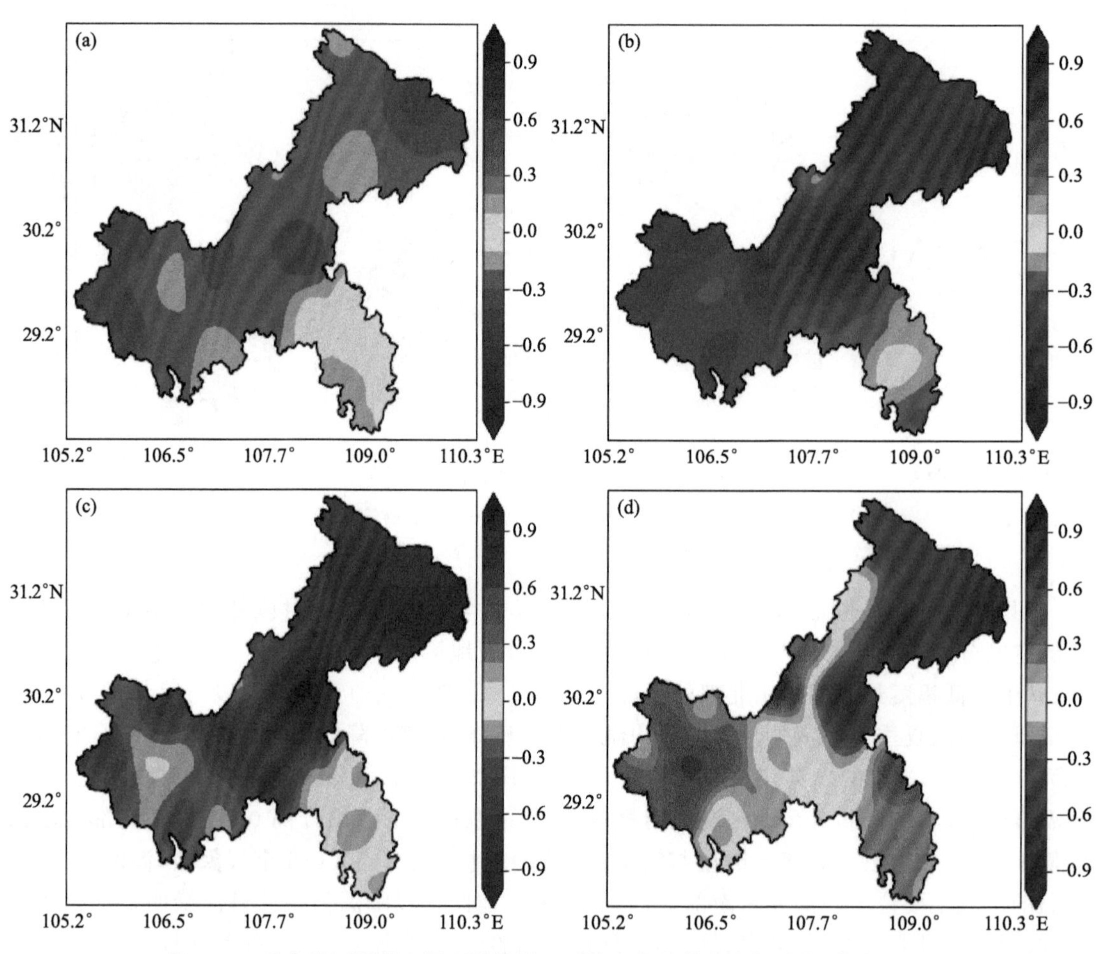

图 2-11 重庆地区夏季空调室外计算日平均温度差值的空间分布(单位：℃)

(a)第 2 时段减第 1 时段；(b)第 3 时段减第 1 时段；(c)第 4 时段减第 1 时段；(d)第 5 时段减第 1 时段

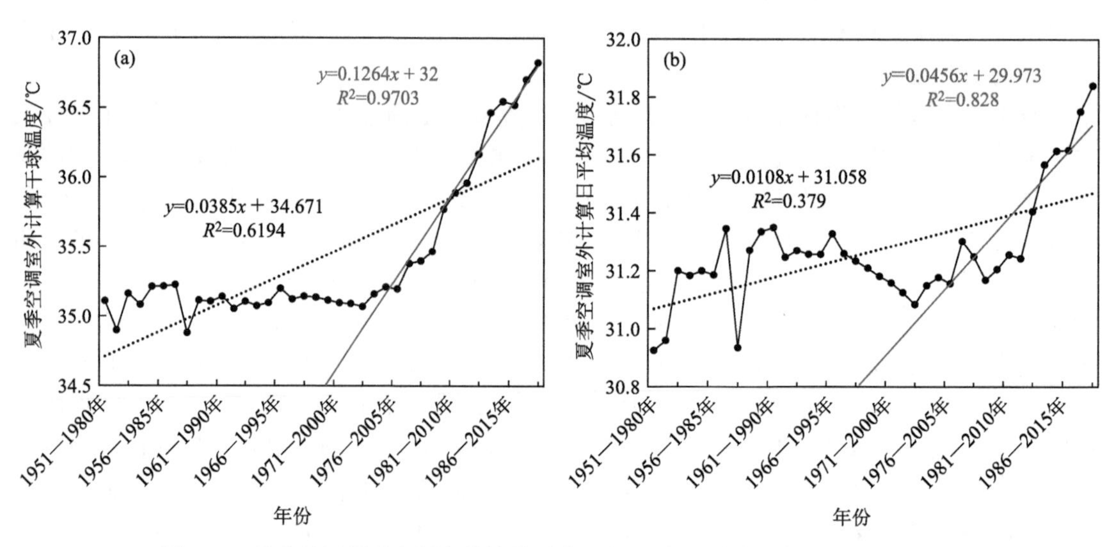

图 2-12 重庆地区夏季空调室外计算干球温度(a)和日平均温度(b)的变化趋势

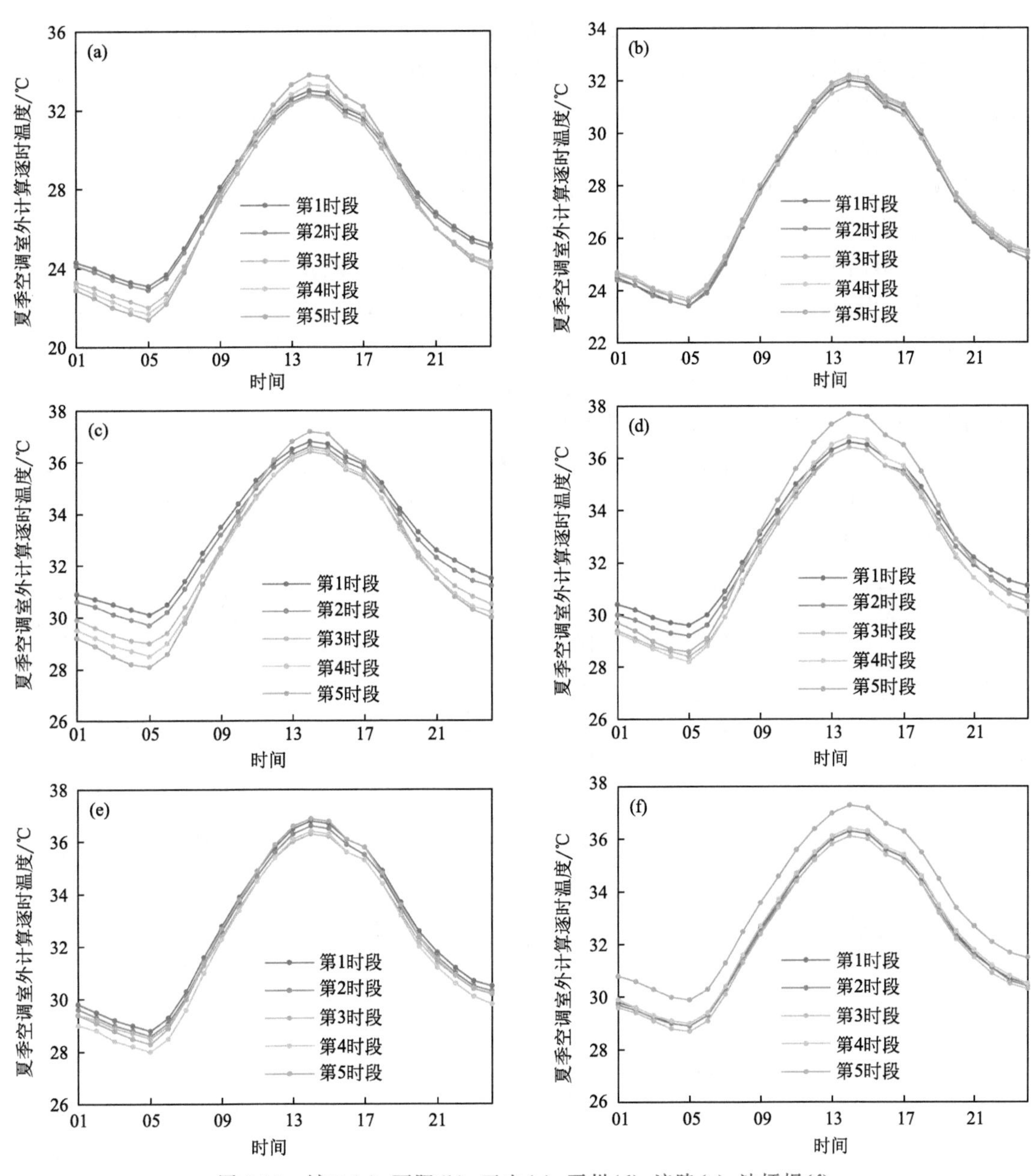

图 2-13 城口(a)、酉阳(b)、巫山(c)、开州(d)、涪陵(e)、沙坪坝(f)
夏季空调室外计算逐时温度的变化(单位:℃)

夏季空调室外计算干球温度可以影响围护结构传热和设备冷却效果,主要用于确定新风负荷。夏季空调室外计算日平均温度主要用于计算逐时室外温度。逐时室外温度则用于计算最大负荷,进而通过负荷确定设备选型。夏季空调室外计算干球温度和日平均温度的升高将导致新风负荷增加,使室内的制冷能耗增加,不利于节能工作。同时,原有供冷设备选型供冷量偏低,在室外温度升高的同时,增加了设备负荷,将使设备容量难以符合负荷增加的需求,设备的使用存在一定的安全风险。由以上分析可知,重庆地区夏季空调室外计算干球温度呈现明显的上升趋势,尤其是1976年以后,上升趋势更加显著。夏季空调室外计算日平均温度的长期趋势并不明显，但1976年以后也呈现出明显的上升趋势。第5时段与第1时段相比，干球温度和日平均温度总体升高，最大升温分别达1.3 ℃和1.0 ℃。夏季空调室外计算干球温度和日平均温度的升高，会使夏季空调设计负荷增加，对节能不利。此外，夏季空调室外计算逐时温度升高的时段主要出现在午后14—15时，即一天中夏季空调开启的主要时段，此时温度的升高对于最大负荷有明显的影响，使计算出来的冷负荷小于实际负荷，容易造成设备选型时最大负荷偏低，影响下午空调开启集中时段运行效果。

图2-14给出了重庆地区冬季通风室外计算温度第2～5时段分别与第1时段的差值的空间分布。第2时段与第1时段相比，重庆大部地区供暖室外计算温度都升高，但是并不明显，最高南川仅升高0.3 ℃(图2-14a)。第3时段与第1时段相比，仍然是大部地区温度都升高，升高幅度比第2时段稍明显。升温最大的仍然是南川，为0.4 ℃(图2-14b)。第4时段与第1时段相比，整个重庆地区温度都升高，其中升高最大的分别为东南部的黔江和西南部的南川，均升高0.6 ℃(图2-14c)。第5时段与第1时段相比，大部分地区通风室外计算温度进一步明显升高，其中东北部的城口升温最大，达0.6 ℃(图2-14d)。总的来说，从第1时段到第5时段，重庆地区冬季通风室外计算温度也越来越高，整体也呈现出显著的上升趋势(图2-17a)。

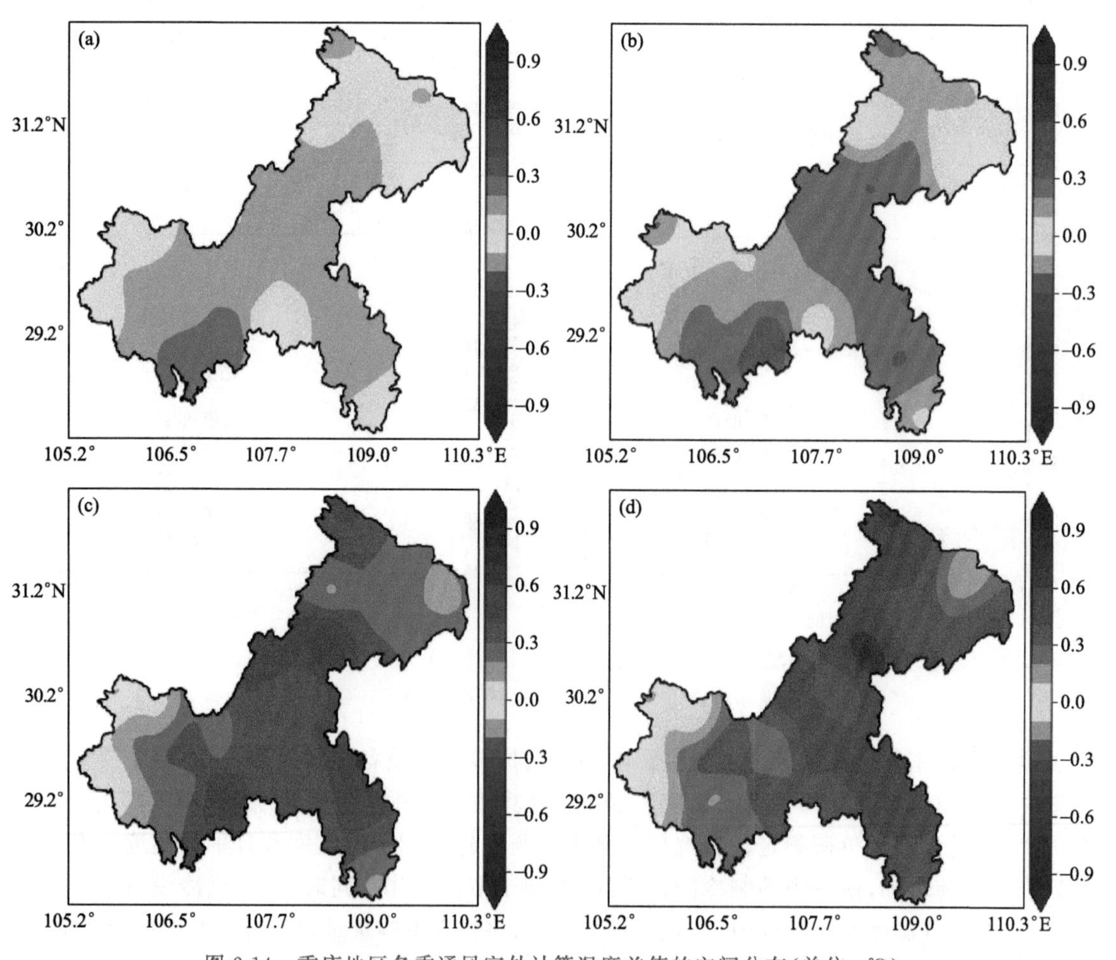

图2-14 重庆地区冬季通风室外计算温度差值的空间分布(单位：℃)

(a)第2时段减第1时段；(b)第3时段减第1时段；(c)第4时段减第1时段；(d)第5时段减第1时段

图 2-15 给出了重庆地区夏季通风室外计算温度第 2～5 时段分别与第 1 时段的差值的空间分布。第 2 时段与第 1 时段相比，整个重庆地区夏季通风室外计算温度都降低，其中降低幅度最大的是潼南，达－0.5 ℃(图 2-15a)。第 3 时段与第 1 时段相比，整个重庆地区夏季通风室外计算温度都明显降低，中西部和东北部降低较明显，最大降低 0.7 ℃(图 2-15b)。第 4 时段与第 1 时段相比，仍然明显降低，最大下降 0.8 ℃(图 2-15c)。第 5 时段与第 1 时段相比，西部和东北北部地区温度都升高，其他地区温度降低，但是温度降低的幅度比第 2～4 时段都小(图 2-15d)。总的来说，从第 1 时段到第 4 时段，重庆地区夏季通风室外计算温度都是降低的，第 5 时段，降温的范围和程度都明显减小，且西部和东北北部已经出现升温现象。结合图 2-17b 可知，近几十年重庆地区夏季通风室外计算温度长期变化趋势并不明显，但是从 1976 年以后，呈现出显著的上升趋势。

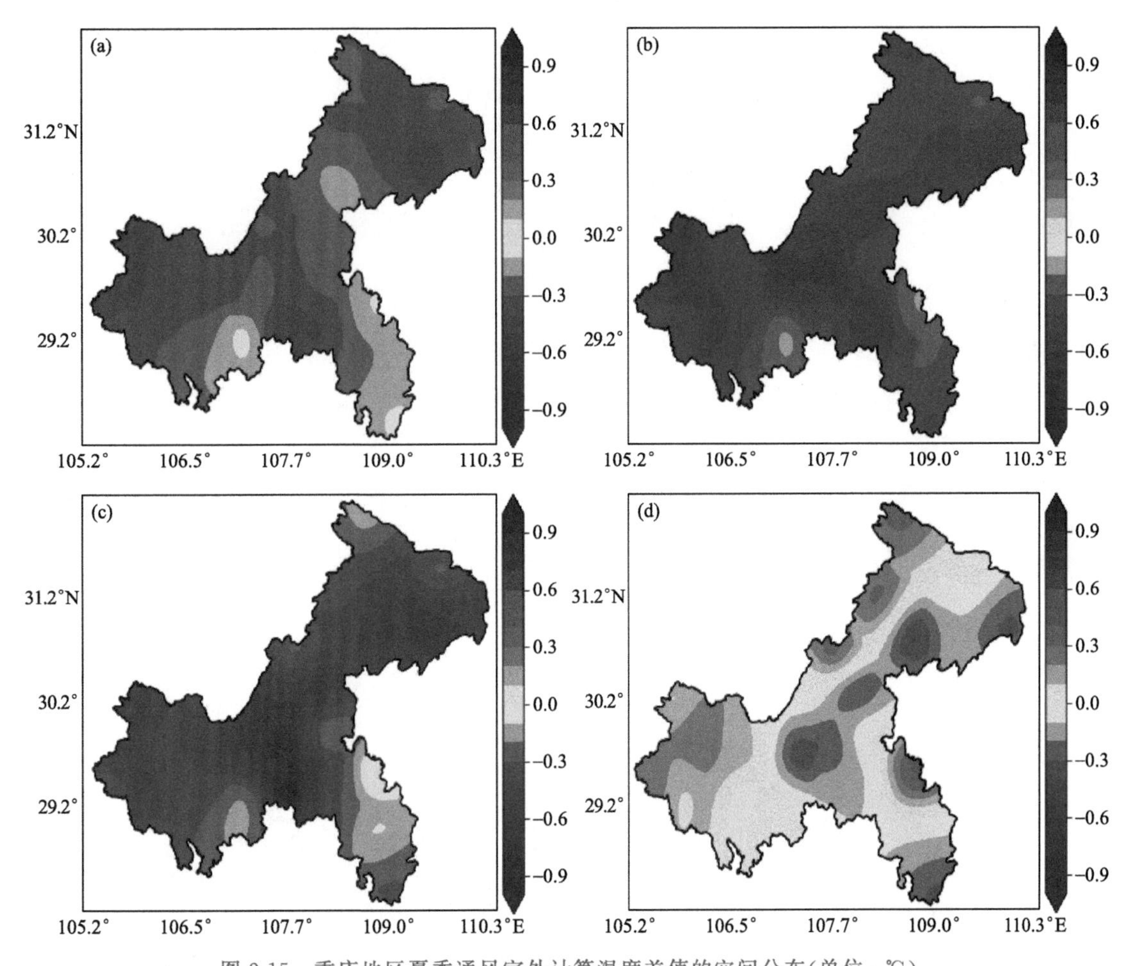

图 2-15　重庆地区夏季通风室外计算温度差值的空间分布(单位：℃)
(a)第 2 时段减第 1 时段；(b)第 3 时段减第 1 时段；(c)第 4 时段减第 1 时段；(d)第 5 时段减第 1 时段

图 2-16 给出了重庆地区夏季通风室外计算相对湿度第 2～5 时段分别与第 1 时段的差值的空间分布。由图 2-16 可知，第 2～4 时段，重庆大部地区相对湿度都是增大的，第 5 时段大部地区是减小的，但总体的变化幅度都比较小，均不超过 4%。由图 2-17c 也可知，夏季通风室外计算相对湿度的变化趋势并不明显。

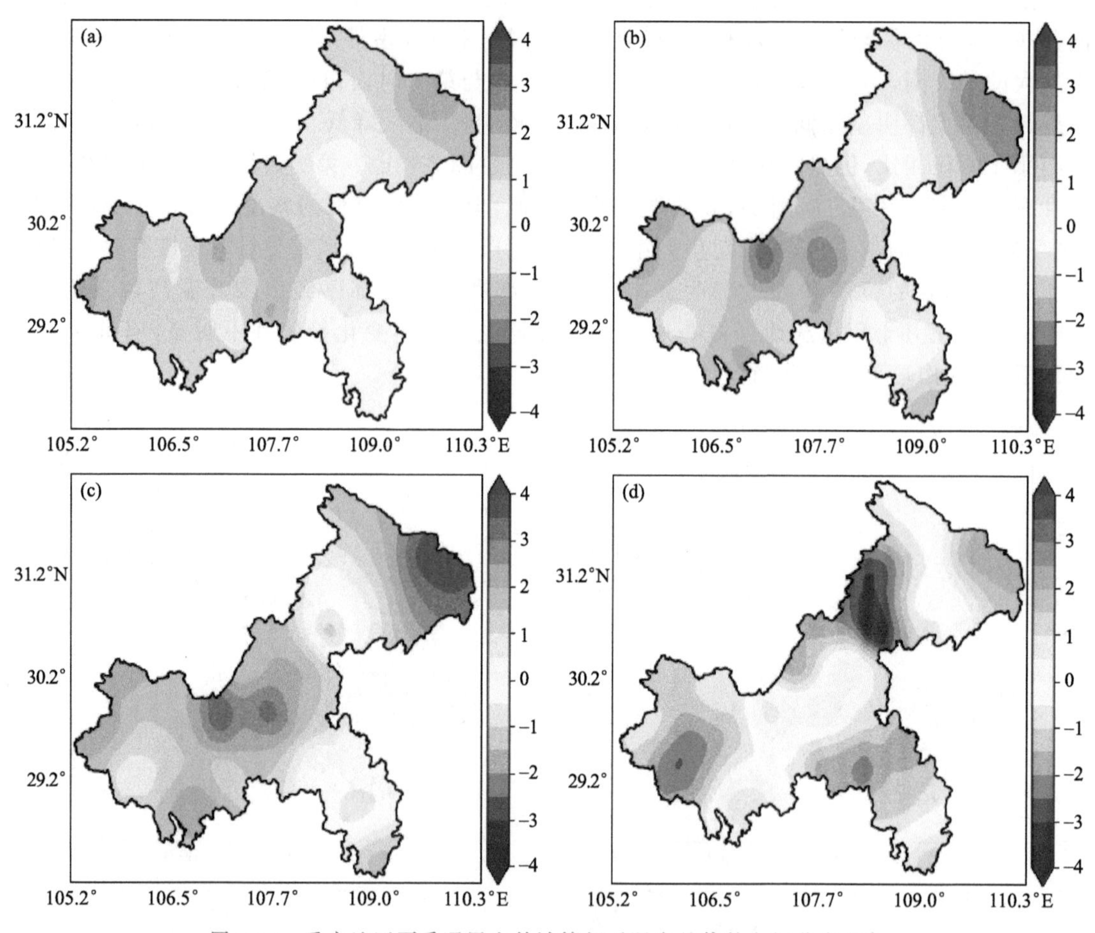

图 2-16 重庆地区夏季通风室外计算相对湿度差值的空间分布(%)

(a)第 2 时段减第 1 时段;(b)第 3 时段减第 1 时段;(c)第 4 时段减第 1 时段;(d)第 5 时段减第 1 时段

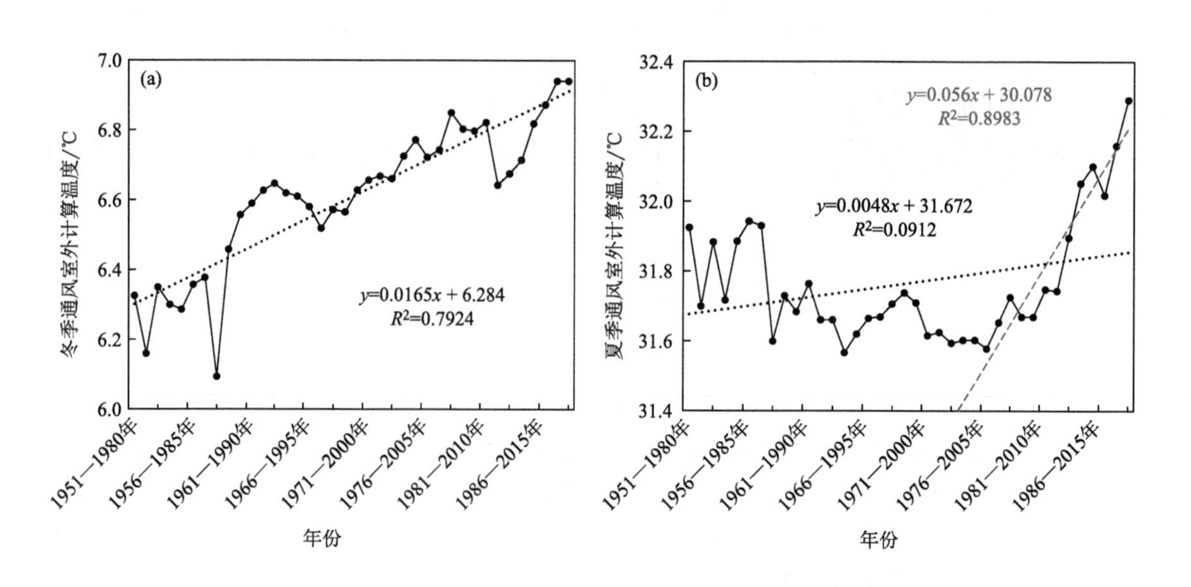

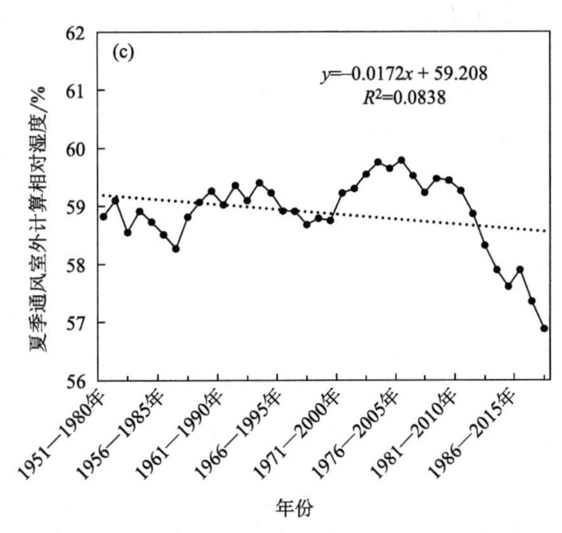

图 2-17 重庆地区冬季通风室外计算温度(a)、夏季通风室外计算温度(b)和夏季通风室外计算相对湿度(c)的变化趋势

通风分为卫生通风和热舒适通风。付祥钊等(2008)研究发现,供暖、空调只是部分时间、部分建筑的补充需要,通风不仅是建筑的基本需求,也是建筑节能的关键。冬夏季通风是建筑节能的主要手段之一。夏季通风室外计算温度可以确定通过通风可以消除多少余热,而相对湿度与人体舒适度有直接关系,进而影响到通风行为以及通风效果。由以上分析可知,重庆地区冬季通风室外计算温度呈现明显的上升趋势。夏通风室外计算温度长期趋势并不明显,但1976 年后也呈现出显著的上升趋势。夏季空调室外计算相对湿度的变化趋势并不明显。1991—2017 年与建站至 1980 年相比,冬季通风室外计算温度明显升高,升温最大达 0.6 ℃。冬季温度的升高,有利于通风负荷的降低;夏季温度的升高,会使得通风负荷增加。但整体而言,冬季降低的负荷大于夏季增加的负荷,是有利于通风节能的。

2.1.6 本节小结

① 重庆地区冬季空调室外计算温度、供暖室外计算温度、夏季空调室外计算干球温度、夏季空调室外计算日平均温度、冬季通风室外计算温度、夏季通风室外计算温度的空间分布都具有明显的区域差异,基本表现为东北北部和东南部温度较低,沿长江区域温度较高。重庆地区冬季空调室外计算温度的最大值与最小值之间相差 5.8 ℃,供暖室外计算温度相差 5.7 ℃,夏季空调室外计算干球温度相差 5.2 ℃,夏季空调室外计算日平均温度相差 5.9 ℃,冬季通风室外计算温度相差 5.6 ℃,夏季通风室外计算温度相差 4.3 ℃,温差都较大。因此,仅用万州和奉节两个气象站并不能代表整个重庆地区的建筑节能设计气象参数。

② 对于冬季空调/供暖而言,重庆地区冬季空调室外计算温度和供暖室外计算温度均呈现明显的升高趋势。1991—2017 年与 1951—1980 年相比,二者温度明显升高,最大升温分别达 1.1 ℃和 1.0 ℃。冬季空调室外计算温度和供暖室外计算温度的升高非常有利于降低冬季空调设计负荷和供暖燃料定额,具有明显的节能潜力。

③ 对于夏季空调而言,重庆地区夏季空调室外计算干球温度呈现明显的上升趋势,尤其是 1976 年以后,上升趋势更加显著。夏季空调室外计算日平均温度的长期趋势不明显,但

1976 年以后也呈现出明显的上升趋势。1991—2017 年与 1951—1980 年相比，干球温度和日平均温度总体升高，最大升温分别达 1.3 ℃和 1.0 ℃。夏季空调室外计算干球温度和日平均温度的升高，会使夏季空调设计负荷增加，对节能不利。此外，夏季空调室外计算逐时温度升高的时段主要出现在午后 14—15 时，即夏季一天中空调开启的主要时段，此时温度的升高对于最大负荷有明显的影响，使计算出来的冷负荷小于实际负荷，容易造成设备选型时最大负荷偏低，影响下午空调开启集中时段运行效果。

④ 对于冬、夏季通风而言，重庆地区冬季通风室外计算温度呈现明显的上升趋势。夏通风室外计算温度和相对湿度的长期趋势不明显。1991—2017 年与 1951—1980 年相比，冬季通风室外计算温度明显升高，最大升温达 0.6 ℃。冬季温度的升高，使冬季通风负荷降低，是有利于通风节能的。

⑤ 重庆市 34 个国家气象站 7 个建筑节能设计气象参数计算结果如表 2-2 所示。

表 2-2 重庆 34 站建筑节能设计气象参数表(1981—2010 年)

站名	冬季空调室外计算温度/℃	供暖室外计算温度/℃	夏季空调室外计算干球温度/℃	夏季空调室外计算日平均温度/℃	冬季通风室外计算温度/℃	夏季通风室外计算温度/℃	夏季通风室外计算相对湿度/%
城口	−1.8	−0.1	33.4	27.2	2.8	29.5	60.3
开州	3.0	4.5	36.8	32.3	7.2	33.3	55.6
云阳	3.8	5.2	37.0	32.2	7.6	33.4	54.0
巫溪	2.5	4.1	36.8	31.6	6.7	33.1	53.6
奉节	0.3	2.1	33.8	30.4	5.3	30.4	58.3
巫山	2.6	4.4	36.5	32.3	7.3	32.9	54.9
潼南	2.8	4.2	35.2	31.4	6.9	31.2	64.2
垫江	2.0	3.5	34.8	30.9	6.3	31.2	59.6
梁平	1.8	3.1	34.6	30.3	5.9	30.9	62.0
万州	3.4	4.8	36.6	31.6	7.3	33.1	56.5
忠县	3.4	4.8	36.3	32.1	7.2	32.5	56.8
石柱	1.4	3.0	34.0	29.1	5.9	31.0	58.4
大足	2.3	3.8	34.5	30.2	6.7	30.5	64.5
荣昌	2.8	4.4	34.9	30.9	7.1	30.9	63.8
永川	3.0	4.5	35.0	31.5	7.2	31.1	62.3
万盛	3.4	5.1	36.9	32.4	7.8	32.8	55.9
铜梁	3.1	4.6	35.8	32.4	7.4	31.5	61.9
北碚	3.5	5.0	36.3	32.6	7.7	32.2	59.4
合川	3.3	4.6	35.8	31.7	7.2	32.0	62.3
渝北	2.0	3.7	34.6	31.5	6.6	30.6	62.9
璧山	3.3	4.8	35.7	32.3	7.6	31.7	61.4
沙坪坝	3.7	5.2	36.4	32.5	7.9	32.4	58.3
江津	3.8	5.5	36.5	32.3	8.0	32.3	59.6

续表

站名	冬季空调室外计算温度/℃	供暖室外计算温度/℃	夏季空调室外计算干球温度/℃	夏季空调室外计算日平均温度/℃	冬季通风室外计算温度/℃	夏季通风室外计算温度/℃	夏季通风室外计算相对湿度/%
巴南	3.9	5.5	36.8	32.7	8.0	32.5	58.5
南川	1.7	3.3	34.7	29.8	6.3	31.1	58.0
长寿	2.6	4.2	35.4	31.8	6.9	31.5	60.7
涪陵	3.5	5.0	36.4	32.0	7.6	32.5	57.4
丰都	3.6	5.0	36.7	32.3	7.6	32.8	57.0
武隆	1.8	3.3	34.7	30.5	6.7	31.0	60.9
黔江	−0.2	1.5	33.2	28.6	4.9	30.0	60.1
彭水	2.3	4.1	35.7	30.6	7.0	32.4	57.2
綦江	4.2	5.6	37.2	33.1	8.3	32.9	55.1
酉阳	−1.8	0.3	32.1	27.7	4.1	29.3	62.0
秀山	−0.3	1.7	34.3	30.3	5.3	30.9	62.1

2.2 重庆建筑能耗评估的典型气象年数据构建研究

2.2.1 概述

建筑节能，即在满足建筑环境要求的基础上降低建筑运行能耗，成为建筑可持续发展的重要课题。要进行建筑热过程模拟需要一套能够代表建筑物所在地区气候特点的全年逐时气象数据——典型气象年数据，因此，构建一整套切实反映重庆气象环境特点和规律的典型气象年数据是重庆建筑热过程模拟的一项基础性工作。本研究利用重庆市1981—2010年气象资料，计算全市的空调度日数和采暖度日数，将重庆地区划分为几个不同的建筑气候区。然后在每个建筑气候区选取一个代表气象站，对于无太阳辐射观测的气象站，建立太阳辐射量推算模型，计算该气象站的太阳辐射数据。最后采用Finkelstein-Schafer(FS)方法(Finkelstein et al.,1971)，利用最近10余年的逐小时气象数据构建一套重庆地区的典型气象年8760 h数据，以期为相关部门建筑节能设计标准的修订提供参考。

2.2.2 建筑气候分区

重庆地形复杂，地区气候差异大，不同气候条件对建筑的影响差异很大。为区分重庆不同地区气候条件对建筑影响的差异性，明确各气候区的建筑基本要求，提供建筑气候参数，从总体上做到合理利用气候资源，防止气候对建筑的不利影响，需要进行科学、合理的气候区划。

参考付祥钊等(2008)的指标，利用供暖度日数和空调度日数作为分区的一级指标，其计算公式如下。

供暖度日数(HDD_{18})的计算公式为：

$$HDD_{18}=\sum_{i=1}^{365}(18-t_i)D \tag{2-5}$$

空调度日数(CDD_{26})的计算公式为：

$$CDD_{26}=\sum^{365}(t_i-26)D \tag{2-6}$$

式(2-5)、式(2-6)中 t_i 为典型年第 i 天的日平均温度，单位：℃；D 为1天，单位：d。计算中，当 $(18-t_i)$ 或 (t_i-26) 为负值时，取 $(18-t_i)=0$ 或 $(t_i-26)=0$。

利用上述式(2-5)和式(2-6)，计算1981—2010年重庆34站的供暖度日数和空调度日数，结果如图2-18所示。由图2-18a可知，重庆地区供暖度日数存在明显的空间差异：城口供暖度日数最高，其次是酉阳和黔江地区，沿长江一线和渝西地区为供暖度日数的低值区，表明城口是重庆供暖能耗需求最大的地区，酉阳和黔江次之，沿长江一线和渝西地区对供暖能耗的需求相对较低。由图2-18b可知，重庆地区空调度日数的空间分布正好与供暖度日数的空间分布相反：空调度日数大值区正好位于长江一线和渝西地区，低值区正好位于城口、酉阳和黔江地区，其中城口最低。这表明长江一线和渝西地区是制冷能耗需求最大的地区，城口、酉阳和黔江相对较小，其中城口的制冷能耗需求最小。

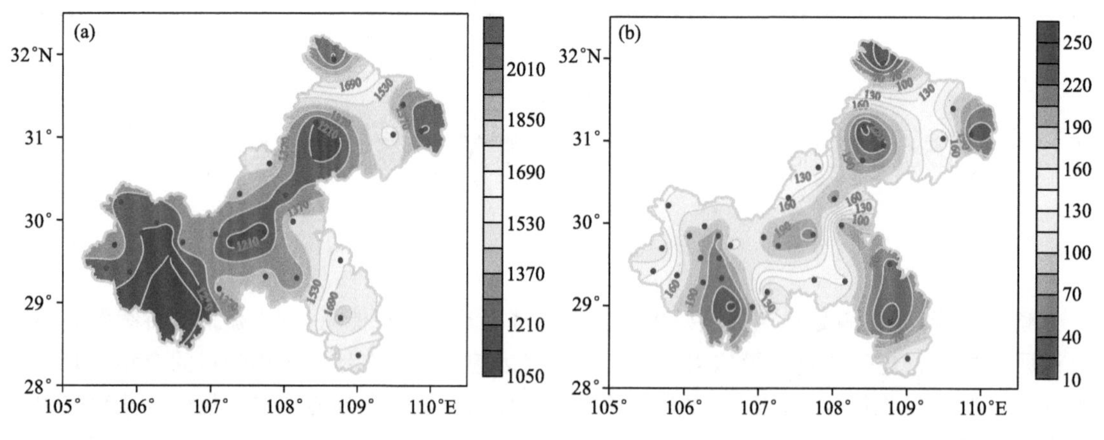

图2-18 1981—2010年重庆地区供暖度日数(a)和空调度日数(b)的空间分布(单位：℃·d)

根据付祥钊等(2008)的划分标准(表2-3)，重庆地区可以划分为3个建筑气候区(图2-19)：夏热冬冷区、冬冷夏凉区和冬寒夏凉区。夏热冬冷区的气候特点是冬季阴冷，夏季湿热，这些区域对制冷能耗需求较大，对供暖能耗也有一定的需求，重庆34站中有31个站都属于夏热冬冷区。冬冷夏凉区的气候特点是冬季冷，夏季凉爽，这些区域对供暖能耗有一定的需求，重庆酉阳和黔江属于冬冷夏凉区。冬寒夏凉区的气候特点是冬季很寒冷，夏季很凉爽，这些区域对供暖能耗的需求较大，重庆城口属于冬寒夏凉区。

表2-3 建筑气候分区指标

分区	1级指标/(℃·d)		2级指标
	供暖度日数	空调度日数	
严寒无夏	≥3800	<50	——
冬寒夏凉	2000～3800	<50	严寒无夏地区中，最冷月平均温度≥−10 ℃且最冷3个月太阳辐射量≥1000 MJ·m^{-2}的划入冬寒夏凉地区

续表

分区	1级指标/(℃·d)		2级指标
	供暖度日数	空调度日数	
冬寒夏热	2000～3800	≥50	——
冬寒夏躁	≥2000	≥50	最热3个月相对湿度≤50%
冬冷夏凉	1000～2000	<50	——
夏热冬冷	1000～2000	≥50	——
夏热冬暖	0～1000	≥100	——
冬暖夏凉	0～1000	<100	——
	1000～2000	≤50	最冷3个月太阳辐射量≥1000 MJ·m^{-2}

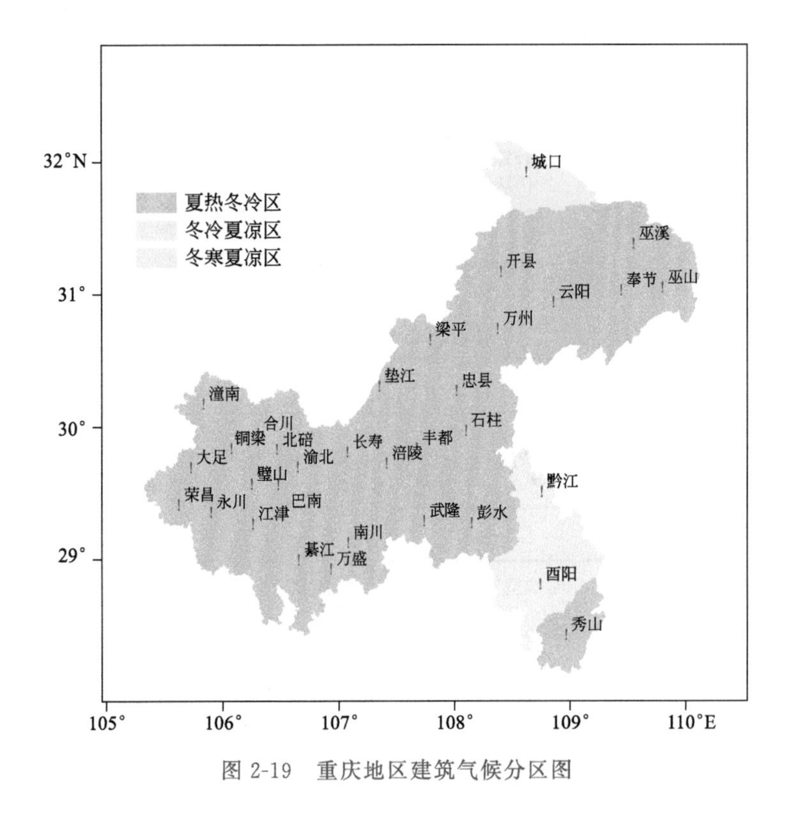

图2-19 重庆地区建筑气候分区图

根据《民用建筑热工设计规范》(GB 50176—2016)中的中国建筑气候区划结果，重庆整个地区都属于夏热冬冷地区，而根据以上的分区结果，重庆地区划分为3个气候区，比《民用建筑热工设计规范》(GB 50176—2016)中的划分更加精细，对于不属于夏热冬冷区的城口、酉阳和黔江来说，有利于他们合理利用气候资源，明确各自气候区的建筑基本要求，提供建筑气候参数。

2.2.3 典型气象年数据的构建

典型气象年(TMY)是由12个均具有气候代表性的典型气象月(TMM)组成的一个“假想”气象年。典型气象年的气象要素发生频率分布与过去多年的长期分布相似，典型气象年的逐小时数据主要用于建筑物的能耗模拟。典型气象年数据的构建过程如下：①计算2005—2018年9种逐日气象要素（最高干球温度、最低干球温度、平均干球温度、最高露点温度、最低露点温度、平均露点温度、最大风速、平均风速和太阳总辐射照度）的多年日均值；②计算各气象要素的长期累积分布函数值（CDFl）和月累积分布函数值（CDFm）；③计算各要素的Finkelstein-Schafer统计值（FS）和带权重的FS值之和（WS）；④将历年各月的WS值从小到大排序，并从2005—2018年的资料中挑选出WS值最小的年份所对应的月份即为典型气象月；⑤各典型气象月的逐时气象数据（干球温度、露点温度、气压、风速、风向）组成典型气象年初步数据；⑥对无逐小时辐射数据的站点，利用太阳辐射模型计算逐时水平面太阳总辐射和法向辐射；⑦对典型气象年初步数据中的温度（干球温度和露点温度）进行月间平滑处理；⑧用平滑处理后的温度值取代原始温度，得到典型气象年8760 h数据（图2-20）。

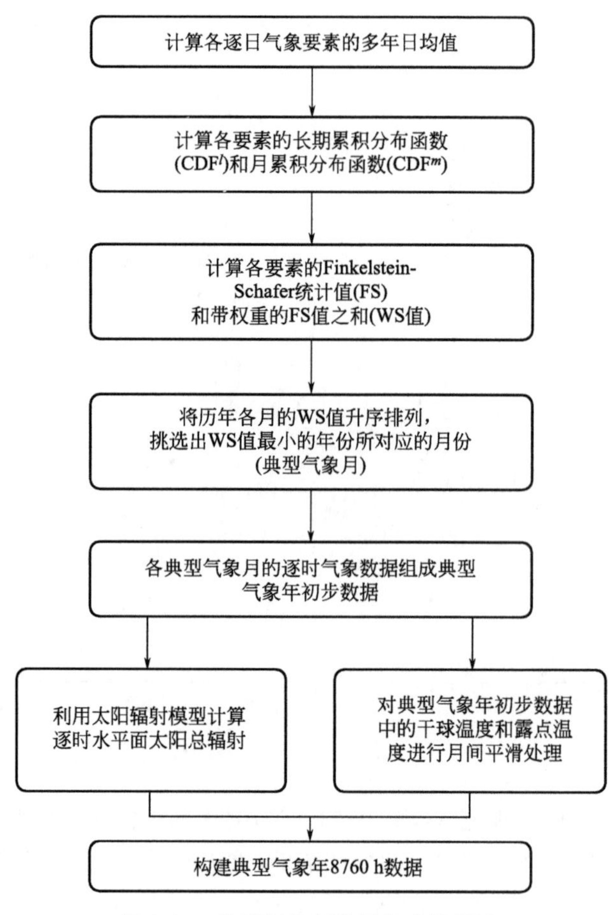

图2-20　典型气象年数据构建流程图

累积分布函数计算公式如下：

$$\mathrm{CDF}=\frac{1}{n}j \quad (j=1,2,\cdots,n) \tag{2-7}$$

式(2-7)中，CDF为气象要素的累积分布函数值；n为某个月份的天数；j为气象要素在升序时间序列中的名次。对于某个气象要素，在一个月有n个值。因此，某气象要素值在任何给定日出现的概率是$\frac{1}{n}$。在CDF计算中的第一步是将数据进行升序排序，然后按上述公式计算给定气象要素在给定月份的累积分布函数值。本书中长期累积分布函数值（CDF^l）为14年（2005—2018年）的日均值的累积分布函数值，月累积分布函数值（CDF^m）为2005—2018年逐月的累积分布函数值。

FS统计值和WS值计算公式如下：

$$FS=\frac{\sum_{i=1}^{n}\left|CDF_i^l-CDF_i^m\right|}{n} \tag{2-8}$$

$$WS=\sum_{k=1}^{9}W_k\times FS_k \tag{2-9}$$

式(2-8)中，FS为气象要素逐年各分析月的FS统计值；CDF^l为气象要素的长期累积分布函数值；CDF^m为气象要素的月累积分布函数值；n为所分析月的天数（如1月，$n=31$天）。式(2-9)中，WS为FS的加权平均值；W_k是第k个指标的权重系数，其取值如表(2-4)所示；FS_k是第k个指标的FS统计值。

表2-4　不同参数所采用权重系数W_k参数表

气象要素	最大干球温度	最小干球温度	平均干球温度	最大露点温度	最小露点温度	平均露点温度	最大风速	平均风速	太阳辐射总量
W_k	1/24	1/24	2/24	1/24	1/24	2/24	2/24	2/24	12/24

水平面太阳总辐射照度逐时计算公式采用Collares-Pereira and Rabe模型：

$$\frac{I_h}{I_d}=(a+b\cdot\cos\omega)\cdot\frac{\pi}{24}\cdot\frac{\cos\omega-\cos\omega_s}{\sin\omega_s-\omega_s\cos\omega_s} \tag{2-10}$$

$$a=0.4090+0.5016\sin(\omega_s-0.104667) \tag{2-11}$$

$$b=0.6609-0.4767\sin(\omega_s-0.104667) \tag{2-12}$$

式(2-10)中，I_h为水平面太阳逐时总辐射照度，单位$W\cdot m^{-2}$；I_d为水平面上太阳日总辐射照度，单位$W\cdot m^{-2}$；π为圆周率，取3.1415926；ω为时角，单位为弧度；ω_s为日落时角，单位为弧度；a和b为常数，计算公式分别是式(2-11)和式(2-12)。

对干球温度和露点温度的相邻月间的前后6 h的数据进行平滑连接。其计算公式如下：

$$X_i=\frac{(12-i)}{12}\cdot X'_i+\frac{i}{12}\cdot X''_i \tag{2-13}$$

式(2-13)中，X_i是平滑处理后的i时刻数据；X'_i前一天的i时刻数据；X''_i后一天的i时刻数据；i从前一天18时起，$i=0$；到后一天6时止，$i=12$。

模拟的逐小时太阳辐射值与观测值之间的误差计算公式如下：

$$MAE=\frac{1}{n}\sum_{i=1}^{n}\left|t'_i-t_i\right| \tag{2-14}$$

$$MBE=\frac{1}{n}\sum_{i=1}^{n}(t'_i-t_i) \tag{2-15}$$

$$RMSE=\sqrt{\frac{1}{n}\sum_{i=1}^{n}(t'_i-t_i)^2} \tag{2-16}$$

MAE 是平均绝对误差，MBE 是平均误差，RMSE 是均方根误差。式(2-14)～式(2-16)中，t_i 为第 i 个观测值；t'_i 为第 i 个模拟值；n 为样本总数。

2.2.4 典型气象年数据的构建结果

典型气象年是由 12 个典型气象月组成的一个“假想”气象年，月与月之间由于是不同的年份，所以数据有可能不是连续变化的，因此对于干球温度和露点温度这样连续变化的要素需要进行月间平滑处理。本书中对干球温度和露点温度进行月间平滑的计算方法是将相邻月间的前后各 6 h 的干球温度、露点温度进行平滑连接，具体计算公式见式(2-12)。下面给出每个代表站干球温度和露点温度平滑前和平滑后的对比图(图 2-21 和图 2-22)。

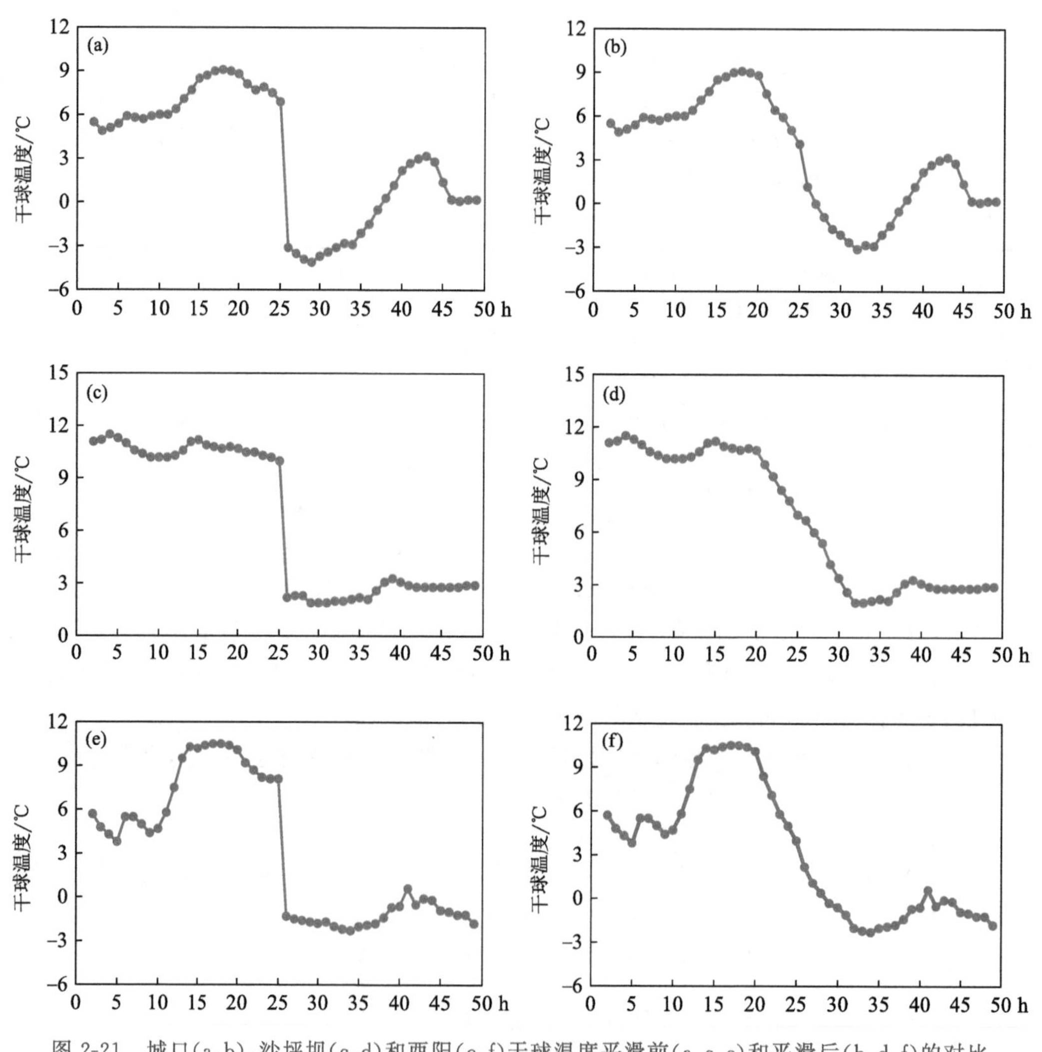

图 2-21 城口(a、b)、沙坪坝(c、d)和酉阳(e、f)干球温度平滑前(a、c、e)和平滑后(b、d、f)的对比

图 2-21 和图 2-22 给出的是城口、沙坪坝和酉阳站从 1 月 31 日 00 时—2 月 1 日 23 时共 48 h 的平滑前和平滑后干球温度和露点温度的对比图。图 2-22 可知，在进行月间平滑处理前，各个站干球温度和露点温度在前一个月的最后一个小时和后一个月的第一个小时之间存

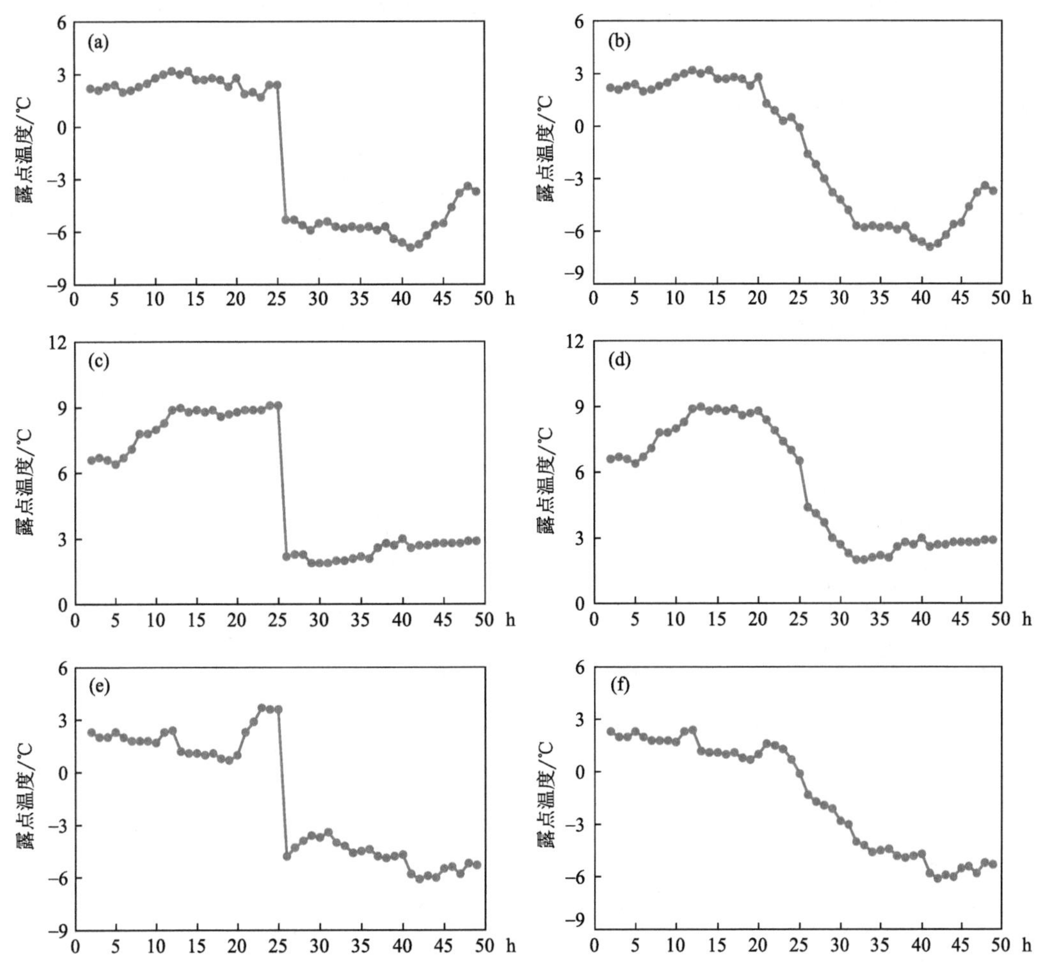

图 2-22 城口(a、b)、沙坪坝(c、d)和酉阳(e、f)露点温度平滑前(a、c、e)和平滑后(b、d、f)的对比

在明显的"跳跃式"变化;而在平滑处理后,各个站干球温度和露点温度的"跳跃式"变化消失,取而代之的是连续且平稳的变化。由此可见,对于干球温度和露点温度很有必要进行月间平滑处理。

通过典型气象年的选取和月间的平滑处理,已经成功构建了干球温度、露点温度、当地气压、风速和风向典型气象年 8760 h 的数据,唯独还差逐小时水平面太阳总辐射照度数据。城口站一直没有逐小时辐射观测数据,酉阳站从 2014 年 3 月开始逐小时辐射观测,沙坪坝站则是从 2008 年 4 月开始有逐小时的辐射观测数据。因此,沙坪坝站典型气象年的逐小时辐射数据 2008 年 4 月以后完全由观测数据组成,2008 年 4 月以前由逐日太阳辐射数据计算而来。酉阳站 2014 年 3 月以后的辐射数据由观测数据组成,2014 年 3 月以前的数据由逐日太阳辐射数据计算而来。城口站的逐小时辐射数据均是由逐日太阳辐射数据计算而来。在利用公式计算三个站的逐小时太阳辐射之前,首先计算了沙坪坝站和酉阳站 2018 年 1—12 月的逐小时太阳辐射数据,并与各自观测值之间进行对比,分析其误差,结果如图 2-23～图 2-24,表 2-5～表 2-6 所示。

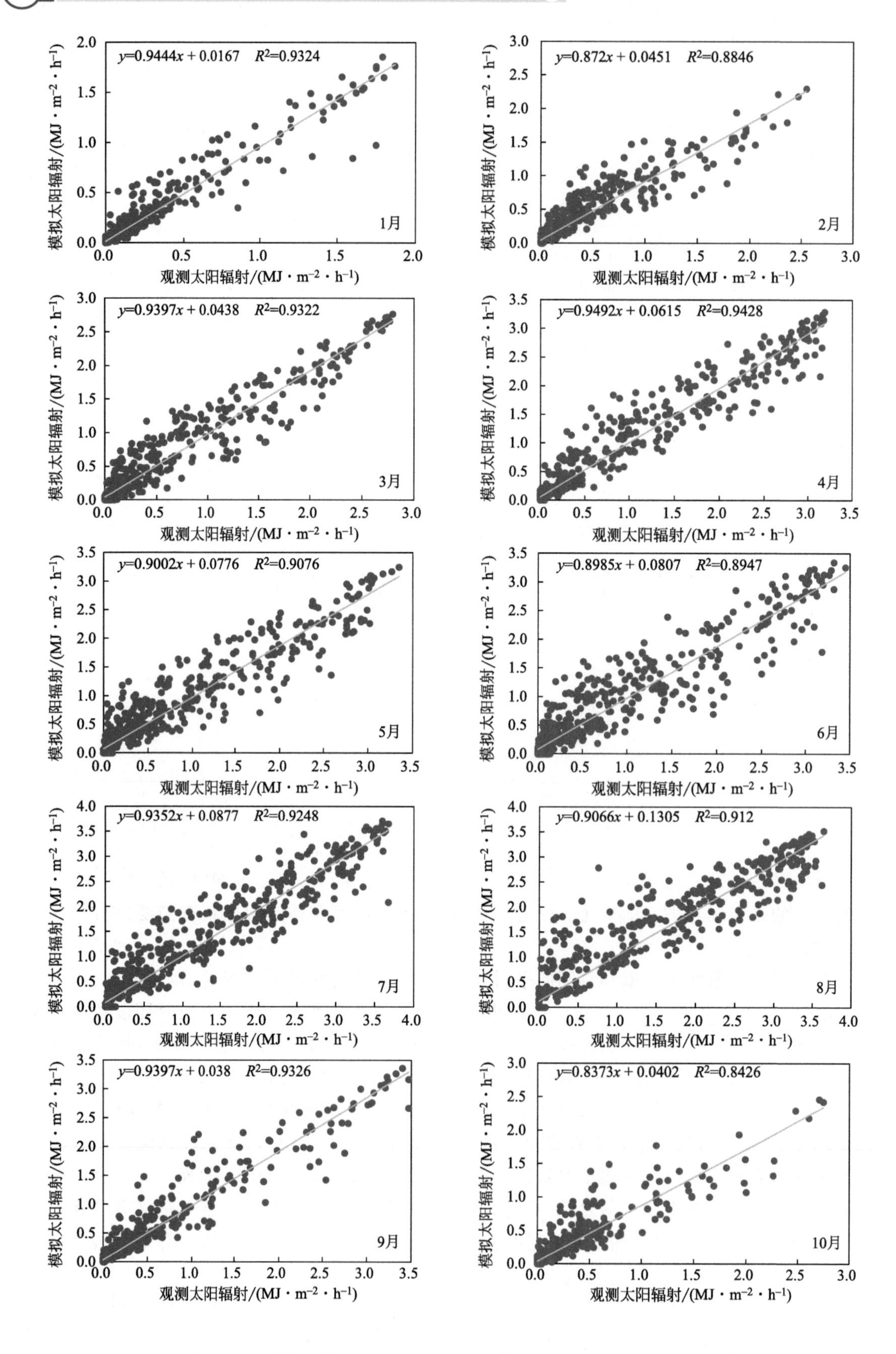
y=0.9444x + 0.0167 R2=0.9324
1月
y=0.872x + 0.0451 R2=0.8846
2月
y=0.9397x + 0.0438 R2=0.9322
3月
y=0.9492x + 0.0615 R2=0.9428
4月
y=0.9002x + 0.0776 R2=0.9076
5月
y=0.8985x + 0.0807 R2=0.8947
6月
y=0.9352x + 0.0877 R2=0.9248
7月
y=0.9066x + 0.1305 R2=0.912
8月
y=0.9397x + 0.038 R2=0.9326
9月
y=0.8373x + 0.0402 R2=0.8426
10月
模拟太阳辐射/(MJ · m−2 · h−1)
观测太阳辐射/(MJ · m−2 · h−1)

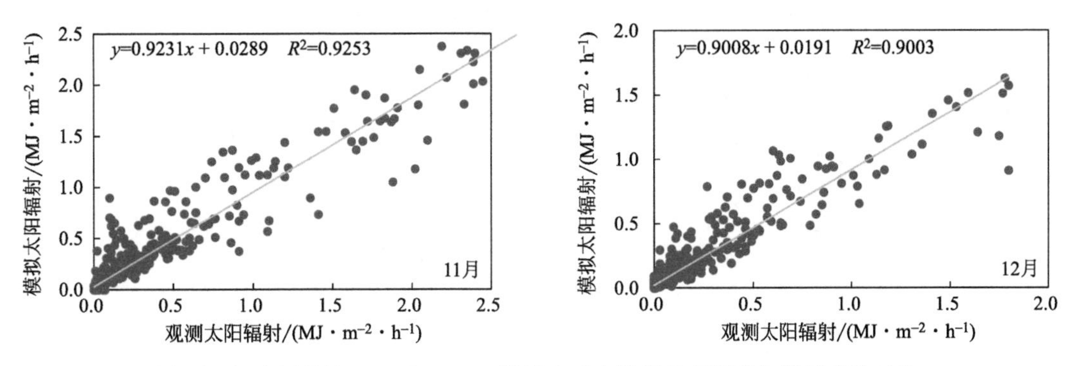

图 2-23 沙坪坝站 2018 年 1—12 月逐小时太阳辐射观测值与模拟值的对比

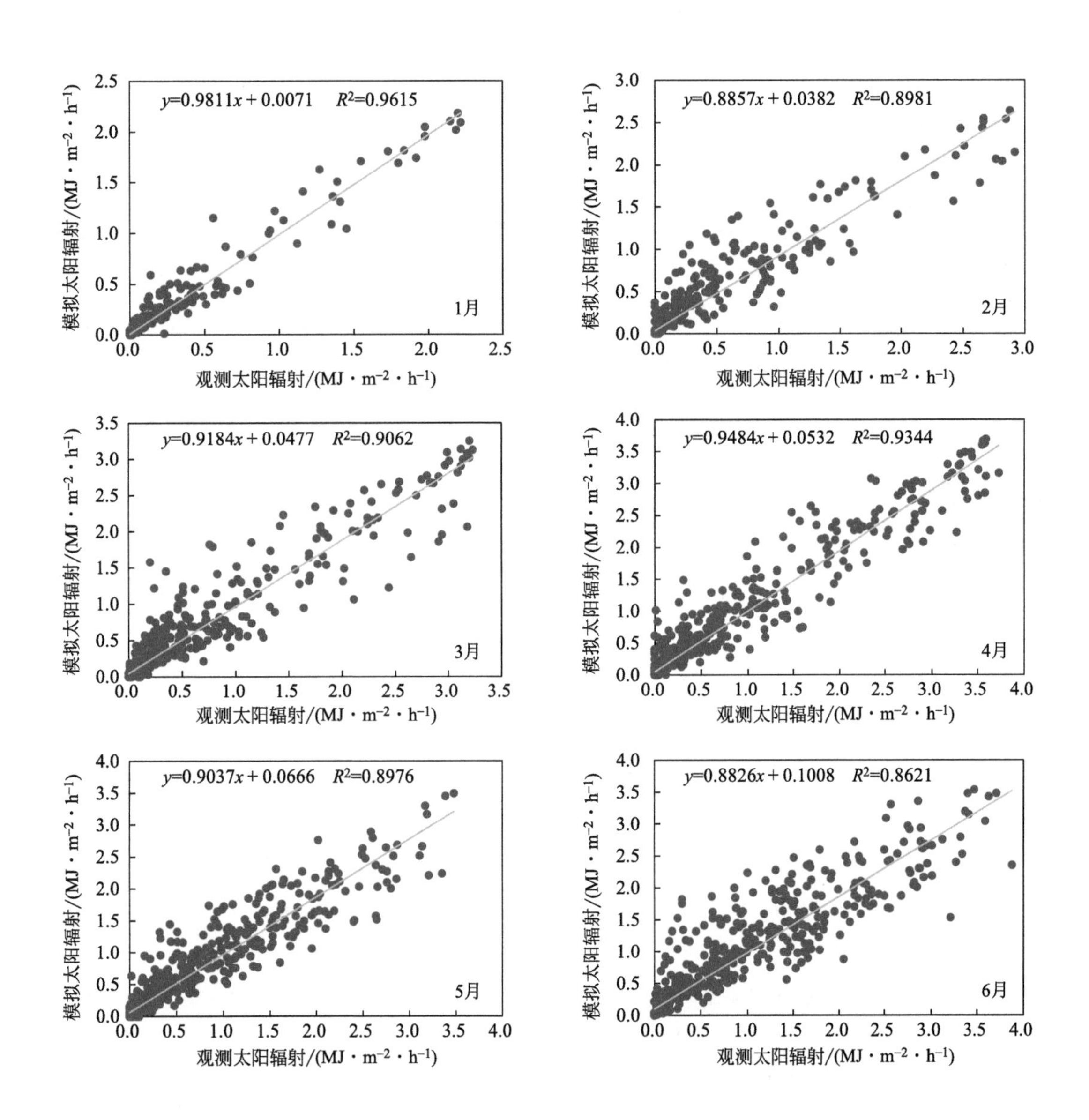

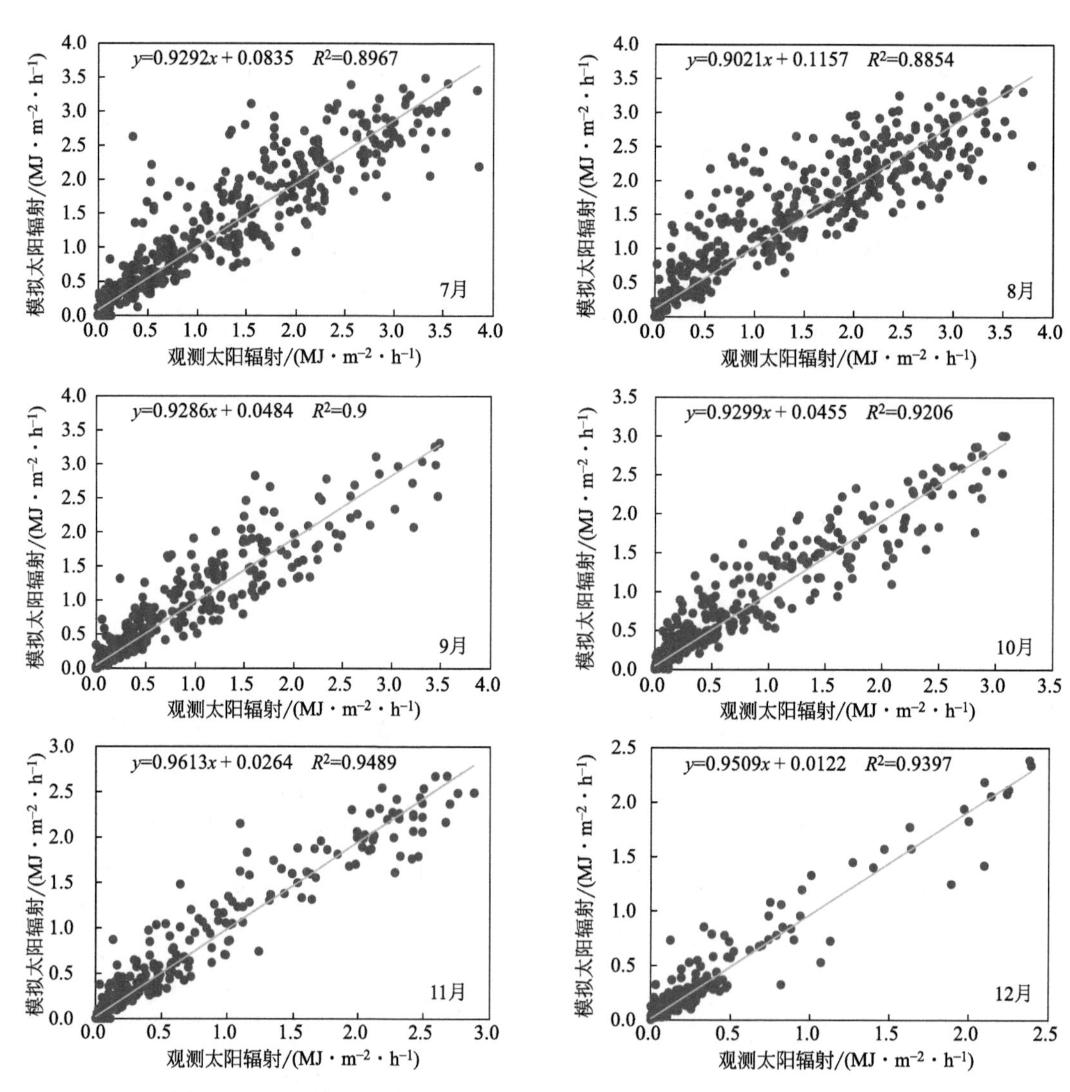

图 2-24 酉阳站 2018 年 1—12 月逐小时太阳辐射观测值与模拟值的对比

表 2-5 沙坪坝站逐小时太阳辐射模拟值与观测值的平均绝对误差(MAE)、平均误差(MBE)、均方根误差(RMSE)和相关系数(R)表

	1月	2月	3月	4月	5月	6月	7月	8月	9月	10月	11月	12月
MAE/(MJ · m^{-2})	0.035	0.076	0.092	0.121	0.134	0.160	0.172	0.193	0.079	0.070	0.057	0.036
MBE/(MJ · m^{-2})	0.008	0.014	0.021	0.031	0.025	0.023	0.035	0.046	0.018	0.010	0.012	0.007
RMSE/(MJ · m^{-2})	0.087	0.155	0.177	0.223	0.251	0.287	0.303	0.357	0.179	0.154	0.133	0.088
R	0.967	0.941	0.966	0.971	0.953	0.946	0.962	0.955	0.966	0.918	0.962	0.949

表 2-6 酉阳站逐小时太阳辐射模拟值与观测值的平均绝对误差(MAE)、平均误差(MBE)、均方根误差(RMSE)和相关系数(R)表

	1月	2月	3月	4月	5月	6月	7月	8月	9月	10月	11月	12月
MAE/(MJ · m^{-2})	0.019	0.070	0.097	0.115	0.125	0.178	0.170	0.192	0.104	0.089	0.056	0.025

续表

	1月	2月	3月	4月	5月	6月	7月	8月	9月	10月	11月	12月
MBE/(MJ·m^{-2})	0.005	0.013	0.019	0.026	0.022	0.027	0.032	0.039	0.021	0.020	0.016	0.007
RMSE/(MJ·m^{-2})	0.060	0.163	0.213	0.231	0.236	0.328	0.321	0.356	0.217	0.191	0.133	0.076
R	0.981	0.948	0.952	0.967	0.947	0.928	0.947	0.941	0.949	0.959	0.974	0.969

结合图2-23和表2-5可知,沙坪坝站逐小时太阳辐射的模拟值均略高于观测值(MBE均大于0)。12月和1月,模拟值与观测值之间的平均绝对误差(MAE)和均方根误差(RMSE)都较小。6—8月二者之间的MAE和RMSE都相对增大。但总体而言,1—12月,沙坪坝站逐小时太阳辐射的模拟值和观测值之间的MAE、MBE和RMSE都较小,且二者相关系数都大于0.91。由此可见Collares-Pereira and Rabe模型可以较好地模拟沙坪坝站的逐小时太阳辐射。

结合图2-24和表2-6可知,酉阳站逐小时太阳辐射的模拟值均略高于观测值(MBE均大于0)。12月和1月,模拟值与观测值之间的平均绝对误差(MAE)和均方根误差(RMSE)都较小。6—8月二者之间的MAE和RMSE都相对增大。但总体而言,1—12月,酉阳站逐小时太阳辐射的模拟值和观测值之间的MAE、MBE和RMSE都较小,且二者相关系数都大于0.92。由此可见Collares-Pereira and Rabe模型也可以较好地模拟酉阳站的逐小时太阳辐射。

以上检验表明,Collares-Pereira and Rabe模型可以较好地模拟沙坪坝和酉阳站的逐小时太阳辐射数据。利用该模型对没有辐射观测数据的城口以及部分时间的沙坪坝和酉阳进行逐时太阳辐射模拟,由此得到典型气象年的8760 h的太阳辐射数据。

2.2.5 本节小结

本研究首先利用供暖度日数和空调度日数对重庆地区进行建筑气候区划,然后针对不同的建筑气候区采用FS方法构建了一套用于建筑能耗评估的典型气象年8760 h数据,主要得到以下结论。

① 重庆地区供暖度日数城口最高,酉阳和黔江次之,沿长江一线和渝西地区为低值区;空调度日数则正好相反。根据供暖度日数和空调度日数,重庆地区划分为3个建筑气候区:夏热冬冷区、冬冷夏凉区和冬寒夏凉区。重庆31站属于夏热冬冷区,酉阳和黔江属于冬冷夏凉区,城口属于冬寒夏凉区。

② 利用2005—2018年的数据选取得到城口1—12月的典型年分别是2009年、2018年、2014年、2006年、2007年、2013年、2015年、2010年、2015年、2010年、2008年和2009年。沙坪坝1—12月的典型年分别是2009年、2008年、2006年、2013年、2007年、2018年、2014年、2008年、2006年、2007年、2017年和2010年;酉阳1—12月的典型年分别是2009年、2008年、2012年、2011年、2007年、2009年、2013年、2008年、2010年、2005年、2017年和2010年。

③ Collares-Pereira and Rabe模型模拟的沙坪坝和酉阳的逐小时太阳辐射数据与它们的观测值之间的MAE、MBE和RMSE均较小,相关系数较大,该模型能够较好地模拟沙坪坝和酉阳站的逐小时太阳辐射数据。

2.3 基于均一性订正的重庆设计风速风压推算研究

2.3.1 概述

设计风速和基本风压是建筑抗风设计的重要指标。风速的极大值是大型建筑工程设计时需要考虑的破坏性气象因素之一。为了保障大型建筑的安全，工程设计需要了解工程区不同季节、不同高度层上最大风速的出现规律，以及不同重现期的最大风速值，以确定建筑物的抗风标准(苏志 等，2010)。《公路桥涵设计通用规范》(JTG D60—2015)规定的设计基本风速由平坦空旷地面，离地 10 m 高，重现期为 100 a 10 min 平均最大风速计算确定。《建筑结构荷载规范》(GB 50009—2012)一般按当地空旷平坦地面上 10 m 高度处 10 min 平均的风速观测数据，经概率统计得出 50 a 一遇最大值确定的风速。设计风速和基本风压已经应用于工程设计的方方面面，成为气候可行性论证的重要工程气象参数。

重庆地形复杂且迁站问题突出，资料非均一性严重，在重庆年最大风速的均一性订正及不同重现期最大风速推算方面仍缺乏系统的研究。为更好地开展气候应用服务，增加气候可行性论证技术储备，运用好气象部门得天独厚的资料优势，将建筑抗风设计的计算流程规范化，让结果更加合理，既避免不必要的资源浪费，又能够保障建筑设计的安全。本研究的主要目标是建立重庆范围典型气象站均一化历年 10 min 平均最大风速数据集；弄清重庆年最大风速极值的概率模型；了解重庆设计风速和基本风压的主要特征，为气候可行性论证的抗风设计提供参考和技术支撑。具体研究内容如下。

① 利用重庆范围内 8 个典型气象站(沙坪坝、永川、长寿、涪陵、梁平、万州、奉节、酉阳)风速和历史沿革资料，对 10 min 平均最大风速序列进行均一化订正，建立各站 30 a 以上均一化 10 min 平均最大风速数据集。

② 采用多种概率模型拟合最大风速序列，通过误差分析选取最优模型计算不同重现期(10 a、20 a、30 a、50 a、100 a)最大风速，对比均一化订正前后设计风速的差异。

③ 利用设计风速及典型气象站的温度、湿度、气压、海拔高度数据，计算重庆地区基本风压，并进行合理性对比分析。

④ 对比 8 个典型站与其他国家站近 10 a 最大风速同期观测的差异，推算其他国家站的设计风速和基本风压。

2.3.2 计算方法

本研究的计算方法主要包括风速高度订正、一元线性回归、差值 t 检验、二分滑动曼-惠特尼 u 检查(Mann-Whitney 检验)(Mann et al.，1947)、比值订正法、方差订正法、分段标准化序列重构。

(1)风速高度订正

假设风随高度呈现出幂指数变化，见式(2-17)：

$$v_2 = v_1\left(\frac{z_2}{z_1}\right)^{\alpha} \tag{2-17}$$

式中：

v_2——高度 z_2 处的风速，单位为 m·s^{-1}；

v_1——高度 z_1 处的风速，单位为 m·s^{-1}；

z_2——第二层高度，单位为 m；

z_1——第一层高度，单位为 m；

α——风切变指数，无量纲数。

利用两层风速计算 α 值如式(2-18)：

$$\alpha=\frac{\lg\ (v_2/v_1)}{\lg\ (z_2/z_1)} \tag{2-18}$$

风切变指数 α 可根据实测风廓线计算或取不同地表类型的经验值。前者计算过程如下：利用两层以上风速进行 α 值拟合计算时，宜采用最小二乘法，首先绘制实测风廓线，然后选择某一高度层作为拟合基准层(一般为最底层)，利用拟合基准层风速和其他任一层风速逐次计算 α 值，确定其最小值和最大值区间，在该区间内按 0.001 为步长不断调整 α 值，是实测风廓线和拟合风廓线对应各高度层风速的残差平方和达到最小，得出 α 值。当实测风廓线缺乏时，α 可根据不同地表类型按表 2-7 取值。气象观测站一般处于开阔平坦地表，按 B 类地表取值。

表 2-7 地表分类

地表类别	地表状况	风切变指数
A	海面、海岸、开阔水面、沙漠	0.12
B	田野、乡村、开阔平坦地及低层建筑物稀疏地区	0.15
C	树木及低层建筑物等密集地区、中高层建筑物稀疏地区、平缓的丘陵地	0.22
D	中高层建筑物密集地区、起伏较大的丘陵地	0.30

(2)一元线性回归

假设因子(x)与预报量(y)之间的关系是线性关系，建立一元线性回归方程，见式(2-19)：

$$\hat{y}=b_0+bx \tag{2-19}$$

式中，$\hat{y}$ 成为预报量 y 的估计变量，b_0 为截距，b 为斜率。

利用最小二乘法可以得到回归系数计算值，见式(2-20)：

$$\begin{cases} b=S_{xy}/S_x^2 \\ b_0=\bar{y}-b\bar{x} \end{cases} \tag{2-20}$$

其中，协方差 S_{xy} 和因子变量方差 S_x^2 的表达式分别式(2-21)和式(2-22)：

$$S_{xy}=\frac{1}{n}\sum_{i=1}^{n}(x_i-\bar{x})(y_i-\bar{y}) \tag{2-21}$$

$$S_x^2=\frac{1}{n}\sum_{i=1}^{n}(x_i-\bar{x})^2 \tag{2-22}$$

一元线性回归的显著性检验采用相关系数检验法。因子(x)与预报量(y)之间的相关系数 r 计算如式(2-23)：

$$r=\frac{\sum_{i=1}^{n}(x_i-\bar{x})(y_i-\bar{y})}{\sqrt{\sum_{i=1}^{n}(x_i-\bar{x})^2}\sqrt{\sum_{i=1}^{n}(y_i-\bar{y})^2}} \tag{2-23}$$

在实际检验过程中，根据已知自由度和显著性水平，查相关系数检验表求 r_α，若计算的相关系数 $|r| > r_\alpha$，则通过显著性检验，表明这两个变量存在显著相关关系。

(3)差值 t 检验

差值 t 检验是通过考察两组样本平均值的差异是否显著来检验突变。其基本思想是把一气候序列中两段子序列均值有无显著差异看作来自两个总体均值有无显著差异的问题来检验。如果两段子序列的均值差异超过了一定的显著性水平，可以认为均值发生了质变，有突变发生。

对于具有 n 个样本量的时间序列 x，人为设置某一时刻为基准点，基准点前后两段子序列 x_1 和 x_2 的样本分别为 n_1 和 n_2，两段子序列平均值分别为 $\overline{x}_1$ 和 $\overline{x}_2$，方差分别为 s_1^2 和 s_2^2。定义统计量 t(式 2-24)：

$$t = \frac{\overline{x}_1 - \overline{x}_2}{\sqrt{(n_1 - 1)S_1^2 + (n_2 - 1)S_2^2}} \sqrt{\frac{n_1 n_2 (n_1 + n_2 - 2)}{n_1 + n_2}} \tag{2-24}$$

$$s_1^2 = \frac{1}{n_1 - 1}\sum_{i=1}^{n_1}(x_{1i} - \overline{x}_1)^2 \text{ ; } s_2^2 = \frac{1}{n_2 - 1}\sum_{i=1}^{n_2}(x_{2i} - \overline{x}_2)^2$$

遵从自由度 $\nu = n_1 + n_2 - 2$ 的 t 分布。

给定显著性水平 α，查 t 分布表得到临界值 t_α，若 $|t_i| > t_\alpha$，则认为基准点前后的两子序列均值无显著差异，否则认为在基准点时刻出现了突变。

(4)二分滑动 Mann-Whitney 检验

Mann-Whitney 检验(以下简称 M-W 检验)是检测两组样本差异是否显的非参数检验方法，具体计算过程如下(Fadeikina，2019)：

① 对两组样本 $X = \{x_1, x_2, \cdots, x_m\}$ 和 $Y = \{y_1, y_2, \cdots, y_n\}$ 的混合样本 $S = \{s_1, s_2, \cdots, s_{m+n}\}$ 按照升序排列，序号为 $1, 2, \cdots, m+n$，当有重复数据时，取对应序号的平均值，样本值为 s 的序号值采用 Rs 表示。

② 分别计算两组样本的秩序和 T_X 和 T_Y，见式(2-25)：

$$T_X = R_{x_1} + R_{x_2} + \cdots + R_{x_m} \quad T_Y = R_{y_1} + R_{y_2} + \cdots + R_{y_n} \tag{2-25}$$

③ 计算数量较少样本的期望值 U，见式(2-26)：

$$U = \begin{cases} T_X - \dfrac{m(m+1)}{2} & (m < n) \\ T_Y - \dfrac{n(n+1)}{2} & (n < m) \\ \min\{T_X, T_Y\} - \dfrac{n(n+1)}{2} & (m = n) \end{cases} \tag{2-26}$$

④ 计算标准差 σ，见式(2-27)：

$$\sigma = \sqrt{\frac{mn(m+n+1)}{12} - \frac{mn}{12(m+n-1)(m+n)(m+n+1)}\sum(\tau_i - 1)\tau_i(\tau_i + 1)} \tag{2-27}$$

式中，τ_i 表示排序为 i 的样本值的个数。

⑤ 计算统计量 Z 值，见式(2-28)：

$$Z=\begin{cases}\dfrac{\left|U-\dfrac{mn}{2}\right|}{\sigma} & (m+n\geqslant 20)\\ \dfrac{\left|U-\dfrac{mn}{2}\right|-0.5}{\sigma} & (m+n<20)\end{cases} \tag{2-28}$$

Z 服从标准正态分布。

给定显著性水平 α ，可取 0.05、0.01、0.001 等，当 $Z\geqslant u_\alpha$ 时，表示两组样本在 $1-\alpha$ 置信水平上存在显著差异，反之，则无差别。

对待检时间序列从第 2 个点至倒数第 2 个点进行滑动，分别计算 Mann-Whitney 检验值 Z，取最大 Z 值进行显著性检验，若满足 $Z\geqslant u_\alpha$ ，即可将该值对应的点确定为最显著突变点；以最显著突变点为断点，将时间序列一分为二，对各子序列重复上述检测，直到找出所有显著突变点为止。

将以上方法定义为二分滑动 Mann-Whitney 检验法。

(5)比值订正法

相邻两测站风速 y 与 x 之间通常构成以下关系(式 2-29)：

$$\frac{y}{x}=k(x) \tag{2-29}$$

式中：

y—测站 1 风速，单位为 $\mathrm{m\cdot s^{-1}}$；

x—测站 2 风速，单位为 $\mathrm{m\cdot s^{-1}}$；

k—比值系数，无量纲数。

当 x 较大时，k 趋于常数，通过 x 和 k，即可得出 y 的订正值。

(6)方差分析法

方法分析法由巫黎明等(2010)提出，主要用于对最大风速序列进行均一化订正。具体计算过程如下：假设某气象站在没有受城市化影响前的最大风速系列资料(v_i)计算出均值 $\overline{X_1}$ 和均方差 S_1，然后对受影响的年份将其最大风速减去前段均值 $\overline{X_1}$，就行了一个新系列(u_i)，在计算新系列的均值 $\overline{X_2}$ 和方差 S_2，采用式(2-30)进行订正：

$$\begin{cases}V_i=v_i+\dfrac{n_iS_1+m_iS_2}{10}\\ |V_i-\overline{X_1}|\leqslant 3S_1\\ n_i=\mathrm{int}\left(10\cdot\dfrac{|v_i-\overline{X_1}|}{S_1}+0.5\right)\\ m_i=\mathrm{int}\left(10\cdot\dfrac{|u_i-\overline{X_2}|}{S_2}+0.5\right)\end{cases} \tag{2-30}$$

其中：

$$\begin{cases}\overline{X}=\dfrac{1}{n}\sum\limits_{i=1}^{n}X_i\\ S=\sqrt{\dfrac{1}{n-1}\sum\limits_{i=1}^{n}(X_i-\overline{X})^2}\end{cases} \tag{2-31}$$

式(2-31)中：V_i 为订正后的最大风速；v_i 为实测风速；int 为取整函数；S_1 主要是对最大风速偏离均值的程度进行订正，S_2 主要是对最大风速的波动进行订正。当最大风速影响系列很短、u_i 系列不具有统计意义时，S_2、m_i 不计算，其值为零。

(7)分段标准化序列重构

假设年最大风速序列为 $\{x_i, i=1,2,\cdots\cdots,n\}$，$n$ 为样本长度，采用不同时间长度的滑动 t 检验检测得到序列的突变点为 x_j，其中 $1<j<n$，将序列 $\{x_i\}$ 分为 $\{x_1 \sim x_{j-1}\}$ 和 $\{x_j \sim x_n\}$ 两段，前一段为标准时段，不受环境变化和迁站影响，后一段为待订正序列。对后一段序列进行标准化，再根据标准时段的均值 $\overline{x}_{1\sim j-1}$ 和标准差 $s_{1\sim j-1}$ 还原序列，即可得到均值和方差与标准时段一致的均一化最大风速序列 $\{y_i, i=1,2,\cdots\cdots,n\}$，计算如式(2-32)和式(2-33)：

$$y_i=\begin{cases} x_i & (i<j) \\ \dfrac{(x_i-\overline{x}_{j\sim n})}{s_{j\sim n}} \times s_{1\sim j-1}+\overline{x}_{1\sim j-1} & (i \geqslant j) \end{cases} \tag{2-32}$$

$$\begin{cases} \overline{x}_{1\sim j-1}=\dfrac{1}{j-1}\sum\limits_{i=1}^{j-1} x_i \\ \overline{x}_{j\sim n}=\dfrac{1}{n-j+1}\sum\limits_{i=j}^{n} x_i \\ s_{1\sim j-1}=\sqrt{\dfrac{1}{j-2}\sum\limits_{i=j}^{n}(x_i-\overline{x}_{1\sim j-1})^2} \\ s_{j\sim n}=\sqrt{\dfrac{1}{n-j}\sum\limits_{i=j}^{n}(x_i-\overline{x}_{j\sim n})^2} \end{cases} \tag{2-33}$$

如果突变点为多个，则采用第一个突变点之前的数据作为标准时段，其后每段各自进行标准化转换，再乘以标准时段的均方差加上标准时段的均值，即为均一化订正后的序列。

分段标准化序列重构与方差分析法的出发点一致，目的在于同时考虑均值和方差的订正，但差别在于标准时段的选取，方差分析法是对环境变化以前的整段时间序列作为一个整体，而分段标准化序列重构法是先检测突变点，将各突变点间均值最大的时段作为标准时段，不仅可以订正环境变化，还可以订正迁站造成的突变，具有更大的应用价值。

2.3.3 年最大风速均一性订正

探讨风速观测仪器变更、时距变化、风仪高度变化、环境变化、迁站等因素对最大风速观测结果的影响。

① 仪器变更。自记 10 min 平均最大风速的观测仪器主要有达因风仪、EL 型电接风向风速计、EN 型测风数据处理仪、多种型号的风向风速传感器。根据各仪器的特点和观测时间，可以大致判断在有两种仪器同时观测时期，最大风速由哪种仪器测得。分析结果显示：除 EN 型风向风速计比 EL 型风向风速计存在明显偏大情况外，其余仪器转换(达因风仪与 EL 型、EL 型与新型传感器、EN 型与新型传感器)对风速的影响较小。但 EL 型风向风速计转换为 EN 型，均出现在 90 年代，与年最大风速的减弱有很好的对应，在一方面能够抵消环境变化的影响，另一方面，平均状况不能反映单次风速观测的随机性，不宜进行仪器变更订正。

② 时距变化。利用定时观测的年最大 2 min 平均风速和逐时观测的年最大 10 min 平均风

速的同步样本(当样本数小于 15 时,宜从月最大风速中选取样本)拟合的线性回归方程进行订正。当分析时段内样本数较少时,采用月最大风速序列进行相关分析。相关显著是能够进行线性回归的前提,如果相关不显著,则不宜采用时距订正对最大风速序列进行延长。蔺延文(1992)在设计风速计算一文中指出,在实际工作中,采用线性回归将 2 min 平均最大风速订正到 10 min 平均最大风速时,二者的相关系数至少应大于 0.85。重庆 34 个国家站在相同站址内定时 2 min 平均风速与 10 min 平均最大风速的相关系数计算结果均低于 0.85,不宜采用一元线性回归方法进行时距订正。因此,时距订正最终采用最大风与定时风年最大值序列的平均值之比作为订正系数。

③ 高度变化。重庆 34 个国家站的测风仪高度并非标准的 10 m 高度,而是在一定范围内变化。随着社会经济发展,特别是一些发展较快的大中城市,原建在空旷郊外的气象站已经被各种建筑物所包围,下垫面条件的变化造成对风速的屏蔽影响。各气象站为了尽量减小周围障碍物对风速的影响,不断增加风仪高度。高度订正对风速一般起到减小作用,但减小的幅度在 1 $m \cdot s^{-1}$ 以内,相对误差不超过 3%。风仪高度的增加在一定程度上减弱了台站周边障碍物增加导致的风速减小现象,进行高度订正会使风速进一步偏小,不利于安全设计。因此,在气象站周围障碍物情况无法具体获悉的情况下,建议不作高度订正。

④ 环境和迁站影响。环境变化一般情况下是指风速观测环境受到不同程度的破坏,导致观测到的风速值代表性不足,通常使风速减弱。迁站则在一定程度上弥补观测环境恶化导致的风速减小效应,且站点一般由市区向郊区搬迁,新址风速往往大于原址。二者订正方法相同,均是先找出非均一突变点,结合历史沿革资料进行确认,然后采用比值订正可以很好地解决资料的非均一性问题。

根据以上探讨结果,对年最大风速序列进行时距订正,不作高度订正,建立典型气象站连续的最大风速序列,再通过二分滑动 M-W 检验检测突变年份,对相邻突变点间的序列进行标准化,将标准化序列乘以标准时段(未受环境变化和迁站影响的时段)的均方差加上标准时段的均值,得到均一化年最大风速序列。以 8 个典型气象站(永川、奉节、沙坪坝、长寿、涪陵、梁平、万州、酉阳)为例,采用二分滑动 M-W 进行突变检验,相关统计量如表 2-8 所示,其余站点类似(表略)。

表 2-8 典型气象站年最大风速均一化订正过程

站名	时距订正系数	突变年份/年	影响因素	标准时段		
				起止时间/年	均值	标准差
沙坪坝	1.43	1989、2008	环境变化	1951—1988	15.0	3.3
长寿	1.46	1992、2003	观测方式变化	1959—1991	14.3	3.0
永川	1.31	1985、1995、2000、2009	环境变化+迁站	1957—1984	16.5	3.6
奉节	1.42	2003	迁站	1954—2002	16.0	3.3
万州	1.72	1996	环境变化	1954—1995	12.3	2.8
梁平	1.37	1976	观测方式变化	1952—1975	12.0	2.6
涪陵	1.50	1992、2003、2013	环境变化、迁站	1952—1991	14.2	3.3
酉阳	1.53	1992、2012	环境变化、迁站	1951—1991	10.1	2.4

重庆地区国家气象站历年最大风速均一化订正前后变化如图 2-25 所示。经过时距订正和标准化订正后,年最大风速的均一性明显改善。

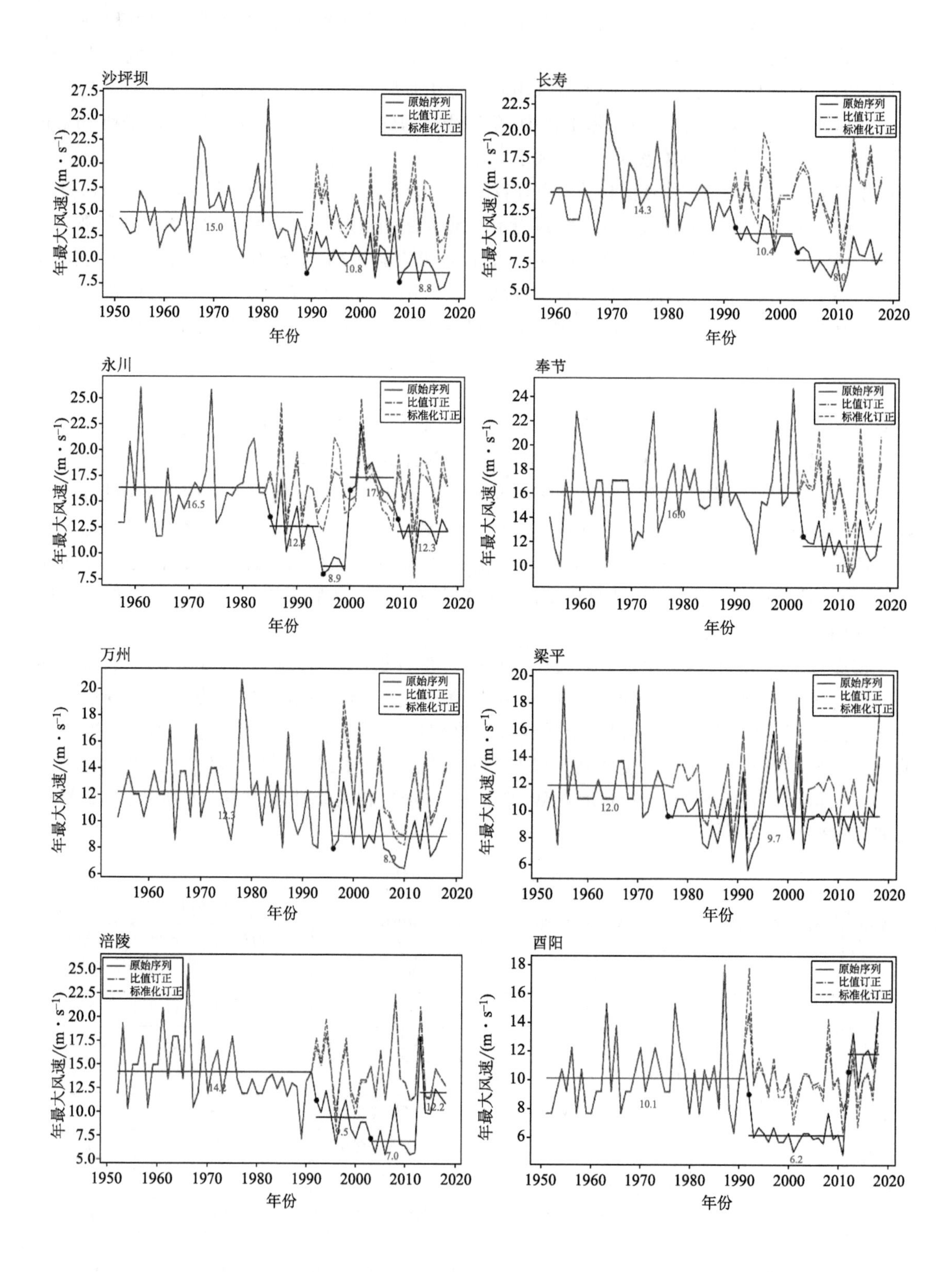
沙坪坝
原始序列
比值订正
标准化订正
15.0
10.8
8.8
年最大风速/(m·s^{-1})
年份
长寿
14.3
10.4
8.0
永川
16.5
12.6
8.9
17.3
12.3
奉节
16.0
11.6
万州
12.3
8.9
梁平
12.0
9.7
涪陵
14.2
9.5
7.0
12.2
酉阳
10.1
6.2
11.8

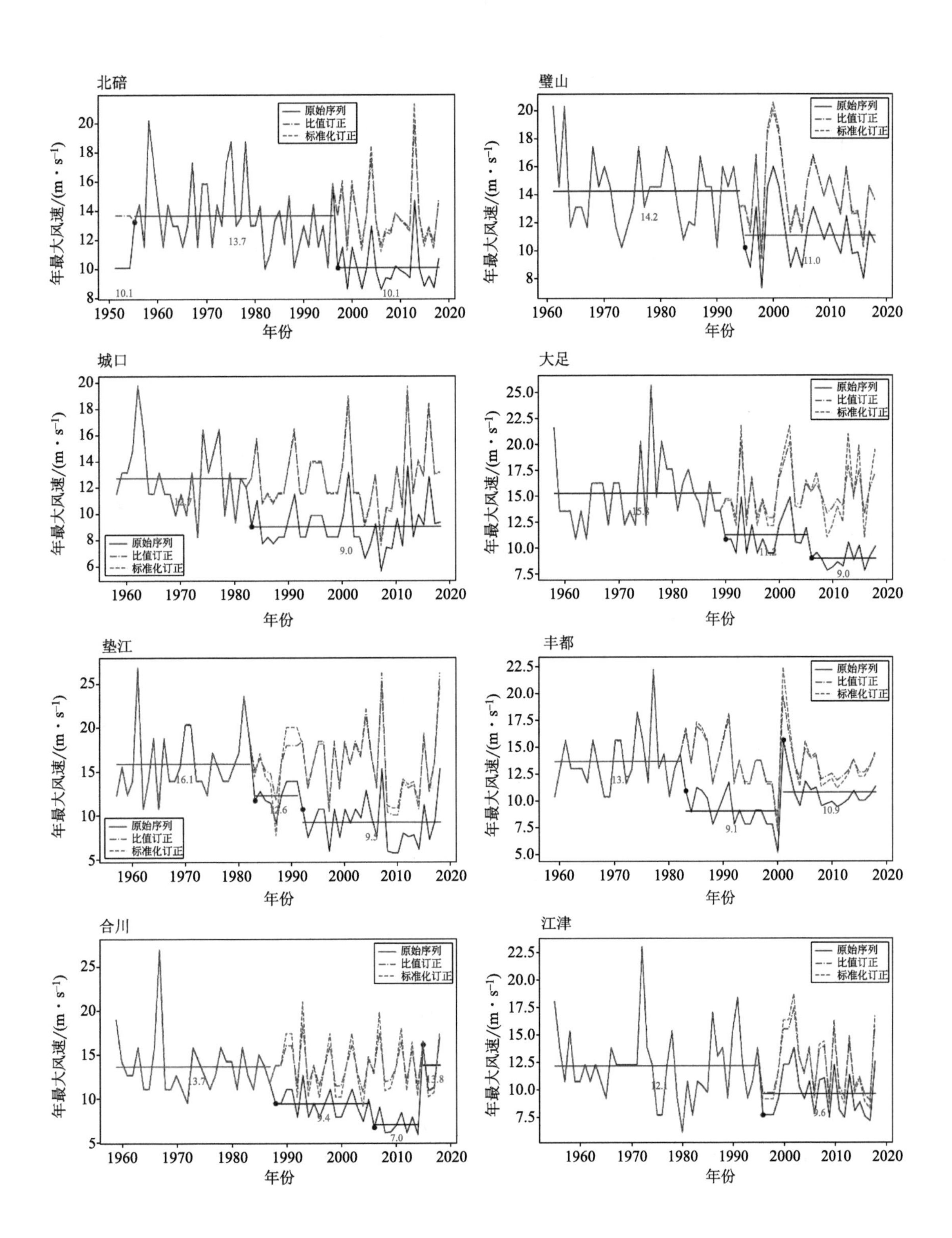
北碚
璧山
城口
大足
垫江
丰都
合川
江津
原始序列
比值订正
标准化订正
年最大风速/(m·s⁻¹)
年份
13.7
10.1
14.2
11.0
9.0
15.3
16.1
9.3
13.7
9.4
7.0
13.8
9.1
10.9
12.1
9.6

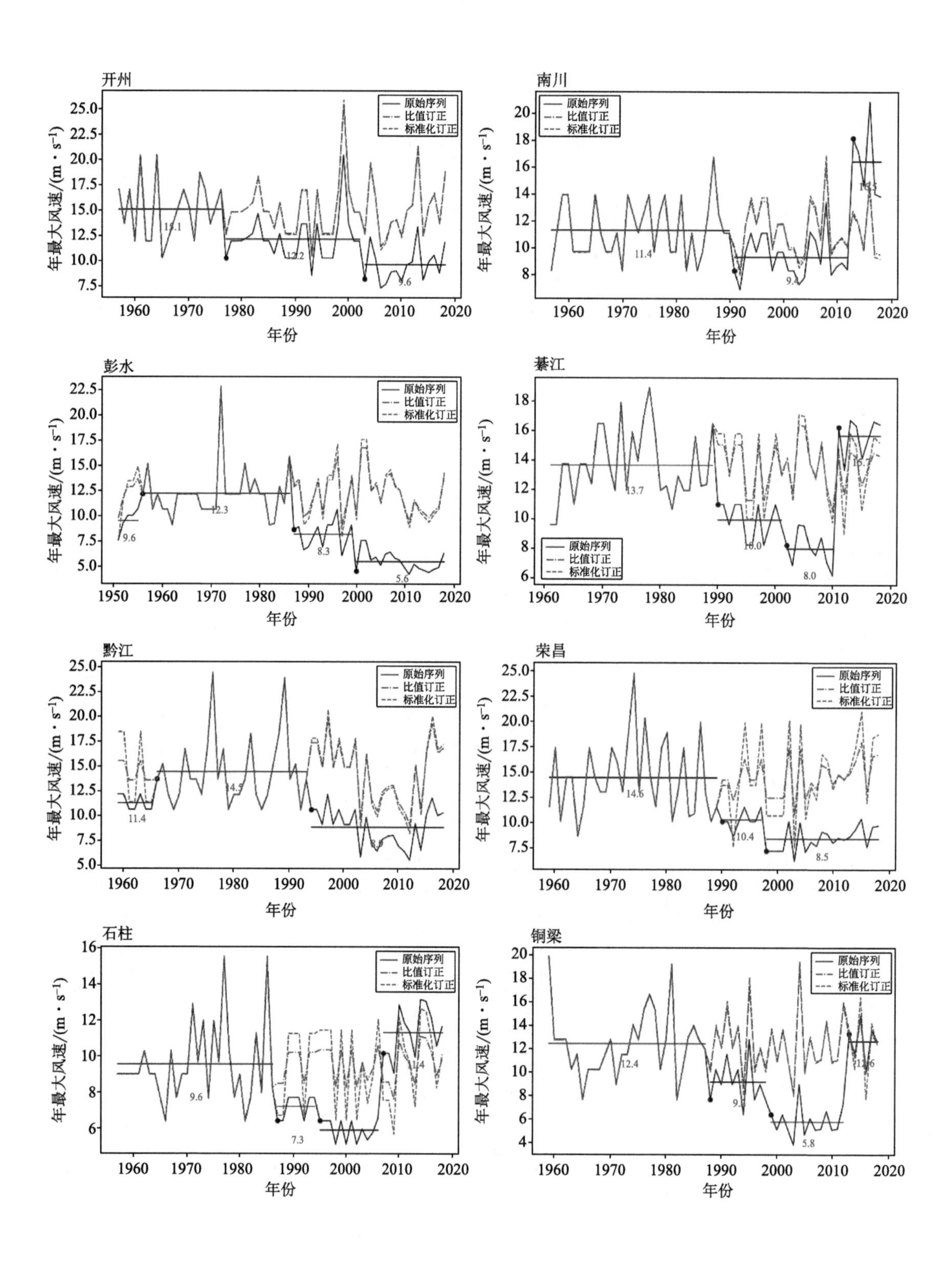
开州
南川
彭水
綦江
黔江
荣昌
石柱
铜梁
原始序列
比值订正
标准化订正
年最大风速/(m·s^{-1})
年份
15.1
12.2
9.6
11.4
9.4
16.3
9.6
12.3
8.3
5.6
13.7
10.0
8.0
15.7
11.4
14.5
8.8
14.6
10.4
8.5
9.6
7.3
5.9
11.4
12.4
9.1
5.8
12.6

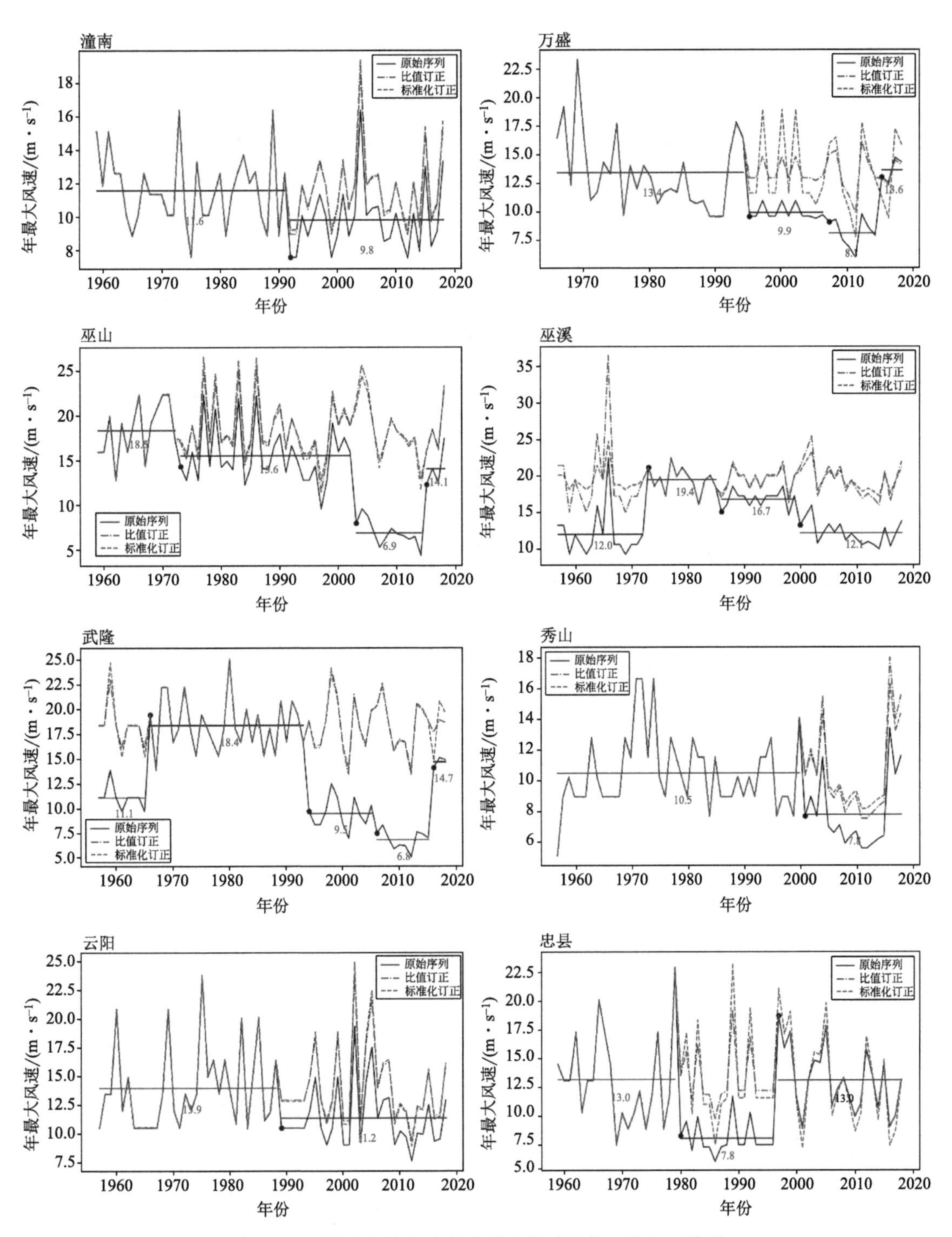

图 2-25 重庆各国家气象站年最大风速的均一化订正结果

2.3.4 设计基本风速计算及修正

根据《建筑结构荷载规范》(GB 50009—2012)全国基本风压表和站点海拔高度反算基本风速，重庆沙坪坝、奉节、梁平、万州、涪陵基本风速如表 2-9。

表 2-9 《建筑结构荷载规范》(GB 50009—2012)中重庆地区基本风压值

站名	海拔/m	基本风压/(kN・m^2)			密度/(t・m^{-3})	基本风速/(m・s^{-1})		
		10 a	50 a	100 a		10 a	50 a	100 a
沙坪坝	259.1	0.25	0.40	0.45	0.001218028	20.3	25.6	27.2
奉节	607.3	0.25	0.35	0.45	0.001176347	20.6	24.4	27.7
梁平	454.6	0.20	0.30	0.35	0.001194447	18.3	22.4	24.2
万州	186.7	0.20	0.35	0.45	0.001226879	18.1	23.9	27.1
涪陵	273.5	0.20	0.30	0.35	0.001216276	18.1	22.2	24.0

各类标准均未明确给出阵风系数的强度。工程抗风设计计算手册给出各种不同时距与 10 min 时距的风速的比值平均，其中瞬时风速与 10 min 平均风速之比约为 1.5。结构抗风设计中风荷载的顺风向响应分为平均风作用下的静力响应和脉动风作用下的动力响应，如果不考虑风振，则风中只包含平均风，此时应考虑瞬时风速或风压值以反映脉动风的增值影响，风振系数可看作平均风由于脉动增压作用的阵风系数，相当于基本风压增值而乘以一阵风系数。由此可知，标准中给出的基本风压值已经考虑阵风系数为 1.5，重庆地区多山多峡谷，阵风系数受局地地形影响较大，并非取标准的 1.5，因此，有必要根据大风样本的阵性特征对基本风速和风压加以修正。

选取 10 min 最大风速的年最大值及其对应的极大风速值样本，采用相关比值法计算阵风系数，得到以上五站的阵风系数及修正后的不同重现期基本风速值如表 2-10 所示。修正后的基本风速与国家标准和行业标准相比，除涪陵偏大、梁平偏小外，其他站点计算值与规范值基本接近。

表 2-10 阵风系数及修正后的设计风速和基本风压

站名	阵风系数	计算基本风速/(m・s^{-1})			修正基本风速/(m・s^{-1})			JTG D60-01—2004			GB 50009—2012		
		10 a	50 a	100 a	10 a	50 a	100 a	10 a	50 a	100 a	10 a	50 a	100 a
沙坪坝	1.682	19.4	23.6	25.3	21.8	26.5	28.4	20.5	25.9	27.5	20.3	25.6	27.2
奉节	1.566	20.4	23.7	25.0	21.3	24.7	26.1	20.8	24.6	26.3	20.6	24.4	27.7
梁平	1.670	15.4	18.8	20.2	17.1	20.9	22.5	18.5	22.6	24.5	18.3	22.4	24.2
万州	1.826	16.1	19.6	21.0	19.6	23.9	25.6	15.8	22.3	24.1	18.1	23.9	27.1
涪陵	1.794	18.5	23.1	25.1	22.1	27.6	30.0	18.3	22.4	24.2	18.1	22.2	24.0

《建筑结构荷载规范》(GB 50009—2012)规定 50 a 重现期的基本风压不得小于 0.3 kN・m^{-2}，《公路桥梁抗风设计规范》(JTG/T 3301-01—2018)规定当从气象台站统计分析获得的基本风速(100 a 重现期)小于 24.5 m・s^{-1} 时，应取 24.5 m・s^{-1}。梁平站的规范值恰好对应相关标准的最低风速要求，实际计算结果低于规范值，属于合理范围。

重庆 34 个国家气象站年最大风速与年最大风速的阵风系数如图 2-26 所示。重庆年最大风速的阵风系数除彭水(2.18),其余站点在 1.49～1.92。以彭水为例,其空间地理位置如图 2-27 所示,彭水站位于郁江边上,该站年最大风速样本的平均值约 5.4 m·s^{-1},主要来自东北

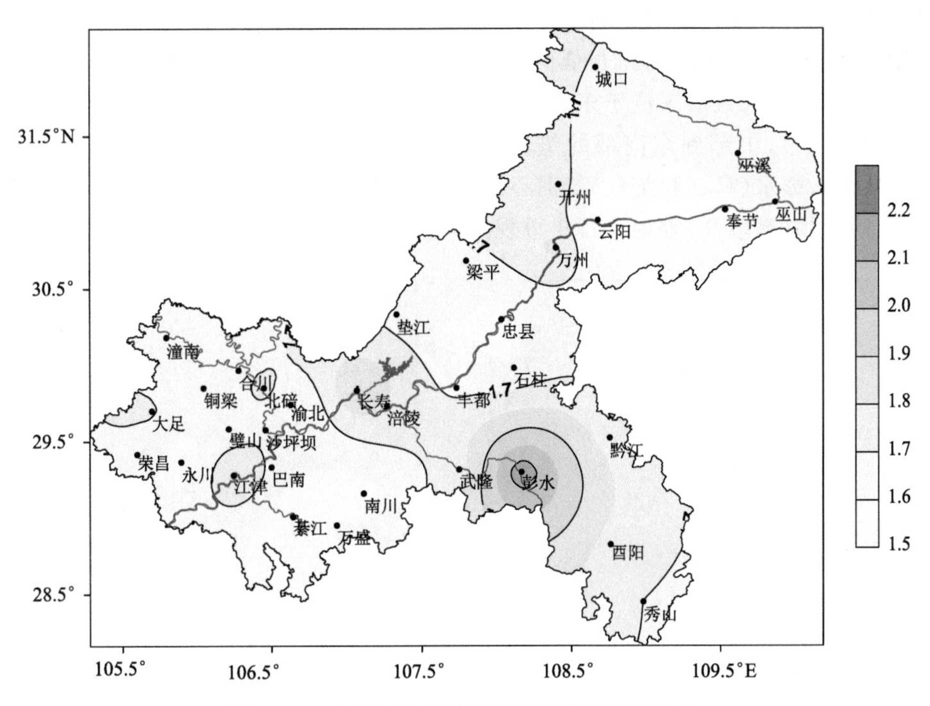

图 2-26 重庆年最大风速样本的阵风系数分布

图 2-27 重庆彭水国家站周边地理环境及风向频率分布

(NE)方向，极大风速方向与最大风速方向一致，主导风向与郁江夹角小于 15°，是典型的狭管效应区，彭水站的阵风系数最大是合理的，如果直接采用最大风速的重现期计算设计基本风速，必将低估大风对工程建筑的影响。

基于阵风系数调整和相关标准最低值要求修正后的 50 a 和 100 a 重现期基本风速如图 2-28 所示。重庆基本风速的大值区位于东北部巫山（长江和大宁河）、巫溪（大宁河）、奉节（长江和梅溪河）等河谷地带，中部到东南部的垫江（龙溪河）、长寿（长江和龙溪河）、涪陵（长江和乌江）、武隆（乌江）、彭水（乌江和郁江）等河谷地带，西部的大足和荣昌（胡市河）、永川（箕山与黄瓜山之间）、沙坪坝（嘉陵江）等地。百年重现期风速以巫山最大，约 32.6 m · s^{-1}。

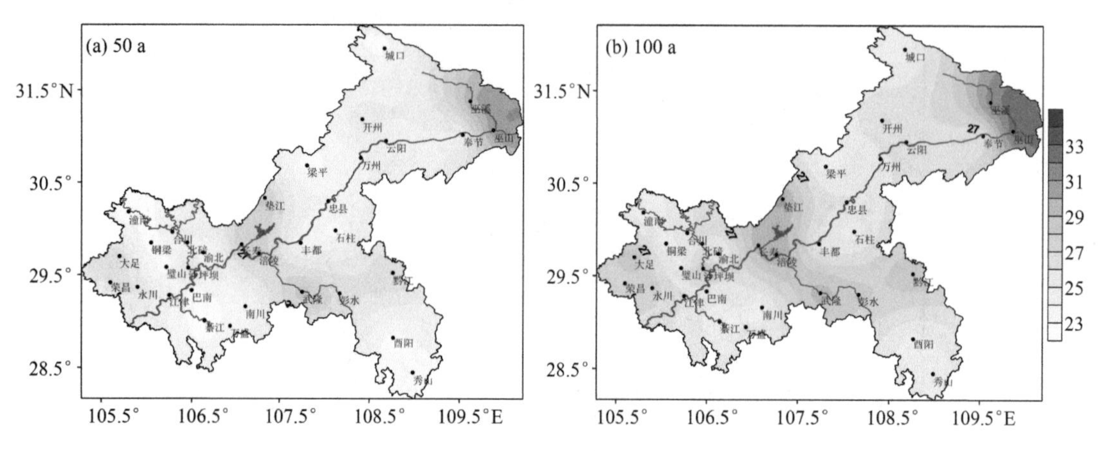

图 2-28　修正后的重庆 50 a 一遇(a)和 100 a 一遇(b)基本风速的空间分布（单位：m · s^{-1}）

对于计算结果低于标准值的站点，其他重现期最大风速根据工程抗风设计计算手册（表 2-11）不同重现期的风压比值进行换算，结果如表 2-12 所示，按规范值中 50 a 重现期最低要求修正不同重现期基本风速见表 2-13。

表 2-11　重庆 34 个国家站不同重现期基本风速

站名	均一化订正序列不同重现期最大风速/(m · s^{-1})								阵风系数	海拔高度/m
	T=2 a	T=3 a	T=5 a	T=10 a	T=20 a	T=30 a	T=50 a	T=100 a		
璧山	13.9	15.1	16.3	17.8	19.0	19.7	20.5	21.5	1.626	291.3
城口	12.3	13.4	14.6	16.1	17.6	18.5	19.5	21.0	1.696	750.3
梁平	11.6	12.7	13.9	15.4	16.9	17.7	18.8	20.2	1.670	453.9
綦江(新)	15.4	16.5	17.6	18.9	19.8	20.4	20.9	21.6	1.486	474.7
石柱(新)	11.1	11.9	12.9	14.1	15.2	15.8	16.7	17.8	1.609	632.3
铜梁	12.0	13.3	14.6	16.2	17.6	18.5	19.4	20.7	1.604	282.9
潼南	11.3	12.2	13.3	14.6	15.8	16.5	17.4	18.6	1.641	247.4
秀山	9.9	11.0	12.3	14.1	15.8	16.7	17.9	19.5	1.699	363.7
酉阳	9.7	10.6	11.7	13.2	14.7	15.5	16.6	18.2	1.761	663.7
渝北	12.1	13.0	14.0	15.2	16.3	16.9	17.6	18.5	1.532	439.1
巴南	10.1	11.3	12.8	14.8	16.9	18.3	20.1	22.7	1.678	243.6
北碚	13.3	14.2	15.3	16.8	18.4	19.3	20.5	22.2	1.754	240.8

续表

站名	均一化订正序列不同重现期最大风速/(m·s^{-1})								阵风系数	海拔高度/m
	T=2 a	T=3 a	T=5 a	T=10 a	T=20 a	T=30 a	T=50 a	T=100 a		
大足	14.8	16.2	17.8	19.8	21.6	22.6	23.8	25.3	1.715	401.7
垫江	15.6	17.2	19.0	21.1	23.1	24.3	25.6	27.4	1.657	416.5
丰都	13.3	14.3	15.6	17.2	18.8	19.7	20.9	22.5	1.679	218.0
奉节	15.7	17.2	18.7	20.4	21.9	22.7	23.7	25.0	1.566	607.3
涪陵	13.6	15.0	16.5	18.5	20.5	21.6	23.1	25.1	1.794	273.0
合川	13.2	14.5	16.2	18.2	20.1	21.1	22.4	24.0	1.624	230.6
江津	11.7	13.1	14.7	16.5	18.1	19.0	20.0	21.3	1.834	208.6
开州	14.7	16.0	17.4	19.0	20.5	21.2	22.2	23.3	1.745	165.7
南川(新)	15.5	16.8	18.2	19.8	21.1	21.8	22.7	23.8	1.551	698.8
彭水	11.9	13.0	14.1	15.5	16.8	17.6	18.5	19.6	2.177	314.3
黔江	14.1	15.6	17.3	19.2	21.0	22.0	23.2	24.9	1.750	607.3
荣昌	14.3	16.0	17.8	19.7	21.3	22.2	23.2	24.5	1.672	328.5
沙坪坝	14.5	15.9	17.5	19.4	21.2	22.3	23.6	25.3	1.682	259.1
万盛	13.0	14.2	15.9	17.9	19.7	20.7	21.9	23.5	1.611	325.3
万州	11.9	13.1	14.4	16.1	17.6	18.5	19.6	21.0	1.826	186.7
巫山	18.1	19.6	21.2	23.2	25.0	26.1	27.3	28.9	1.690	270.6
巫溪	19.3	20.0	21.3	23.0	24.7	25.6	26.9	28.5	1.661	337.8
武隆	18.2	19.3	20.5	21.9	23.1	23.7	24.5	25.5	1.749	409.8
永川	16.0	17.5	19.2	21.3	23.3	24.3	25.7	27.4	1.521	315.6
云阳	12.9	14.4	16.4	18.9	21.4	22.8	24.5	26.9	1.507	205.5
长寿	13.9	15.2	16.6	18.3	19.9	20.8	21.8	23.2	1.918	377.6
忠县	12.5	14.1	16.2	18.6	20.8	22.0	23.4	25.3	1.551	231.3

表 2-12　阵风系数修正重庆 34 个国家站不同重现期基本风速

站名	阵风系数修正不同重现期基本风速/(m·s^{-1})								规范值最低要求/(m·s^{-1})	
	T=2 a	T=3 a	T=5 a	T=10 a	T=20 a	T=30 a	T=50 a	T=100 a	T=50 a	T=100 a
璧山	15.1	16.4	17.7	19.3	20.6	21.4	22.2	23.3	22.2	24.5
城口	13.9	15.2	16.5	18.2	19.9	20.9	22.1	23.8	22.7	24.5
梁平	12.9	14.1	15.5	17.1	18.8	19.7	20.9	22.5	22.4	24.5
綦江(新)	15.3	16.3	17.4	18.7	19.6	20.2	20.7	21.4	22.4	24.5
石柱(新)	11.9	12.8	13.8	15.1	16.3	16.9	17.9	19.1	22.6	24.5
铜梁	12.8	14.2	15.6	17.3	18.8	19.8	20.7	22.1	22.2	24.5
潼南	12.4	13.3	14.6	16.0	17.3	18.1	19.0	20.3	22.2	24.5
秀山	11.2	12.5	13.9	16.0	17.9	18.9	20.3	22.1	22.3	24.5
酉阳	11.4	12.4	13.7	15.5	17.3	18.2	19.5	21.4	22.6	24.5
渝北	12.4	13.3	14.3	15.5	16.7	17.3	18.0	18.9	22.4	24.5
巴南	11.3	12.6	14.3	16.6	18.9	20.5	22.5	25.4	22.2	24.5

续表

站名	阵风系数修正不同重现期基本风速/(m·s^{-1})								规范值最低要求/(m·s^{-1})	
	T=2 a	T=3 a	T=5 a	T=10 a	T=20 a	T=30 a	T=50 a	T=100 a	T=50 a	T=100 a
北碚	15.6	16.6	17.9	19.6	21.5	22.6	24.0	26.0	22.2	24.5
大足	16.9	18.5	20.3	22.6	24.7	25.8	27.2	28.9	22.4	24.5
垫江	17.2	19.0	21.0	23.3	25.5	26.8	28.3	30.3	22.4	24.5
丰都	14.9	16.0	17.5	19.2	21.0	22.0	23.4	25.2	22.1	24.5
奉节	16.4	18.0	19.5	21.3	22.9	23.7	24.7	26.1	22.6	24.5
涪陵	16.3	17.9	19.7	22.1	24.5	25.8	27.6	30.0	22.2	24.5
合川	14.3	15.7	17.5	19.7	21.8	22.8	24.2	26.0	22.2	24.5
江津	14.3	16.0	18.0	20.2	22.1	23.2	24.4	26.0	22.1	24.5
开州	17.1	18.6	20.2	22.1	23.8	24.7	25.8	27.1	22.1	24.5
南川(新)	16.0	17.4	18.8	20.5	21.8	22.5	23.5	24.6	22.7	24.5
彭水	17.3	18.9	20.5	22.5	24.4	25.5	26.8	28.4	22.3	24.5
黔江	16.5	18.2	20.2	22.4	24.5	25.7	27.1	29.1	22.6	24.5
荣昌	15.9	17.8	19.8	22.0	23.7	24.8	25.9	27.3	22.3	24.5
沙坪坝	16.3	17.8	19.6	21.8	23.8	25.0	26.5	28.4	22.2	24.5
万盛	14.0	15.2	17.1	19.2	21.2	22.2	23.5	25.2	22.3	24.5
万州	14.5	15.9	17.5	19.6	21.4	22.5	23.9	25.6	22.1	24.5
巫山	20.4	22.1	23.9	26.1	28.2	29.4	30.8	32.6	22.2	24.5
巫溪	21.4	22.1	23.6	25.5	27.3	28.3	29.8	31.6	22.3	24.5
武隆	21.2	22.5	23.9	25.5	26.9	27.6	28.6	29.7	22.4	24.5
永川	16.2	17.7	19.5	21.6	23.6	24.6	26.1	27.8	22.3	24.5
云阳	13.0	14.5	16.5	19.0	21.5	22.9	24.6	27.0	22.1	24.5
长寿	17.8	19.4	21.2	23.4	25.5	26.6	27.9	29.7	22.3	24.5
忠县	12.9	14.6	16.8	19.2	21.5	22.7	24.2	26.2	22.2	24.5

表 2-13 按规范值中 50 a 重现期最低要求修正不同重现期基本风速

站名	按规范值中 50 a 重现期最低要求修正其他重现期/(m·s^{-1})								修正系数
	T=2 a	T=3 a	T=5 a	T=10 a	T=20 a	T=30 a	T=50 a	T=100 a	
璧山	15.1	16.4	17.7	19.3	20.6	21.4	22.2	24.5	2 a/50 a=0.73 3 a/50 a=0.77 5 a/50 a=0.81 10 a/50 a=0.87 20 a/50 a=0.93 30 a/50 a=0.96
城口	13.9	15.2	16.5	18.2	19.9	20.9	22.7	24.5	
梁平	14.1	15.5	17.1	18.8	19.7	20.9	22.4	24.5	
綦江(新)	16.3	17.4	18.7	19.6	20.2	20.7	22.4	24.5	
石柱(新)	16.5	17.4	18.3	19.7	21.0	21.7	22.6	24.5	
铜梁	14.2	15.6	17.3	18.8	19.8	20.7	22.2	24.5	
潼南	14.6	16.0	17.3	18.1	19.0	20.3	22.2	24.5	
秀山	12.5	13.9	16.0	17.9	18.9	20.3	22.3	24.5	
酉阳	13.7	15.5	17.3	18.2	19.5	21.4	22.6	24.5	
渝北	16.4	17.2	18.1	19.5	20.8	21.5	22.4	24.5	

2.3.5　基本风压计算

空气密度估算有三种方式：①根据气温、气压、水汽压估算（式 2-34，密度 1）；②根据气温、气压和气体常数 R 计算（式 2-35，密度 2）；③根据海拔高度直接计算（式 2-36，密度 3）。

$$\rho=\frac{0.001276}{1+0.00366t}\left(\frac{p-0.378e}{1000}\right) \tag{2-34}$$

$$\rho=\frac{P}{RT} \tag{2-35}$$

$$\rho\approx 0.001225e^{-0.0001h} \tag{2-36}$$

式 2-34 中：ρ 为空气密度，单位为 $\mathrm{t\cdot m^{-3}}$；p 为平均大气压，单位为 hPa；e 为平均水汽压，单位为 hPa；t 为平均气温，单位为℃。

式 2-35 中：ρ 为空气密度，单位为 $\mathrm{kg\cdot m^{-3}}$；P 为平均大气压，单位为 Pa；R 为气体常数 287 $\mathrm{J\cdot kg^{-1}\cdot K^{-1}}$；$T$ 为平均气温，单位为 K。

式 2-36 中：ρ 为空气密度，单位为 $\mathrm{t\cdot m^{-3}}$；h 为需要推算空气密度的海拔高度，单位为 m。

空气密度受海拔高度和季节变化的影响，因此不同季节及迁站前后海拔高度的变化均会对密度大小产生影响。基于 8 个典型气象站，以标准时段的气温、气压、水汽压为标准，计算不同方法下空气密度，结果如表 2-14 所示。方式①计算的空气密度略小于方式②，方式③计算的空气密度最大。从计算所需变量数来看，密度 1 所需参数最多，计算结果最准确，密度 2 比气体常数取值仅考虑干空气，已作了近似处理，密度 3 近考虑海拔高度，公式最简化，但误差也越大。基本风压与空气密度成正比，取较大的空气密度值也是从设计安全的角度考虑，因此，最终选取计算最为简便的密度 3 进行风压计算。

表 2-14　不同方法计算典型国家站空气密度　　（单位：$\mathrm{t\cdot m^{-3}}$）

站名	沙坪坝	长寿	永川	奉节	梁平	万州	涪陵	酉阳
标准时段	1951—1988 年	1959—1991 年	1957—1984 年	1954—2002 年	1952—1975 年	1954—1995 年	1952—1991 年	1951—1991 年
海拔/m	260.6	378.9	315.6	607.3	453.9	186.7	273.0	663.7
平均气温/℃	18.3	17.5	17.7	16.6	16.6	18.1	18.1	14.8
平均气压/hPa	983.1	969.9	976.9	948.6	961.3	992.5	982.1	939.3
平均水汽压/hPa	17.7	17.0	17.6	14.3	16.4	18.1	17.5	14.9
密度 1	0.001168	0.001155	0.001163	0.001135	0.001149	0.001180	0.001168	0.001130
密度 2	0.001175	0.001163	0.001170	0.001141	0.001156	0.001187	0.001175	0.001136
密度 3	0.001193	0.001179	0.001187	0.001153	0.001171	0.001202	0.001192	0.001146

根据风压计算公式，选取海拔高度估算的空气密度，得到重庆 34 个国家站 50 a 和 100 a 重现期基本风压值图 2-29 所示。基本风压的空间分布相对大小与基本风速一致，大值区位于重庆东北部巫山、巫溪地区，50 a 重现期基本风压分别为 0.58 $\mathrm{kN\cdot m^{-2}}$、0.54 $\mathrm{kN\cdot m^{-2}}$，中部的垫江、长寿、涪陵及东南部的武隆地区，50 a 重现期基本风压在 0.46～0.49 $\mathrm{kN\cdot m^{-2}}$，西部地区的大足、荣昌、永川、沙坪坝 50 a 重现期基本风压在 0.41～0.44 $\mathrm{kN\cdot m^{-2}}$。其他重新期基本风压值如表 2-15 所示。

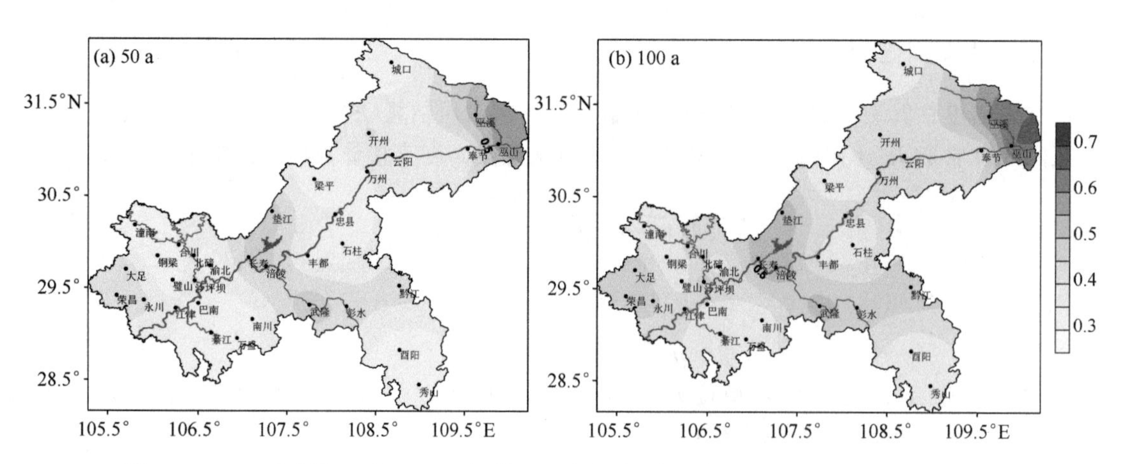

图 2-29　50 a 重现期(a)和 100 a 重现期(b)基本风压的空间分布对比(单位:kN·m^{-2})

表 2-15　重庆 34 个国家站不同重现期基本风压值　　(单位:kN·m^{-2})

站名	T=2 a	T=3 a	T=5 a	T=10 a	T=20 a	T=30 a	T=50 a	T=100 a
璧山	0.14	0.16	0.19	0.23	0.26	0.28	0.30	0.36
城口	0.11	0.13	0.16	0.19	0.23	0.25	0.30	0.35
梁平	0.12	0.14	0.17	0.21	0.23	0.26	0.30	0.36
綦江(新)	0.16	0.18	0.21	0.23	0.24	0.26	0.30	0.36
石柱(新)	0.16	0.18	0.20	0.23	0.26	0.28	0.30	0.35
铜梁	0.12	0.15	0.18	0.21	0.24	0.26	0.30	0.36
潼南	0.13	0.16	0.18	0.20	0.22	0.25	0.30	0.37
秀山	0.09	0.12	0.15	0.19	0.22	0.25	0.30	0.36
酉阳	0.11	0.14	0.18	0.19	0.22	0.27	0.30	0.35
渝北	0.16	0.18	0.20	0.23	0.26	0.28	0.30	0.36
巴南	0.08	0.10	0.12	0.17	0.22	0.26	0.31	0.39
北碚	0.15	0.17	0.20	0.23	0.28	0.31	0.35	0.41
大足	0.17	0.21	0.25	0.31	0.37	0.40	0.44	0.50
垫江	0.18	0.22	0.26	0.33	0.39	0.43	0.48	0.55
丰都	0.14	0.16	0.19	0.23	0.27	0.30	0.33	0.39
奉节	0.16	0.19	0.22	0.27	0.31	0.33	0.36	0.40
涪陵	0.16	0.19	0.24	0.30	0.37	0.40	0.46	0.55
合川	0.12	0.15	0.19	0.24	0.29	0.32	0.36	0.41
江津	0.13	0.16	0.20	0.25	0.30	0.33	0.36	0.41
开州	0.18	0.21	0.25	0.30	0.35	0.38	0.41	0.45
南川(新)	0.15	0.18	0.21	0.24	0.28	0.30	0.32	0.35
彭水	0.18	0.22	0.25	0.31	0.36	0.39	0.44	0.49

续表

站名	$T=2$ a	$T=3$ a	$T=5$ a	$T=10$ a	$T=20$ a	$T=30$ a	$T=50$ a	$T=100$ a
黔江	0.16	0.19	0.24	0.30	0.35	0.39	0.43	0.50
荣昌	0.15	0.19	0.24	0.29	0.34	0.37	0.41	0.45
沙坪坝	0.16	0.19	0.23	0.29	0.34	0.38	0.43	0.49
万盛	0.12	0.14	0.18	0.22	0.27	0.30	0.33	0.38
万州	0.13	0.16	0.19	0.24	0.28	0.31	0.35	0.40
巫山	0.25	0.30	0.35	0.41	0.48	0.53	0.58	0.65
巫溪	0.28	0.30	0.34	0.39	0.45	0.48	0.54	0.60
武隆	0.27	0.30	0.34	0.39	0.43	0.46	0.49	0.53
永川	0.16	0.19	0.23	0.28	0.34	0.37	0.41	0.47
云阳	0.10	0.13	0.17	0.22	0.28	0.32	0.37	0.45
长寿	0.19	0.23	0.27	0.33	0.39	0.43	0.47	0.53
忠县	0.10	0.13	0.17	0.23	0.28	0.31	0.36	0.42

根据《建筑结构荷载规范》(GB 50009—2012)全国基本风压表，对比重庆及周边地区（贵州、四川）不同重现期基本风压。50 a一遇基本风压变化范围在0.3～0.45 kN・m^{-2}，其中甘孜为0.45 kN・m^{-2}，内江和沙坪坝为0.40 kN・m^{-2}，奉节、万州、达州、康定、威宁、盘县为0.35 kN・m^{-2}，其余36个站点均为0.30 kN・m^{-2}。《公路桥梁抗风设计规范》(JTG/T D60-01—2004)给出全国基本风速表是考虑到标准中风压取值的历史延续性，对得到的结果作了适当的调整，以不致产生过大的波动，对其部分计算结果参照周围台站的情况予以适当修正。《建筑结构荷载规范》(GB 50009—2012)给出的风压值与《公路桥梁抗风设计规范》(JTG/T D60-01—2004)给出的基本风速计算结果相当。调整、修正等过程使得基于实测资料的计算结果与规范值存在差异。如果不作阵风系数修正，几乎所有站点的计算结果较标准值偏小，修正后的基本风压与实际地形基本相符，计算结果略高于国家标准。在工程设计中，应根据实际地形选取合适的基本风压值，尤其是与盛行风向一致的峡谷、河谷地区，应该取更为严格的标准，以保障设计安全。

2.3.6 本节小结

重庆市34个国家气象站中，最大风速观测完整年数在30 a以上且缺测比（最大风速缺测年数/观测开始时间至今的总年数）在20%以下的站点包括沙坪坝、永川、梁平、奉节、长寿、万州、酉阳和涪陵8站，将其称为典型气象站，将其余26个缺测较严重的站点称为非典型气象站。

仪器变更对观测风速的影响表明，除EN型风向风速计比EL型风向风速计存在明显偏大情况外，其余仪器转换（达因风仪与EL型、EL型与新型传感器、EN型与新型传感器）对风速的影响较小。但EL型风向风速计转换为EN型，均出现在20世纪90年代，与年最大风速的减弱有很好的对应，在一方面能够抵消环境变化的影响，另一方面，平均状况不能反映单次风速观测的随机性，不宜进行仪器变更订正。

年最大风速的时距换算采用《桥梁设计风速计算规范》(QX/T 438—2018)推荐的一元线性回归方法的相关显著性一般不能满足实际工作要求(定时 2 min 平均最大风速与自记 10 min 平均最大风速的相关系数至少应大于 0.85),建议采用 10 min 平均最大风速与定时 2 min 平均最大风速的同期观测年最大值样本均值之比作为订正系数,重庆地区年最大风速的时距订正系数在 1.26～1.72,平均约 1.43。

测风仪器高度订正产生的风速偏差低于 5%,对结果影响不大。在实际观测中,增加风仪高度在一定程度上弥补了环境变化对风速的减弱作用,如果进行高度订正将使风速进一步偏小,不利于工程结构的安全设计。即使进行高度订正,也需用风仪的有效高度(风仪高度:测站周边障碍物的平均高度)代替实际高度进行推求,如果缺少障碍物分布资料,则难以得到测风仪器的有效高度。因此,在风速资料符合国家地面观测规范的前提下,不作高度订正更有利于计算结果的准确性。

以最大风速观测时间最长、连续性最好的沙坪坝站为基础讨论环境变化对年最大风速的影响,粗略估计自然变率和城市化发展对 50 a 重现期风速减小的贡献分别占 30.5% 和 69.5%,即城市化发展对参证气象站基本风速减小的影响是自然变率的 2 倍多,与全风速和南风的比率结果接近。

以最大风速观测时间较长、迁站最多的永川站作为迁站订正的探讨个例,首先需要判断迁站前后的风向、风速是否发生显著变化,在不考虑风向的条件下,如果风速在迁站前后出现明显突变,仍需要将其作为间断点,采用分段标准化序列重构方法(简称标准化订正)进行均一性订正,即将标准化序列乘以标准时段(未受环境变化和迁站影响的时段)的方差加上标准时段的均值,即可以很好地解决资料的非均一性问题。

8 个典型气象站均一化订正后,风速样本均值增大,标准化订正序列标准差减小幅度低于比值订正,导致计算结果的低重现期风速较原始序列偏大,高重现期风速较比值订正序列偏大,计算结果与规范值更加接近。26 个非典型气象站的重现期最大风速采用同期观测对比和一般步骤计算两种方式进行。同期观测对比通过考虑距离因子、相关系数、是否迁站等因素选取 8 个典型气象站之一作为参证气象站,采用一元线性回归、相关比值法、重现期比值法等 3 种方法分别进行。结果表明:由于重庆地区地理复杂,订正站与参证站之间的同期观测风速样本(包括大风样本、年最大风速样本、月最大风速样本)相关系数较小,一致性较差,一元线性回归方法订正结果不理想;相关比值法订正结果由于一元线性回归,与《桥梁建设抗风设计气候可行性论证技术规范》(DB 43/T 2144—2021)中桥位设计风速的订正系数计算应采用相关比值法,而不应采用线性回归法的要求一致;重现期比值法能够综合考虑样本的总体分布情况,使不同重现期风速的订正系数有所差别,其效果较相关比值法更优。同期观测对比与一般步骤计算得到的重现期风速对比显示,采用同期观测对比方式计算重现期可能产生较大误差,实际应用中应优先考虑一般步骤计算重现期,如果历史资料长度不够(如区域自动气象站),则应在订正站与参证站相关通过显著性检验的基础之上,利用参证站的数据,将订正站的数据订正延长,得到订正站年最大风速序列,最后在该序列的基础上通过统计分析获得设计基本风速。该方式与《公路桥梁抗风设计规范》(JTG/T 3360-01—2018)的要求是一致的,较过去的相关比值法直接推算重现期更加科学。

为了更全面地检测时间序列中的所有突变,以滑动算法和二分查找思想为基础,建立了基于 M-W 检验的二分滑动 M-W 方法,该方法不要求总体服从某种分布,计算简便、适用范围广，能够灵活确定时间序列中的所有突变点，对端点附近的突变同样敏感，突变检测结果与实际相符，较MK检验和滑动t检验具有更大的优势。利用该方法对重庆市34个国家站建站至2018年最大风速序列进行突变检验，在99.9%、99.5%、99.0%、97.5%、95.0%信度水平下检测到突变点数分别为54、75、89、117、188站次。按照尽量减少订正原则，选取99.9%置信水平下的54个突变点进行统计，有0、1、2、3、4个突变年的站点分别有4、12、13、4、1站，其中迁站引起的突变有19站次(占35.2%)，有明确记载的环境变化(台站整体抬高、下垫面环境类型变化等)引起的突变有10站次(占18.5%)，观测方式变化(定时风观测转自记观测、仪器变更、定时3次观测转4次观测等)引起的突变有9站次(占16.7%)，未在历史沿革资料中查询到明确原因的有16站次(占29.6%)。无明确原因的突变集中在1986—2006年间，可能与城市建设导致的测站周边障碍物增加有关。

根据突变检测结果，对非自然因素造成的影响进行均一性订正，采用标准化订正和比值订正法分别进行订正。分段标准化序列重构通过突变检测结果将序列进行分段，选取未受环境变化影响的时段作为标准时段，其他时段分别进行标准化，再乘以标准时段的方差加上标准时段的均值，即可得到均一化的年最大风速序列。该方法同时订正最大风速序列的均值和方差，比规范给出的比值订正法具有更大的优势，使重现期计算结果更接近规范值。分段标准化序列重构方法也存在一定的局限性，如可能出现某年的订正结果小于原始值的情况，需要具体问题具体分析，适合于自记10 min平均最大风速资料较为完整的典型气象站的均一性订正。比值订正法的适用范围更加广泛，但也能造成高重现期风速计算结果较原始序列偏小的情况。实际应用中，可综合考虑两种订正方法，择优而取。

在仅作时距换算的原始序列的概率拟合中，其最优模型占比由大到小依次为三参数威布尔分布、广义极值分布、三参数对数正态分布、皮尔逊-Ⅲ型分布、耿贝尔分布；比值订正序列的最优模型占比由大到小依次是广义极值分布、耿贝尔分布、三参数对数正态分布、三参数威布尔分布、皮尔逊-Ⅲ型分布；标准化序列的最优模型占比依次是广义极值分布、三参数威布尔分布、三参数对数正态分布、耿贝尔分布和皮尔逊-Ⅲ型分布。综合而言，模型适用性由强到弱依次是广义极值分布(35.3%)、三参数威布尔分布(20.9%)、三参数对数正态分布(17.6%)、耿贝尔分布(15.7%)、皮尔逊-Ⅲ型分布(10.5%)。

原始序列、比值订正序列、标准化订正序列不同重现期最大风速的空间分布基本一致，大值中心位于重庆东北部的巫山和巫溪、中部的垫江、东南部的武隆、西部的永川，小值区位于东南部全区。为了设计安全，选取两种订正序列拟合结果中计算值较大的风速作为最终值。2 a、10 a、50 a、100 a重现期最大风速的变化范围分别为9.7～19.3 $m \cdot s^{-1}$、13.2～23.2 $m \cdot s^{-1}$、16.6～27.3 $m \cdot s^{-1}$、17.8～28.9 $m \cdot s^{-1}$。较原始序列计算结果的绝对偏差范围分别是0.5～5.0 $m \cdot s^{-1}$、0.2～5.0 $m \cdot s^{-1}$、−0.3～3.9 $m \cdot s^{-1}$、−0.9～4.8 $m \cdot s^{-1}$，即10 a及以下重新期风速较原始序列一致增大，20 a及其以上较原始序列偏差正负皆有，最大偏差不超过5 $m \cdot s^{-1}$。重庆各部(中西部、东北部、东南部)100 a重现期风速最大值分别是27.4 $m \cdot s^{-1}$、28.9 $m \cdot s^{-1}$、25.5 $m \cdot s^{-1}$。

通过国家标准和相关行业标准给出重庆地区少数站点的规范值与本研究结果的计算值对比，发现二者存在一定的偏差，一般是计算值较规范给出值偏小。基于阵风系数和标准最低值修正得到重庆地区基本风速和基本风压的空间分布特征：基本风速大值区位于东北部巫山(长江和大宁河)、巫溪(大宁河)、奉节(长江和梅溪河)等河谷地带，中部到东南部的垫江(龙溪河)、长寿(长江和龙溪河)、涪陵(长江和乌江)、武隆(乌江)、彭水(乌江和郁江)等河谷地带,西部的大足和荣昌(胡市河)、永川(箕山与黄瓜山之间)、沙坪坝(嘉陵江)等地。100 a 重现期基本风速以巫山最大,约 32.6 $m \cdot s^{-1}$。基本风压的空间分布相对大小与基本风速一致,大值区位于重庆东北部巫山、巫溪地区,50 a 重现期基本风压分别为 0.58 $kN \cdot m^{-2}$、0.54 $kN \cdot m^{-2}$,中部的垫江、长寿、涪陵及东南部的武隆地区,50 a 重现期基本风压在 0.46~0.49 $kN \cdot m^{-2}$,西部地区的大足、荣昌、永川、沙坪坝 50 a 重现期基本风压在 0.41~0.44 $kN \cdot m^{-2}$。基本风速和基本风压具体计算结果详见表 2-16 和表 2-17。

表 2-16 重庆 34 个国家站不同重现期基本风速 (单位:$m \cdot s^{-1}$)

站名	海拔/m	T=2 a	T=3 a	T=5 a	T=10 a	T=20 a	T=30 a	T=50 a	T=100 a
巴南	243.6	11.3	12.6	14.3	16.6	18.9	20.5	22.5	25.4
北碚	240.8	15.6	16.6	17.9	19.6	21.5	22.6	24.0	26.0
璧山	291.3	15.1	16.4	17.7	19.3	20.6	21.4	22.2	24.5
城口	750.3	13.9	15.2	16.5	18.2	19.9	20.9	22.7	24.5
大足	401.7	16.9	18.5	20.3	22.6	24.7	25.8	27.2	28.9
垫江	416.5	17.2	19.0	21.0	23.3	25.5	26.8	28.3	30.3
丰都	218.0	14.9	16.0	17.5	19.2	21.0	22.0	23.4	25.2
奉节	607.3	16.4	18.0	19.5	21.3	22.9	23.7	24.7	26.1
涪陵	273.0	16.3	17.9	19.7	22.1	24.5	25.8	27.6	30.0
合川	230.6	14.3	15.7	17.5	19.7	21.8	22.8	24.2	26.0
江津	208.6	14.3	16.0	18.0	20.2	22.1	23.2	24.4	26.0
开州	165.7	17.1	18.6	20.2	22.1	23.8	24.7	25.8	27.1
梁平	453.9	14.1	15.5	17.1	18.8	19.7	20.9	22.4	24.5
南川	698.8	16.0	17.4	18.8	20.5	21.8	22.5	23.5	24.6
彭水	314.3	17.3	18.9	20.5	22.5	24.4	25.5	26.8	28.4
綦江	474.7	16.3	17.4	18.7	19.6	20.2	20.7	22.4	24.5
黔江	607.3	16.5	18.2	20.2	22.4	24.5	25.7	27.1	29.1
荣昌	328.5	15.9	17.8	19.8	22.0	23.7	24.8	25.9	27.3
沙坪坝	259.1	16.3	17.8	19.6	21.8	23.8	25.0	26.5	28.4
石柱	632.3	16.5	17.4	18.3	19.7	21.0	21.7	22.6	24.5
铜梁	282.9	14.2	15.6	17.3	18.8	19.8	20.7	22.2	24.5
潼南	247.4	14.6	16.0	17.3	18.1	19.0	20.3	22.2	24.5
万盛	325.3	14.0	15.2	17.1	19.2	21.2	22.2	23.5	25.2
万州	186.7	14.5	15.9	17.5	19.6	21.4	22.5	23.9	25.6
巫山	270.6	20.4	22.1	23.9	26.1	28.2	29.4	30.8	32.6
巫溪	337.8	21.4	22.1	23.6	25.5	27.3	28.3	29.8	31.6

续表

站名	海拔/m	$T=2$ a	$T=3$ a	$T=5$ a	$T=10$ a	$T=20$ a	$T=30$ a	$T=50$ a	$T=100$ a
武隆	409.8	21.2	22.5	23.9	25.5	26.9	27.6	28.6	29.7
秀山	363.7	12.5	13.9	16.0	17.9	18.9	20.3	22.3	24.5
永川	315.6	16.2	17.7	19.5	21.6	23.6	24.6	26.1	27.8
酉阳	663.7	13.7	15.5	17.3	18.2	19.5	21.4	22.6	24.5
渝北	439.1	16.4	17.2	18.1	19.5	20.8	21.5	22.4	24.5
云阳	205.5	13.0	14.5	16.5	19.0	21.5	22.9	24.6	27.0
长寿	377.6	17.8	19.4	21.2	23.4	25.5	26.6	27.9	29.7
忠县	231.3	12.9	14.6	16.8	19.2	21.5	22.7	24.2	26.2

表 2-17 重庆 34 个国家站不同重现期基本风压 (单位:$kN \cdot m^{-2}$)

站名	密度/($t \cdot m^{-3}$)	$T=2$ a	$T=3$ a	$T=5$ a	$T=10$ a	$T=20$ a	$T=30$ a	$T=50$ a	$T=100$ a
巴南	0.001220	0.08	0.10	0.12	0.17	0.22	0.26	0.31	0.39
北碚	0.001220	0.15	0.17	0.20	0.23	0.28	0.31	0.35	0.41
璧山	0.001214	0.14	0.16	0.19	0.23	0.26	0.28	0.30	0.36
城口	0.001160	0.11	0.13	0.16	0.19	0.23	0.25	0.30	0.35
大足	0.001201	0.17	0.21	0.25	0.31	0.37	0.40	0.44	0.50
垫江	0.001199	0.18	0.22	0.26	0.33	0.39	0.43	0.48	0.55
丰都	0.001223	0.14	0.16	0.19	0.23	0.27	0.30	0.33	0.39
奉节	0.001176	0.16	0.19	0.22	0.27	0.31	0.33	0.36	0.40
涪陵	0.001216	0.16	0.19	0.24	0.30	0.37	0.40	0.46	0.55
合川	0.001222	0.12	0.15	0.19	0.24	0.29	0.32	0.36	0.41
江津	0.001224	0.13	0.16	0.20	0.25	0.30	0.33	0.36	0.41
开州	0.001229	0.18	0.21	0.25	0.30	0.35	0.38	0.41	0.45
梁平	0.001195	0.12	0.14	0.17	0.21	0.23	0.26	0.30	0.36
南川	0.001166	0.15	0.18	0.21	0.24	0.28	0.30	0.32	0.35
彭水	0.001211	0.18	0.22	0.25	0.31	0.36	0.39	0.44	0.49
綦江	0.001192	0.16	0.18	0.21	0.23	0.24	0.26	0.30	0.36
黔江	0.001176	0.16	0.19	0.24	0.30	0.35	0.39	0.43	0.50
荣昌	0.001210	0.15	0.19	0.24	0.29	0.34	0.37	0.41	0.45
沙坪坝	0.001218	0.16	0.19	0.23	0.29	0.34	0.38	0.43	0.49
石柱	0.001173	0.16	0.18	0.20	0.23	0.26	0.28	0.30	0.35
铜梁	0.001215	0.12	0.15	0.18	0.21	0.24	0.26	0.30	0.36
潼南	0.001219	0.13	0.16	0.18	0.20	0.22	0.25	0.30	0.37

续表

站名	密度/(t·m⁻³)	T=2 a	T=3 a	T=5 a	T=10 a	T=20 a	T=30 a	T=50 a	T=100 a
万盛	0.001210	0.12	0.14	0.18	0.22	0.27	0.30	0.33	0.38
万州	0.001227	0.13	0.16	0.19	0.24	0.28	0.31	0.35	0.40
巫山	0.001217	0.25	0.30	0.35	0.41	0.48	0.53	0.58	0.65
巫溪	0.001208	0.28	0.30	0.34	0.39	0.45	0.48	0.54	0.60
武隆	0.001200	0.27	0.30	0.34	0.39	0.43	0.46	0.49	0.53
秀山	0.001205	0.09	0.12	0.15	0.19	0.22	0.25	0.30	0.36
永川	0.001211	0.16	0.19	0.23	0.28	0.34	0.37	0.41	0.47
酉阳	0.001170	0.11	0.14	0.18	0.19	0.22	0.27	0.30	0.35
渝北	0.001196	0.16	0.18	0.20	0.23	0.26	0.28	0.30	0.36
云阳	0.001225	0.10	0.13	0.17	0.22	0.28	0.32	0.37	0.45
长寿	0.001204	0.19	0.23	0.27	0.33	0.39	0.43	0.47	0.53
忠县	0.001221	0.10	0.13	0.17	0.23	0.28	0.31	0.36	0.42

2.4 工程设计气象参数概率拟合及重现期推算研究

2.4.1 概述

重点工程建设项目在规划设计时所需的工程设计气象参数大多是气象要素的设计基准值，即不同重现期气象要素极值推算问题，如基本气温、基本风速、基本风压、基本雪压、重现期极值降水、重现期极端高温、重现期极端低温等。概率拟合及重现期推算涉及极值序列的建立、概率分布函数的选取、概率模型参数估计、拟合误差分析、最优模型选取及重现期计算等步骤。本研究围绕以上关键问题开展文献调研，利用实际气象观测资料进行适用性分析，凝练出基于线性矩估计和备选最优模型筛选法的重现期计算方法体系。该成果写入重庆市地方标准《重大建设项目气候可行性论证技术规范》(DB50/T 958—2019)，在实际业务中应用良好。

2.4.2 概率模型选取

推算气候极值较常用的概率分布模型包含广义极值分布、对数正态分布、威布尔分布、皮尔逊-Ⅲ型分布、耿贝尔分布、指数分布等。其中对数正态分布和威布尔分布可以是两参数分布，也可以是三参数分布。两参数分布是三参数分布的特殊情形，因此，三参数分布拟合精度更高，适用范围更广。不同地区适用的概率模型有所差异，如广州短历时暴雨概率分布遵循皮尔逊Ⅲ型分布(毛慧琴 等，2004)，长江三角洲日极值降水以威布尔分布最为普遍(谢志清 等，2005)，我国绝大多数地区最优暴雨频率分布线型为三参数对数正态分布(李兴凯 等，2010)等。

本研究选取以上 6 种常用概率模型(广义极值分布、对数正态分布、威布尔分布、皮尔逊-

Ⅲ型分布、耿贝尔分布、指数分布)进行分析研究,其分布函数及参数情况如表 2-18 所示。

表 2-18 概率模型简介

概率模型	分布函数 $F(x)=P(X\leqslant x)$	模型参数
广义极值分布	$F(x)=\begin{cases} e^{-\left[1+k\left(\frac{x-u}{\alpha}\right)\right]^{-\frac{1}{k}}} & (k\neq 0) \\ e^{-e^{-\frac{x-u}{\alpha}}} & (k=0) \end{cases}$	α-尺度参数,u-位置参数,k-形状参数
对数正态分布	$F(x)=\Phi\left(\frac{\ln(x-x_0)-u}{\sigma}\right) \quad (x\geqslant x_0)$	x_0-初始位置,u-均值,σ-标准差
威布尔分布	$F(x)=1-e^{-\left(\frac{x-c}{\alpha}\right)^k},(x>c;k>0;\alpha\geqslant 0)$	α-尺度参数,c-初始位置,k-形状参数
皮尔逊-Ⅲ型分布	$F(x)=\frac{\beta^\alpha}{\Gamma(\alpha)}\int_{x_0}^{x}(t-x_0)^{\alpha-1}e^{-\beta(t-x_0)}dt$ $(\alpha,\beta>0;x\geqslant x_0)$	x_0-初始位置,α-形状参数,β-尺度参数
耿贝尔分布	$F(x)=e^{-e^{-a(x-u)}}$	α-尺度参数,u-位置参数
指数分布	$F(x)=1-e^{-a(x-u)}$	α-尺度参数,u-初始位置

(注:Φ 表示标准正态分布。)

2.4.3 模型参数估计

概率模型的参数估计方法繁多,如:矩法、极大似然法、最小二乘法、变量变换法、间隔最大积、概率权矩法、线性矩法等。矩法精度不高,稳健性差;极大似然法虽然精度较高,但平差能力低下,受到样本最小项影响特别突出,也可能存在无解的情形。相比之下,Greenwood 等(1979)提出的概率权重矩法是一种有效的普适性很强的优良估计方法,当样本量较小时,概率权重矩估计较极大似然估计具有更小的偏差和更高的效率。线性矩是概率权重矩的线性组合,在概率模型的参数估计中得到广泛应用(蔡敏 等,2007a,2007b;王海军 等,2010;司波 等,2012;马京津 等,2012)。陈元芳等(2001)利用线性矩法估计 P-Ⅲ分布的参数,结果表明:线型矩法在参数及设计值计算中具有较高的无偏性和有效性,总体上略优于概率权重矩法,不偏性较绝对值适线法更好。在三参数对数正态分布参数估计对比中,线性矩法比矩法、绝对值准则适线法有较大优越性(陈元芳 等,2003)。耿贝尔分布、指数分布及广义极值分布结果类似(陈元芳 等,2008a,2008b;李兴凯 等,2009)。三参数威布尔分布的线性矩估计与其他参数估计方法相比,在样本数较少时优势明显(Akram et al. ,2014)。

鉴于线性矩法参数估计的优越性及部分其他参数估计方法的模型应用局限性,且增加不同模型之间的可比性,消除不同方法导致的计算误差,最终选用线性矩法进行模型参数估计。

概率权重矩定义(Greenwood et al. ,1979)如下:

$$M_{l,j,k}=E(X^lF^j(1-F)^k)\mathrm{d}F=\int_0^1 x(F)^lF^j(1-F)^k\mathrm{d}F$$

i,j,k 为实数，当 $j=k=0$ 且 l 为非负整数时，$M_{l,0,0}$ 表示常规矩法的 l 阶原点矩。定义 $M_{(k)}=M_{1,0,k}$ 为常规概率权重矩形式，其无偏估计由 Landwehr 等(1979)给出。

将样本序列按照由小到大顺序排列为 $x_1 \leqslant x_2 \leqslant \cdots\cdots \leqslant x_n$，$M_{(k)}$ 的无偏估计式为：

$$M_{(k)}=\hat{M}_{(k)}=\frac{1}{k+1}\sum_{i=1}^{n}x_i\binom{n-i}{k}\Big/\binom{n}{k+1}=\frac{1}{n}\sum_{i=1}^{n-k}x_i\binom{n-i}{k}\Big/\binom{n-1}{k}$$

线性矩是概率权重矩的线性组合(Hosking,1990)，表达如下：

$$l_1=M_{(0)}$$
$$l_2=2M_{(1)}-M_{(0)}$$
$$l_3=6M_{(2)}-6M_{(1)}+M_{(0)}$$
$$l_4=20M_{(3)}-30M_{(2)}+12M_{(1)}-M_{(0)}$$
$$\cdots\cdots$$

定义比值 $t_2=l_2/l_1$、$t_3=l_3/l_2$、$t_4=l_4/l_2$ 分别为 L-变差(L-Cv)、L-偏度(L-skewness)、L-峰度(L-kurtosis)。

6 种概率分布函数及模型参数的线性矩估计如表 2-19 所示。

表 2-19 常用概率分布函数及其线性矩估计

概率分布	线性矩估计
广义极值分布	$z=\frac{2}{3+t_3}-\frac{\ln 2}{\ln 3}, k=7.8590z+2.9554z^2$ $\alpha=\frac{l_2 k}{(1-2^{-k})\Gamma(1+k)}; u=l_1+\frac{\alpha}{k}[\Gamma(1+k)-1]$
三参数对数正态分布	$z=\sqrt{\frac{8}{3}}\Phi^{-1}\left(\frac{1+t_3}{2}\right), \sigma=0.999281z-0.006118z^3+0.000127z^5$ $u=\ln\frac{l_2}{\mathrm{erf}\,(\sigma/2)}-\frac{\sigma^2}{2}; x_0=l_1-e^{u+\frac{\sigma^2}{2}}$
三参数威布尔分布	$t_3=\frac{1-\frac{3}{2^{\frac{1}{k}}}+\frac{2}{3^{\frac{1}{k}}}}{1-\frac{1}{2^{\frac{1}{k}}}}$，迭代求解 k；$\alpha=\frac{l_2}{\Gamma\left(1+\frac{1}{k}\right)\left(1-\frac{1}{2^{\frac{1}{k}}}\right)}; c=l_1-\alpha\Gamma\left(1+\frac{1}{k}\right)$
皮尔逊-Ⅲ型分布	当 $t_3<\frac{1}{3}$ 时，$z=3\pi t_3^2, \alpha=\frac{1+0.2906z}{z+0.1882z^2+0.0442z^3}$ 当 $\frac{1}{3}\leqslant t_3<1$ 时，$z=1-\lvert t_3\rvert$， $\alpha=\frac{0.36067z-0.59567z^2+0.25361z^3}{1-2.78861z+2.56096z^2-0.77045z^3}; \beta=\frac{\Gamma(\alpha+0.5)}{l_2\pi^{\frac{1}{2}}\Gamma(\alpha)}, x_0=l_1-\alpha/\beta$
耿贝尔分布	$a=\ln 2/l_2; u=l_1-\gamma/a; \gamma=0.57721566\cdots$
指数分布	$a=\frac{1}{2l_2}; u=l_1-\frac{1}{a}$

(注：erf 表示误差函数，Φ 表示正态分布，Φ^{-1} 表示正态分布的反函数，γ 表示欧拉常数。)

2.4.4 概率模型优选

备选最优模型筛选法是综合考虑所有误差分析统计量的计算结果，并择优而取，其具体过程如下：

(1)计算误差统计量

将样本数为 n 的实测样本按照从小到大的顺序排列，记为 $x_1 \leqslant \cdots \leqslant x_i \leqslant \cdots \leqslant x_n$。序列号为 i 的样本，其经验频率记为：

$$P_i = i/(n+1)$$

经验频率对应的拟合值记为 $\hat{x}_i = F^{-1}(P_i)$，F^{-1} 表示分布函数 F 的反函数。采用的误差分析量计算如表 2-20 所示，D_n 越小，R 越大，RMSE 越小，U_m 越小，拟合效果越好。

表 2-20　常用的误差分析统计量

误差变量	计算公式
柯尔莫哥洛夫拟合适度 D_n	$D_n = \max\lvert F(x_i) - P_i \rvert$
PPCC 点距相关系数 R	$R_1 = \dfrac{\frac{1}{n}\sum_{i=1}^{n}[F(x_i) - \overline{F(x)}][P_i - \overline{P}]}{\sqrt{\frac{1}{n}\sum_{i=1}^{n}[F(x_i) - \overline{F(x)}]^2} \cdot \sqrt{\frac{1}{n}\sum_{i=1}^{n}[P_i - \overline{P}]^2}}$； $R_2 = \dfrac{\frac{1}{n}\sum_{i=1}^{n}(x_i - \overline{x})(\hat{x}_i - \hat{x})}{\sqrt{\frac{1}{n}\sum_{i=1}^{n}(x_i - \overline{x})^2} \cdot \sqrt{\frac{1}{n}\sum_{i=1}^{n}(\hat{x}_i - \hat{x})^2}}$
绝对均方根误差 RMSE	$\mathrm{RMSE}_1 = \sqrt{\frac{1}{n}\sum_{i=1}^{n}[F(x_i) - P_i]^2}$；$\mathrm{RMSE}_2 = \sqrt{\frac{1}{n}\sum_{i=1}^{n}(\hat{x}_i - x_i)^2}$
相对均方根误差 U_m	$U_m = \sqrt{\frac{1}{n}\sum_{i=1}^{n}\left(\frac{\hat{x}_i - x_i}{x_i}\right)^2} \times 100\%$

(2)产生备选最优模型库

对某个误差统计量(如：D_n)，选取误差最小的模型作为备选最优模型，记为 $U_{\min}$；其他模型误差 U_k 与备选最优模型误差 $U_{\min}$ 之间的相对偏差定义为 W_k，计算如下：

$$W_k = \frac{U_k - U_{\min}}{U_{\min}} \times 100\%$$

当 $W_k \leqslant 1\%$ 时，视为第 k 个模型与误差最小的模型无显著差异，同列为备选最优模型。对其余误差统计量重复上述分析，得到所有备选最优模型，产生备选最优模型库。

(3)频数统计选取最优模型

在备选最优模型库中，统计各模型出现的频数，以频数最高的概率模型作为最优线型。若出现 2 个及以上频数相同，表明各最优模型拟合的重现期无显著差别。因此，最优概率模型根据实际情况，可以是 1 个，也可以是 2 个及以上。

2.4.5 应用实例

基于线性矩估计和备选最优模型筛选法对重庆 34 个国家气象站 1981—2019 年 17 个历

时(5 min、10 min、15 min、20 min、30 min、45 min、1 h、1.5 h、2 h、2.5 h、3 h、4 h、6 h、9 h、12 h、24 h、3 d)进行概率拟合和分析误差,选取最优模型计算不同重现期(2 a、3 a、5 a、10 a、20 a、30 a、50 a、100 a)极值降水。

为每个误差分析统计量设定阈值,统计符合条件的站点数比例,以此来分析 6 个概率模型在重庆不同历时极值降水拟合中的适用性。由于表 2-19 中 $RMSE_2$ 统计量代表降水拟合值与观测值之间的均方根误差,随历时的延长而增大,暂不便设置统一阈值。因此,统计各自满足和同时满足 $D_n \leqslant 0.2267$(显著性水平 $\alpha=0.05$ 的柯尔莫哥洛夫检验)、$R_1 \geqslant 0.98$、$R_2 \geqslant 0.98$、$RMSE_1 \leqslant 0.05$、$U_m \leqslant 5\%$ 的站数比例,结果如图 2-30 所示。

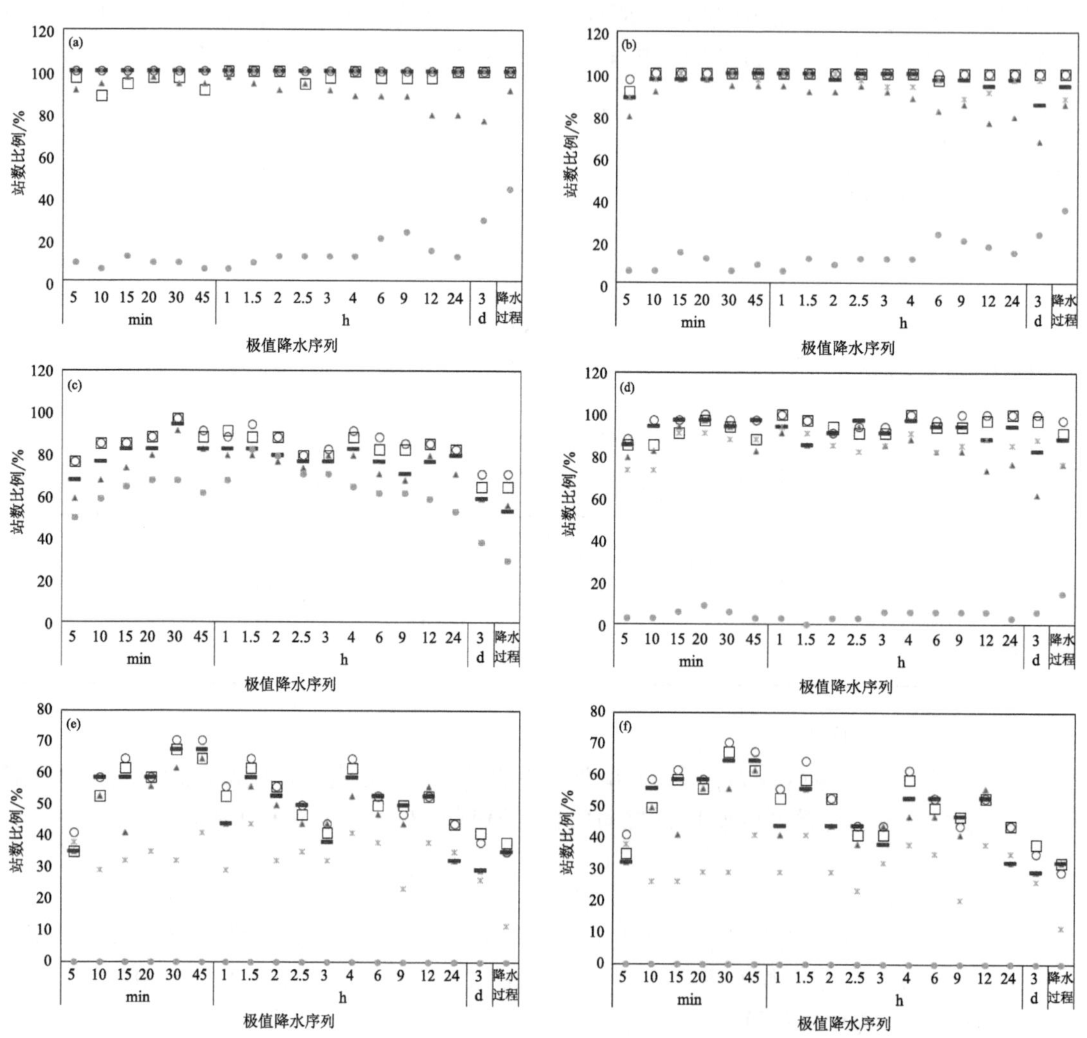

图 2-30 误差统计量满足某阈值条件的站数比例

(a)$D_n \leqslant 0.2267$;(b)$R_1 \geqslant 0.98$;(c)$R_2 \geqslant 0.98$;(d)$RMSE_1 \leqslant 0.05$;(e)$U_m \leqslant 5\%$;(f)同时满足(a)~(e)条件

满足柯尔莫哥洛夫拟合适度 $D_n \leqslant 0.2267$ 的站数比例如图 2-30a 所示,广义极值分布、皮尔逊Ⅲ型分布和耿贝尔分布满足条件的站数比例为 100%;对数正态分布满足条件的站数比例略高于威布尔分布,二者通过率在 80%以上;指数分布最差,通过率在 40%以下。满足理论频率和经验频率的相关系数 $R_1 \geqslant 0.98$ 的站数比例由高到低依次为：广义极值分布(99.8%)、对数正态分布(99.3%)、皮尔逊Ⅲ型分布(96.7%)、耿贝尔分布(95.8%)、威布尔分布(87.7%)、指数分布(13.9%)(图 2-30b)。降水拟合值与观测值的相关系数 $R_2 \geqslant 0.98$ 的站数比例以广义极值分布最高，耿贝尔分布和指数分布最低，其余 3 种分布相近(图 2-30c)。$RMSE_1 \leqslant 0.05$ 的站数比例以广义极值分布最高(97.1%)，指数分布最低(5.1%)，对数正态分布和皮尔逊Ⅲ型分布相近，耿贝尔分布和威布尔分布相近(图 2-30d)。相对均方根误差 $U_m \leqslant 5\%$ 的站数比例如图 2-30e 所示，比例值总体较小，低于 60%，且两参数分布的站数比例明显低于三参数分布。同时满足以上所有条件的站数比例结果(图 2-30f)与图 2-30e 相似，当降水历时不大于 1.5 h 时，广义极值分布拟合的精度要高于其他概率模型，当降水历时在 2 h 及其以上，广义极值分布与对数正态分布和皮尔逊Ⅲ型分布站数比例相当。

综上所述，广义极值分布具有较强的适用性，其余三个三参数分布(对数正态分布、皮尔逊-Ⅲ型分布、威布尔分布)次之，耿贝尔分布在不同的误差统计量中表现时好时差，指数分布最差。

模型适用性分析结果显示，不同概率模型在各历时极值降水概率拟合中的表现存在波动，通过备选最优模型筛选法选取综合误差最小的概率模型作为最优线型。18 个历时极值降水序列的最优概率模型分别为 6 种概率分布的站数比例如图 2-31 所示。

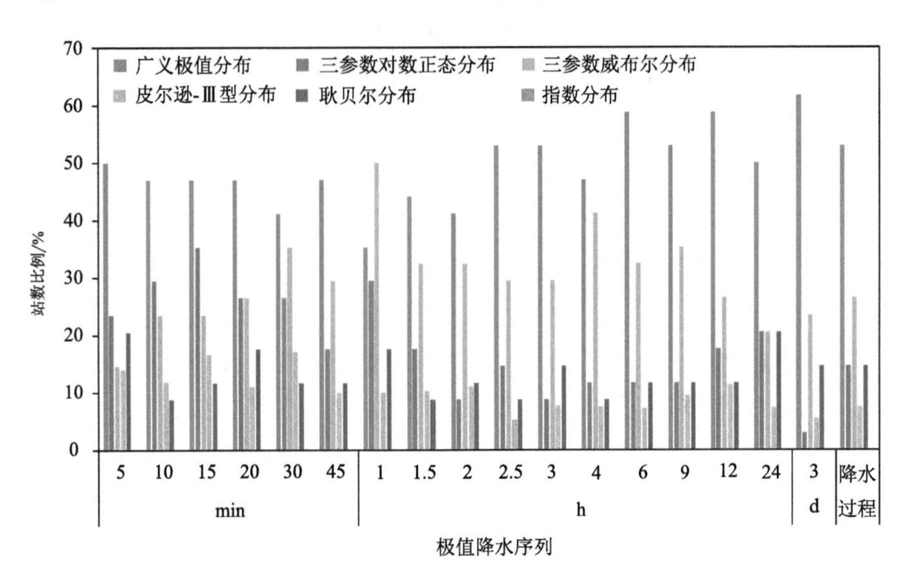

图 2-31　各历时最优模型分别为 6 种概率分布的站数比例

除 1 h 极值降水比例最高的最优概率模型为三参数威布尔分布(50%)外，其余历时均以广义极值分布(GEV)的比例最高，其中 3 d 最大降水量最优模型为 GEV 比例超过 60%。除广义极值分布(GEV)外，当历时小于 30 min 时，三参数对数正态分布(LN3)占优势，其余历时以三参数威布尔分布(以下简称威布尔 3)占优势，耿贝尔分布和皮尔逊-Ⅲ型分布结果相近，最优概率模型为指数分布的站点数比例为 0。

表 2-21 统计了所有站点各历时最优模型的总体情况。每个测站/历时序列均有 1 个以上最优模型，其中仅有 1 个的序列数为 489 个，2 个及其以上的序列数有 123 个，分别占总序列数的 79.9% 和 20.1%。最优模型为 GEV 分布($k \neq 0$)的序列数最多，共 302 个，占比 49.3%；其次是威布尔 3 分布，共 181 个，占比 29.6%；再次是 LN3 分布，共 112 个，占比

18.3%;耿贝尔分布和皮尔逊-Ⅲ型分布相当,分别占比 13.4%和 12.4%;最优模型为指数分布的序列数为 0。在方法中提及 GEV 分布仅计算了 $k\neq0$ 时的结果,当 $k=0$ 时,GEV 分布等同于耿贝尔分布。因此,最优模型为 GEV 分布的占比达 62.7%。可见,GEV 分布具有灵活、多变、适应性强的特点。

综上所述,不同站点各历时极值降水的最优概率模型有所差异,以广义极值分布最为普遍,指数分布最差,其余分布表现时好时坏。因此,在实际应用中,可考虑采用备选最优模型筛选法进行线型优选,以获得更为准确的重现期设计值。

表 2-21 最优模型个数及其占极值降水总序列数的比例

最优模型个数	序列数	GEV	LN3	威布尔 3	皮尔逊-Ⅲ	耿贝尔	指数函数
1 个	489	222	52	152	34	29	0
2 个及以上	123	80	60	29	42	53	0
合计	612	302	112	181	76	82	0
占比/%		49.3	18.3	29.6	12.4	13.4	0

下面基于模型优选结果,以 1 h、12 h、3 d 分别代表短历时、中历时、长历时极值降水,并取过程最大降水量 4 组降水序列,对比百年重现期降水的空间分布。分析表明:1 h 极值降水的大值区位于主城的渝北,渝东北的开州和忠县,渝东南的武隆和酉阳,中心较为分散,呈点状分布(图 2-32a),与短历时强降水局地性更强相对应。12 h 极值降水表现为区域性偏大或偏小,

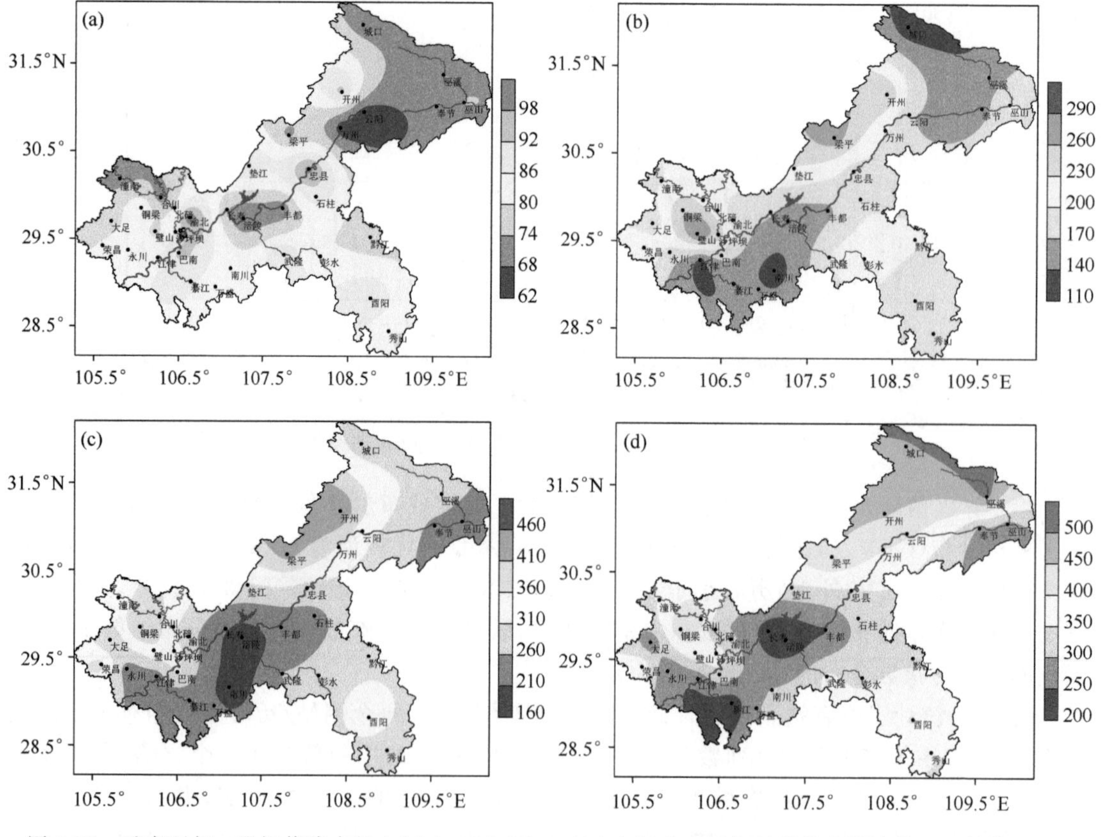

图 2-32 重庆百年一遇极值降水的 1 h(a)、12 h(b)、3 d(c)空间分布及年过程最大降水量(d)(单位:mm)

相对大值中心位于重庆西部及渝东北梁平地区(图 2-32b)。3 d 极值降水的区域性更加明显,大值中心相较于 12 h 降水向北移动(图 2-32c)。过程最大降水量的大值区位于渝东北,相较于 3 d 降水的空间分布,西部变化不大,东北部更加向北移动(图 2-32d)。重庆东北部位于大巴山区的南面,气流在迎风坡强迫抬升,会引起降水量的显著增大(陈明 等,1995)。同时,地形对天气系统的阻挡作用有利于暴雨的维持,对长历时暴雨极值的分布有明显影响(王家祁 等,1990)。因此,在重庆地区,百年一遇极值降水空间分布的大值区由短历时的点状分布向长历时的片状分布转变,渝东北的大值中心受地形影响不断向北移动。

2.4.6　本节小结

利用线性矩法计算 6 种常用概率分布函数的模型参数,通过备选最优模型筛选法客观选取不同极值序列的最优概率模型,并将优选结果应用于重庆不同重现期极值推算。结果表明,基于线性矩法(LM)的概率模型参数估计及客观的线型优选过程具有较强的可操作性和适应性,适用于极端降水、基本气温、极端高温、极端低温等其他工程设计气象参数的重现期推算中。

2.5　本章小结

本章围绕重点工程建设所涉及到的设计气象参数,开展了重庆建筑节能设计气象参数及设计标准研究、重庆建筑能耗评估的典型气象年数据构建研究、基于均一性订正的重庆设计风速风压推算研究、工程设计气象参数概率拟合及重现期推算研究,得到了重庆地区冬季空调室外计算温度、供暖室外计算温度、夏季空调室外计算干球温度、夏季空调室外计算日平均温度、冬季通风室外计算温度、夏季通风室外计算温度等 7 个节能设计参数时空分布特征,建立重庆均一化年最大风速数据集,计算不同重现期设计基本风速和基本风压,建立了基于线性矩估计和备选最优模型筛选法的重现期极值推算方法。

以上关键技术研究为重点工程建设项目工程设计提供了气象保障服务,成功应用于重庆市多个工业园区、开发区、高新区的气候可行性论证区域整体评价报告编写及其他气候可行性论证项目中,重现期计算方法写入重庆市地方标准《重大建设项目气候可行性论证技术规范》(DB50/T 958—2019)。

第3章 城市规划设计气象保障关键技术研究及应用

在全球变暖大背景下，极端强降水的频率和强度整体呈增大趋势，给城市市政排水带来了更大的潜在压力。如2007年“7・17”强降水事件，造成重庆市沙坪坝区陈家桥镇城市排水不及，积涝严重，交通、电力、通信、供水、供气一度中断，上万名群众被困，造成了严重的社会影响和经济损失。2009年8月4日，暴雨袭击重庆，重庆主城主干道不少路段积水严重，“山城变泽国”，千年古镇磁器口临江房屋已快被江水没顶，当地居民只能乘船来往通行。2010年7月11日重庆市因城市内涝灾害，交通多处中断，92架航班延误。2013年，重庆西部暴雨造成潼南、铜梁等区县近90万人受灾，主城区六区多处道路积水严重。据重庆市市政设计研究院分析，造成重庆城市内涝的主要原因是由于城市规划设计采用的暴雨径流值偏小，引发雨水排水不畅。为了应对气候变化和经济社会发展需求，做好城市暴雨内涝防御工作，提高城市排水规划及工程设计的科学性，迫切需要重新核定城市规划设计气象保障关键参数标准，增强城市防灾减灾能力。

3.1 设计暴雨量研究

设计暴雨量是城市勘察设计重要标准之一，是城市雨水排除系统设计标准的重要组成部分，与社会经济水平有着非常密切的关系，其重现期的大小关系着城市雨水排除系统的规模以及是否能够达到其抵御暴雨灾害的目的，同时也是城市雨污分流管道系统的关键技术参数和设计防洪及水利工程设施的重要指标。本节试图采用GP分布、皮尔逊-Ⅲ(Pearson-Ⅲ)分布、耿贝尔(Gumbel)分布、指数(Exponential)分布、对数正态(Log-normal)分布拟合推算不同重现期的设计暴雨量，并与现行《室外排水设计规范》(GB 50014—2006，2014版)推荐计算方法——暴雨强度公式计算结果进行比较，选择适合重庆主城区设计暴雨量，这将为重庆主城区城市雨水灾害防治管理、预警和应急处置及城市勘察设计等提供理论依据和技术支持。

3.1.1 资料与方法

本节采用的资料为沙坪坝站1961—2013年逐分钟降水资料。重庆市气候中心使用中国气象局组织编制的“降水自记纸彩色扫描数字化处理系统”已对沙坪坝站进行了数字化处理，形成了1961—2013年逐年逐分钟降水序列。在资料使用前对原始数据进行了严格质量检查、审核与一致性分析，数据完整率均为100%。

现行规范推荐使用年多个样法和年最大值法选取统计样本。年最大值法是60 min、120 min、180 min、360 min、540 min、720 min、1440 min(以下简称各历时)每年各选一个最大值，年多个样法是每年每个历时挑选前 8 个最大值，分别建立沙坪坝 1961—2013 年年最大值法、年多个样法的暴雨资料样本。

关于降水极值的理论概率分布，目前尚无公认的统一模型，本节选用国内外应用比较广泛的皮尔逊-Ⅲ分布、耿贝尔分布、指数分布、对数正态分布函数，分别拟合 1961—2013 年年最大值法各历时序列分布。采用 GP 分布函数对年多个样法资料进行分布拟合，其中皮尔逊-Ⅲ分布、耿贝尔分布、指数分布在城市暴雨强度公式的统计中应用较为广泛(任雨 等，2012)。研究表明，采用上述五种方法对各历时降水极值的概率分布进行研究是可行的(马京津 等，2012)，但是每种分布函数都有其适用性，没有一种分布函数能够适合所有的数据(金光炎，2000)，至于哪种更为适合一直处于争论之中。本文利用重庆市数据对分布拟合程度进行检验，选取最优概率模型拟合推算不同重现期的设计暴雨量。

应用相关系数、相对误差、柯尔莫哥洛夫-斯米尔洛夫检验方法(K-S)为检验指标，对 GP 分布、皮尔逊-Ⅲ分布、耿贝尔分布、指数分布、对数正态分布拟合效果进行检验。

3.1.2 重庆市主城区各历时降水量变化特征

从重庆市主城区 1961—2013 年 60 min 年最大降水量变化趋势(图 3-1)可以看出，60 min 年最大降水量年际间差异较大，大值主要集中在 20 世纪 70 年代末至 80 年代初、90 年代中后期和 21 世纪 10 年代。其中，1983 年 8 月 28 日 23 时 27 分开始的 60 min 降水量达 80 mm，1971 年最小(16.9 mm)。1961—2013 年，重庆市主城区 60 min 年最大降水量平均为 42.6 mm，呈小幅增加趋势，增加率为 1.0 mm · $(10\ a)^{-1}$。

同 60 min 年最大降水量趋势类似，53 年来，120 min、180 min、360 min、540 min、720 min、1440 min 年最大降水量呈增多趋势，增加趋势分别为 2.7 mm · $(10\ a)^{-1}$、3.4 mm · $(10\ a)^{-1}$、5.4 mm · $(10\ a)^{-1}$、6.4 mm · $(10\ a)^{-1}$、7.8 mm · $(10\ a)^{-1}$、9.4 mm · $(10\ a)^{-1}$，其中 360 min、540 min、720 min、1440 min 变化趋势达到 0.05 的显著性检验水平。各历时年最大降水量的年际差异明显，在 20 世纪 70 年代末至 80 年代初、90 年代中后期至今偏多。如 20 世纪 70 年代中期前、80 年代至 90 年中代中期 1440 min 年最大降水量偏少，其余时段偏多，其中 2007 年 7 月 16 日 19 时 37 分开始的 1440 min 降水量达 271.0 mm，为历年最多。

3.1.3 年最大值法选样的概率分布

采用年最大值法选样所得样本，该样本不论大雨年或小雨年都有一个资料被选入，其概率为严密的一年一遇发生值，按极值理论，当资料年份很长时，它近似于全部资料选样的计算值，选出的资料独立性强，资料的收集也较容易，在 1980 年以来的地面气象记录年报表中，均能查到各历时的年最大降水量。皮尔逊-Ⅲ分布、耿贝尔分布、指数分布、对数正态分布等都是描述极值统计分布的经典理论模式(江志红 等，2009)，采用上述四种分布函数对年最大值法选取的样本进行分布拟合，并计算 KS 拟合统计检验量 D_{max}、相关系数与相对误差(表 3-1)。当样本量 $n=53$，置信度 $\alpha=95\%$时，KS 检验临界值为 0.19。由表 1 可见，四种分布函数对各历时降水的拟合较好，D_{max} 小于临界检验值(0.19)，尤其是皮尔逊-Ⅲ分布和对数正态分布对各历时的科斯检验结果基本在 0.1 以下，且相对误差较小(小于 0.1)，并具有很高的相关性。

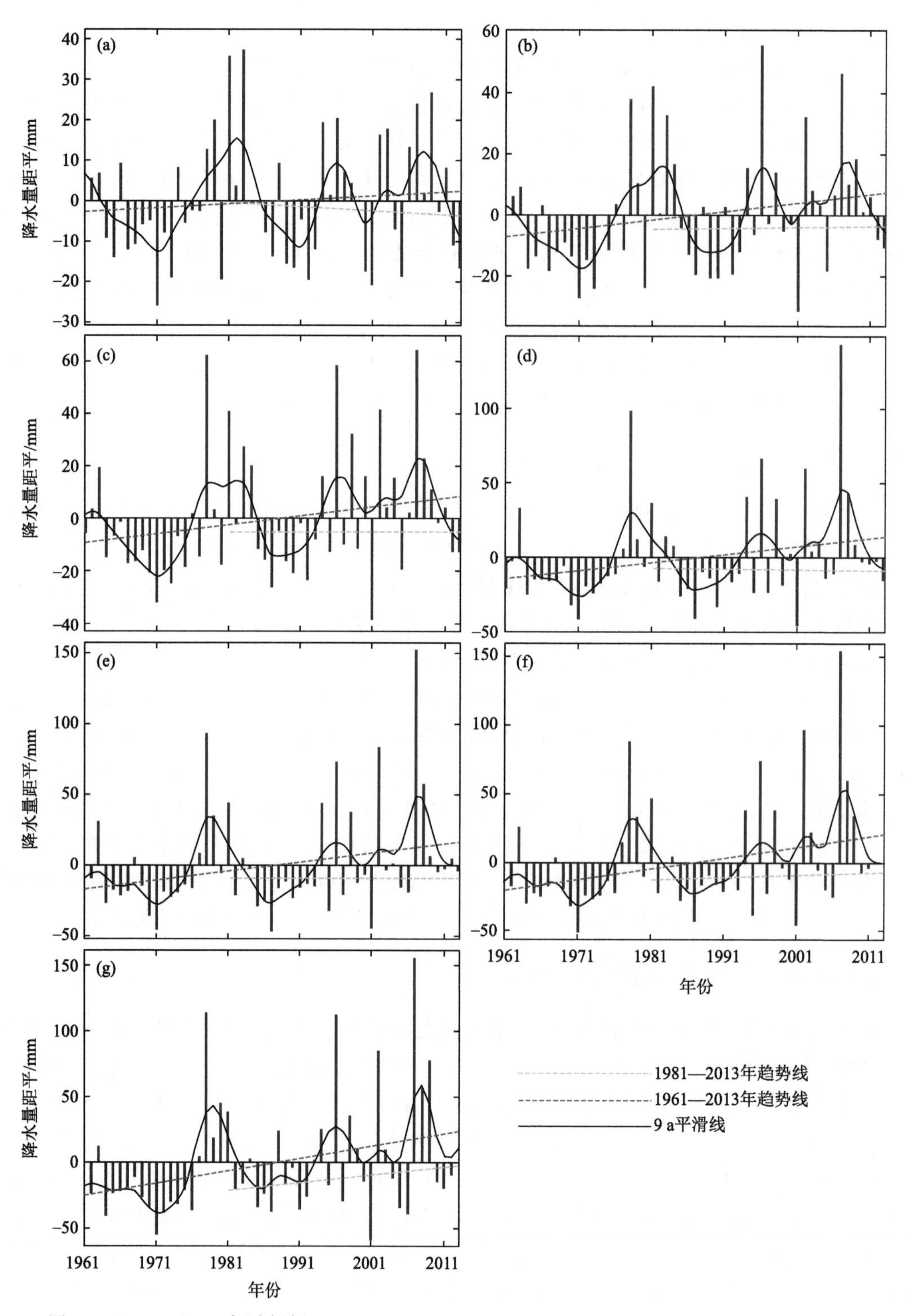

图 3-1　1961—2013 年沙坪坝 60 min(a)、120 min(b)、180 min(c)、360 min(d)、540 min(e)、720 min(f)、1440 min(g)年最大降水量变化

表 3-1 沙坪坝不同历时降水不同概率分布拟合效果检验

历时/min	皮尔逊-Ⅲ型分布			指数分布			耿贝尔分布			对数正态分布		
	KS检验	相关系数	相对误差	KS检验	相关系数	相对误差	KS检验	相关系数	相对误差	KS检验	相关系数	相对误差
60	0.05	0.99	0.03	0.06	0.99	0.03	0.06	0.98	0.04	0.05	0.99	0.03
120	0.07	0.94	0.04	0.06	0.96	0.05	0.07	0.93	0.05	0.06	0.96	0.05
180	0.08	0.89	0.04	0.09	0.85	0.08	0.11	0.78	0.07	0.08	0.86	0.05
360	0.09	0.81	0.06	0.15	0.85	0.11	0.12	0.80	0.18	0.13	0.88	0.07
540	0.10	0.79	0.07	0.16	0.78	0.09	0.12	0.78	0.17	0.11	0.80	0.09
720	0.09	0.89	0.06	0.12	0.89	0.10	0.15	0.89	0.16	0.09	0.90	0.05
1440	0.09	0.98	0.06	0.14	0.98	0.10	0.17	0.98	0.15	0.15	0.98	0.07

图 3-2 为 60 min、1440 min 皮尔逊-Ⅲ分布和对数正态分布的理论分布和实测分布图。可以看出理论值和实测值排列紧密，没有较大的偏差，皮尔逊-Ⅲ分布拟合效果明显比对数正态分布要好。如图 3-2a 中，40～60 mm 对数正态分布拟合偏大，61～80 mm 偏小，而皮尔逊-Ⅲ分布拟合接近实测频率密度。图 3-2b 中，75～150 mm 对数正态分布拟合偏小，151～260 mm 偏大，同样皮尔逊-Ⅲ分布拟合接近实测频率密度。120 min、180 min、360 min、540 min、720 min、1440 min 拟合效果与图 3-2 相类似(图略)，均是皮尔逊-Ⅲ分布拟合效果好于对数正态分布。利用皮尔逊-Ⅲ分布拟合各历时降水量重现期的可能极值，得到重庆主城区各历时降水量的重现水平，也就是各历时不同重现期的设计暴雨量(表 3-2)。

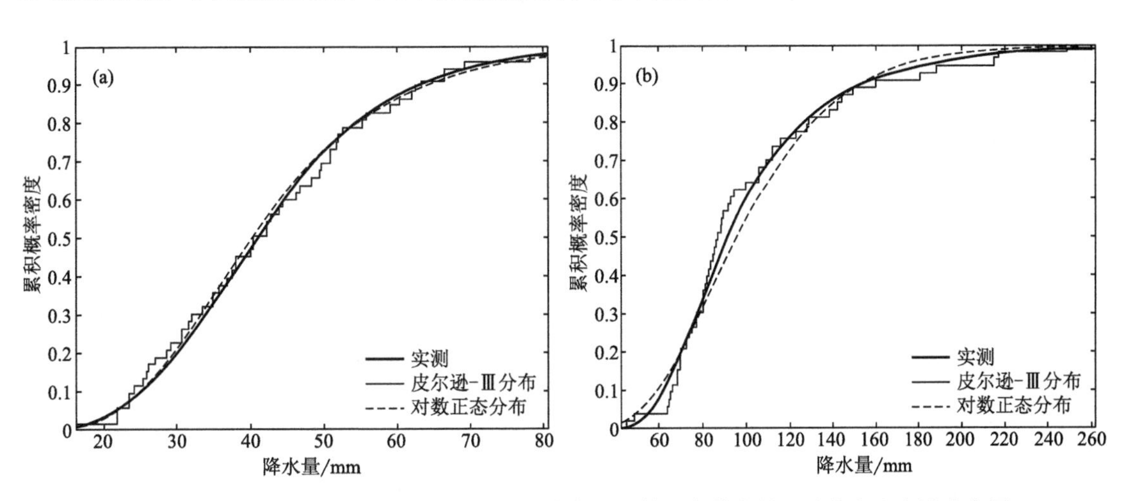

图 3-2 60 min(a)、1440 min(b)皮尔逊-Ⅲ分布和对数正态分布的理论分布和实测分布图

表 3-2 皮尔逊-Ⅲ分布拟合的不同历时重现期设计暴雨量 (单位:mm)

重现期/a	60 min	120 min	180 min	360 min	540 min	720 min	1440 min
2	41.4	50.1	55.7	64.1	72.2	77.9	92.2
3	47.9	58.6	66.0	77.9	87.5	94.1	111.0
5	54.6	67.6	77.5	95.6	106.6	114.0	133.4

续表

重现期/a	60 min	120 min	180 min	360 min	540 min	720 min	1440 min
10	62.3	78.6	91.4	119.2	132.3	140.4	162.0
20	69.1	88.6	104.6	142.8	157.7	166.4	190.0
30	72.7	94.2	111.8	156.5	172.5	181.3	205.9
50	77.1	100.9	120.8	173.8	191.0	200.2	225.7
100	82.6	109.9	132.7	197.4	216.3	225.6	252.3

3.1.4 年多个样法选样的概率分布

短历时强降水作为随机变量具有一定的不确定性，超过城市雨水排除系统设计标准的短时强降水，有的年份可能出现多次，有的年份可能一次也不会出现。年最大值法每年取一个最大值会遗漏一些数值较大的暴雨，丢掉一些有用信息，而广义帕累托分布(GP 分布)是根据给定的门限值(即临界值)筛选样本序列中的极值所建立的超过该门限值的极值概率分布，这种抽样方法所拟合的分布模式更加符合实际(江志红 等，2009)。根据年多个样法，选取每年前 8 个最大值，拟合其 GP 分布，参照文献(江志红 等，2009)方法对 GP 分布参数进行估计，通过拟合效果比较，选择科斯检验值和相对误差小、相关系数高的最佳门限值(表 3-3)，并进行重现期的推算(表 3-4)。

表 3-3 GP 分布的拟合效果检验

历时/min	*N*	KS 检验	相关系数	相对误差
60	84	0.05	0.99	0.03
120	124	0.05	0.99	0.03
180	102	0.06	0.99	0.04
360	98	0.05	0.99	0.05
540	125	0.07	0.98	0.05
720	119	0.06	0.99	0.05
1440	134	0.05	0.99	0.04

表 3-4 GP 分布拟合的不同历时重现期设计暴雨量 (单位：mm)

重现期/a	60 min	120 min	180 min	360 min	540 min	720 min	1440 min
2	46.1	57.8	64.7	72.1	74.0	81.2	93.9
3	52.6	63.8	74.5	83.1	89.9	97.4	113.7
5	58.7	72.1	95.1	100.3	111.0	119.8	136.7
10	65.4	82.2	110.3	123.7	138.2	147.8	166.1
20	70.7	90.9	117.7	147.2	163.7	173.3	193.7
30	73.3	95.5	120.1	161.0	178.0	187.2	209.0
50	76.0	100.9	125.0	178.4	195.3	203.5	227.4
100	79.0	107.3	132.4	202.1	217.5	223.9	251.1

由表 3-3 可见，重庆主城区沙坪坝站 7 个历时 KS 统计量极小，而计算其实测频数与理论频数的相关系数最大，均在 0.98 以上，相对误差基本在 0.05 以下。图 3-3 为 60 min 和 1440 min 的 GP 分布理论与实测累计频率分布曲线，由图可见，GP 分布的理论累计概率曲线与实测累计频率曲线基本吻合。通过 GP 分布结果的重现期水平图(图 3-4)得出，推算的重现期基本都在置信区间内，表明 GP 分布方法对不同重现期下不同历时降水量的估算结果可信。

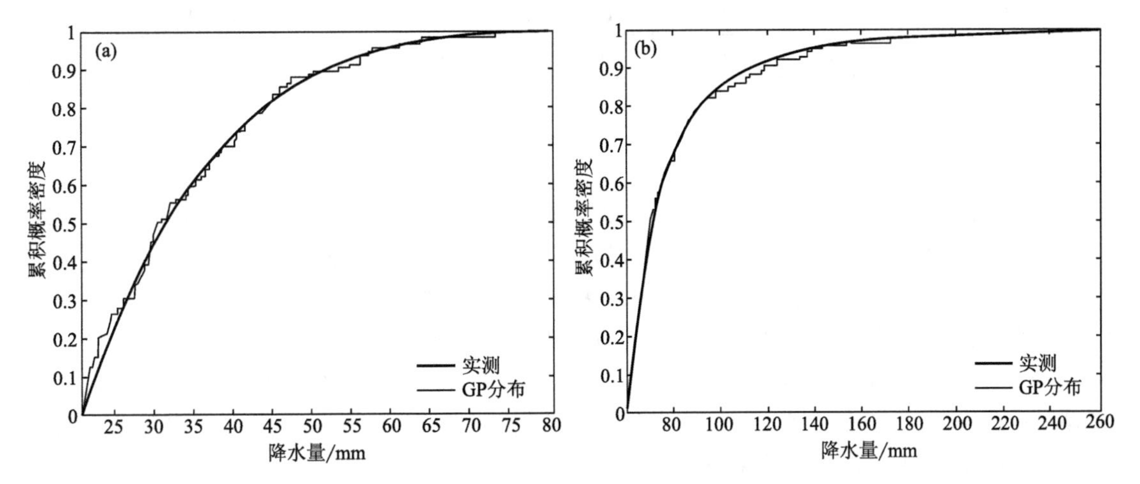

图 3-3 60 min(a)、1440 min(b)的 GP 分布累计概率密度曲线

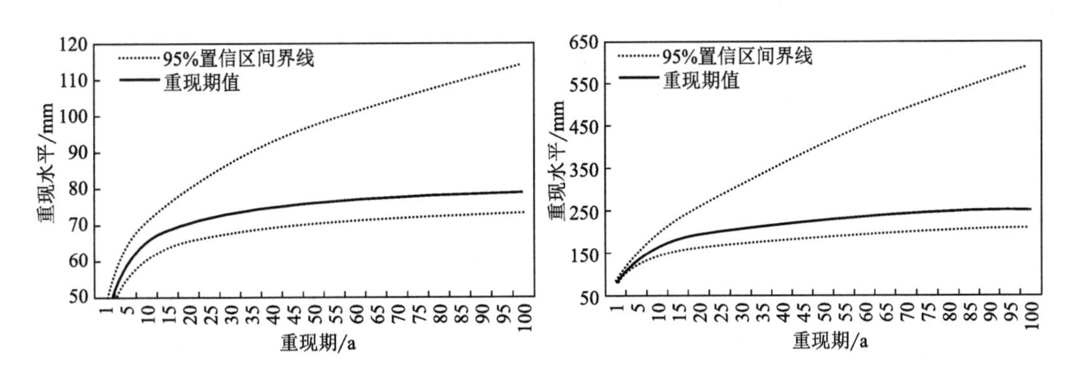

图 3-4 60 min(a)、1440 min(b)的 GP 分布对重庆主城区降水拟合的重现期水平图

3.1.5 暴雨强度公式计算

《室外排水设计规范》(GB 50014—2006，2014 版)推荐设计暴雨量采用城市暴雨强度公式计算。表 3-5 为采用修订后的重庆市沙坪坝单一重现期暴雨强度公式计算的不同历时重现期设计暴雨量。

表 3-5 暴雨强度公式计算的不同历时重现期设计暴雨量 (单位：mm)

重现期/a	60 min	120 min	180 min	360 min	540 min	720 min	1440 min
2	47.4	62.2	72.2	92.2	106.1	117.0	148.0
3	52.5	69.1	80.3	102.9	118.4	130.8	165.6
5	59.1	78.0	90.9	116.7	134.6	148.7	188.8

续表

重现期/a	60 min	120 min	180 min	360 min	540 min	720 min	1440 min
10	67.4	89.4	104.3	134.3	155.0	171.5	218.0
20	77.3	102.3	118.8	151.1	173.1	190.3	238.2
30	84.4	111.6	129.5	164.4	188.0	206.4	257.7
50	93.3	123.4	143.0	181.2	206.9	226.9	282.3
100	104.9	138.7	160.6	203.1	231.4	253.4	314.2

3.1.6 结果比较

一般来说，设计暴雨量必须符合当地的气候特征。1961—2013 年重庆主城区沙坪坝站 1440 min 最大降水量为 271 mm(2007 年 7 月 17 日)，是当地有气象记录以来的最大值，中国气象局认为该次区域降水为重庆 115 a 来最大降水，并被评为当年该月全国八大罕见极端气候事件之一。但从暴雨强度公式计算的不同历时重现期设计暴雨量来看(表 3-5)，1440 min 100 a 与 50 a 重现期设计暴雨量为 314.2 mm 和 282.3 mm，按此标准计算，2007 年 7 月 17 日的降水量还未达到 50 a 一遇，这与实际气候特征不符。主要原因是由于重庆主城区暴雨强度公式编制所用资料比本节短，资料年限为 1981—2013 年，且只采用了 5 min、10 min、15 min、20 min、30 min、45 min、60 min、90 min、120min 历时资料，未采用大于 2 h 的历时资料。虽然各历时 1961—2013 年资料包含 1981—2013 年，但理论极值特征反映的是序列极值的平均特征，受样本随机性影响大(张婷 等，2006)，加之 1961—2013 年与 1981—2013 年变化趋势各不相同(图 3-1)，以致两时段推算的设计暴雨量相差较大。

使用 1981—2013 年各历时资料，采用与重庆主城区沙坪坝站暴雨强度公式编制相同的频率分布曲线，得到 1981—2013 年推算的设计暴雨量(表略)，其中 60 min、120 min 设计暴雨量与表 3-5 相同，但与表 3-4 相比，2 a、3 a、5 a、10 a、20 a、30 a、50 a、100 a 重现期平均偏大 10.8%、14.2%；180 min、360 min、540 min、720 min、1440 min 与暴雨强度公式计算值相比(表 3-5)，在 2 a、3 a、5 a、10 a 重现期平均偏小 −28.4%、−20.8%、−13.6%、−5.3%，在 20 a、30 a、50 a、100 a 重现期平均偏大 2.4%、3.7%、5.1%、7.2%。可见，在使用《室外排水设计规范》(GB 50014—2006，2014 版)推荐的采用暴雨强度公式计算设计暴雨量时，应注意暴雨强度公式编制时使用的资料年限与历时。

由表 3-1 可见，年最大值法选样拟合中，皮尔逊-Ⅲ分布拟合效果最好，下面将皮尔逊-Ⅲ分布与 GP 分布拟合结果进行比较。从设计暴雨量来看(表 3-2、表 3-4)，两种方法拟合的不同历时重现期设计暴雨量比较接近。但从拟合效果来看(表 3-1、表 3-3)，皮尔逊-Ⅲ分布拟合各历时平均 KS 检验值、相关系数、相对误差分别为：0.08、0.90、0.05，GP 分布为：0.06、0.99、0.04。可见，GP 分布的拟合效果要好于皮尔逊-Ⅲ，GP 分布推算结果可信度更高。

从 GP 分布拟合的不同历时重现期设计暴雨量可以看出(表 3-4)，60 min、1440 min 从 2 a 至 100 a 重现期设计暴雨量分别为 46.1～79.0 mm、93.9～251.1 mm，从实际降水来看，1961—2013 年 60 min、1440 min 最大雨量出现时刻为 1983 年 8 月 28 日 23 时 27 分—28 日 00 时 26 分、2007 年 7 月 16 日 19 时 37 分—17 日 19 时 36 分，实测降水量为 80 mm 和 271 mm，均超过了百年一遇。与实测资料的对比，GP 分布拟合的不同历时重现期设计暴雨量符合重庆市主城区的气候特征。

通过GP分布拟合的不同历时重现期设计暴雨量(表3-4)与重庆地区现行水文重现期标准(水利部水文局 等,2006)进行对比,1440 min、60 min各重现期降水量标准基本一致,360 min百年一遇值偏大10 mm,各历时重现期设计暴雨量符合实际排水设计要求。

3.1.7 本节小结

① 1961—2013年重庆市主城区60 min、120 min、180 min、360 min、540 min、720 min、1440 min年最大降水量呈增加趋势,高值主要集中在20世纪70年代中后期至80年代初期、2000年以来至今。

② 如用户所需设计暴雨量的历时是暴雨强度公式编制采用的历时之一,且资料年限一致,则可使用暴雨强度公式计算设计暴雨量,否则将会造成误差。

③ 采用皮尔逊-Ⅲ分布、耿贝尔分布、指数分布、对数正态分布对年最大值法选取的样本拟合均通过了0.05显著性水平检验,其中皮尔逊-Ⅲ分布拟合效果最好,但与GP分布对年多个样法选取的样本拟合效果相比,GP分布的拟合效果更好,精度更高。如使用1961—2013年资料推算设计暴雨雨量,推荐使用GP分布拟合的设计暴雨量。

④ 不同工程勘查设计时对不同历时强降水概率分布函数拟合结果的要求不同,在使用时应视具体情况而定。值得注意的是,短历时强降水是自然界中一种复杂随机变量,加之每种概率分布函数对不同数据都有其适用性,拟合推算的设计暴雨量只是在一定可信度条件下的一种带有置信区间的估计,会产生一些不确定性。由于气候变化具有显著的阶段性特征,降水资料本身存在明显的年代际变化,随着重庆主城区城市化建设进程加快,当各历时有新的降水极值出现时,须对设计暴雨量重新进行推算。

3.2 暴雨强度公式修订及发布

重庆市现行的暴雨强度公式为1987版公式,其推导数据只有8 a,且为1973年之前的基础资料;在过去二十年多年的使用中,有效地指导了城市雨水排水规划设计工作,在城市雨水灾害防治管理、预警和应急处置及城市建设等方面起到了重要的作用。在全球变暖的大背景下,虽然不同地区有所差异,但极端强降水的频率和强度整体呈增大趋势,给城市市政排水带来了更大的潜在压力(任雨 等,2012)。在气候变化和城市化快速发展背景下,现行暴雨强度公式在准确性、适用性等方面出现了不足。为了应对气候变化和经济社会发展需求,做好城市暴雨内涝防御工作,提高城市排水规划及工程设计的科学性,利用最新的雨量资料对暴雨强度公式进行修订显得尤为迫切。

3.2.1 编制方法

暴雨取样方法:水文统计学的取样方法有年最大值法和非年最大值法两类,现行《室外排水设计规范》(GB 50014—2006,2014版)(以下简称现行规范)规定具有20 a以上自动雨量记录的地区,排水系统设计暴雨强度公式应采用年最大值法。由于短历时强降水作为随机变量具有一定的不确定性,超过城市雨水排除系统设计标准的短时强降水,有的年份可能出现多次，有的年份可能一次也不会出现，年最大值法每年取一个最大值会遗漏一些数值较大的暴雨，丢掉一些有用信息(徐连军 等，2007)。本研究采用年最大值法与年多个样法两种方法，年多个样法是非年最大值法中的一种，在城市暴雨强度公式编制中应用较为广泛(任雨 等，2012)。

年最大值法是 5 min、10 min、15 min、20 min、30 min、45 min、60 min、90 min、120 min、150 min、180 min(以下简称各历时)每年各选一个最大值。年多个样法是每年每个历时挑选前 8 个最大值，将选出的资料按从大到小排列(各历时分别进行)，取前 n 组数据(年数 4 倍)。按上述方法，分别建立全市各区县年最大值法、年多个样法的暴雨采样基本数据。

在使用年最大值法推算过程中，会出现大雨年的次大值大于小雨年的最大值而不入选的情况，该方法算得的暴雨强度小于年多个样法的计算值，因此采用年最大值法时需作重现期修正，根据文献(Chow，1964；金家明，2010)方法，对年最大值法与年多个样法之间的对应重现期进行转换。

概率分布拟合：采用耿贝尔分布(邵尧明 等，2008)、指数分布、皮尔逊-Ⅲ型(顾骏强 等，2000)概率分布拟合。

现行规范给出的暴雨强度公式形式为：

$$q=\frac{167A_1(1+C\lg P)}{(t+b)^n}$$

上式中：q 为暴雨强度(单位：$L\cdot S^{-1}\cdot hm^{-2}$)，$P$ 为重现期(单位：a)，t 为降水历时(单位：min)，A_1、b、c、n 为需求的参数。

3.2.2 修订后的主城区暴雨强度公式

(1)主城区暴雨强度公式

沙坪坝：

$$q=\frac{1132(1+0.958\lg P)}{(t+5.408)^{0.595}}$$

巴南：

$$q=\frac{1898(1+0.867\lg P)}{(t+9.480)^{0.709}}$$

渝北：

$$q=\frac{1111(1+0.945\lg P)}{(t+9.713)^{0.561}}$$

其中：q——暴雨强度，单位：$L\cdot S^{-1}\cdot hm^{-2}$。

(2)暴雨强度公式适用范围

重庆市主城区暴雨强度公式适用范围见图 3-5。

沙坪坝暴雨强度公式适用范围：长江和嘉陵江之间的地区，包括沙坪坝区、渝中区、九龙坡区、大渡口区和北碚区嘉陵江以南部分区域。

巴南暴雨强度公式适用范围：长江以南地区，包括巴南区、南岸区。

渝北暴雨强度公式适用范围：长江和嘉陵江以北的地区，包括渝北区、江北区和北碚区嘉陵江以北部分区域。

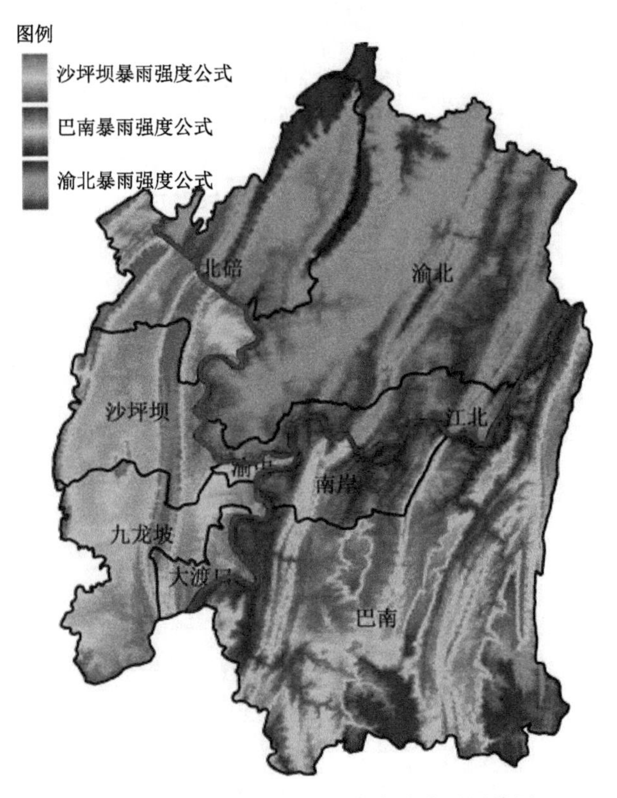

图 3-5 重庆市主城区暴雨强度公式适用范围

3.2.3 修订后的各区(县)暴雨强度公式

璧山：

$$q=\frac{2784(1+0.906\lg P)}{(t+18.327)^{0.790}}$$

荣昌：

$$q=\frac{1000(1+0.841\lg P)}{(t+4.677)^{0.554}}$$

长寿：

$$q=\frac{986(1+0.932\lg P)}{(t+5.725)^{0.595}}$$

涪陵：

$$q=\frac{1975(1+0.633\lg P)}{(t+12.647)^{0.720}}$$

江津：

$$q=\frac{1332(1+0.880\lg P)}{(t+9.168)^{0.637}}$$

合川：

$$q=\frac{1004(1+0.750\lg P)}{(t+8.698)^{0.567}}$$

永川：

$$q=\frac{1312(1+0.971\lg P)}{(t+7.739)^{0.631}}$$

南川：

$$q=\frac{1642(1+0.815\lg P)}{(t+10.333)^{0.710}}$$

大足：

$$q=\frac{1304(1+0.815\lg P)}{(t+5.755)^{0.643}}$$

铜梁：

$$q=\frac{1516(1+0.945\lg P)}{(t+10.351)^{0.653}}$$

潼南：

$$q=\frac{610(1+0.958\lg P)}{(t+1.170)^{0.504}}$$

万盛：

$$q=\frac{3442(1+0.750\lg P)}{(t+14.792)^{0.832}}$$

綦江：

$$q=\frac{3148(1+0.867\lg P)}{(t+15.348)^{0.827}}$$

彭水：

$$q=\frac{1035(1+0.763\lg P)}{(t+5.240)^{0.560}}$$

黔江：

$$q=\frac{826(1+0.581\lg P)}{(t+3.510)^{0.520}}$$

石柱：

$$q=\frac{799(1+0.997\lg P)}{(t+3.120)^{0.558}}$$

武隆：

$$q=\frac{1793(1+0.997\lg P)}{(t+12.292)^{0.724}}$$

秀山：

$$q=\frac{1982(1+0.984\lg P)}{(t+11.462)^{0.752}}$$

酉阳：

$$q=\frac{712(1+0.724\lg P)}{(t+2.730)^{0.500}}$$

万州：

$$q=\frac{1504(1+0.945\lg P)}{(t+7.213)^{0.704}}$$

梁平：

$$q=\frac{1015(1+0.659\lg P)}{(t+6.649)^{0.556}}$$

城口：

$$q=\frac{2521(1+0.997\lg P)}{(t+14.439)^{0.857}}$$

垫江：

$$q=\frac{3321(1+0.997\lg P)}{(t+14.738)^{0.830}}$$

忠县：

$$q=\frac{2296(1+0.997\lg P)}{(t+9.310)^{0.768}}$$

开州：

$$q=\frac{1148(1+0.932\lg P)}{(t+6.133)^{0.633}}$$

云阳：

$$q=\frac{795(1+0.672\lg P)}{(t+2.860)^{0.548}}$$

奉节：

$$q=\frac{1527(1+0.893\lg P)}{(t+9.389)^{0.654}}$$

巫山：

$$q=\frac{1774(1+0.997\lg P)}{(t+9.228)^{0.752}}$$

巫溪：

$$q=\frac{2425(1+0.997\lg P)}{(t+13.739)^{0.822}}$$

丰都：

$$q=\frac{1546(1+0.789\lg P)}{(t+8.422)^{0.703}}$$

其中：P——设计重现期，单位：a；

q——暴雨强度，单位：$\mathrm{L \cdot S^{-1} \cdot hm^{-2}}$；

t——降水历时，单位：min。

3.2.4 暴雨强度公式发布

重庆市城乡建设委员会发布了重庆市暴雨强度修订公式及设计暴雨雨型（图 3-6）。

关于发布重庆市暴雨强度修订公式及设计暴雨雨型的通知
发布日期：2017-08-23 00:00:00

渝建〔2017〕443号

重庆市城乡建设委员会
关于发布重庆市暴雨强度修订公式及
设计暴雨雨型的通知

各区县（自治县）城乡建委，两江新区、万盛经开区建设局，工程建设、规划设计及相关单位：

为更好地指导我市城市雨水排水系统的规划设计，进一步提高灾害应急响应和处置能力，抵御雨水灾害，依据《室外排水设计规范》（GB50014-2006，2016年版）及《住房城乡建设部中国气象局关于做好暴雨强度公式修订有关工作的通知》（建城〔2014〕66号），我委组织重庆市市政设计研究院和重庆市气候中心联合编制了《重庆市暴雨强度修订公式与设计暴雨雨型》(以下简称“暴雨强度公式与设计暴雨雨型”)，并按相关程序审查后，现予以发布，请遵照执行。

自“暴雨强度公式与设计暴雨雨型”发布之日起，重庆市范围内所有新建项目涉及排水工程的设计必须执行此公式和设计暴雨雨型。

“暴雨强度公式与设计暴雨雨型”由重庆市城乡建设委员会负责管理，重庆市市政设计研究院和重庆市气候中心负责具体内容解释。在执行过程中如发现需要修改和补充，请将修改意见和有关资料寄送重庆市市政设计研究院（地址：重庆市江北区洋河一路69号，邮编：400020；电子邮件：870319013@qq.com）。

联系人：蒲贵兵；联系电话：63672214

附件：重庆市暴雨强度修订公式与设计暴雨雨型

重庆市城乡建设委员会
2017年8月22日

图 3-6　重庆市城乡建设委员会关于发布重庆市暴雨强度修订公式及设计暴雨雨型的通知

3.3　重庆城市群(丘陵地形)热岛强度指数方法研究

3.3.1　资料介绍及处理

利用重庆市34个国家气象站、2000多个2009—2018年区域自动气象站、DMSP/OLS夜间灯光数据、重庆市2015年30 m高分辨率土地利用资料和MODIS卫星遥感数据。其中，美国军事气象卫星(DMSP)搭载的线性扫描业务系统(OLS)传感器为大尺度研究城市化发展提供了丰富的资料，其中观测的夜间灯光强度数据是表征区域人类活动强度的重要指标，也是目前单一遥感平台连续观测全球城市发展时间最长的遥感产品，成为可快速客观度量城市发展水平的有力工具。本节使用的夜间稳定灯光(stable light)影像，数据空间分布为1 km，亮度值(DN 值)范围 0～63,时间区间为 1992—2013 年(2013 年后没有此卫星观测资料)。观测时间内总共有 F10、F12、F14、F15、F16 和 F18 共六代卫星,不同卫星进行探测的年份如表 3-6 所示。

表 3-6 DMSP/OLS 卫星编号与观测年份对应表

年份/年	F10	F12	F14	F15	F16	F18
1992	F101992					
1993	F101993					
1994	F101994	F121994				
1995		F121995				
1996		F121996				
1997		F121997	F141997			
1998		F121998	F141998			
1999		F121999	F141999			
2000			F142000	F152000		
2001			F142001	F152001		
2002			F142002	F152002		
2003			F142003	F152003		
2004				F152004	F162004	
2005				F152005	F162005	
2006				F152006	F162006	
2007				F152007	F162007	
2008					F162008	
2009					F162009	
2010						F182010
2011						F182011
2012						F182012
2013						F182013

MODIS 全称为中分辨率成像光谱仪,是搭载于 TERRA 星和 AQUA 星两颗卫星上的传感器。TERRA 星大约在每日 10 时、22 时左右过境,AQUA 星则大约在每日 13 时、01 时左右过境,从而形成对全球各个地区的连续观测记录。本节选用了 2003—2018 年共 16 年的卫星遥感反演地表温度数据进行分析研究。按照气候对季节的划分,将 12—次年 2 月划分冬季,3—5 月为春季,6—8 月为夏季,9—11 月为秋季。

(1)DMSP/OLS 数据处理方法

根据表 3-6 可知,DMSP/OLS 数据存在同一年份有多个卫星进行观测的情况。图 3-7 是从 DMSP/OLS 数据中提取的重庆市 DN 值总和的年变化。由此可见尽管总体而言可以体现重庆市夜间灯光数据呈现逐渐增加的趋势,但由于传感器老化、传感器更新换代等原因,不同卫星的数据存在较大跳跃;而同一颗卫星的数据,变化也并不稳定,无法直接使用。因此本文拟采用不变目标区域法进行校正以便研究使用。具体校正方法步骤如下。

① 选定多年灯光变化幅度较缓和的地区作为参考区域，并挑选某一年作为参考年。经对比后，采用多年 DN 值变化幅度较小的万盛区作为参考区域，并选择 2013 年作为参考年。

② 利用其他年份参考区域 DN 值和参考年的参考区域 DN 值逐年建立回归模型。采用幂函数作为回归方程的方程形式为：

$$DN_{cal} = a \cdot (DN^2 + 1)^b$$

其中 DN_{cal} 代表校正后的 DN 值，DN 代表校正前的 DN 值，a、b 代表回归系数。

③ 利用得到的回归方程对整个区域的 DN 值进行校正。对于有多颗卫星观测的年份，采用如下公式(金平赋 等，2017)得到融合后的数据。

$$DN_{(n,i)} = \begin{cases} 0 & (DN^a_{(n,i)} = 0 \text{ 或 } DN^b_{(n,i)} = 0) \\ (DN^a_{(n,i)} + DN^b_{(n,i)})/2 & (\text{其他}) \end{cases}$$

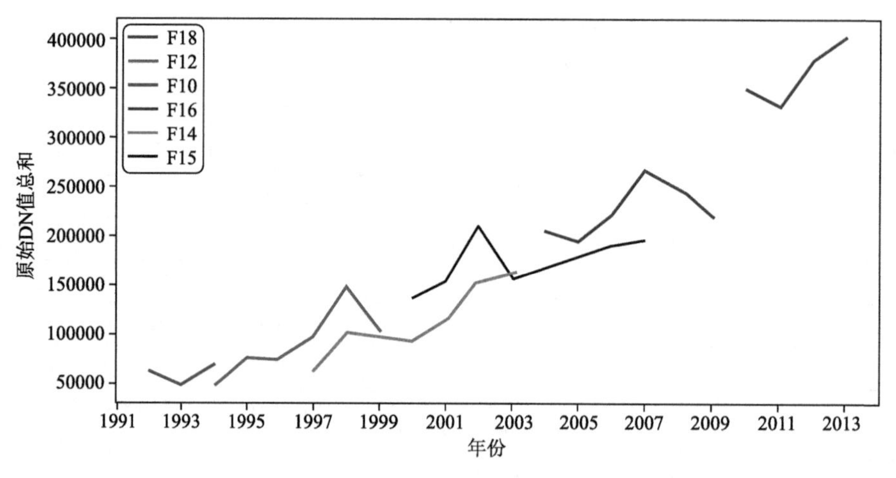

图 3-7 重庆市多卫星 DN 值总和年变化

(2)MODIS 资料的处理

MODIS 有很多数据产品，本节利用分裂窗口法反演得到的 MOD11A2(TERRA 星)和 MYD11A2(AQUA 星)地面温度(LST)8 d 合成数据，是在逐日晴空的资料基础上进行算术平均后得到(董良鹏 等，2014)，具有 1 km×1 km 的高空间分辨率。在使用数据之前，需对其进行如下几步处理。

数据拼接和重投影：MODIS 卫星数据按片区存储，全球共分为 36×18 个片区，每个片区大约 10°×10°，而重庆刚好被 h27v05 和 h27v06 两个片区分开，因此需要对二者进行拼接。本节采用 Arcgis10.2 对遥感数据进行拼接、重投影等处理。

数据解码：MODIS 地面温度数据储存格式为 HDF4。根据官方说明，通过下式进行解码得到原始数值：

$$rv = a \times pixelv + b$$

其中 pixelv 是原像素像元值，a 为比例系数，b 代表偏移量，rv 则代表计算后得到的像元真实值。对于 MOD11A2 和 MYD11A2 数据，$a = 0.02$，$b = 0$；转化后再减去 273.15 便得到摄氏温度。

缺测填补：由于仪器故障、云系干扰、辐射干扰等因素，MODIS 数据经常会出现缺测的现象,若不对数据进行合理填补,将会严重影响到分析结果。本节参考 Crosson 等的研究,将 TERRA 星(MOD11A2)和 AQUA 星(MYD11A2)数据进行融合。具体做法为:首先逐格点地计算 MOD11A2 和 MYD11A2 的近 5 a 夏季平均值,然后计算二者之差;接下来对于每一个 MYD11A2 数据中的缺测像元,都用当天的 MOD11A2 对应位置像元值加上计算的气候差异作为替换。

3.3.2 基于 DMSP/OLS 灯光数据划分城区与郊区

通常认为 DN<5 的区域为夜间自然背景光源,因此本节仅对 DN 值大于 5 的区域面积进行研究。图 3-8a 所示为 2013 年重庆市不同 DN 值累积面积序列,图 3-8b 为 2013 年与 1992 年重庆市 DN 变化值对应面积序列。利用 t 滑动检验可将 2013 年的灯光数据所占面积大致分为四个转折点:DN62～63,DN57～62,DN8～29,以及 DN 值小于 9 的区域。而从 2013 年相对 1992 年 DN 变化值(增加值)对应累积面积序列(图 3-8b),大致可将灯光强度增幅分为 4 个区间:52～63,38～52,9～28 以及增幅小于 9 的区域。对比 2013 年灯光强度和 2013 年相对 1992 年灯光强度增幅的空间分布图(图 3-9)可知,2013 年灯光强度为 DN62～63 的区域,基本也是灯光强度增幅小于 9 的区域;2013 年灯光强度为 DN39～62 的区域,基本为增幅超过 38 的区域;而 2013 年灯光强度为 DN8～39 的地区,与增幅强度 9～38 的地区吻合。因此可大致将重庆的城市发展分为四类区域:DN62～63 的核心城区;DN39～62 的城市近郊快速发展区(城区);DN8～39 的城乡过渡区,而 DN 值小于 8 的区域为人类活动较弱的农村地区。

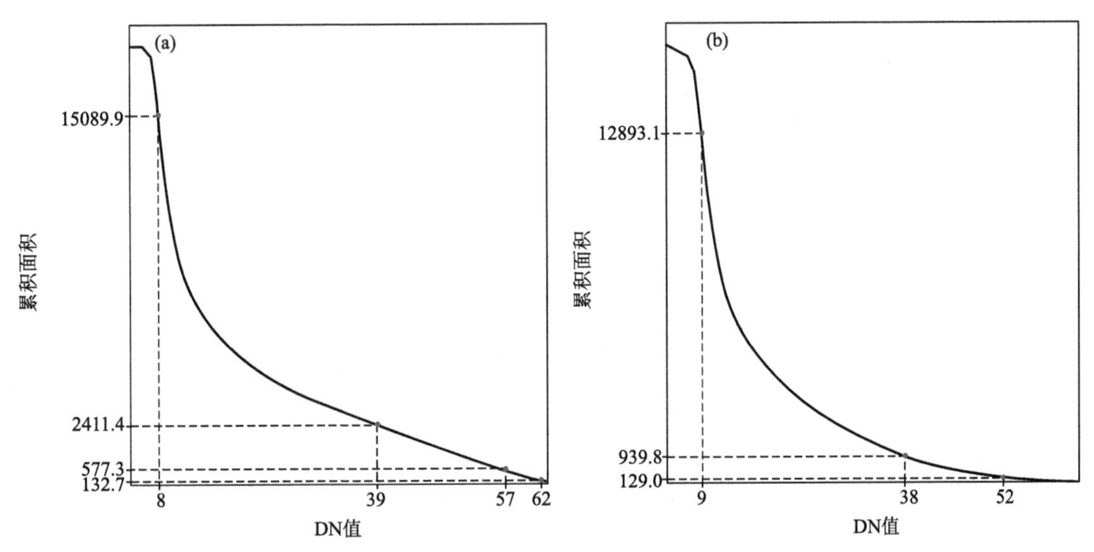

图 3-8 2013 年重庆市灯光数据 DN 值对应累积面积序列(a)和 2013 年与 1992 年重庆市灯光数据 DN 值增幅对应累积面积序列(b)

根据灯光强度大于 39 为快速发展区,可将重庆市 2013 年夜间灯光强度分为如图 3-9a 中黑色方框所标记的 10 个主要城市群,分别为:主城区、合川、永川、铜梁、长寿、涪陵、万州、开县、云阳、巫山。其中城市面积最大的为主城区,面积达到 1439.0 km^2,其次是长寿和万州,分别为 128.2 km^2 和 124.4 km^2。同时可见,重庆的大部分城市发展集中在渝西,重庆东北部城市发展较缓，而重庆东南部地区城市发展特征不明显。

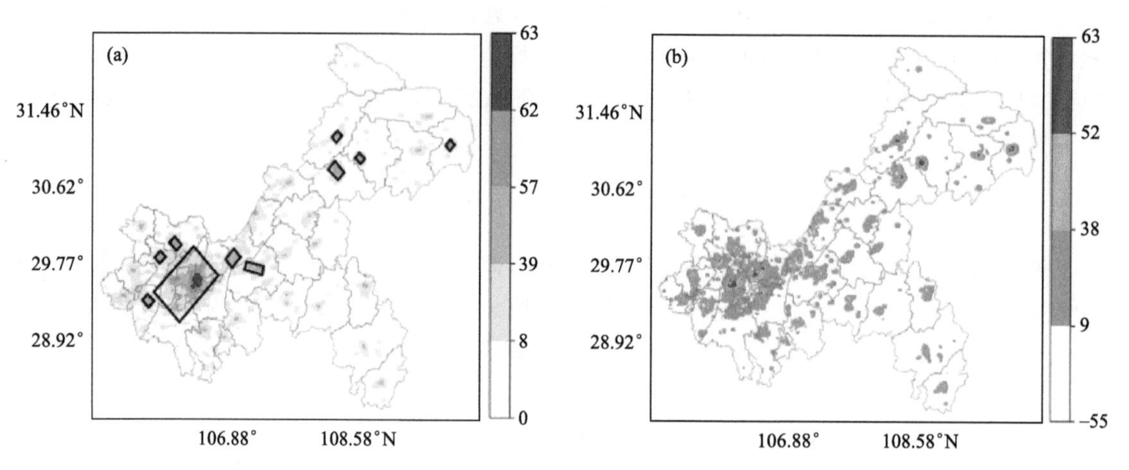

图 3-9　2013 年重庆市夜间灯光强度 DN 值空间分布(a)及 2013 年相对 1992 年的灯光强度增幅(b)

3.3.3　基于城市聚类法划分城区与郊区

城市聚类法(CCA)算法类似火灾蔓延模拟，通过选择初始“着火点”，逐步“引燃”周围的“可燃点”进而划分出城市的范围。其步骤分为：首先随机选取城市像元，利用八领域算法。如图 3-10 所示，图中“■”代表当前像素点，其周围 8 个像素点①～⑧即为八领域。计算时八领域的顺序可以按照顺时针或逆时针方向。它可以分析区域的连通性。

①	②	③
⑧	■	④
⑦	⑥	⑤

图 3-10　八领域算法示意图

计算城市连通域；然后定义距离阈值 L，距离小于 L 的连通域视为同一城市群落；最后定义聚集阈值 S，去除像元个数小于 S 的连通域(即面积较小的建筑群落)。CCA 方法可以使用人口密度、不透水下垫面作为输入，也可使用土地利用作为输入。本节采用重庆市 2015 年 30 m 高分辨率土地利用资料作为分类算法输入数据(空间分辨率为 1 km)。该数据将土地利用分为 7 大类，其中 1～6 分别为耕地、林地、草地、水域、城市和未利用土地，第 7 类为海洋(因重庆无海洋本文不作考虑)。图 3-11a 所示即为重庆市 2015 年土地利用空间分布。在此基础上利用 CCA 算法划分城市区域；因城市热岛效应最小影响范围为城市面积的 1.5 倍，所以将城市连通域周边共 1.5 倍城市面积的环绕带也包括在内，最终得到如图 3-11b 所示的重庆市主要城市分布，其中红色部分为城市，灰色部分为边界区。可见经分类后的城市区域剔除了很多面积较小、零星分布的城镇用地，保留了几个主要的城市群落，与 DMSP/OSL 数据分析得到的主要城市群落结果基本一致(图 3-11b 中黑色方框)，重合面积达 87%。

3.3.4　城市聚类法划分后的热岛强度指数分布

使用土地利用数据和城市聚类法(CCA)划分城区和郊区后，利用全重庆市的城区和边界区平均温度减去余下的非城市区域的温度得出重庆的热岛强度指数，即：$\mathrm{UHI}=\overline{T}_{\mathrm{urban+boundary}}-\overline{T}_{\mathrm{background}}$；并根据“等间距分级法”(陈松林 等，2009；董良鹏 等，2014)按表 3-7 分类和重新赋值，得到重庆市热岛的空间分布。

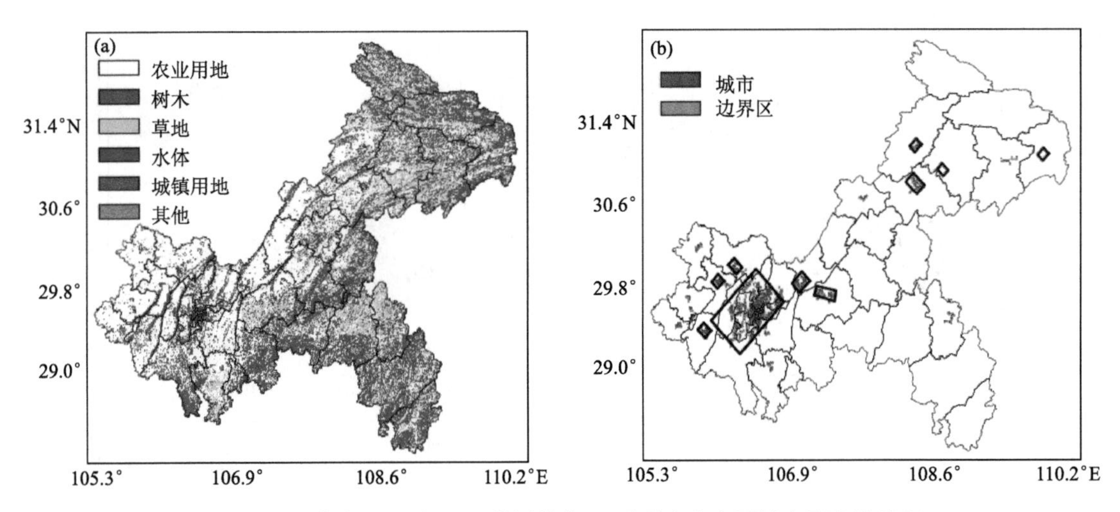

图 3-11 重庆市 2015 年土地利用分布(a)及重庆市主要城市及边界区(b)

表 3-7 热岛强度指数等级划分

温差范围/℃	热岛强度指数等级	赋值
＞5	强热岛	3
3～5	中等热岛	2
1～3	弱热岛	1
−1～1	无热岛	0
−3～−1	弱冷岛	−1
−5～−3	中等冷岛	−2
≤−5	强冷岛	−3

图 3-12a～图 3-12d 所示为根据上述步骤得到的重庆市 2003 年、2008 年、2013 年和 2018 年的热岛强度指数空间分布，图 3-12e 为多年的强热岛面积占全市面积比例序列。根据图 3-12a～图 3-12d 可知，重庆强热岛的面积较大，中等以上热岛强度主要集中在重庆西部地区，重庆东北部中等以上热岛区域面积相对较小，而重庆东南部则并未有明显变化。对比根据 DMSP/OSL 数据得到的主要城市群(图中黑色方框)与热岛空间分布可知，主要城市群均属强热岛区。根据图 3-12e 可见除重庆东南部外，重庆东北部、渝西和重庆全市的强热岛面积都呈现逐年递增的情况，全市平均热岛强度指数达到 3.6 ℃。

3.3.5 划分郊区温度两种方案得到的热岛强度指数分布

城市热岛强度指数通常定义为城区温度减去郊区温度，因此如何定义“城市”是区分城区与郊区的重要一环，会直接影响到对热岛强度指数的计算结果。本节为此设计了两种不同的方案来解决郊区确定问题。

(1)CAA 和灯光数据划分后的热岛强度指数

根据 Scoot 等的研究，当整体环境温度升高时，城市热岛效应的相对强度会有所降低。由图 3-13 可知，在极端高温年份 2011 年，重庆市的强热岛指数反而出现了异常增加的现象。根据 2011 年夏季平均地表温度与多年气候平均偏差可知(图 3-14)，尽管重庆西部地区的地温偏

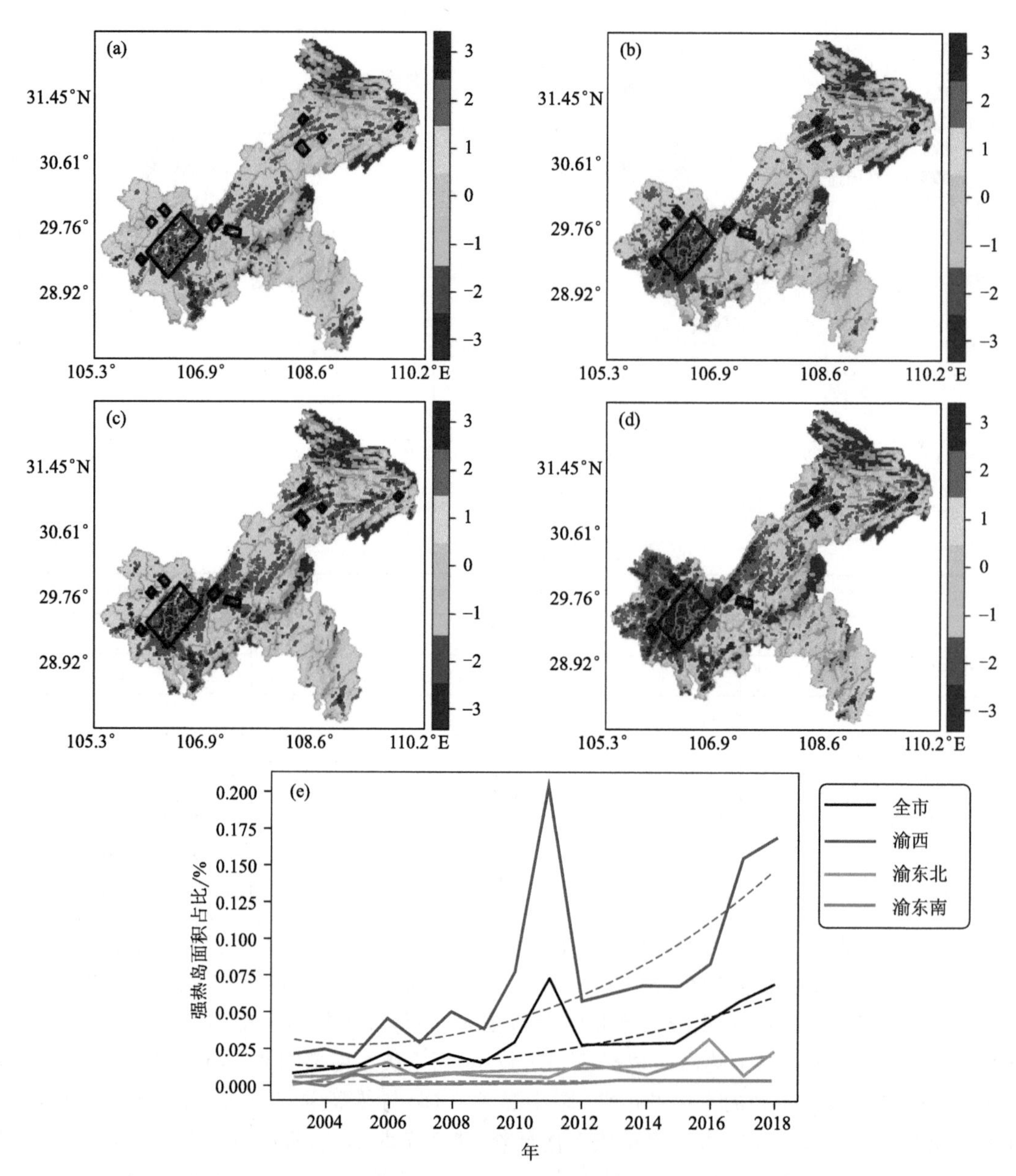

图 3-12 方案一中重庆市 2003 年(a)、2008 年(b)、2013 年(c)和 2018 年(d)热岛强度指数分布(单位:℃);多年强热岛面积比率序列(e)(虚线为变化趋势)

差最大可达 5 ℃以上,但在重庆东北部地区温度却相对偏低,导致计算热岛强度指数时郊区(背景温度)偏低。这说明重庆复杂的地形分布造成了复杂多变的局地气候,如单纯使用城市以外地区平均温度作为背景温度,很容易造成个别年份热岛效应强度被放大或缩小。为此本节设计了另外一个方案确定背景区的温度,即:未被 CCA 划分为城市且灯光强度介于 8～39 区域作为背景温度区(方案一)。图 3-14 所示就是满足以上 2 个条件得到的背景温度提取区(灰色)。经过以上 2 个条件的限制后可以看出背景温度提取区基本都围绕在城市附近,且避开了海拔过高的区域。部分区域仍处于较高的海拔地区。

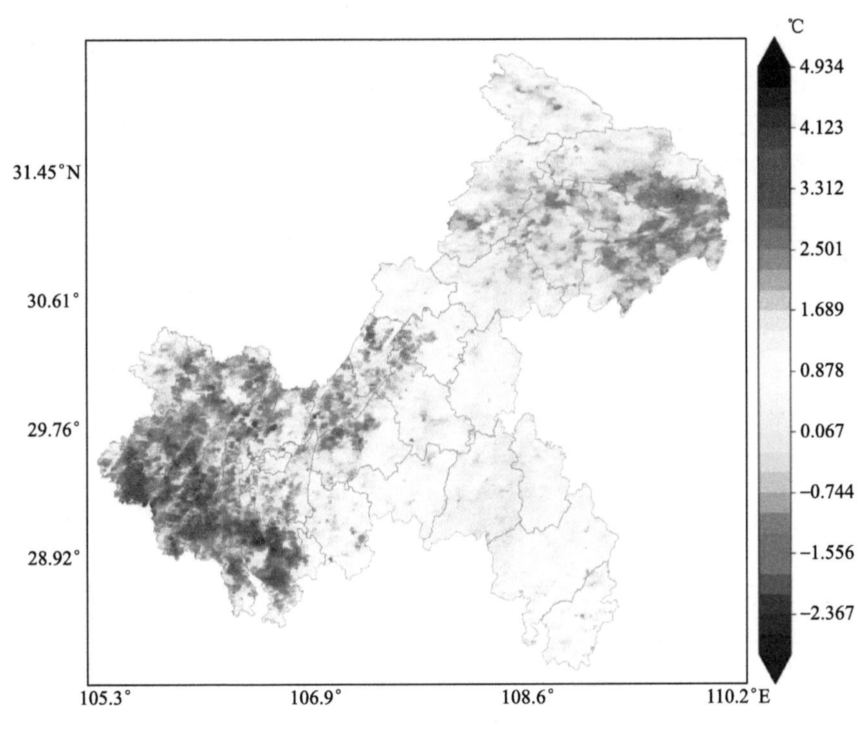

图 3-13　2011 年重庆夏季平均地表温度相对多年气候值偏差

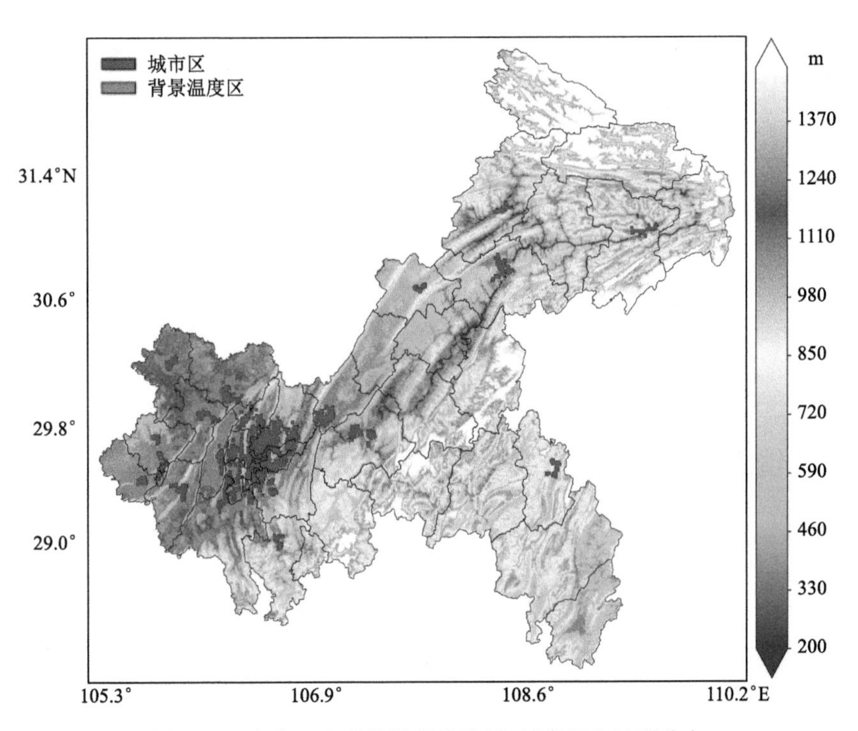

图 3-14　方案一中背景温度提取区、城市区和地形分布

图 3-15 是使用 CCA 提取的城市区(红色)的平均温度减去背景区(灰色)的平均温度得到热岛强度指数空间分布,较好地避免了极端气候年份导致的异常强热岛面积,使其增加趋变得清晰明显。对比图 3-14 与图 3-15,在较高海拔和高海拔地区强热岛强度指数地区不明显。多年强热岛面积比率变化趋势也可以看出采用方案一比仅用城市聚类法(CCA)划分的背景温度区域计算得重庆市强热岛的空间分布合理些。平均热岛强度指数比之前减少约 2 ℃。

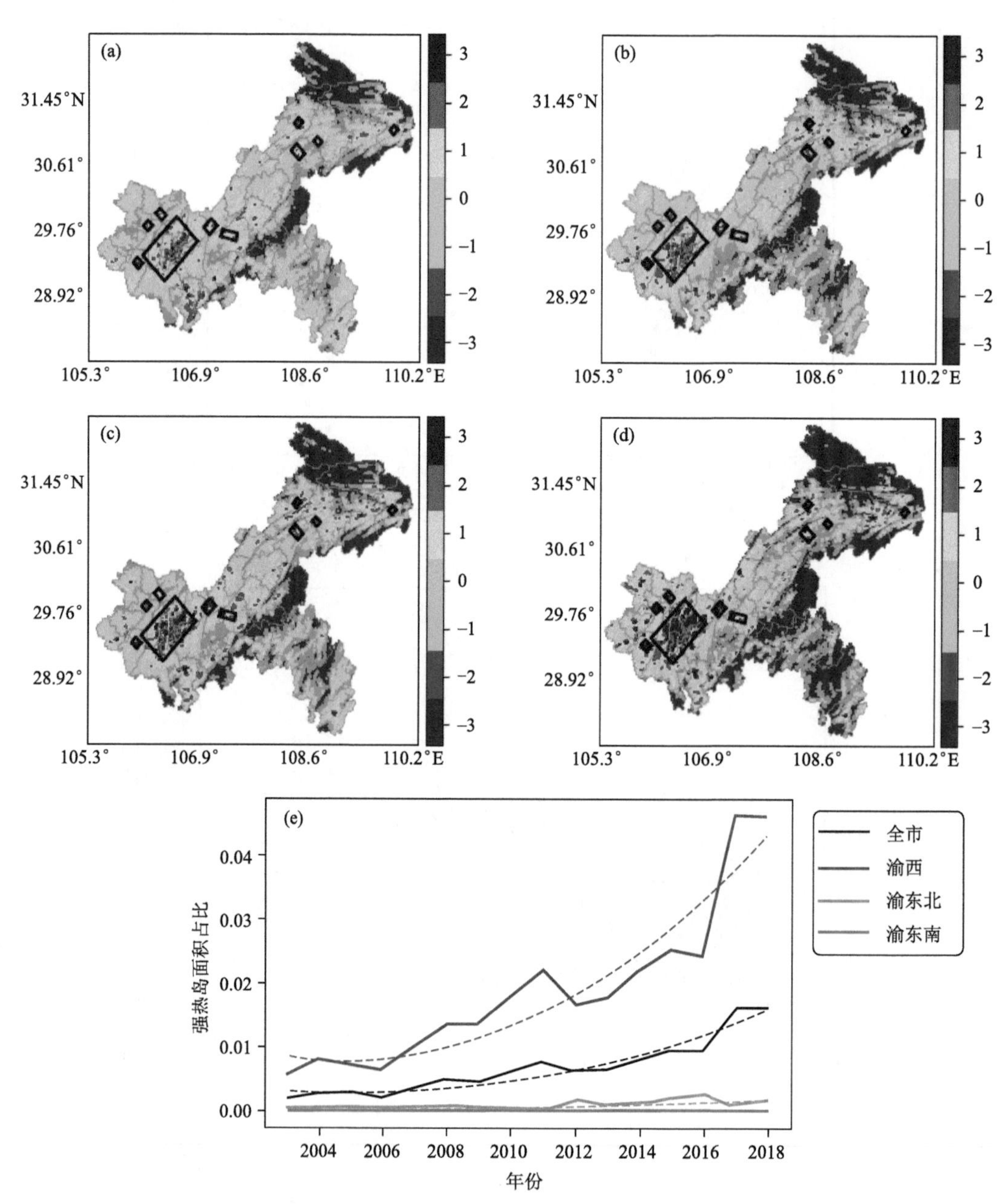

图 3-15 方案一中重庆市 2003 年(a)、2008 年(b)、2013 年(c)和 2018 年(d)热岛强度指数分布(单位:℃);多年强热岛面积比率序列(e)(虚线为变化趋势)

(2)综合 CCA、灯光强度和海拔高度因素后的热岛强度指数

根据方案一得到的城市热岛强度指数解决了极端气候年份导致的异常强热岛指数的问题和高海拔地区存在强热岛指数的问题。但是,在较高的海拔地区仍然有较多中热岛强度指数的区域(见图 3-15)。因此本节又设计一种选取背景温度区域的方案(方案二)。首先计算 CCA 分类得到的重庆市主城区平均海拔高度(284.8 m),然后根据:①所选背景温度区域的平均海拔高度与主城区平均高度差异不超过正负 100 m;②未被 CCA 分类为城市;③灯光强度介于 8～39 三个规则重新选择背景温度的区域。图 3-16 所示就是满足以上 3 个条件得到的背景温度提取区(灰色)。经过以上 3 个条件的限制后,原本渝东北与渝东南的很多位于较高海拔的背景温度提取区都被排除了,基本没有海拔较高的区域。所选的背景区域的平均海拔高度为 298.5 m,与重庆市主城区平均海拔高度(284.8 m)基本一致。可见,选择的灰色区域基本上是未被城市化的地区围绕在城市附近的且避开了海拔过高或较高的区域。

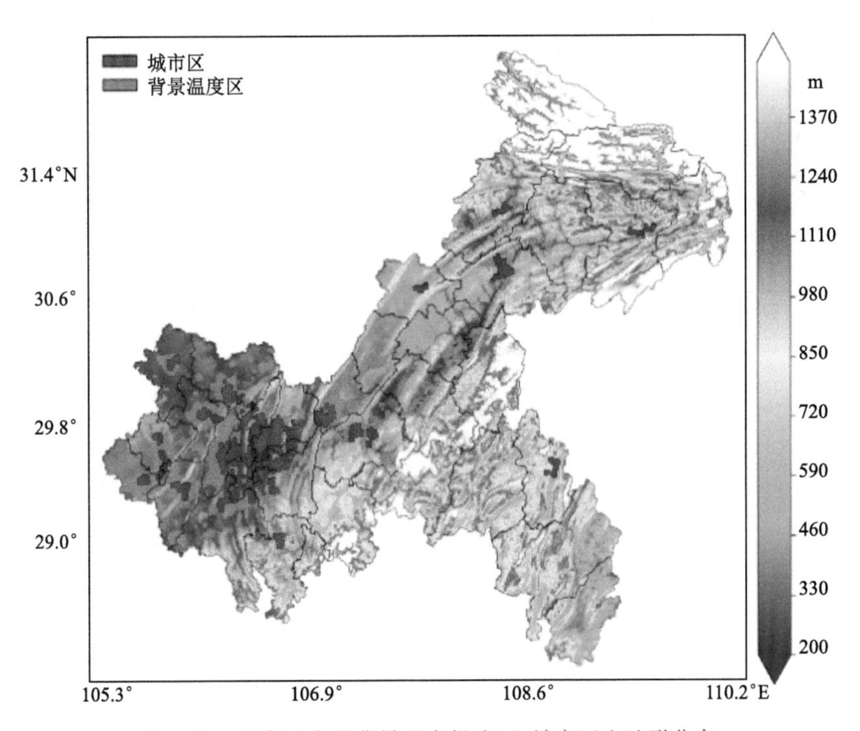

图 3-16 方案二中的背景温度提取区、城市区和地形分布

图 3-17 采用方案二得到的重庆市夏季热岛强度指数空间分布。采用新的背景温度后,得到的热岛强度指数数值比方案一下降了大约 0.6 ℃,强热岛区面积较之前也有所缩小。同样避免 2011 年极端气候年份导致的异常强热岛面积,使其增加趋势变得更加清晰明显。对比图 3-16 与图 3-17。在较高海拔和高海拔地区基本没有强热岛地区,这与重庆的城市基本都建在海拔较低的情况相符。多年强热岛面积比率变化趋势也可以看出采用方案二计算的重庆市强热岛指数的空间分布更加合理。

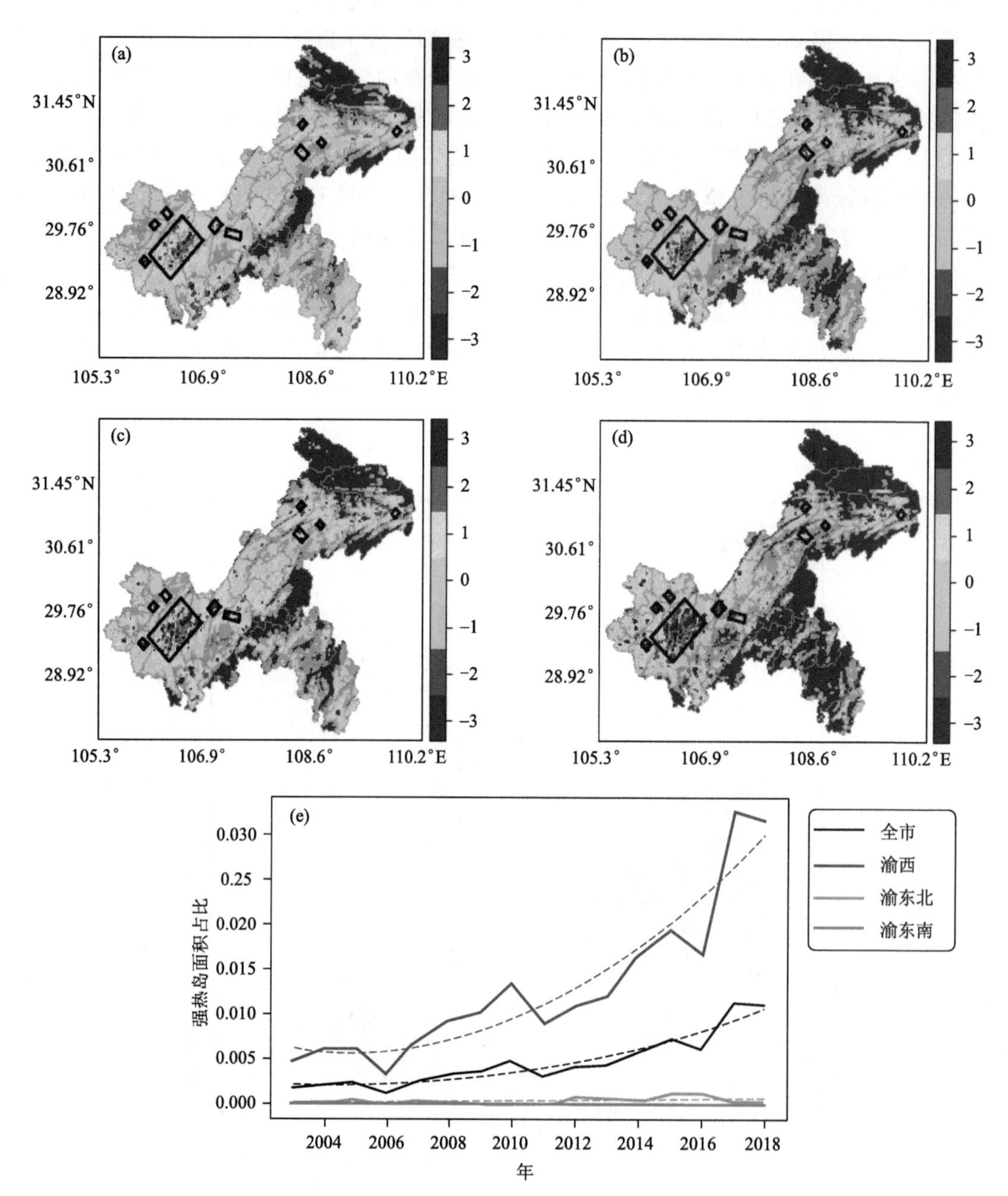

图 3-17 方案三中的重庆市 2003 年(a)、2008 年(b)、2013 年(c)和 2018 年(d)热岛强度指数分布(单位:℃);多年强热岛面积比率序列(e)(虚线为变化趋势)

3.3.6 本节小结

① 基于重庆市 34 个国家气象站、2000 多个区域自动气象站、1992 年至 2013 年 DMSP/OLS 夜间灯光数据、重庆市 2015 年 30 m 高分辨率土地利用资料和 MODIS 卫星遥感数据。

结合高分辨率土地利用资料和海拔高度通过城市聚类法（CCA）、夜间灯光数据来划分重庆的城区和郊区；利用 MODIS 地表温度数据和气象站观测数据研究重庆城市热岛强指数的空间分布，并对比了三种背景温度计算方法对热岛效应带来的影响。

② 根据 1992—2013 年 DMSP/OLS 灯光数据进行研究，得出重庆市的城市建设以主城区为中心的 10 个主要城市群，分别为：主城区、合川、永川、铜梁、长寿、涪陵、万州、开县、云阳、巫山。其中城市面积最大的为主城区，面积达到 1439.0 km^2，其次是长寿和万州，分别为 128.2 km^2 和 124.4 km^2。同时可见，重庆的大部分城市发展集中在渝西，重庆东北部城市发展较缓，而重庆东南部地区城市发展特征不明显。大致将重庆的城市发展分为四类区域：核心城区、城市近郊快速发展区、城乡过渡区和人类活动较弱的农村地区。

③ 使用土地利用数据和城市聚类法（CCA）划分城区和郊区，得出重庆强热岛的面积较大，中等以上热岛强度主要集中在重庆西部地区；重庆东北部中等以上热岛区域面积相对较小，而重庆东南部则并未有明显变化。但在极端高温年份 2011 年，重庆市的强热岛指数反而出现了异常增加的现象，同时在较高海拔和高海拔地区存在大量强热岛强度指数的现象。

④ 通过综合 CCA 与灯光强度数据设计划分城郊区新方案以及在此基础之上对海拔高度订正后的划分方案，较好地减少极端气候年份和海拔高度差对热岛强度指数放大的现象，特别是考虑海拔高度后的第二方案，不仅避免 2011 年极端气候年份导致的异常强热岛面积，使其增加趋势变得更加清晰明显，而且较好地避免了较高海拔存在强热岛指数的现象。这与重庆的城市基本都建在海拔较低的情况相符。多年强热岛面积比率变化趋势也说明方案二计算的重庆市强热岛指数的空间分布更加合理。但是由于低海拔地区背景温度逐年增加，导致海拔较高地区出现冷岛面积越来越大的现象，这是作者今后进一步研究与探索的问题。

3.4　重庆气候适应性评价指标体系构建及应用

对于城市规划，气候条件是城市设计以及建设的基础，而城市运作、建筑差异化布局等也会对城市气候造成影响，形成城市微气候（胡良红，2021）。如今，科技发展创造了现代文明，人们利用技术手段征服自然、利用自然、改造自然，将城市建设得密集铺张、无序无形。无序、过度的城市建设打破了自然约束，大量的人工建筑代替了原有的自然下垫面，造成了城市局地气候的显著变化，使城市的气候舒适度明显下降，城市热岛、城市通风能力差、城市内涝等屡见不鲜。这些由城市建设引发的气候环境问题，最终影响人们生活的宜居性和城市的可持续发展（党冰 等，2021）。

如何既满足城市扩张的需求，又缓解甚至避免建设引发的城市气候问题，这正是当前我国城市规划研究面临的“关键问题”。为此，2016—2017 年国家陆续推出气候适应性城市试点实施方案和试点城市（车生泉 等，2020）。随着社会经济水平的提高和城市化进程的不断发展，将气候条件作为城市规划的重要参考因素、建设气候适应性城市，不仅是国家政策的要求，也是应对气候变化的客观需求。

本节通过考虑气候宜居性、气候不利条件、气候舒适性、气候景观等多个指标，基于站点观测数据构建了一套气候适应性评价体系，以期对城市的气候适应性等级做出客观、定量的评价。

3.4.1 气候适应性评价指标体系构建

《气候资源评价 通用指标》(QX/T 593—2020)将宜居气候资源定义为直接或间接影响某居住地适宜性的气候资源。气候适应性可根据气候宜居性的高低进行评价。

综合《气候资源评价 气候宜居城镇》(QX/T 570—2020)和重庆本地的实际情况，建立重庆地区气候适应性评价指标体系。评价指标包含气候宜居禀赋、气候不利条件、气候生态环境、气候舒适性、气候景观5个一级指标，一级指标下包含18个二级指标和36个三级指标。对每个三级指标进行等级划分(A——优、B——良、C——一般)，具体指标、阈值和指标等级详见表3-8。

表3-8 气候适应性评价指标、阈值和指标等级表

一级指标	二级指标	序号	三级指标	单位名称(符号)	阈值	评价等级
气候宜居禀赋	气温	1	年适宜温度(15 ℃≤T≤25 ℃)日数	天(d)	≥150	优
					[120,150)	良
					<120	一般
		2	7月平均最低气温	摄氏度(℃)	[10,20]	优
					(20,24]	良
					<10 或 >24	一般
		3	1月平均最高气温	摄氏度(℃)	≥10	优
					[5,10)	良
					<5	一般
		4	年平均气温日较差	摄氏度(℃)	[8,10]	优
					[6,8)或(10,14]	良
					<6 或 >14	一般
		5	夏季平均气温日较差	摄氏度(℃)	≥10	优
					[8,10)	良
					<8	一般
		6	冬季平均气温日较差	摄氏度(℃)	≤8	优
					(8,12]	良
					>12	一般
	降水	7	年降水量	毫米(mm)	[800,1200]	优
					[400,800)或(1200,1600]	良
					<400 或 >1600	一般
		8	年降水变差系数	/	≤0.18	优
					(0.18,0.22]	良
					>0.22	一般

续表

一级指标	二级指标	序号	三级指标	单位名称（符号）	阈值	评价等级
气候宜居禀赋	降水	9	降水季节均匀度（冬季降水量与夏季降水量之比）	/	≥0.15	优
					[0.05,0.15)	良
					<0.05	一般
		10	年适宜降水（0.1 mm≤R<10.0 mm）日数	天（d）	[90,120]	优
					[60,90)或(120,150]	良
					<60 或 >150	一般
	湿度	11	年平均相对湿度	百分率（%）	[65,75]	优
					[50,65)或(75,80]	良
					<50 或 >80	一般
		12	夏季平均相对湿度	百分率（%）	≤70	优
					(70,80]	良
					>80	一般
		13	年适宜湿度（50%≤H≤80%）日数	天（d）	≥210	优
					[180,210)	良
					<180	一般
	风	14	年平均风速	米/秒（$m \cdot s^{-1}$）	[1.5,2.5]	优
					[1,1.5)或(2.5,3.3]	良
					<1 或 >3.3	一般
		15	年适宜风（0.3 $m \cdot s^{-1}$≤V≤3.3 $m \cdot s^{-1}$）日数	天（d）	≥300	优
					[240,300)	良
					<240	一般
	日照	16	夏季日照时数	小时（h）	[500,700]	优
					[400,500)或(700,800]	良
					<400 或 >800	一般
		17	冬季日照时数	小时（h）	≥450	优
					[250,450)	良
					<250	一般
	气压	18	大气含氧量（本站年平均大气压与标准大气压之比）	百分率（%）	≥85	优
					[75,85)	良
					<75	一般
气候不利条件	气温	19	年高温（T_{max}≥35 ℃）日数	天（d）	≤3	低
					(3,15]	中
					>15	高

续表

一级指标	二级指标	序号	三级指标	单位名称（符号）	阈值	评价等级
气候不利条件	气温	20	年寒冷($T_{nin}\leqslant -10$ ℃)日数	天(d)	≤5	低
					(5,60]	中
					>60	高
	降水	21	年大雨($R\geqslant 25.0$ mm)以上日数	天(d)	≤3	低
					(3,15]	中
					>15	高
		22	年无雨($R<0.1$ mm)日数	天(d)	≤210	低
					(210,270]	中
					>270	高
	风	23	年强风($V_{max}\geqslant 10.8$ m·s^{-1})日数	天(d)	≤3	低
					(3,15]	中
					>15	高
		24	年静风($V\leqslant 0.2$ m·s^{-1})日数	天(d)	≤3	低
					(3,15]	中
					>15	高
	天气现象	25	年强对流(冰雹、雷暴、龙卷、飑线合计)日数	天(d)	≤15	低
					(15,30]	中
					>30	高
气候生态环境	大气环境	26	年优良以上空气质量达标率	百分率(%)	≥90	优
					[80,90)	良
					<80	一般
		27	负氧离子平均浓度	个/厘米^3(个·cm^{-3})	≥1000	优
					[500,1000)	良
					<500	一般
	植被	28	森林覆盖率	百分率(%)	≥50	优
					[30,50)	良
					<30	一般
	水环境	29	主要河流湖泊(水库)水质	/	Ⅱ类(含)以上	优
					Ⅲ类(含)以上	良
					Ⅲ类以下	一般
气候舒适性	人体舒适度指数	30	最舒适月数	月	≥4	优
					[3,4)	良
					<3	一般

续表

一级指标	二级指标	序号	三级指标	单位名称（符号）	阈值	评价等级
气候舒适性	人体舒适度指数	31	舒适以上月数	月	≥8	优
					[6,8)	良
					<6	一般
	度假气候指数	32	适宜以上月数	月	≥10	优
					[8,10)	良
					<8	一般
	旅游气候指数	33	舒适以上月数	月	≥8	优
					[6,8)	良
					<6	一般
气候景观	气象景观	34	种类数量（雾凇、雪凇、雨凇、云雾、云海等）	项	≥3	优
					<3	良
		35	出现频率	/	全年性	优
					季节性	良
	地形地貌景观	36	种类数量（海洋、草原、森林、湖泊、山地等）	项	≥2	优
					<2	良

（注：T 表示日平均气温；R 表示日降水量；H 表示日平均相对湿度；V 表示日平均风速；T_{max} 表示日最高气温；T_{nin} 表示日最低气温；V_{max} 表示日最大风速；[,]表示左包含和右包含；(,)表示左不包含和右不包含；/表示无单位；气候舒适性相关指数将指数日值相加求月平均值并划分等级，统计月数。）

气候适应性评价按照所有三级指标的合计优良率，根据不同范围区间划分为Ⅰ～Ⅴ共5个等级，分别是好、较好、一般、较差、极差。具体划分方法详见表3-9。

表3-9　气候适应性综合等级划分

等级	文字描述	优良率/%	优率/%
Ⅰ	好	≥90	≥50
Ⅱ	较好	≥80	[40,50)
Ⅲ	一般	≥70	[30,40)
Ⅳ	较差	≥60	[20,30)
Ⅴ	极差	<60	<20

3.4.2　试点区域气候适应性评价

选取重庆经开区作为试点区域，评价该地区的气候适应性。在计算气候宜居禀赋、气候不利条件、气候舒适性时，采用了近30年（1991—2020年）气象观测数据计算。气候舒适性将指数日值相加求月平均值，并划分等级，统计月数，最终得到结果如图3-18所示。可见人体舒适度指数（BCMI）最舒适月数为4个月，评价等级为优（A），舒适以上月数为9个月，评价等级为优（A）；度假气候指数（HCI）为12个月，评价等级为优（A）；旅游气候指数（TCI）指数舒适以上月数为 8 个月，评价等级为优(A)。

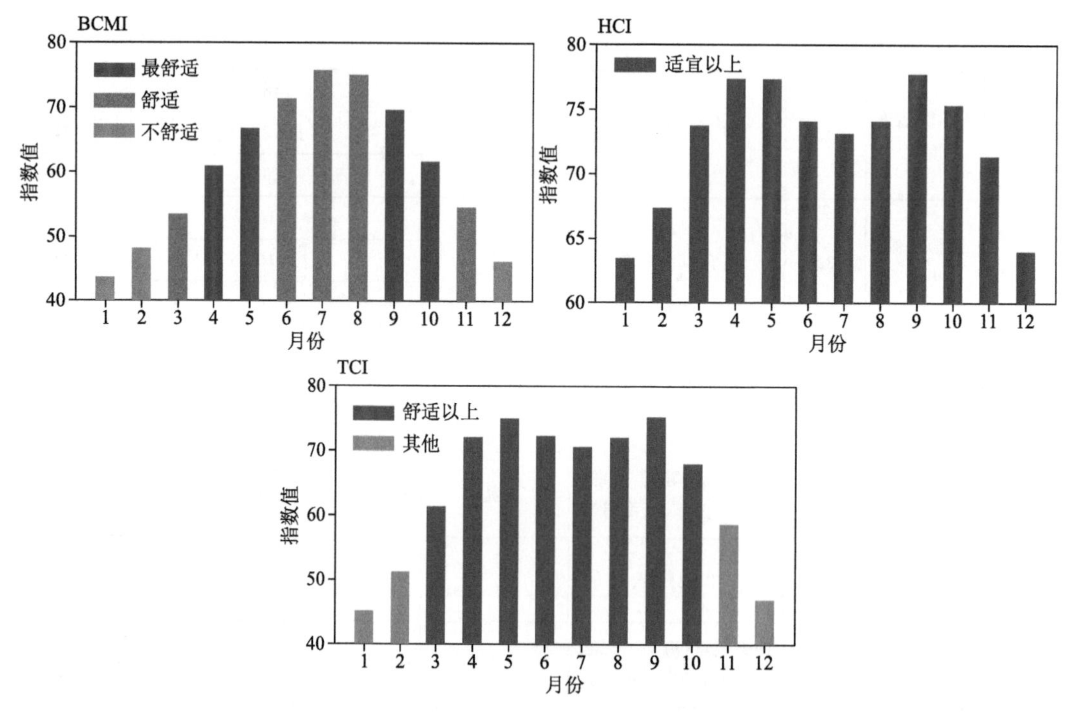

图 3-18　气候舒适性月际变化

由于试点区域地处南岸区，因此气候生态环境数据直接采用南岸区的统计结果。其中，年优良以上空气质量达标率和主要河流湖泊(水库)水质采用重庆市生态环境局《2020 重庆市生态环境状况公报》数据，即南岸区空气优良天数为 320 d，主要河流(长江)水质为Ⅱ级。森林覆盖率参考《2019 年重庆市南岸区国民经济和社会发展统计公报》中的记录，为 42%，并结合 2020 年 10 月南岸区与石柱县签订横向生态补偿提高森林覆盖率协议，南岸区购买石柱县 9.2 万亩森林面积指标，最终计算得到南岸区目前森林覆盖率为 65.4%。负氧离子平均浓度采用重庆市林业局公布的重庆南山国家森林公园 2020 年 8 月—2022 年 1 月的空气负氧离子监测数据(部分时间存在缺测)。重庆南山森林公园的负氧离子浓度逐日变化如图 3-19 所示。从

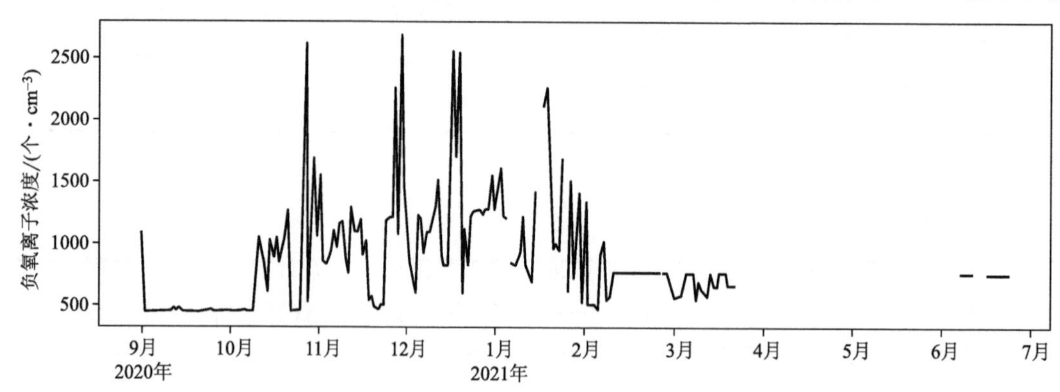

图 3-19　南山国家森林公园负氧离子浓度逐日变化

数据波动曲线上看，南山负氧离子监测在2020年10月中旬至2021年2月上旬具有较好的观测结果，因此选取2020年10月11日—2021年2月9日期间观测结果作为负氧离子浓度值，平均浓度为1085个·cm^{-3}。考虑到森林公园的大气环境要优于试点区域。因此，试点区域负氧离子平均浓度取值在500～1000个·cm^{-3}，评价等级为良(B)。

而气候景观根据实际情况确定。南岸区的气象景观包括云海、霞光、日落等，≥3项，评价等级为优(A)，时间为季节性(B)；地形地貌景观包含长江、森林、山地等，≥2项，评价等级为优(A)。最终得到的试点区域气候适应性评价三级指标及其对应统计值和等级如表3-10所示。

表3-10 试点区域气候适应性评价三级指标及等级

一级指标	二级指标	序号	三级指标	单位名称(符号)	统计值	等级
气候宜居禀赋	气温	1	年适宜温度(15 ℃≤T≤25 ℃)日数	天(d)	145	B
		2	7月平均最低气温	摄氏度(℃)	25.3	C
		3	1月平均最高气温	摄氏度(℃)	10.4	A
		4	年平均气温日较差	摄氏度(℃)	6.4	B
		5	夏季平均气温日较差	摄氏度(℃)	8.1	B
		6	冬季平均气温日较差	摄氏度(℃)	4.3	A
	降水	7	年降水量	毫米(mm)	1161.6	A
		8	年降水变差系数	/	0.181	B
		9	降水季节均匀度(冬季降水量与夏季降水量之比)	/	0.13	B
		10	年适宜降水(0.1 mm≤R<10.0 mm)日数	天(d)	116	A
	湿度	11	年平均相对湿度	百分率(%)	77.9	B
		12	夏季平均相对湿度	百分率(%)	73.9	B
		13	年适宜湿度(50%≤H≤80%)日数	天(d)	192	B
	风	14	年平均风速	米/秒(m·s^{-1})	1.4	B
		15	年适宜风(0.3 m·s^{-1}≤V≤3.3 m·s^{-1})日数	天(d)	361	A
	日照	16	夏季日照时数	小时(h)	442.7	B
		17	冬季日照时数	小时(h)	67.6	C
	气压	18	大气含氧量(本站年平均大气压与标准大气压之比)	百分率(%)	97.1	A
气候不利条件	气温	19	年高温(T_{max}≥35 ℃)日数	天(d)	36	C
		20	年寒冷(T_{min}≤−10 ℃)日数	天(d)	0	A
	降水	21	年大雨(R≥25.0 mm)以上日数	天(d)	11	B
		22	年无雨(R<0.1 mm)日数	天(d)	216	B
	风	23	年强风(V_{max}≥10.8 m·s^{-1})日数	天(d)	0.4	A
		24	年静风(V≤0.2 m·s^{-1})日数	天(d)	2.3	A
	天气现象	25	年强对流(冰雹、雷暴、龙卷、飑线合计)日数	天(d)	29	B

续表

一级指标	二级指标	序号	三级指标	单位名称（符号）	统计值	等级
气候生态环境	大气环境	26	年优良以上空气质量达标率	百分率（%）	87.7	B
		27	负氧离子平均浓度	个/厘米^3（个·cm^{-3}）	500～1000	B
	植被	28	森林覆盖率	百分率（%）	65.4	A
	水环境	29	主要河流湖泊（水库）水质	/	Ⅱ类	A
气候舒适性	人体舒适度指数	30	最舒适月数	月	4	A
		31	舒适以上月数	月	8	A
	度假气候指数	32	适宜以上月数	月	10	A
	旅游气候指数	33	舒适以上月数	月	8	A
气候景观	气象景观	34	种类数量（雾凇、雪凇、雨凇、云雾、云海等）	项	3	A
		35	出现频率	/	季节性	B
	地形地貌景观	36	种类数量（海洋、草原、森林、湖泊、山地等）	项	2	A

根据三级指标评级表（表3-10），试点区域等级为A、B、C的指标分别有17、16、3个，百分比为47%、44%、8%。优良率为91%，优率为47%，因此根据评估指标体系可知试点试点区域的气候适应性为Ⅱ级，总体属较好等级。

影响当地气候适应性的不利条件主要有7月平均最低气温较高、夏季高温日数较多，冬季日照时数较短。有利条件包括1月平均最高气温较高、冬季平均气温日较差较小、年降水量和小雨及以下（0.1～10.0 mm）日数适宜、风速适宜、大气含氧量适宜、无年寒冷日数、植被和水环境较好、气候舒适性和气候景观较好等。

3.4.3 本节小结

① 结合《气候资源评价 气候宜居城镇》（QX/T 570—2020）和重庆本地的实际情况，构建了一套气候适应性评价指标体系。该体系通过综合考虑气候宜居禀赋、气候不利条件、气候生态环境、气候舒适性、气候景观等5个一级指标以及18个二级指标和36个三级指标。

② 基于气象站观测和其已公开的有关数据资料，最终可计算得到评估地区的气候适应性等级。

③ 基于该评价体系，对试点区域即重庆经开区进行了气候适应性评价，试点区域各指标优良率为91%，优率为47%，气候适应性为Ⅱ级，总体属较好等级。

④ 对试点区域气候适应性的不利条件主要有7月平均最低气温较高、夏季高温日数较多，冬季日照时数较短。有利条件则包括1月平均最高气温较高、冬季平均气温日较差较小、年降水量和小雨及以下日数适宜、风速适宜、大气含氧量适宜、无年寒冷日数、植被和水环境较好、气候舒适性和气候景观较好等。

⑤ 该指标体系是一套可操作性强、结果科学客观的定量化评价体系。

3.5 低碳小镇土地利用布局气候适应性优化

土地利用是人类社会经济活动的载体,同时也是改变土地碳源和碳汇功能的重要原因。区域土地利用的变化和规划影响着陆地生态系统碳循环,在陆地与大气碳交换中起着重要作用。

近年来,国内外学者针对土地利用碳收支的强度和时空演变特征等方面进行了大量研究,并基于多种算法尝试通过对土地利用结构做低碳优化,从而为地方政府制定区域差别化的节能减排政策、实现“双碳”目标提供参考。方精云等(2007)利用森林和草场资源清查、农业统计、地面气象观测资料和卫星遥感资料等,对1981—2000年中国森林、草地、灌草丛及农作物等陆面植被的碳汇进行了估算,为后续很多研究提供了参考。肖红艳等(2012)基于土地利用碳排放/吸收数据,对重庆市1997—2008年的碳排放演变过程和格局及2020年的碳排放进行了分析和预测,结果表明重庆市2020年的土地利用规划是符合低碳、环境生态友好的可持续发展规划的,但减碳压力依然较大。王刚等(2017)基于2014年成都市县域单元土地利用遥感图像和能源消耗统计数据,分析了成都县域碳收支空间分布特征,并对碳收支、土地利用和经济发展协同关系进行了研究,结果表明土地利用开发减少了土地的碳汇功能。赵荣钦等(2013)基于线性规划方法,以碳蓄积、碳排放和碳汇为约束条件,为南京市提出了三种土地利用低碳优化方案。彭文甫等(2016)对四川省20年来的土地利用碳排放足迹进行了定量分析,最终认为四川省减排的重点应该在保持或增加现有的林地的同时,主要以降低建设用地的碳排放、碳足迹为主。

然而,大部分前人的研究仅止步于考虑碳排放的土地利用结构整体优化(如计算出研究区域满足特定条件且碳排放最少时的各土地利用类型面积占比),并未进一步讨论土地利用低碳优化后对局地气候适应性的影响。事实上,气候适应性与低碳优化是相辅相成的:科学合理的土地利用空间布局将有效地改善局地气候适应性,进而有利于减少住宅区、企业、工厂等区域的空调设备使用次数,最终起到促进低碳生活、节能减排的作用。

本节基于前人的研究,结合重庆经开区、南岸区当前及未来的规划方案,对经开区2025年的土地利用结构进行了低碳优化,同时利用数值模式开展敏感试验,研究不同土地利用空间布局对局地气候适应性的影响,最终实现土地利用结构低碳优化和气候适应性优化的有机结合。

3.5.1 评估区当前及规划的碳排放估算

土地利用的碳排放估算通常涉及到耕地、牧草地、林地、园地、草地、水域、建设用地等多种用地类型。结合南岸区和重庆经开区的实际情况,并考虑到后期微尺度模式模拟的用地分类需要,这里选择耕地、林地、草地、建设用地和水域作为评估所用的土地利用类型。其中,耕地包含“耕地”及“未利用土地和其他农业用地”,林地包含“林地”和“园地”。

根据王胜蓝等(2017)以及肖红艳等(2012)的研究,重庆地区常用的耕地碳排放强度为 $0.497\ t \cdot hm^{-2} \cdot a^{-1}$,而未利用土地和其他农业用地一般为 $-0.005\ t \cdot hm^{-2} \cdot a^{-1}$。根据《南岸区及8镇(街道)土地利用总体规划(2006—2020年)调整方案》,南岸区土地利用调整后“其他农用地”占农业用地面积8.13%,耕地占农用地面积24.24%。因此这里将经开区的耕地碳排放强度考虑为 0.371 t·hm^{-2}·a^{-1}。

根据方精云等(2007)和肖红艳等(2012)的研究,单独林地的碳排放强度通常为－0.581 t·hm^{-2}·a^{-1};而园地的碳排放强度通常取－0.398 t·hm^{-2}·a^{-1}(王刚 等,2017)。根据《南岸区及8镇(街道)土地利用总体规划(2006—2020年)调整方案》,南岸区土地利用调整后园地占农业用地11.96%,林地占农业用地面积55.67 %。因此将经开区的林地碳排放强度按比例计算为－0.549 t·hm^{-2}·a^{-1}。

根据方精云等(2007)、肖红艳等(2012)、王胜蓝等(2017)的研究,草地的碳排放强度考虑取－0.021 t·hm^{-2}·a^{-1};灌草丛碳排放强度为－0.106 t·hm^{-2}·a^{-1}。南岸区由于没有牧草地,因此不予考虑。最终使用的草地碳排放强度考虑为:－0.0635 t·hm^{-2}·a^{-1}。另外,根据王胜蓝等(2017)的研究,水域碳排放强度考虑为－0.251 t·hm^{-2}·a^{-1}。

建设用地的碳排放强度与经济发展关系密切,往往呈现随随时间增加的趋势。根据周宝同等(2016)的研究,重庆都市功能拓展区(即重庆南岸区所在区域)碳排放强度年均增长量为5.360 t·hm^{-2}·a^{-1},2013年约120.000 t·hm^{-2}·a^{-1},则粗略估计到2025年为184.320 t·hm^{-2}·a^{-1}。结合《南岸区及8镇(街道)土地利用总体规划(2006—2020年)调整方案》,可粗略得到南岸区建设用地碳排放强度约365.500 t·hm^{-2}·a^{-1}。而考虑到经开区未来以绿色集约型产业为发展方向,到2025年单位地区生产总值能源消耗要降低13%,因此粗略考虑到2025年重庆经开区建设用地碳排放强度约330.000 t·hm^{-2}·a^{-1}。研究所用五种土地利用类型及其对应的碳排放强度如表3-11所示。

表 3-11 重庆经开区五种土地利用类型对应碳排放强度

用地类型	耕地	林地	草地	水域	建设用地
碳排放强度/(t·hm^{-2}·a^{-1})	0.371	－0.549	－0.064	－0.251	330.000

图3-20a、图3-20b分别给出了利用重庆经开区当前土地利用分布以及“十四五”期间控制性规划方案绘制得到的土地利用空间分布。根据图3-20a,可知规划前经开区的主要碳源(建设用地)集中在园区中到南部,以及园区最东北端;中到北部基本为林地和耕地。园区总面积约6080 hm^2,其中耕地2102 hm^2、林地1647 hm^2、草地110 hm^2、水域14 hm^2、建设用地2207 hm^2。结合表3-30的碳排放强度,可知规划前重庆经开区的总碳排放量约728175.1 t。

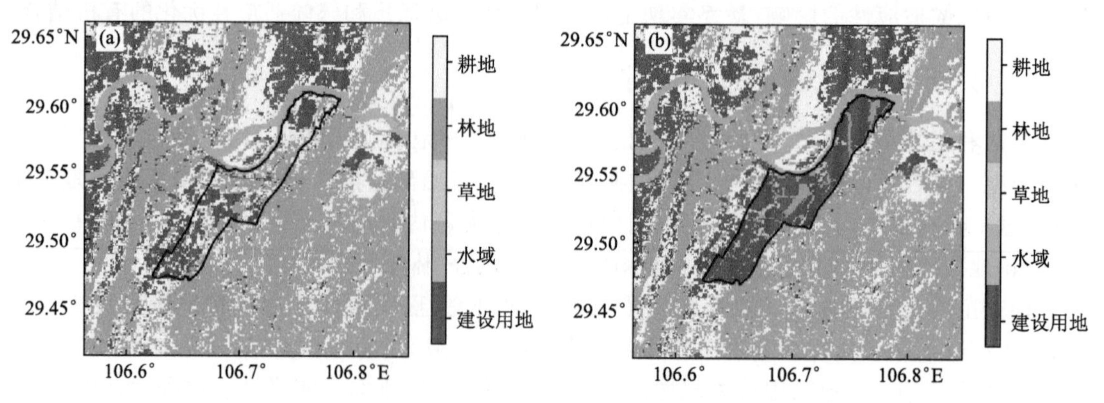

图3-20 重庆经开区原始土地利用(a)和规划土地利用(b)

而规划后(图 3-20b),可见园区大部分区域被规划为建设用地;林地、草地等碳汇则以公园、景区和防护林地等形式为主,集中布置在园区中部位置;园区东北端亦有部分成片林地。同时,规划也对水域进行了调整,增大了园区中到南部长江支流的河道宽度。在规划方案中,各土地利用类型对应面积为:耕地 0 hm^2、林地 932 hm^2、草地 360 hm^2、水域 48 hm^2、建设用地 4740 hm^2。结合表 3-12 的碳排放强度,可知规划后重庆经开区的总碳排放量约 1563653.4 t,大约是规划前的 2.1 倍。

3.5.2 评估区土地利用结构低碳优化

区域土地利用调控应尽可能地降低当地碳排放强度,而土地利用结构优化是实现区域低碳优化的重要手段之一,通过土地利用结构优化,可以降低因建设用地过快增长而带来的不必要碳排放,为地方政府开展紧凑型、集约型的土地利用规划提供思路和参考。

在土地利用结构低碳优化中,线性规划是一种常用工具。线性规划法是一种求得一定约束条件下目标最优解的算法,下式给出了目标函数的一般形式:

$$H(X)=\sum_{j=1}^{n}C_jX_j \quad (j=1,2,3,\cdots,n)$$

在本研究中,C 代表不同用地类型对应的年碳排放量,X 代表不同用地类型面积,下标 j 代表用地类型编号,n 代表用地总类型数,H 代表目标函数。为进行区域土地利用低碳优化,可根据实际情况设计约束条件,再迭代求解满足解约束条件的目标函数 H 的最小值。结合表 3-11,本研究中的线性规划模型目标函数设计为:

$$H(x)=0.371X_1-0.549X_2-0.0635X_3-0.251X_4+330X_5$$

其中 $X_1 \sim X_5$ 分别代表了耕地、林地、草地、水域和建设用地。本研究设计的约束条件说明如下。

经开区的土地利用规划不得超过园区总面积(约 6080 hm^2),可据此建立约束条件:

$$\sum_{j=1}^{5}X_j=6080$$

根据《重庆经济技术开发区总体规划》(2011—2020 年),重庆经开区"地处于东部槽谷中心地带,南部樵坪山余脉沿场地中部由南向北延伸,造成总体地形地貌较为破碎、起伏较大",存在坡度大于 40°、起伏度大于 50 m、承载能力较差、地质灾害易发地区等不适宜作为建设用地的有约 1000 hm^2,剩余 5080 hm^2 可用于规划建设;同时考虑到发展需求,经开区建设用地面积可在当前基础上扩大 20%。

因此近似后有:

$$2430 \leqslant X_5 \leqslant 5080$$

根据《重庆经济技术开发区经济和社会发展第十四个五年规划和二〇三五年远景目标》,预期 2025 年经开区人口为 35 万人。而基于南岸区 2009—2020 年统计年鉴和曾于珈等(2019)的研究结果,利用 GM(1,1)灰色模型预测得到南岸区 2025 年城镇人口平均用地约 0.012 $hm^2 \cdot 人^{-1}$,农业人口平均用地约 0.048 $hm^2 \cdot 人^{-1}$。考虑城市发展应满足人口需求,可建立约束条件:

$$350000 \leqslant X_1/0.04785+X_5/0.01234$$

根据《重庆经济技术开发区经济和社会发展第十四个五年规划和二〇三五年远景目标》

中,“推进绿色生态城市建设,加强多层次、成网络、功能复合的城市基本生态网络建设,充分发挥耕地、林园地、绿地和湿地的综合生态功能”的需求,结合《南岸区及8镇(街道)土地利用总体规划(2006—2020年)调整方案》中永久基本农田应占总面积3.05%,因此可将耕地面积下限设置为185.4 hm^2。但考虑到农田面积过大可能影响城市发展,因此最终设置耕地约束条件:

$$185.4 \leqslant X_1 \leqslant 250.0$$

根据南岸区生态保护红线的需求,生态红线应占总面积的17.2%,对经开区而言为1045.76 hm^2;而根据《重庆经济技术开发区经济和社会发展第十四个五年规划和二〇三五年远景目标》,到2025年应较2020年新增城市绿地400 hm^2,因此设置林地和草地约束条件:

$$1445.76 \leqslant X_2 + X_3$$

同时,从通风廊道规划的角度来考虑,由于林地的拖曳系数较草地更大,适当的草地是提高区域通风环境所必需的。因此考虑草地和林地面积比例应大于2∶8,即:

$$0 \leqslant -2X_2 + 8X_3$$

最后,根据经开区“实施‘护山、理水、营林、疏田、清湖、丰草、护带’措施,统筹推进一江两岸山体、水系湿地、消落带等生态修复和治理”的需求,经开区水域面积不应小于当前规划,即:

$$48 \leqslant X_4$$

根据上述约束条件,基于线性规划模型,最终求解得以碳排放最小为目标的经开区2025年各类用地土地利用面积及对应碳排放总量如表3-12所示。从表可以看出,当前规划目标年重庆经开区的总碳排放量约1.564×10^6 t,优化后约1.365×10^6 t。尽管优化后碳排放较经开区现状依然多出6.37×10^5 t,但较现行规划方案减少了近2×10^5 t,在土地利用结构满足了实际地方发展需求的同时,也更符合绿色低碳的发展理念。

具体到各用地类型,可知经过算法优化后,经开区规划建设用地减少了603 hm^2,草地减少了31 hm^2;而耕地和林地面积较原本规划分别增加了250 hm^2 和384 hm^2。这说明规划中的建设用地面积可能超过了实际需求,耕地和林地则较碳排放最优的目标偏少。园区建设可以在现行规划目标基础上做进一步优化,增加林地规模,并合理规划利用园区内的耕地和未开发用地,保障草地、耕地、水域等用地的基本面积。

表3-12 重庆经开区当前、规划目标及优化后的各类土地利用面积和对应碳排放量

土地利用类型	现状		当前规划		优化结果	
	面积/hm^2	碳排放量/t	面积/hm^2	碳排放量/t	面积/hm^2	碳排放量/t
耕地	2102	779.842	0	0.000	250	92.8
林地	1647	−904.203	932	−511.668	1316	−722.5
草地	110	−6.985	360	−22.860	329	−20.9
水域	14	−3.514	48	−12.048	48	−12.0
建设用地	2207	728310.000	4740	1564200.000	4137	1365210.0
综合	6080	728175.100	6080	1563653.400	6080	1364547.4

3.5.3 评估区土地利用布局气候适应性优化

为提高土地利用结构低碳优化带来的效果、更好地为规划部门提供参考，对重庆经开区土地利用的空间分布做出调整，并通过数值模式开展敏感试验，分析了土地利用优化对经开区局地气候舒适性的影响。土地利用空间布局的调整思路如下。

① 保留大部分原有的景观绿地和防护绿地，并进一步将原本布置在地形坡度较大地区的建设用地修改为耕地或林地、草地。

② 将园区中部和北部部分规划太过密集的林地、草地替换为建设用地，被替换的林地、草地则重新分配到经开区南部城镇密集、气温较高区域，并尽量以南北走向布置，以形成通风廊道，以充分发挥绿地的降温、通风效果。

③ 新增的耕地可布置在经开区中部临江区域，以和广阳岛生态农田湿地景观相呼应。同时园区中成片林地、海拔较高区域，也可保留部分农田，以形成农田景区。

④ 园区中到北部等工厂集群区域，由于热量排放较多，可适度规划水体和绿地，起到微气候调节的作用。

图 3-21 给出了重庆经开区现规划土地利用分布及根据低碳土地利用结构优化后的用地情况。可见原本规划中较为集中的林地、草地在优化方案中呈零散化分布，将经开区南部和中部城镇密集区进行分割，以防止高温聚集。沿江段落和园区中部樵坪山余脉区域新增了部分农田，以形成生态农田景观并充分发挥地形复杂区域的作用。

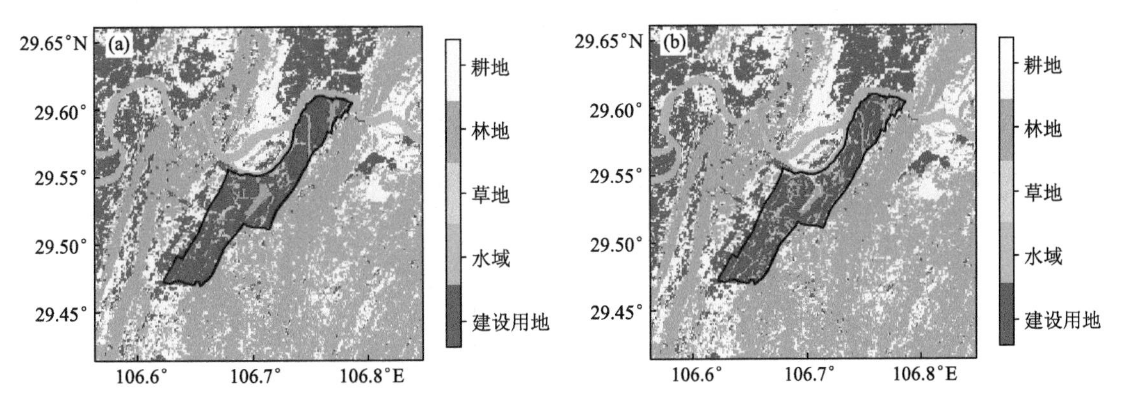

图 3-21 重庆经开区现规划土地利用(a)和优化后规划土地利用(b)

基于该土地利用优化方案和原本的经开区规划方案，使用微尺度模式对 2020 年 1 月和 7 月的典型日开展了微尺度数值模拟，并分析规划对局地风热环境的影响。

图 3-22a、图 3-22b 给出了基于现行规划方案模拟得到的经开区 1 月昼夜平均风速与规划前的差异，图 3-22c、图 3-22d 则为优化后方案与优化前的差异。根据图 3-22a，能看出现行规划方案主要会造成 1 月白天平均风速呈下降趋势，尤其是园区南部和中偏北部新增了大量住宅和工厂的区域，并以园区中到北部最明显，局地风速下降超过 0.1 $m \cdot s^{-1}$，最大下降幅度约 17%。园区中部海拔相对较高区域，由于相对规划前进行了生态修复，新增了大量绿植，因此局地风速略有升高，局地最大升高幅度约 3%。而根据图 3-22b，可知规划后经开区 1 月典型日夜间风速平均整体是呈上升趋势，局地最大可有 8%幅度的上升。原因很可能是建设用地

增加，导致夜间经开区热岛效应增强，从而促进了夜间山谷风环流的形成，使得园区中偏北部以及其他靠近东侧山体区域的东风气流被加强。就园区内平均风速变化幅度而言，规划后平均风速较规划前白天下降了 7%，夜间则升高了约 1.5%。

经过优化后的经开区风环境与优化前的差异如图 3-22c、图 3-22d 所示。根据优化后与规划前的风速差异（图略）可知，由于新增大量建设用地，优化后的规划方案相对规划前依然表现为白天风速下降，夜间风速略有提升的趋势。但结合图 3-22a 和图 3-22c，可见由于优化方案更合理的土地利用结构和空间布局，使园区风速较原本规划方案的模拟结果有所提高，即新增建筑物导致的风速下降得到了改善，局地风速较优化前的增加幅度最大可达 8%，平均风速较优化前也上升了 1%。这种改善零星分布在试点小镇中的多个地区，且根据分析，优化后小镇最南端、中部临江区域及最北端的白天平均风速甚至较规划前有所增大，局地平均风速最大提升可达 0.03 $m \cdot s^{-1}$。夜间优化后的经开区风速与原始规划方案所得结果没有太大差异，可能是因为 1 月典型日夜间风速本就较小所致。

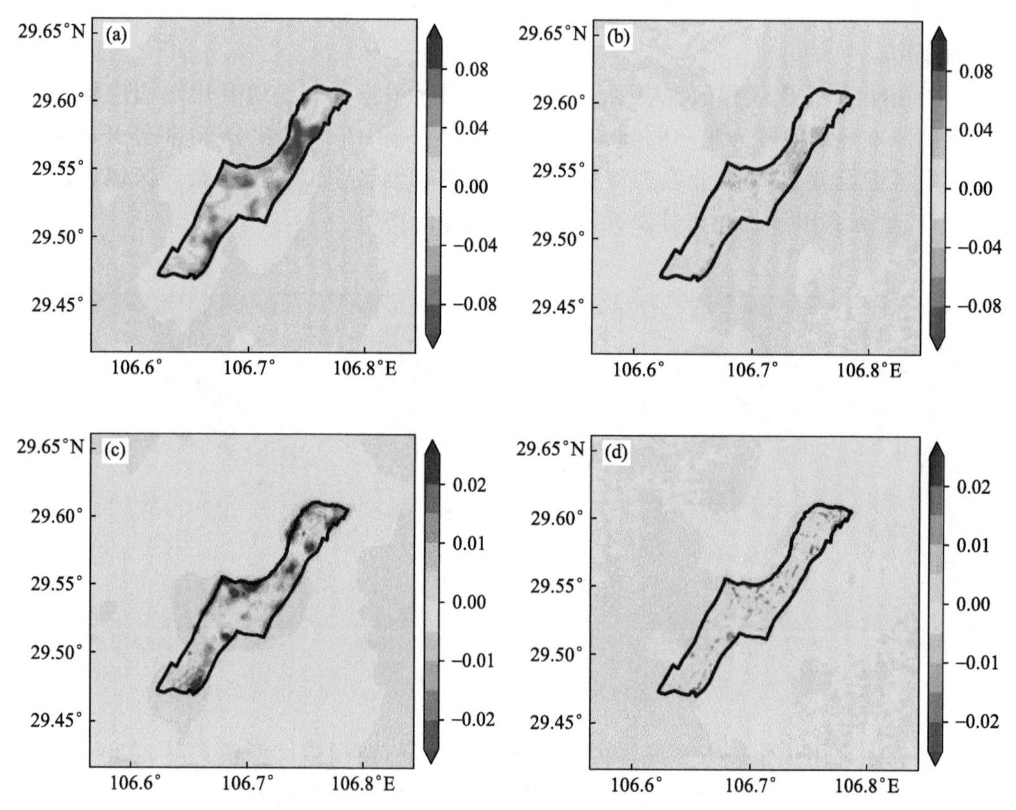

图 3-22　重庆经开区当前规划方案所得 1 月典型日昼(a)、夜(b)平均风速场与现状的差异及优化后方案与优化前的 1 月典型日昼(c)、夜(d)差异(单位：$m \cdot s^{-1}$)

图 3-23 与图 3-22 一致，但为 7 月的模拟结果。从图 3-23a 和图 3-23b 中可见，随着 7 月典型日风速整体较 1 月增大，按原始规划方案布局后导致的风速衰减也更加明显，且依然集中在新增建设用地相对密集的中部及中偏北部区域，白天平均风速局地最大可下降接近 0.3 $m \cdot s^{-1}$，下降幅度达到 21%，园区内平均风速下降幅度也约 9%。这说明风速下降的主要原因是新增建设用地下垫面带来的拖曳作用：表现为原始风速越大、风速下降幅度越大。不过

与1月不同,7月典型的夜间平均风速也和白天一样以衰减为主(平均风速下降幅度约4%,局地最大下降幅度约16%),主要原因应该是7月背景风速较大,热力作用造成的风速变化相对不明显。

而在优化后的规划方案中(图3-23c、图3-23d),风速衰减程度较现行规划方案有较为明显的改善。在图3-23c中,能发现优化后园区的平均风速整体都较优化前有所提升,并以中部临江区域风速提升相对明显,局地最大升高幅度可达11%,园区平均风速升高幅度约1.6%;同时,能看出园区中偏北部新增工厂较密集区域以及中偏东部的住宅区等,局地能形成了一定程度的风道。优化后夜间平均风速与优化前差异不大,但局地风速衰减情况依然有一定改善(如中到北部,局地升高幅度最大可达约10%)。

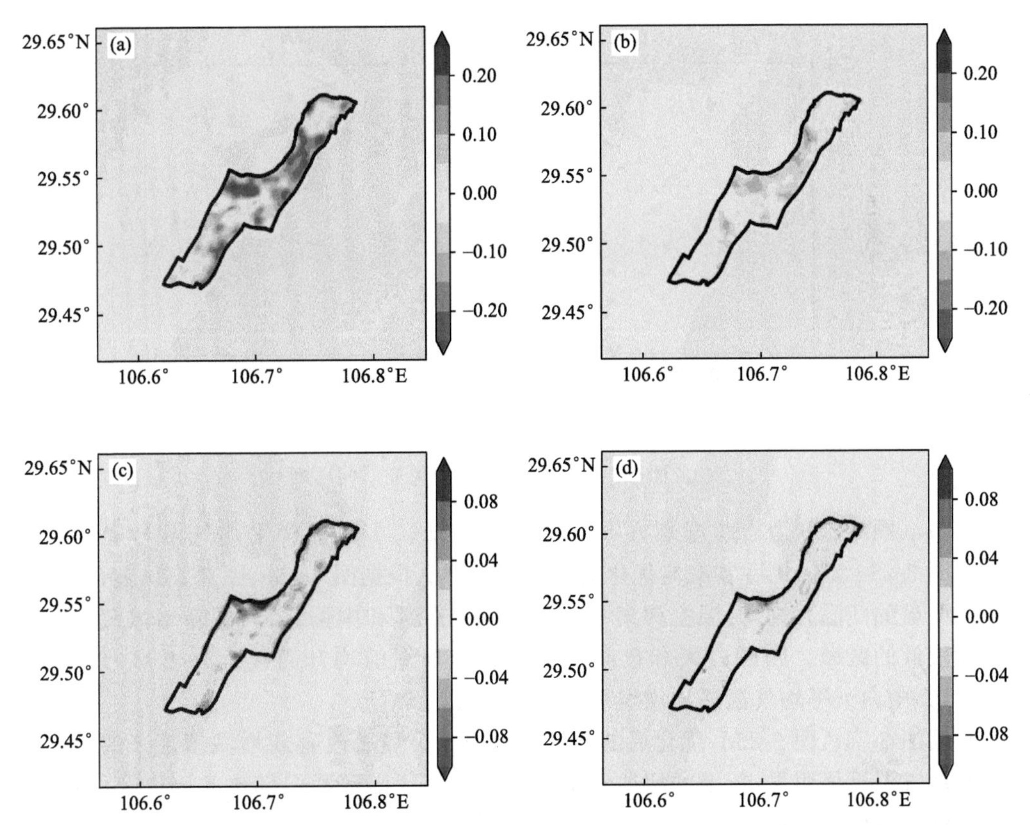

图3-23 重庆经开区当前规划方案所得7月典型日昼(a)、夜(b)平均风速场与现状的差异;优化后方案与优化前的7月典型日昼(c)、夜(d)差异(单位:$m \cdot s^{-1}$)

图3-24给出了三组试验(当前土地利用、现规划和优化规划)方案对应的园区典型日最大风速逐小时时间序列。能看出无论1月、7月,两种规划方案相比现规划均存在白天风速下降、夜间风速增大的特征,这说明城镇下垫面造成的夜间山风增强现象是存在的,只不过1月相对7月表现得更明显。对比两种规划方案所得风速,可知优化后的园区通风环境较现行规划更好,最大风速衰减程度更低,尤其是夏季午后时间段。现规划方案相比规划前,日最大风速衰减可达0.22 $m \cdot s^{-1}$,而优化后则约0.18 $m \cdot s^{-1}$。这说明优化后的土地利用结构和空间布局相比现行规划,的确能改善重庆经开区的通风环境。

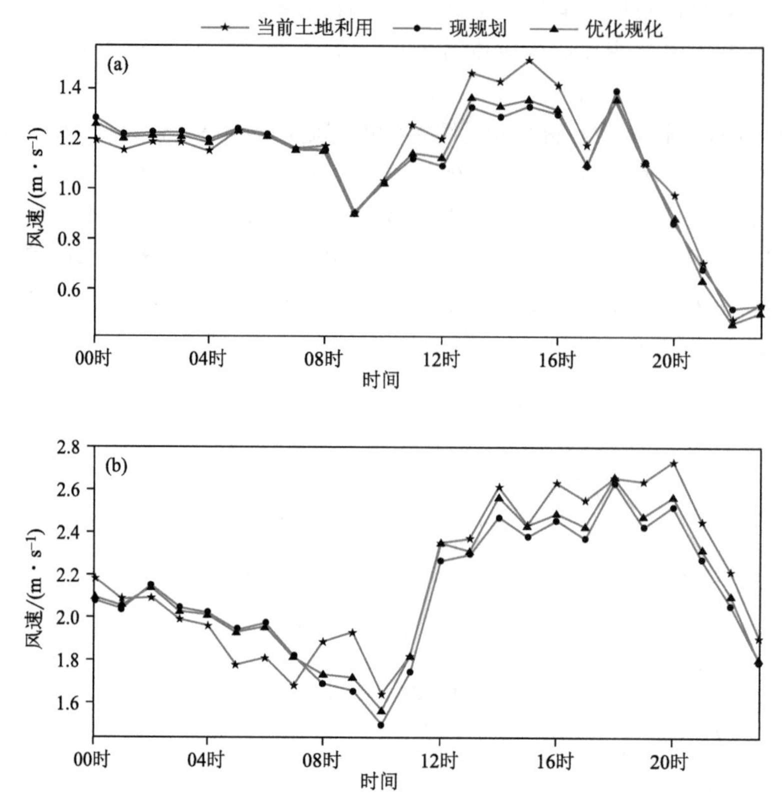

图 3-24 1月(a)、7月(b)典型日重庆经开区当前土地利用(Org)、现规划(Pln)和优化规划(Adj)对应的园区最大风速时间序列

图 3-25a、图 3-25b 为当前规划方案模拟所得经开区 1 月昼夜平均气温与规划前差异，图 3-25c、图 3-25d 为优化后方案与优化前方案的差异。根据图 3-25a、图 3-25b，看出规划后园区有较为明显的气温升高，升温主要集中在园区中偏东部和中偏北部：即新增城镇较为密集、地势相对较低的区域。园区白天和夜间平均气温较规划前均升高接近 0.4 ℃，升高幅度约 3%～4%，其中白天平均气温局地增温最大值可接近 1.5 ℃。

而根据图 3-25c、图 3-25d，优化后的园区规划方案可显著改善新增城镇带来的升温，园区南部和北部气温下降明显：新增的绿地和水体成功将园区南部和中部住宅区以及中偏北部的工厂集群做了拆分，避免了高温在局地聚集，有效降低了热岛效应。经过优化，园区日平均气温较现行规划方案可下降 0.1 ℃，下降幅度约 1%，局地降温最大可达 0.9 ℃。

图 3-26a、图 3-26b 为当前规划方案模拟所得经开区 7 月昼、夜平均气温与规划前差异，图 3-26c、图 3-26d 为优化后方案与优化前方案的差异，能看出随着 7 月整体气温增大，新增建设用地区域的热岛效应也越发明显。根据图 3-26a，原规划方案可造成经开区白天平均气温局地最大升温超过 2.6 ℃，升高幅度约 8%；日平均气温有约 0.66 ℃的升温，升温幅度约 2%。

而经过优化后的园区规划方案(图 3-26c、图 3-26d)相比现行规划，增温现象得到明显缓解，尤其是工厂集群区域；经开区中到北部新增绿地和水体的区域降温趋势显著。根据模拟结果，优化后的园区平均气温较现行规划方案下降了约 0.2 ℃，下降幅度约 1%，白天局地降温超过 1.5 ℃，下降幅度约 5%，对原规划方案带来的热岛效应有明显改善效果。

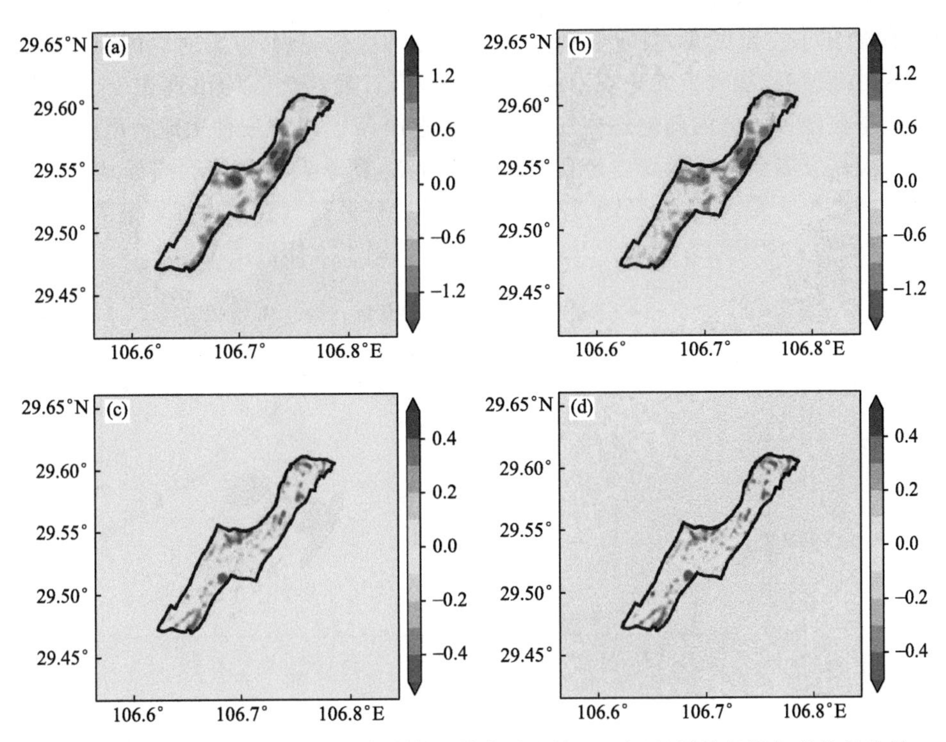

图 3-25 重庆经开区当前规划方案所得1月典型日昼(a)、夜(b)平均气温与现状的差异；优化后方案与优化前的昼(c)、夜(d)差异(单位:℃)

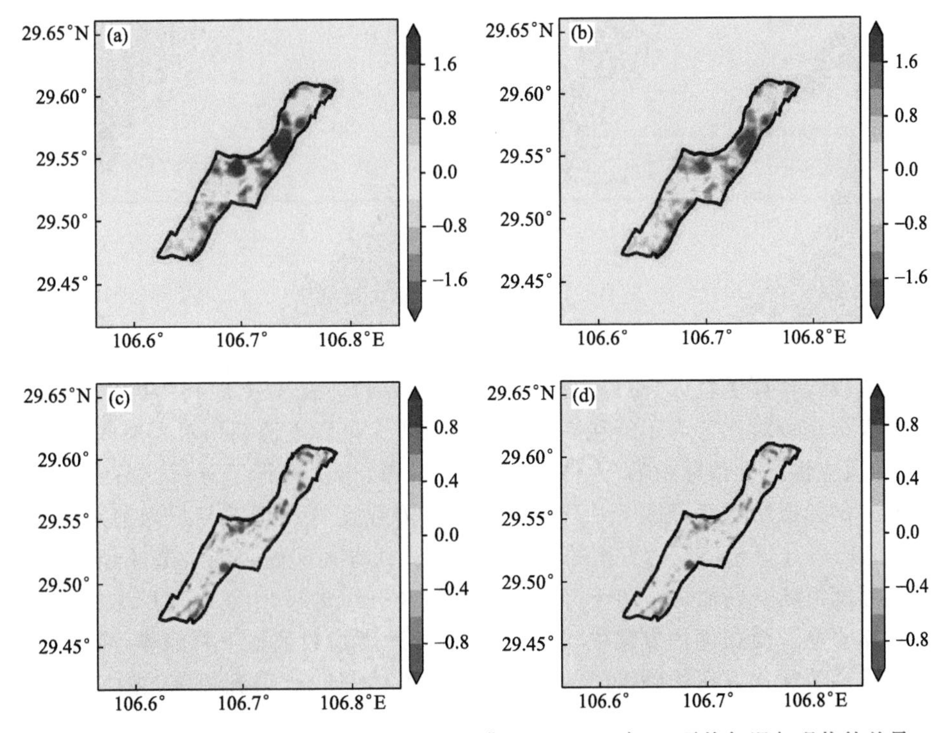

图 3-26 重庆经开区当前规划方案所得7月典型日昼(a)、夜(b)平均气温与现状的差异；优化后方案与优化前的昼(c)、夜(d)差异(单位:℃)

图 3-27 给出了三组试验（当前土地利用、现规划和优化规划）方案对应的园区典型日最大气温逐小时时间序列，能看出无论规划前规划后，园区日最高气温均出现在 15 时（北京时，下同）左右，夏季典型日园区内局地最高气温甚至超过 40 ℃。对比三种土地利用所得结果，能明显看出线性规划方案会造成园区内最高气温显著身高，夏季典型日园区内局地日最高气温相比规划前可升高 1.3 ℃，而优化后的方案，园区内局地日最高气温相比规划最多仅有 0.6 ℃的升高，很好地改善了现规划方案中经开区的热环境，提高了人体舒适度。

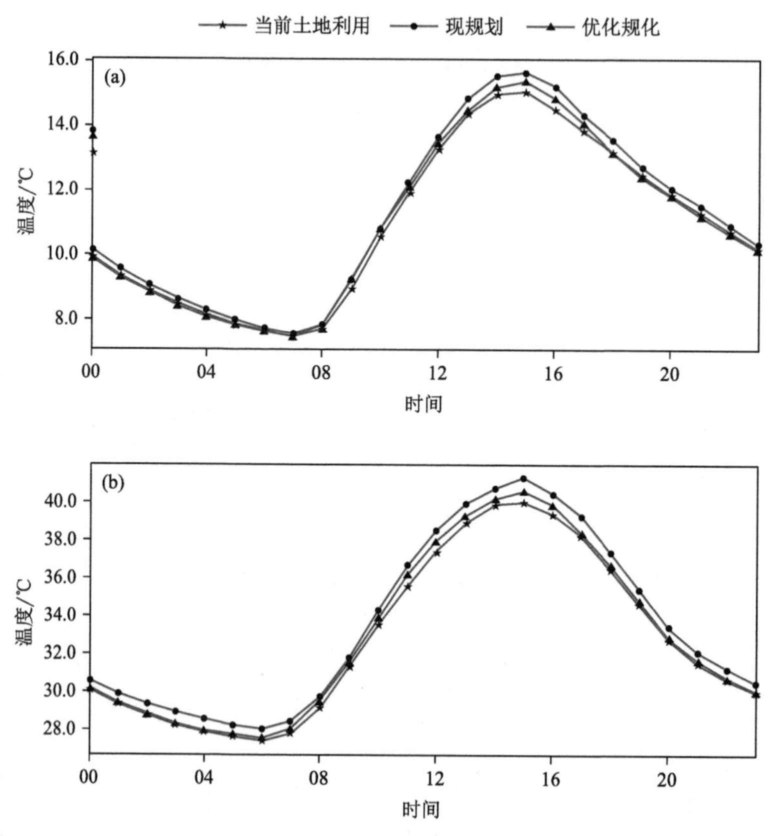

图 3-27 1 月（a）、7 月（b）典型日重庆经开区当前土地利用（Org）、现规划（Pln）和优化规划（Adj）对应的园区最大气温时间序列

由于数值模式计算量较大，难以根据气候适应性评价方法对土地利用优化前后的经开区气候适应性等级进行对比。为了能在一定程度上反映优化后土地利用对当地气候适应性的影响，这里选择适应性评价指标中的“人体舒适度”为参考，再次进行了分析。图 3-28a、图 3-28b 为当前规划方案模拟所得经开区 7 月昼夜平均人体舒适度气象指数与规划前差异，图 3-28c、图 3-28d 为优化后方案与优化前方案的差异。现行规划方案实施可能会造成经开区夏季人体舒适度由于温度继续升高而进一步下降。尤其是园区中到北部，由于新增厂房较多，人体舒适度下降会更加明显。而在优化方案中，经开区整体舒适度指数都呈下降趋势，局地下降最大可达 1 以上。这说明优化方案的确可以使试点小镇的人体舒适度得到提高，进而起到改善当地气候适应性的效果。

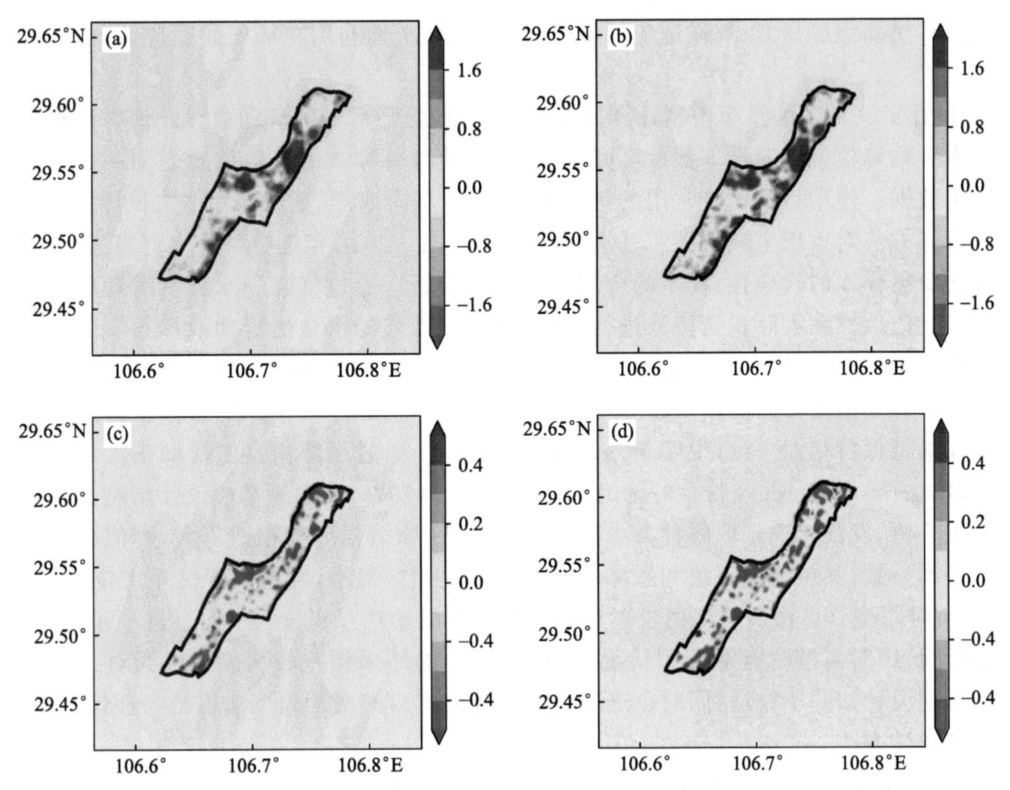

图 3-28 重庆经开区当前规划方案所得 7 月典型日昼(a)、夜(b)平均人体舒适度与现状的差异;优化后方案与优化前的昼(c)、夜(d)差异

3.5.4 本节小结

① 结合前人研究,对重庆经开区园区不同类型用地的碳排放强度进行了估算;又根据南岸区、重庆经开区城市发展需求、生态红线需求、基本农田需求等设置约束条件,利用线性规划法对重庆经开区土地利用的结构进行了低碳优化。优化后经开区年碳排放总量相比现规划方案可减少约 20 万 t,更符合绿色低碳的发展理念。

② 利用微尺度模式,根据用地结构低碳优化的结果,对园区用地空间分布进行了调整,并开展用地优化前后对局地气候可能影响的分析。研究结果表明,优化后的用地规划方案较现行规划方案,夏季白天平均风速较优化前有 1.6%的增幅,局地增幅最大可达 11%;夏季日平均气温较现行规划方案可下降约 0.2 ℃,局地降温最大可达 1.5 ℃。对人体舒适度指数的分析也表明,优化后的用地方案能较好地改善当地风热环境,抑制气温升高趋势,起到提高气候适应性的作用。

3.6 本章小结

为了应对气候变化和经济社会发展需求,提升城市规划设计中气象相关参数的科学性,本章研究了设计暴雨雨型、设计暴雨量、年径流总量控制率优化、暴雨强度公式修订、重庆城市群

(丘陵地形)热岛强度指数、气候适应性评价指标体系、土地利用布局气候适应性优化等,小结如下。

① 设计了一种新的暴雨雨型计算样本选取思路:强降水自然滑动取样。该方法根据原始取样样本平均峰值位置对样本截取区间进行移动,使得各样本的峰值位置变为一致从而得到新的样本数据。使用目前比较常用的年最大值、自然场次取样、重现期和本文设计的强降水自然滑动取样方法对重庆主城区国家基本站沙坪坝1961—2016年逐分钟降水资料进行了取样,从各方法所得样本的代表性、样本的合理性进行了分析。通过将强降水自然滑动取样所得样本与年最大值取样和实际积涝记录进行对比分析,发现强降水自然滑动取样与实际积涝有更好的对应关系,说明在重庆沙坪坝地区,强降水自然滑动法比年最大值法更具代表性。通过强降水自然滑动雨型法得到的重庆沙坪坝雨型为单峰型,与通过模糊识别法验证得到的重庆沙坪坝主要雨型保持相对一致,说明新方法具有合理性。通过强降水自然滑动雨型法与芝加哥雨型法、Pilgrim & Cordery法(PC法)(Pilgrim et al.,1975)和同频率法设计雨型的差异性和设计结果分析,发现无论选取哪种方法确定的雨型,在峰值强度都相差不大,峰值位置在短历时雨型基本一致,其中同频率法和强降水自然滑动法相差最小,峰值位置仅差1位。但对3 h和24 h历时雨型,PC法所得峰值位置与强降水自然滑动法存在较大不同。进一步研究发现,PC法设计长历时雨型时有双峰型情况,与模糊识别的结果相差较大。这说明对于沙坪坝地区,PC雨型设计法并不合适,同时也进一步证明强降水自然滑动雨型法也是一种计算简单、合理的雨型设计方法。

② 设计暴雨量是城市勘察设计重要标准之一,根据年最大值法与年多个样法选取的重庆市主城区沙坪坝站1961—2013年60 min、120 min、180 min、360 min、540 min、720 min、1440 min历时资料,采用皮尔逊Ⅲ型分布、耿贝尔分布、指数分布、对数正态分布、广义帕雷托(GP)分布函数对其进行拟合,并对拟合效果进行检验,结果表明:如用户所需设计暴雨量的历时是暴雨强度公式编制采用的历时之一,且资料年限一致,则可使用暴雨强度公式计算设计暴雨量,否则将会造成误差。采用皮尔逊-Ⅲ分布、耿贝尔分布、指数分布、对数正态分布对年最大值法选取的样本拟合均通过了0.05显著性水平检验,其中皮尔逊-Ⅲ分布拟合效果最好,但与GP分布对年多个样法选取的样本拟合效果相比,GP分布的拟合效果更好,精度更高。如使用1961—2013年资料推算设计暴雨雨量,推荐使用GP分布拟合的设计暴雨量。不同工程勘查设计时对不同历时强降水概率分布函数拟合结果的要求不同,在使用时应视具体情况而定。值得注意的是,短历时强降水是自然界中一种复杂随机变量,加之每种概率分布函数对不同数据都有其适用性,拟合推算的设计暴雨量只是在一定可信度条件下的一种带有置信区间的估计,会产生一些不确定性。

③ 基于重庆市34个国家气象站、2000多个区域自动气象站、1992—2013年DMSP/OLS夜间灯光数据、重庆市2015年30 m高分辨率土地利用资料和MODIS卫星遥感数据。结合高分辨率土地利用资料和海拔高度通过城市聚类法(CCA)、夜间灯光数据来划分重庆的城区和郊区。利用MODIS地表温度数据和气象站观测数据研究重庆城市热岛强指数的空间分布,并对比了三种背景温度计算方法对热岛效应带来的影响。主要结论为:根据1992—2013年DMSP/OLS灯光数据进行研究,得出重庆市的城市建设以主城区为中心的10个主要城市群,分别为:主城区、合川、永川、铜梁、长寿、涪陵、万州、开县、云阳、巫山。其中城市面积最大的为主城区,面积达到1439.0 km^2,其次是长寿和万州,分别为128.2 km^2和124.4 km^2。使

用土地利用数据和CCA法划分城区和郊区，得出重庆强热岛的面积较大，中等以上热岛强度主要集中在重庆西部地区；重庆东北部中等以上热岛区域面积相对较小，而重庆东南部则并未有明显变化。但在极端高温年份2011年，重庆市的强热岛指数反而出现了异常增加的现象，同时在较高海拔和高海拔地区存在大量强热岛强度指数的现象。通过综合CCA法与灯光强度数据设计划分城郊区新方案以及在此基础之上对海拔高度订正后的划分方案，较好地减小极端气候年份和海拔高度差对热岛强度指数放大的现象，特别是考虑海拔高度后的第二方案，不仅避免2011年极端气候年份导致的异常强热岛面积，使其增加趋势变得更加清晰明显，而且较好地避免了较高海拔存在强热岛指数的现象。这与重庆的城市基本都建在海拔较低的情况相符。多年强热岛面积比率变化趋势也说明方案二计算的重庆市强热岛指数的空间分布更加合理。但是由于低海拔地区背景温度逐年增加，导致海拔较高地区出现冷岛面积越来越大的现象，这是今后进一步研究与探索的问题。

④ 结合《气候资源评价 气候宜居城镇》(QX/T 570—2020)和重庆本地的实际情况，构建了一套气候适应性评价指标体系。该体系通过综合考虑气候宜居禀赋、气候不利条件、气候生态环境、气候舒适性、气候景观5个一级指标以及18个二级指标和36个三级指标。基于气象站观测和其已公开的有关数据资料，最终可计算得到评估地区的气候适应性等级。基于该评价体系，对试点区域即重庆经开区进行了气候适应性评价，试点区域各指标优良率为91%，优率为47%；气候适应性为Ⅱ级，总体属较好等级。对试点区域气候适应性的不利条件主要有7月平均最低气温较高、夏季高温日数较多，冬季日照时数较短；有利条件则包括1月平均最高气温较高、冬季平均气温日较差较小、年降水量和小雨及以下日数适宜、风速适宜、大气含氧量适宜、无年寒冷日数、植被和水环境较好、气候舒适性和气候景观较好等。该指标体系是一套可操作性强、结果科学客观的定量化评价体系。

⑤ 以重庆经开区为对象，探索了同时考虑低碳和气候适应型城市建设需求的小城镇用地规划优化技术。研究首先确定了目标区域的用地类型及每种类型对应的年碳排放总量，然后基于政府发展纲要、当地现行规划方案和GM(1,1)灰色模型等设计约束条件，并通过线性规划法得到优化后的土地利用结构。最后，根据结构优化结果，调整用地类型空间格局，并利用多尺度数值模拟技术针对典型气象日开展百米分辨率的数值模拟，论证了优化方案对局地气候带来的可能影响。研究结果表明，优化后的用地规划方案较现行规划方案，预计年碳排放量可降低约20万t；夏季白天平均风速较优化前有1.6%的增幅，局地增幅最大可达11%；夏季日平均气温较现行规划方案可下降约0.2 ℃，局地降温最大可达1.5 ℃。对人体舒适度指数的分析也表明，优化后的用地方案能较好地改善当地风热环境，抑制气温升高趋势，起到提高气候适应性的作用。

第4章 气象灾害风险评估关键技术研究及应用

随着经济社会发展，全球气候变暖加剧，极端气候事件多发频发，气象灾害及其引发的次生、衍生灾害对人民生命财产和经济社会发展造成了较为严重的影响。灾情是致灾因子与承灾体的脆弱性共同作用的结果。任何一次灾害的发生都是致灾因子、孕灾环境、承灾体、防灾减灾能力共同作用的结果，气象灾害风险评估是对气象灾害引发灾害事件的可能性和对灾害造成的人、经济、社会、保障、环境的可能损害进行评估，在此基础上对气象灾害风险进行综合等级评定。气象灾害风险评估工作可为重大项目或重大规划气候可行性论证提供规避气象灾害风险的基础依据。

4.1 基于加权综合评价法的重庆市气象灾害风险区划

气象灾害（暴雨、干旱、高温、低温、强降温、冰雹、雷电、雾、连阴雨）风险区划工作是基于灾害风险理论及气象灾害风险形成机理，通过对孕灾环境敏感性、致灾因子危险性、承灾体易损性、防灾减灾能力等多因子综合分析（术语解释见表4-1），构建气象灾害风险评价的框架、方法与模型，对气象灾害风险程度进行评价和等级划分，借助GIS绘制相应的风险区划图，并加以评述，提出相应的防御措施。气象灾害风险区划技术流程见图4-1。

表4-1　气象灾害风险因素定义

指标	定义
气象灾害风险	指各种气象灾害发生及其给人类社会造成损失的可能性
孕灾环境	指气象危险性因子、承灾体所处的外部环境条件，如地形地貌、水系、植被分布等
致灾因子	指导致气象灾害发生的直接因子，如暴雨、干旱等
承灾体	气象灾害作用的对象，是人类活动及其所在社会中各种资源的集合
孕灾环境敏感性	指受到气象灾害威胁的所在地区外部环境对灾害或损害的敏感程度。在同等强度的灾害情况下，敏感程度越高，气象灾害所造成的破坏损失越严重，气象灾害的风险也越大
致灾因子危险性	指气象灾害异常程度，主要是由气象致灾因子活动规模（强度）和活动频次（概率）决定的。一般致灾因子强度越大，频次越高，气象灾害所造成的破坏损失越严重，气象灾害的风险也越大
承灾体易损性	指可能受到气象灾害威胁的所有人员和财产的伤害或损失程度，如人员、牲畜、房屋、农作物、生命线等。一个地区人口和财产越集中，易损性越高，可能遭受潜在损失越大，气象灾害风险越大
防灾减灾能力	受灾区对气象灾害的抵御和恢复程度。包括应急管理能力、减灾投入资源准备等，防灾减灾能力越高，可能遭受的潜在损失越小，气象灾害风险越小
气象灾害风险区划	在孕灾环境敏感性、致灾因子危险性、承灾体易损性、防灾减灾能力等因子进行定量分析评价的基础上，为了反映气象灾害风险分布的地区差异性，根据风险度指数的大小，对风险区划分为若干个等级

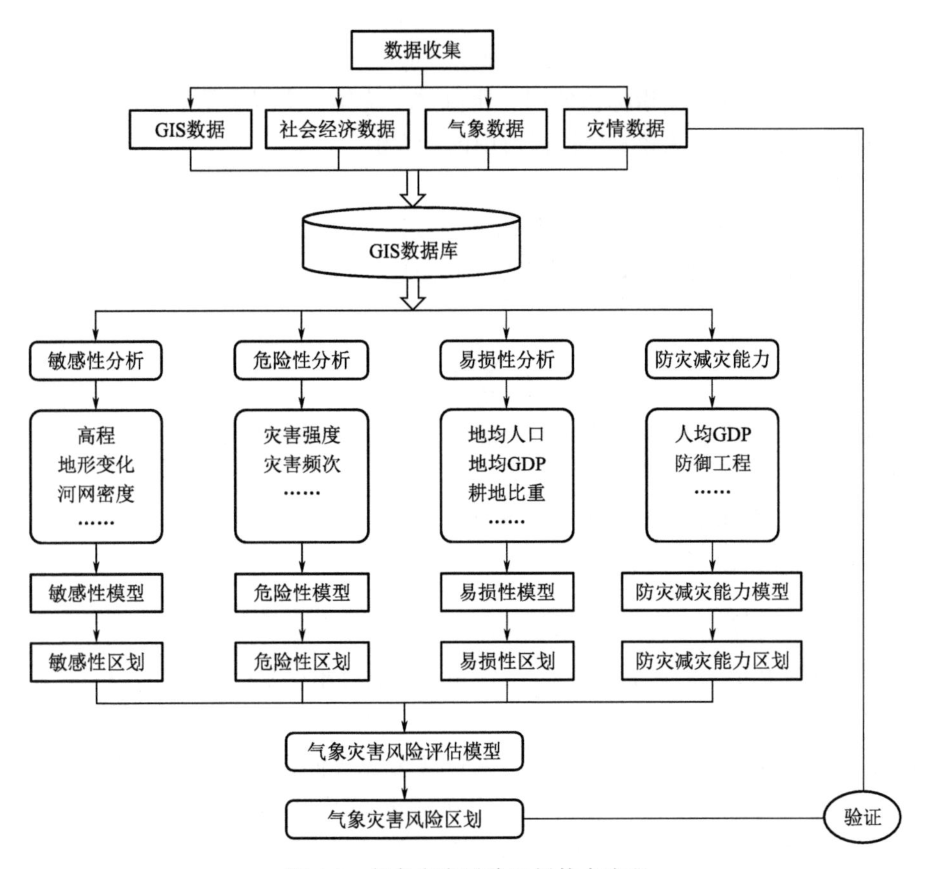

图 4-1 气象灾害风险区划技术流程

4.1.1 数据资料

灾情资料：1981—2015 年的气象灾情普查数据（受灾人口、受灾面积、直接经济损失等）。

气象资料：采用重庆境内国家地面气象观测站 1981—2015 年的逐日监测数据。

社会经济资料：重庆市各区（县）的人口、国内生产总值（GDP）等社会经济资料，来源于国家综合地球观测数据共享平台，分辨率为 1 km×1 km。

基础地理信息资料：高程、土地利用、水系、植被等数据来源于中国气象局提供的 1∶5 万 GIS（地理信息系统）数据。

4.1.2 基于加权综合评价法的风险评估方法

气象灾害风险评估是基于定量的角度对灾害发生的形式和强度予以评估，一般考虑致灾因子危险性、孕灾环境脆弱性、承灾体暴露性和防灾减灾能力 4 个主要评估因子，每个因子包含一系列指标。

（1）指标归一化

自然灾害风险评估及区划评估参数不同，每个评估因子包含了若干指标，由于各个指标具有不同的量纲和不同的数量级，无法直接进行比较。为了使得各个指标间具有可比性，必须对每个具体指标做归一化处理，从而使每个指标数值分布在[0,1]区间范围内。具体公式为：

$$D_{ij} = \frac{A_{ij} - \min_i}{\max_i - \min_i} \tag{4-1}$$

式中：D_{ij} 为第 j 个因子第 i 个指标值的归一化值；A_{ij} 为第 j 个因子第 i 个指标值；$\min_i$ 为第 i 个指标值中的最小值；$\max_i$ 为第 i 个指标值中的最大值。

(2)加权综合评价法

加权综合评价法是灾害风险综合评估的常用方法，主要是依据每个评估因子对总目标的影响程度，预先分配一个相应的权重系数，然后再与该评估因子相应各指标的量化值相乘后再相加。具体公式为：

$$V_j = \sum_{i=1}^{n} W_i \cdot D_{ij} \tag{4-2}$$

式中：V_j 为第 j 个因子的总值；W_i 为第 i 个指标的权重；n 为评价指标个数。

(3)自然断点分级法

自然断点分级法是用统计公式来确定属性值的自然聚类，其功能是减少同一级中的差异、增加级间的差异。计算公式为：

$$\mathrm{SSD}_{i-j} = \sum_{k=i}^{j} (A[k] - \mathrm{mean}_{i-j})^2 \quad (1 \leqslant i \leqslant j \leqslant N) \tag{4-3}$$

式中：A 为一个数组长度为 k 的数组，mean_{i-j} 为每个等级中的平均值。

(4)专家打分法

专家打分法，也称德尔菲法(Delphi)，是通过匿名方式征询有关专家的意见，对专家意见进行统计、处理和归纳，综合多数专家经验与主观判断，对大量难以采用技术方法进行定量分析的因子做出合理估算，经过多轮意见征询、反馈和调整后，来确定各因子的权重系数。该方法与层次分析法(AHP)、聚类及组合权重法等传统的指标权重确定方法相比，虽存在一定的主观因素，但能较好地反映实际情况下各致灾因子在灾害形成过程的作用。

4.1.3 气象灾害风险评估模型

气象灾害风险区划是在对各影响因子进行定量分析评价的基础上，根据风险度指数的相对大小，将风险区划分为若干个等级。考虑到各评价因子对风险的构成起作用并不完全相同，不同气象灾害所涉及的因子权重系数在征求水利、国土、农业、气象、气候等多方专家意见后确定。然后根据气象灾害风险指数公式求算灾害风险指数，具体计算公式为：

$$\mathrm{FDRI} = (\mathrm{VE}^{we})(\mathrm{VH}^{wh})(\mathrm{VS}^{ws})(1 - \mathrm{VR})^{wr} \tag{4-4}$$

式中：FDRI 为气象灾害风险指数，用于表示风险程度，其值越大，则灾害风险程度越大，VE、VH、VS、VR 的值分别表示风险评价模型中的孕灾环境的敏感性、致灾因子的危险性、承灾体的易损性和防灾减灾能力各评价因子指数；we、wh、ws、wr 是各评价因子的权重。

4.1.4 气象灾害风险区划

根据自然灾害风险评估理论，综合分析气象灾害危险性、孕灾环境敏感性、承灾体脆弱性和防灾减灾救灾能力，并通过专家打分法确定各评价因子及其指标的权重系数，通过自然断点法对暴雨、干旱、高温等对重庆影响较大的 10 种气象灾害和综合气象灾害风险指数进行了风险区划。

基于各类气象灾害和中心城区热岛强度防御分区，建设重点突出、布局优化、密度合理的监测网络，提高各类气象灾害预报预警技术水平，扩大预警信息覆盖范围，深入开展各类气象灾害风险调查和隐患排查，加强工程和非工程措施建设，增强各类气象灾害综合防范能力。

(1)暴雨灾害风险区划

重庆市暴雨灾害风险分布：

高风险区主要分布在开州、彭水。次高风险区主要分布在城口、巫溪、云阳、巫山、万州、黔江、酉阳、秀山(图 4-2、表 4-2)。

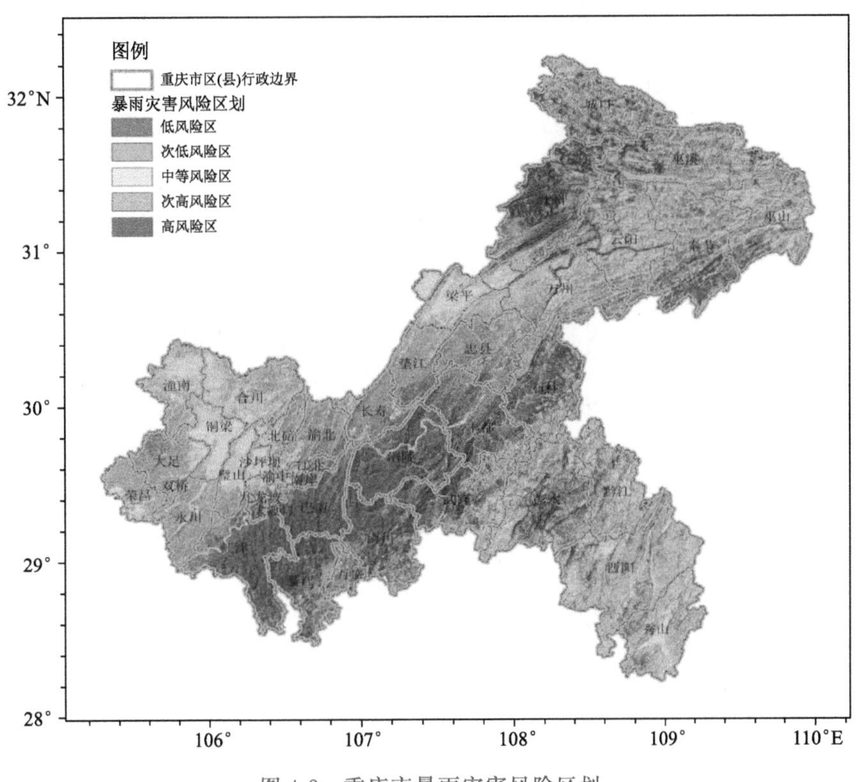

图 4-2 重庆市暴雨灾害风险区划

表 4-2 暴雨不同风险等级风险区占各区县面积比

排序	区(县)名称	高风险区风险面积比/%	次高风险区面积比/%	中等风险区面积比/%	次低风险区面积比/%	低风险区面积比/%
1	开州	41.1	45.4	12.2	0.6	0.0
2	彭水	18.9	43.1	32.8	4.6	0.2
3	渝中	15.9	70.5	13.3	0.2	0.0
4	城口	11.4	23.8	36.5	21.7	5.2
5	云阳	9.1	29.5	44.8	15.5	1.0
6	巫溪	8.9	20.8	40.5	25.6	3.6
7	黔江	8.5	34.7	48.2	6.8	0.1
8	酉阳	6.6	33.5	54.5	4.2	0.0

续表

排序	区(县)名称	高风险区风险面积比/%	次高风险区面积比/%	中等风险区面积比/%	次低风险区面积比/%	低风险区面积比/%
9	万州	5.1	13.8	43.9	33.9	2.7
10	秀山	4.5	33.0	58.8	1.7	0.0
11	巫山	2.8	13.6	43.0	31.1	7.9
12	梁平	2.0	15.7	68.9	11.8	0.0
13	江北	1.3	14.0	21.8	54.8	8.1
14	武隆	1.3	6.1	23.9	34.5	33.8
15	忠县	0.8	3.1	17.3	72.6	6.2
16	石柱	0.8	5.1	17.6	38.8	37.0
17	丰都	0.7	3.6	9.3	42.2	44.1
18	奉节	0.7	5.8	32.1	44.0	16.7
19	南岸	0.6	5.7	20.4	42.5	30.8
20	沙坪坝	0.5	14.5	72.0	12.9	0.1
21	璧山	0.4	8.1	59.4	31.4	0.7
22	北碚	0.3	5.5	48.6	45.3	0.3
23	合川	0.2	3.3	51.7	43.4	0.0
24	荣昌	0.1	0.6	22.0	73.6	0.4
25	铜梁	0.1	4.4	76.8	18.6	0.0
26	长寿	0.1	1.1	10.4	75.7	11.8
27	渝北	0.1	2.9	21.9	71.7	3.0
28	潼南	0.1	1.1	53.7	42.7	0.0
29	巴南	0.1	0.4	2.4	19.3	77.8
30	南川	0.1	0.8	6.9	29.6	60.9
31	涪陵	0.1	0.7	3.5	21.6	74.1
32	大渡口	0.0	2.4	25.0	59.2	13.4
33	九龙坡	0.0	3.5	29.9	47.5	19.0
34	万盛	0.0	0.7	14.3	63.7	19.0
35	大足	0.0	0.4	20.1	78.0	3.9
36	垫江	0.0	1.0	13.2	72.9	12.3
37	永川	0.0	0.8	17.1	80.9	0.5
38	綦江	0.0	0.1	3.7	30.6	64.0
39	江津	0.0	0.5	4.2	28.9	65.2

中心城区暴雨高、次高风险区主要分布在渝中区、江北区西部、沙坪坝区东南部、渝北区、北碚区部分地区。

暴雨灾害防御区及主要防御措施：

暴雨灾害以东南部防御区(彭水—秀山—酉阳)、东北部防御区(梁平—开州、城口一线)为重点防御区，西部防御区(荣昌、永川—合川一线)为次重点防御区。

主要防御措施：

一是各级政府和相关部门按照职责做好防暴雨准备、应急和抢险工作。

二是水利部门应当加强水库、山坪塘、堤防等重点防洪设施的巡查和水位监测预警，及时疏通河道，加固病险水库，组织做好山洪灾害的群测群防工作。

三是城市管理部门和排水管网运营单位应当根据本地暴雨强度，做好排水管网和防涝设施的设计、建设和改造，定期进行巡查维护，保持排水通畅，并在城镇易涝点开展积涝实时监控、设置警示标识；交通管理部门应当根据路况在强降水路段采取交通管制措施，在积水路段实行交通引导。

四是切断有危险的室外电源，暂停在空旷地方的户外工作，转移危险地带人员和危房居民到安全场所避雨；驾驶人员应当注意道路积水和交通阻塞，确保安全。

五是学校、幼儿园采取适当措施，保证学生和幼儿安全，必要时应停课。

(2)干旱灾害风险区划

重庆市干旱灾害风险分布：

高风险区主要分布在巫溪、奉节、巫山、城口。次高风险区主要分布在云阳、潼南、丰都、江津、武隆、石柱、万州、涪陵、铜梁(图 4-3、表 4-3)。

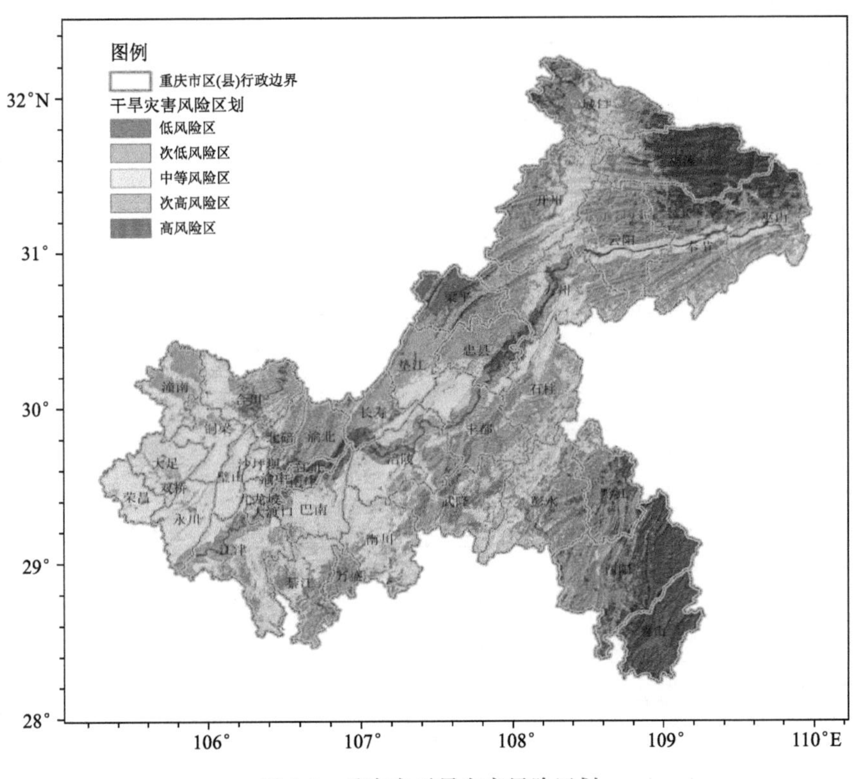

图 4-3 重庆市干旱灾害风险区划

表 4-3 干旱不同风险等级风险区占各区(县)面积比

排序	区(县)名称	高风险区风险面积比/%	次高风险区面积比/%	中等风险区面积比/%	次低风险区面积比/%	低风险区面积比/%
1	巫溪	70.0	23.3	5.5	0.7	0.0
2	巫山	26.8	45.8	18.2	7.0	1.2
3	奉节	16.4	63.5	16.3	2.4	1.0
4	城口	5.5	19.3	25.9	37.5	11.1
5	云阳	1.5	69.4	23.8	3.6	1.7
6	武隆	1.4	61.8	33.7	2.8	0.1
7	涪陵	0.9	23.6	47.1	22.6	5.7
8	丰都	0.3	44.0	37.3	15.9	2.5
9	渝中	0.0	0.0	0.0	0.0	100.0
10	大渡口	0.0	4.2	3.8	42.2	49.8
11	江北	0.0	0.0	0.0	14.2	85.8
12	南岸	0.0	0.0	12.4	26.8	60.8
13	沙坪坝	0.0	5.7	67.4	17.4	9.5
14	九龙坡	0.0	10.3	50.0	23.4	16.2
15	万盛	0.0	0.0	3.4	88.0	7.8
16	北碚	0.0	0.1	29.8	63.7	6.4
17	璧山	0.0	5.8	89.8	3.8	0.6
18	荣昌	0.0	0.3	89.6	7.3	0.3
19	铜梁	0.0	14.6	81.8	3.4	0.3
20	大足	0.0	0.4	81.3	20.6	0.4
21	长寿	0.0	0.0	20.3	63.4	15.8
22	渝北	0.0	0.0	2.1	81.2	16.5
23	垫江	0.0	0.0	29.6	67.4	2.7
24	永川	0.0	0.3	84.1	13.1	1.9
25	潼南	0.0	57.0	40.0	1.5	0.0
26	巴南	0.0	5.7	69.5	13.8	11.0
27	梁平	0.0	0.0	0.0	50.5	48.6
28	綦江	0.0	13.5	43.8	39.8	2.1
29	忠县	0.0	0.8	12.9	70.3	16.0
30	合川	0.0	3.5	36.2	49.4	10.0
31	黔江	0.0	0.0	5.3	68.1	25.5
32	秀山	0.0	0.0	0.0	3.9	95.0
33	南川	0.0	13.0	70.4	14.9	0.6
34	石柱	0.0	50.6	40.5	5.8	2.8
35	江津	0.0	20.4	50.5	24.0	4.5
36	万州	0.0	23.4	28.9	39.3	8.2
37	彭水	0.0	4.6	36.1	54.6	4.3
38	开州	0.0	2.9	36.9	56.8	3.0
39	酉阳	0.0	0.0	1.0	46.5	51.8

中心城区干旱高、次高风险区主要分布在九龙坡南部、巴南西南部、沙坪坝西部地区。

干旱灾害防御区及主要防御措施：

干旱灾害以东北部防御区（巫溪—巫山—奉节—城口）为重点防御区，以云阳、潼南、丰都、江津、武隆、石柱、万州、涪陵、铜梁为次重点防御区。

主要防御措施：

一是各级政府和有关部门按照职责做好防御干旱的应急和救灾工作。

二是启用应急备用水源或远距离调水等应急供水方案，确保城乡居民生活用水和牲畜饮水。

三是减压城镇供水指标，优先经济作物灌溉用水，限制大量农业灌溉用水。

四是限制或禁止非生产性高耗水及服务业用水，限制或暂停排放工业用水。

五是气象部门应适时进行人工增雨作业。

（3）高温灾害风险区划

重庆市高温灾害风险分布：

高温灾害高、次高风险区主要分布在海拔较低的丘陵、盆地和河谷地带。

高风险区主要分布在江津、綦江、巴南、万盛、丰都、涪陵以及长江、嘉陵江、乌江沿线海拔较低的丘陵、平坝和河谷地带。次高风险区主要分布在潼南、永川、璧山、铜梁、合川、大渡口、九龙坡、渝中、沙坪坝、北碚、南岸、江北、渝北、长寿、北碚、垫江（图4-4、表4-4）。

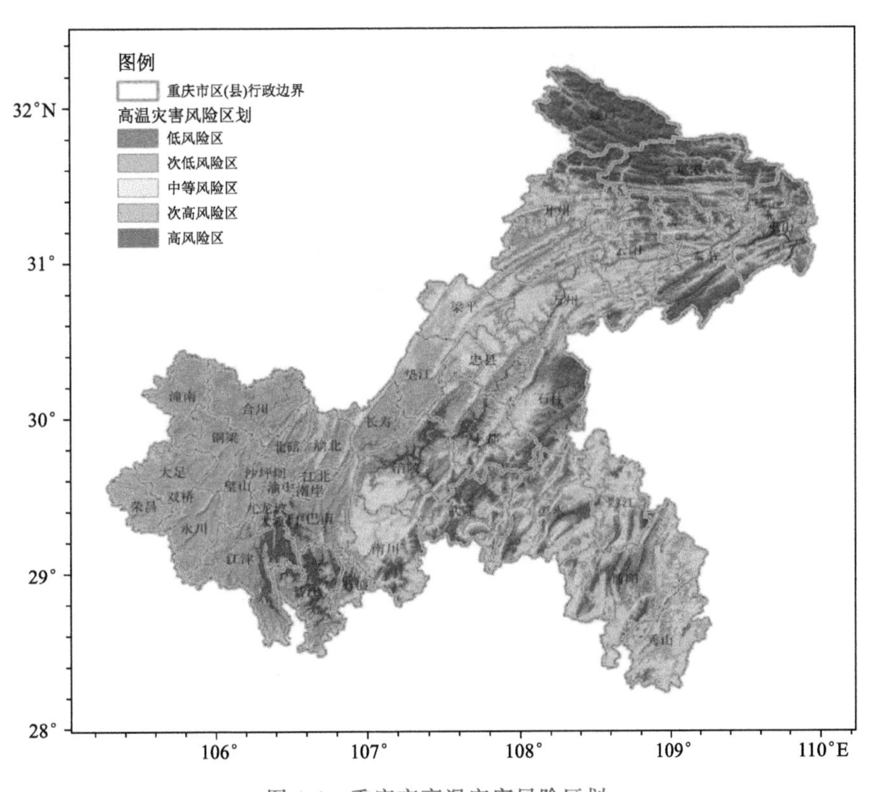

图4-4 重庆市高温灾害风险区划

表 4-4 高温不同风险等级风险区占各区(县)面积比

排序	区(县)名称	高风险区风险面积比/%	次高风险区面积比/%	中等风险区面积比/%	次低风险区面积比/%	低风险区面积比/%
1	大渡口	39.9	51.0	0.0	0.0	0.0
2	綦江	28.5	64.3	6.9	0.1	0.0
3	江津	19.6	74.4	3.0	0.0	0.0
4	万盛	18.6	52.7	19.9	7.7	1.2
5	涪陵	13.2	50.0	27.3	3.9	3.2
6	巴南	11.4	76.0	10.2	0.0	0.0
7	巫山	10.8	23.0	21.7	17.6	25.4
8	九龙坡	10.2	87.3	0.0	0.0	0.0
9	丰都	9.9	40.4	20.9	13.8	13.5
10	渝中	1.9	77.3	0.0	0.0	0.0
11	南岸	0.4	89.2	0.2	0.0	0.0
12	开州	0.4	28.3	29.9	20.7	20.4
13	奉节	0.4	9.0	21.3	28.7	39.6
14	武隆	0.3	15.0	26.9	29.8	27.4
15	万州	0.3	22.3	47.6	19.8	8.3
16	云阳	0.3	20.7	40.8	25.8	11.4
17	忠县	0.2	52.3	42.3	2.2	0.2
18	江北	0.1	90.6	3.5	0.0	0.0
19	沙坪坝	0.1	98.1	0.2	0.0	0.0
20	北碚	0.1	85.5	12.3	0.1	0.0
21	长寿	0.1	81.2	13.1	0.1	0.0
22	璧山	0.0	98.6	0.6	0.0	0.0
23	荣昌	0.0	99.0	0.1	0.0	0.0
24	铜梁	0.0	98.4	0.4	0.0	0.0
25	大足	0.0	94.3	7.7	0.0	0.0
26	渝北	0.0	75.3	23.3	0.1	0.0
27	垫江	0.0	77.9	20.2	1.4	0.0
28	永川	0.0	97.3	1.5	0.0	0.0
29	潼南	0.0	97.5	0.0	0.0	0.0
30	梁平	0.0	33.8	56.2	9.1	0.5
31	合川	0.0	95.4	0.8	0.0	0.0
32	黔江	0.0	2.9	53.2	33.7	9.8
33	秀山	0.0	28.3	55.5	13.2	2.7
34	南川	0.0	11.5	53.5	21.9	12.9
35	石柱	0.0	6.6	19.7	33.3	40.1
36	城口	0.0	0.0	2.2	16.1	81.6
37	彭水	0.0	7.8	39.7	36.1	16.1
38	巫溪	0.0	2.8	13.1	24.5	59.2
39	酉阳	0.0	11.8	42.0	33.9	12.1

中心城区大部分区域都属于高温次高风险区，属于高风险区的地区位于巴南的西南部、大渡口和九龙坡的南部。

高温灾害防御区及主要防御措施：

高温灾害以长江、嘉陵江、乌江及其支流沿线盆地、河谷、平坝等为重点防御区，潼南、永川、璧山、铜梁、合川、大渡口、九龙坡、渝中、沙坪坝、北碚、南岸、江北、渝北、长寿、北碚、垫江为次重点防御区。

主要防御措施：

一是各级人民政府及有关部门应当科学规划，完善城市通风廊道系统，逐步增加绿地和水域面积，优化生产、生活、生态空间布局。

二是减少人为热源排放，减轻高温热浪的影响。

三是尽量避免在高温时段进行户外活动，高温条件下作业的人员应当缩短连续工作时间。

四是对老、弱、病、幼人群提供防暑降温指导，并采取必要的防护措施。

五是注意防范因用电量过高，以及电线、变压器等电力负载过大而引起的火灾。

(4)低温灾害风险区划

重庆市低温灾害风险分布：

低温灾害高、次高风险区主要分布在海拔较高的中、高山区。高风险区主要分布在酉阳、石柱、奉节、巫山、巫溪、城口。次高风险区主要分布在綦江、南川、黔江、万州、云阳、开州(图 4-5、表 4-5)。

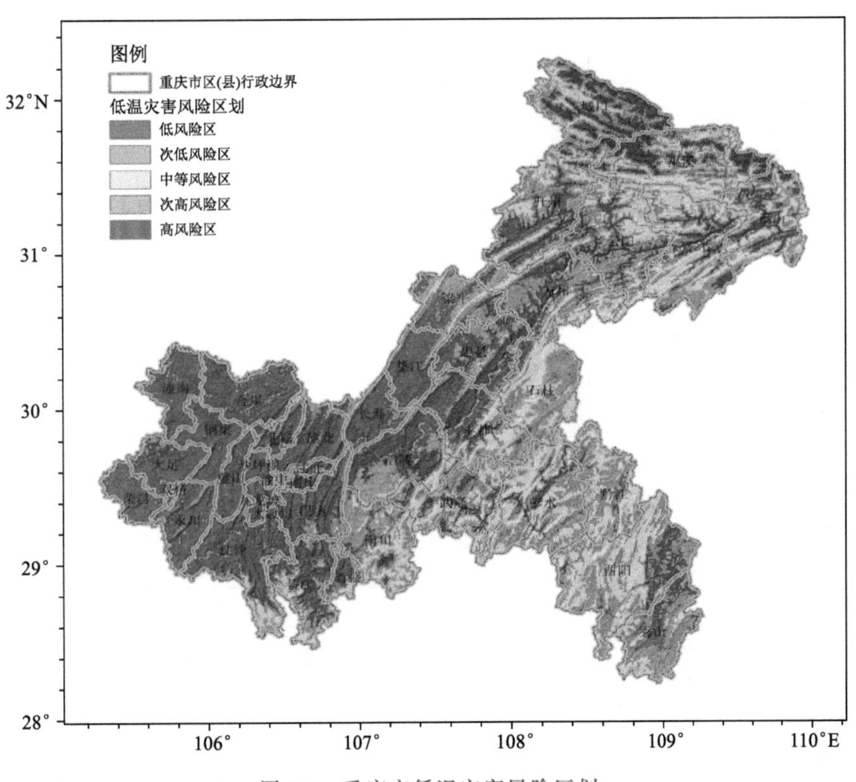

图 4-5 重庆市低温灾害风险区划

表 4-5 低温不同风险等级风险区占各区(县)面积比

排序	区(县)名称	高风险区风险面积比/%	次高风险区面积比/%	中等风险区面积比/%	次低风险区面积比/%	低风险区面积比/%
1	城口	42.9	39.2	16.0	0.6	0.0
2	巫溪	25.3	32.5	30.7	10.0	0.8
3	巫山	7.2	18.1	23.8	24.4	23.5
4	开州	5.7	9.1	21.1	34.2	28.7
5	武隆	5.6	29.7	28.6	21.9	13.0
6	奉节	4.4	19.0	36.1	24.7	13.9
7	南川	3.3	15.1	27.7	44.5	8.4
8	涪陵	1.8	2.0	6.7	32.0	55.0
9	丰都	1.4	13.9	17.3	18.2	47.6
10	石柱	0.6	41.4	34.9	15.1	6.4
11	黔江	0.3	7.2	36.8	49.8	4.6
12	彭水	0.1	14.2	37.3	38.0	9.3
13	酉阳	0.1	8.4	36.9	39.5	14.2
14	渝中	0.0	0.0	0.0	0.0	78.8
15	大渡口	0.0	0.0	0.0	0.0	97.4
16	江北	0.0	0.0	0.0	0.0	97.9
17	南岸	0.0	0.0	0.0	0.4	88.1
18	沙坪坝	0.0	0.0	0.0	2.4	96.9
19	九龙坡	0.0	0.0	0.0	0.5	97.9
20	万盛	0.0	3.5	18.9	24.4	51.1
21	北碚	0.0	0.0	2.9	17.8	77.9
22	璧山	0.0	0.0	0.0	4.0	95.1
23	荣昌	0.0	0.0	0.0	0.4	96.7
24	铜梁	0.0	0.0	0.0	2.8	95.3
25	大足	0.0	0.0	0.0	6.1	95.3
26	长寿	0.0	0.0	0.6	12.2	81.6
27	渝北	0.0	0.0	1.8	12.5	84.3
28	垫江	0.0	0.0	1.7	11.2	86.2
29	永川	0.0	0.0	0.1	5.4	93.0
30	潼南	0.0	0.0	0.0	0.1	96.0
31	巴南	0.0	0.0	0.5	18.3	78.1
32	梁平	0.0	0.0	8.8	51.9	38.4
33	綦江	0.0	0.5	12.3	30.3	55.5
34	忠县	0.0	0.1	2.0	30.3	64.4
35	合川	0.0	0.0	0.4	1.4	93.7
36	秀山	0.0	1.9	14.7	57.3	24.2
37	江津	0.0	2.8	8.7	8.7	75.8
38	万州	0.0	2.1	17.4	49.1	28.6
39	云阳	0.0	3.9	24.3	46.1	22.7

中心城区低温灾害风险等级较低，仅在北碚北端存在一定中等风险区。

低温灾害防御区及主要防御措施：

低温灾害以海拔 800 m 以上地区为重点防御区，以海拔 500～800 m 地区为次重点防御区。

主要防御措施：

一是低温多发区域的各级人民政府应当组织调整农业生产布局和种植业结构，指导农业、渔业、畜牧业等行业采取防寒、防霜冻、防冰冻措施。

二是加强电力、通信、供水等管线和道路的巡查，做好管线冰冻、道路结冰防范和交通疏导，引导群众做好防寒保暖准备。

(5)强降温灾害风险区划

重庆市强降温灾害风险分布：

强降温灾害高、次高风险区多分布在海拔较高的山区。

高风险区主要分布在秀山、酉阳、巫溪、城口、奉节、巫山、永川、江津、璧山、渝北、南岸、巴南。次高风险区主要分布在潼南、荣昌、大足、铜梁、沙坪坝、北碚、沙坪坝、綦江、万盛、长寿、丰都、黔江(图 4-6、表 4-6)。

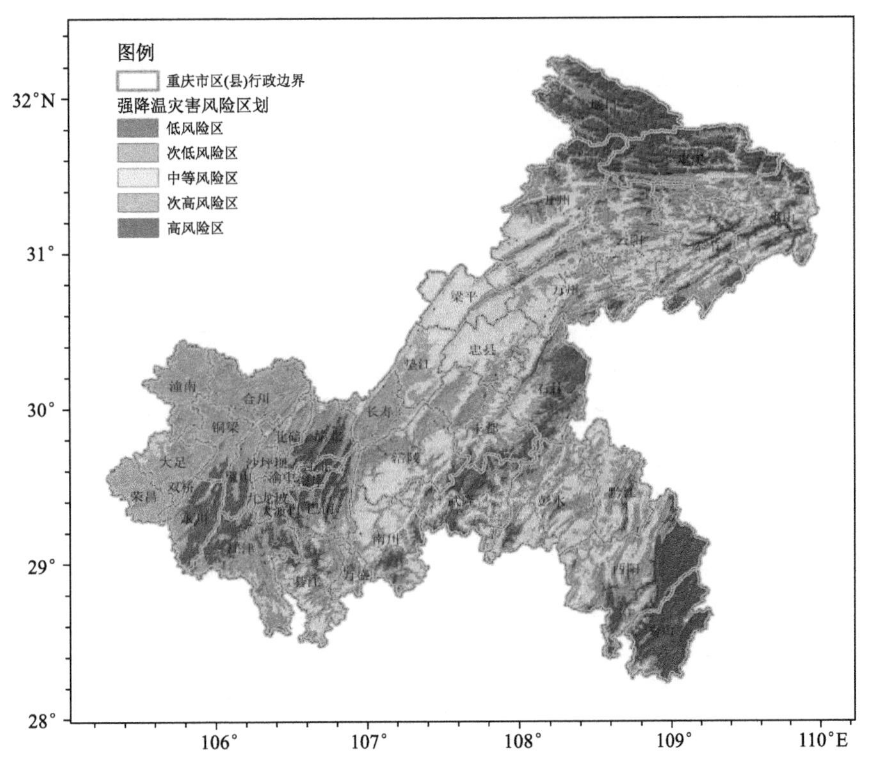

图 4-6 重庆市强降温灾害风险区划

表 4-6 强降温不同风险等级风险区占各区(县)面积比

排序	区(县)名称	高风险区风险面积比/%	次高风险区面积比/%	中等风险区面积比/%	次低风险区面积比/%	低风险区面积比/%
1	江北	89.5	9.4	0.0	0.0	0.0
2	秀山	80.0	14.4	2.6	0.0	0.0

续表

排序	区(县)名称	高风险区风险面积比/%	次高风险区面积比/%	中等风险区面积比/%	次低风险区面积比/%	低风险区面积比/%
3	南岸	73.6	16.0	0.0	0.0	0.0
4	大渡口	58.1	39.9	0.0	0.0	0.0
5	渝中	56.2	24.7	0.0	0.0	0.0
6	永川	56.1	40.7	1.2	0.0	0.0
7	渝北	47.0	45.9	4.4	0.9	0.0
8	璧山	40.4	57.3	1.5	0.0	0.0
9	巴南	36.0	53.8	7.1	0.0	0.0
10	酉阳	33.6	40.2	21.5	3.0	0.0
11	江津	29.5	48.3	8.5	8.6	0.6
12	九龙坡	16.7	81.8	0.0	0.0	0.0
13	巫山	9.8	27.2	24.5	22.6	12.3
14	铜梁	8.7	89.0	0.3	0.0	0.0
15	綦江	8.6	50.0	30.0	9.0	0.2
16	北碚	5.9	76.7	13.4	2.3	0.0
17	奉节	5.5	17.5	27.3	38.4	9.1
18	万盛	4.8	50.1	22.6	18.7	1.9
19	黔江	4.2	43.6	43.0	7.2	0.1
20	沙坪坝	2.7	95.7	0.9	0.0	0.0
21	长寿	0.6	77.5	15.3	0.5	0.0
22	丰都	0.2	36.6	27.2	20.5	13.7
23	云阳	0.1	2.6	37.3	49.5	7.3
24	荣昌	0.0	94.9	0.6	0.0	0.0
25	大足	0.0	88.5	12.7	0.0	0.0
26	垫江	0.0	49.3	47.3	2.5	0.0
27	潼南	0.0	95.4	0.1	0.0	0.0
28	梁平	0.0	0.2	83.9	14.4	0.1
29	忠县	0.0	16.9	74.0	5.9	0.2
30	合川	0.0	92.8	1.8	0.4	0.0
31	南川	0.0	17.3	43.7	26.9	10.8
32	武隆	0.0	10.1	24.0	34.7	29.5
33	涪陵	0.0	43.8	43.1	6.7	3.7
34	石柱	0.0	1.2	15.5	38.1	43.3
35	城口	0.0	0.0	1.4	21.9	74.8
36	万州	0.0	0.3	41.1	47.0	8.2
37	彭水	0.0	15.5	38.3	39.2	5.5
38	开州	0.0	0.0	33.4	43.2	21.6
39	巫溪	0.0	0.5	8.0	33.2	57.2

中心城区强降温高风险区主要位于渝北、江北、南岸和巴南、渝中及大渡口等地，其余地区大部分为次高风险区。

强降温灾害防御区及主要防御措施：

强降温灾害以东北部防御区（巫山—巫溪—奉节）、东南部防御区（秀山—酉阳）、西南部防御区（永川—江津—璧山—渝北—南岸—巴南）为重点防御区，潼南、荣昌、大足、铜梁、沙坪坝、北碚、沙坪坝、綦江、万盛、长寿、丰都、黔江等地为次重点防御区。

主要防御措施：

一是加强强降温预报预警。

二是制定防冻抗寒预案，科学指导田间管理。

（6）冰雹灾害风险区划

重庆市冰雹灾害风险分布：

高风险区主要分布在梁平、垫江、长寿、铜梁、万州。次高风险区主要分布在奉节、巴南、潼南、合川、开州、云阳、綦江、荣昌（图 4-7，表 4-7）。

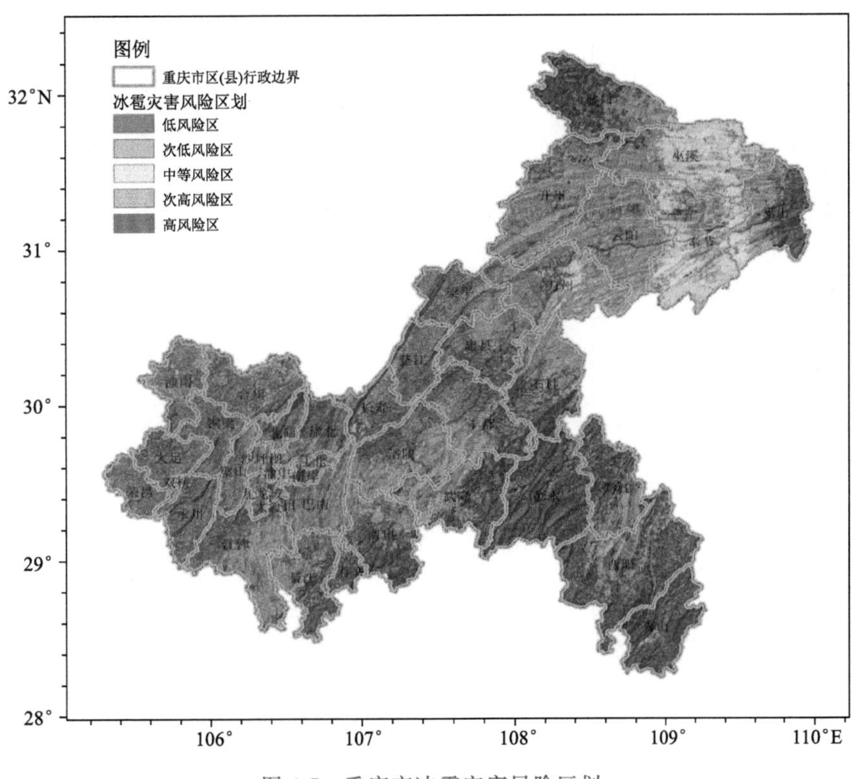

图 4-7 重庆市冰雹灾害风险区划

表 4-7 冰雹不同风险等级风险区占各区（县）面积比

排序	区（县）名称	高风险区风险面积比/%	次高风险区面积比/%	中等风险区面积比/%	次低风险区面积比/%	低风险区面积比/%
1	垫江	33.3	12.0	6.3	10.4	37.6
2	铜梁	31.7	10.2	6.0	11.1	41.0
3	梁平	25.4	7.9	4.8	29.2	31.2

续表

排序	区(县)名称	高风险区风险面积比/%	次高风险区面积比/%	中等风险区面积比/%	次低风险区面积比/%	低风险区面积比/%
4	璧山	24.9	10.8	5.9	13.1	45.3
5	巴南	24.7	7.9	5.4	44.6	17.5
6	江北	24.5	6.7	4.4	19.3	45.1
7	南岸	23.5	6.3	4.0	10.7	55.6
8	长寿	23.2	13.8	5.3	7.9	48.8
9	大足	22.8	8.2	5.3	9.5	56.6
10	荣昌	18.4	6.3	3.9	10.3	58.0
11	綦江	17.0	4.0	2.6	36.8	38.0
12	渝北	16.9	7.3	4.3	14.3	56.9
13	涪陵	16.5	4.0	2.7	54.7	22.1
14	万州	14.8	2.3	10.8	67.9	3.8
15	忠县	13.7	3.5	2.4	37.7	42.8
16	开州	12.9	2.9	2.2	73.3	8.1
17	九龙坡	11.2	7.2	4.6	9.1	67.9
18	江津	10.6	3.1	2.1	47.6	35.3
19	丰都	10.2	3.0	2.0	36.7	48.0
20	沙坪坝	9.7	16.1	5.5	8.7	60.0
21	永川	9.6	4.2	2.7	5.0	77.3
22	石柱	8.4	2.4	1.7	46.5	40.3
23	合川	8.3	15.7	5.6	9.3	59.8
24	云阳	7.6	1.7	4.5	82.3	3.8
25	黔江	7.4	3.1	2.0	26.2	59.6
26	北碚	7.2	8.6	4.6	7.4	72.3
27	潼南	4.9	16.5	6.5	10.6	59.2
28	奉节	4.9	31.6	47	14.9	0.9
29	南川	4.4	2.1	1.3	27.3	63.5
30	大渡口	3.7	5.3	3.9	7.1	80.0
31	武隆	3.3	0.9	0.6	40.0	54.7
32	万盛	2.8	4.7	2.0	3.6	85.6
33	彭水	2.7	1.8	0.9	2.5	91.7
34	酉阳	2.6	1.0	0.6	27.9	66.8
35	秀山	1.6	2.2	0.9	1.8	91.7
36	巫山	0.9	1.2	13.1	39.8	43.5
37	城口	0.8	0.4	0.8	32.7	64.0
38	巫溪	0.8	8.5	44.6	41.2	4.3

中心城区冰雹灾害高、次高风险区主要分布在渝北、沙坪坝西部、南岸东部和巴南的部分地区。

冰雹灾害防御区及主要防御措施：

冰雹灾害以梁平、垫江、长寿、铜梁、万州为重点防御区，奉节、巴南、潼南、合川、开州、云阳、綦江、荣昌为次重点防御区。

主要防御措施：

一是冰雹多发区域的各级人民政府和相关部门按照职责做好应急和抢险工作。

二是加强冰雹灾害的调查，确定重点防范区。

三是气象部门适时开展人工防雹作业。

四是灾情出现时户外行人立即到安全的地方暂避。

五是驱赶家禽、牲畜进入有棚顶的场所，妥善保护易受冰雹袭击的汽车等室外物品或设备。

(7)雷电灾害风险区划

重庆市雷电灾害风险分布：

高风险区主要分布在荣昌、合川、永川、江津、涪陵、万州、云阳。次高风险区主要分布在潼南、铜梁、大足、璧山、沙坪坝、大渡口、九龙坡、北碚、綦江、巴南、垫江、丰都、梁平、忠县、开州、奉节、酉阳(图 4-8，表 4-8)。

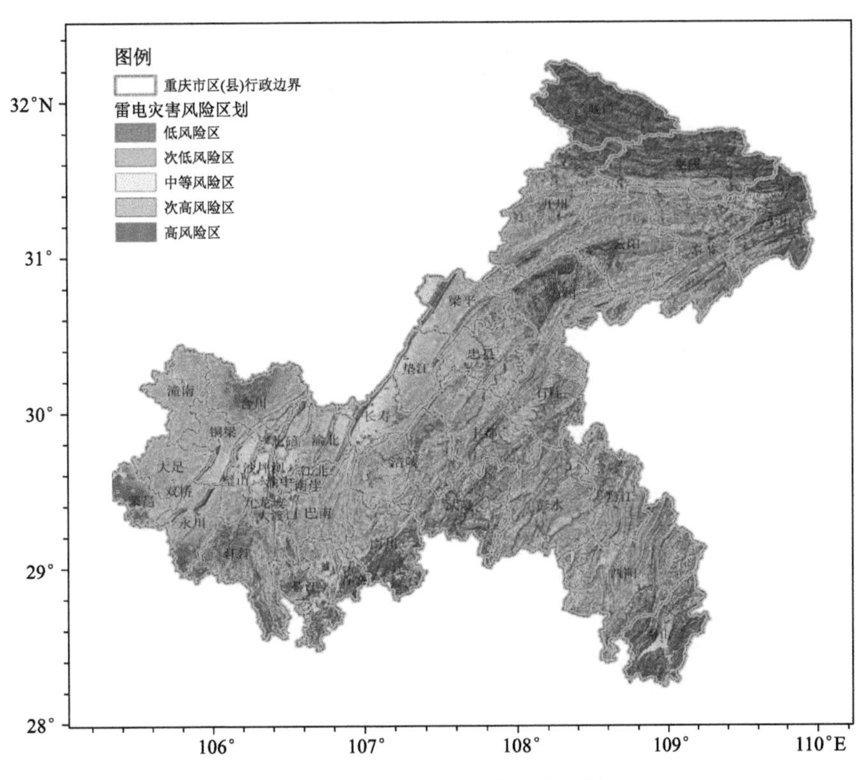

图 4-8 重庆市雷电灾害风险区划

表 4-8 雷电不同风险等级风险区占各区(县)面积比

排序	区(县)名称	高风险区风险面积比/%	次高风险区面积比/%	中等风险区面积比/%	次低风险区面积比/%	低风险区面积比/%
1	渝中	47.2	27.3	12.6	6.7	6.2
2	荣昌	40.6	40.6	8.7	5.2	1.8
3	万州	34.8	25.7	23.7	12.1	3.3
4	江津	28.4	23.0	22.3	15.6	9.7
5	合川	19.8	57.7	10.8	5.9	4.6
6	永川	16.1	46.4	14.6	11.6	10.2
7	云阳	15.5	24.3	30.0	22.9	7.1
8	开州	9.7	22.0	26.0	22.8	18.9
9	九龙坡	9.3	37.6	24.1	11.5	17.5
10	涪陵	7.7	33.0	23.5	25.5	10.3
11	石柱	6.0	20.6	23.2	30.5	18.9
12	南岸	5.2	42.8	22.8	14.4	14.8
13	忠县	5.0	37.1	24.6	22.9	10.4
14	酉阳	4.7	13.4	26.7	33.8	20.4
15	彭水	4.3	17.5	29.0	32.9	15.9
16	长寿	3.9	30.1	40.4	10.1	14.5
17	丰都	3.1	32.7	18.0	29.4	16.8
18	璧山	2.7	36.1	33.1	11.0	17.1
19	江北	2.6	48.7	21.7	14.1	12.9
20	奉节	2.6	12.9	23.5	35.0	25.3
21	大渡口	2.2	23.8	25.4	26.4	22.3
22	巴南	1.9	53.5	23.5	13.6	7.5
23	潼南	1.7	75.0	15.8	4.1	1.2
24	綦江	1.6	21.4	25.3	21.0	29.3
25	黔江	1.6	15.3	22.6	33.6	25.5
26	铜梁	1.0	63.3	18.0	6.0	11.7
27	大足	1.0	73.4	17.4	5.7	5.0
28	渝北	0.7	33.2	36.5	13.9	15.4
29	梁平	0.6	41.2	23.6	15.6	17.5
30	巫山	0.5	3.3	12.6	20.2	61.8
31	北碚	0.4	16.2	38.4	18.0	26.9
32	垫江	0.4	63.5	20.7	6.1	9.0
33	南川	0.4	14.9	17.1	29.8	36.3
34	武隆	0.4	10.8	17.9	35.0	35.4
35	巫溪	0.2	4.8	11.1	22.3	61.0
36	沙坪坝	0.1	4.3	48.7	15.4	31.5
37	万盛	0.0	1.8	18.2	21.2	57.3
38	秀山	0.0	2.5	13.1	19.9	62.6
39	城口	0.0	0.1	2.8	13.2	82.8

中心城区雷电高、次高风险区主要分布在渝中区、九龙坡西南部、渝北、北碚中部、巴南的大部分区域等地。

雷电灾害防御区及主要防御措施：

雷电灾害以荣昌、合川、永川、江津、涪陵、万州、云阳为重点防御区，以潼南、铜梁、大足、璧山、沙坪坝、大渡口、九龙坡、北碚、綦江、巴南、垫江、丰都、梁平、忠县、开州、奉节、酉阳等地为次重点防御区。

主要防御措施：

一是各级人民政府应当将防雷减灾工作纳入公共安全监督管理的范围，相关部门应当按照职责分工，加强建设工程防雷监督管理，落实防雷安全监管责任。

二是建(构)筑物、场所或者设施应当按照国家、行业和地方标准和规定，安装雷电防护装置，并定期组织开展防雷装置检测。

三是人员应当尽量躲入有防雷设施的建筑物或者汽车内，并关好门窗。

四是切断危险电源，不要在树下、电杆下、塔吊下避雨，在空旷场地不要打伞，不要把农具、羽毛球拍、高尔夫球杆等扛在肩上。

五是不要接触天线、水管、铁丝网、金属门框、建筑物外墙、带电设备及金属装置。

六是密切注意雷电预警信息的发布。

(8)大雾灾害风险区划

重庆市大雾灾害风险分布：

高风险区主要分布在潼南、大足、荣昌、合川、巴南、南川、涪陵、忠县、长江干流航道和高速公路、国道沿线。次高风险区主要分布在其他区(县)长江干流航道和高速公路、国道沿线(图 4-9,表 4-9)。

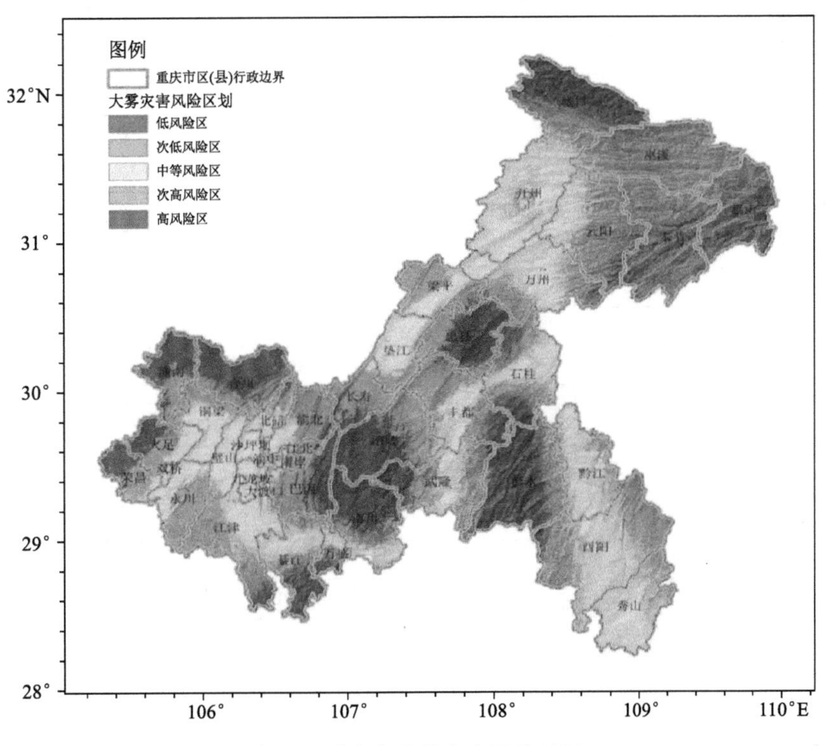

图 4-9　重庆市大雾灾害风险区划

表 4-9 大雾不同风险等级风险区占各区(县)面积比

排序	区(县)名称	高风险区风险面积比/%	次高风险区面积比/%	中等风险区面积比/%	次低风险区面积比/%	低风险区面积比/%
1	合川	72.7	26.1	0.0	0.0	0.0
2	潼南	68.1	29.3	0.4	0.0	0.0
3	忠县	62.3	37.5	0.2	0.0	0.0
4	南川	58.1	22.7	16.2	1.6	0.0
5	涪陵	57.3	41.2	1.5	0.0	0.0
6	荣昌	44.2	44.0	9.0	0.0	0.0
7	巴南	43.2	52.9	3.8	0.0	0.0
8	大足	34.3	38.3	29.8	0.0	0.0
9	长寿	22.2	72.8	4.1	0.0	0.0
10	武隆	16.8	20.7	32.0	28.1	2.0
11	江北	13.4	57.2	28.6	0.8	0.0
12	渝北	11.6	65.2	22.7	0.2	0.0
13	石柱	9.0	20.0	35.6	19.5	15.4
14	北碚	4.9	50.9	43.9	0.3	0.0
15	南岸	3.1	70.5	26.0	0.3	0.0
16	丰都	2.5	41.5	30.6	12.9	12.5
17	梁平	2.4	19.6	35.5	40.7	0.4
18	万州	1.3	19.9	57.2	18.5	2.7
19	酉阳	0.7	26.5	45.3	24.0	2.6
20	铜梁	0.5	36.4	62.8	0.4	0.0
21	綦江	0.2	12.9	36.0	17.6	32.1
22	垫江	0.1	31.6	67.1	0.9	0.0
23	渝中	0.0	4.6	95.0	0.5	0.0
24	大渡口	0.0	23.2	76.0	0.9	0.0
25	沙坪坝	0.0	1.4	96.4	2.3	0.0
26	九龙坡	0.0	3.2	95.5	1.2	0.0
27	万盛	0.0	6.3	30.3	31.5	30.7
28	璧山	0.0	6.8	83.3	9.9	0.0
29	永川	0.0	0.5	43.6	55.1	0.3
30	黔江	0.0	19.4	69.5	9.6	0.0
31	秀山	0.0	23.5	74.8	0.1	0.0
32	巫山	0.0	0.0	0.0	42.7	55.8
33	江津	0.0	3.9	40.0	48.1	7.0
34	城口	0.0	0.0	1.3	29.2	68.4
35	云阳	0.0	0.1	29.0	61.0	9.8
36	彭水	0.0	0.0	1.3	29.3	69.0
37	开州	0.0	8.4	84.8	6.1	0.1
38	巫溪	0.0	0.0	3.8	83.7	11.9
39	奉节	0.0	0.0	0.0	63.9	35.5

中心城区雾灾高、次高风险区主要分布在北碚西北和北部；渝北、江北和南岸的东部以及巴南的大部分地区。

雾灾害防御区及主要防御措施：

雾灾害以长江航道中心城区—万州区段沿线和潼南、大足、荣昌、合川、巴南、南川、涪陵、忠县的高速公路、国道沿线为重点防御区，长江航道其他区段和其他区（县）高速公路、国道沿线为次重点防御区。

主要防御措施：

一是各级人民政府和相关部门应当建设和完善机场、高速公路、航道、港口等重要场所和交通要道的大雾、霾监测和防护等设施，并在大雾天气期间，加强交通管理、调度和指挥，限制污染物排放。

二是驾驶人员注意雾的变化，控制车、船的行进速度，小心驾驶。

三是户外活动注意安全，预警期间尽量减少户外活动。

(9)连阴雨灾害风险区划

重庆市连阴雨灾害风险分布：

高风险区主要分布在巴南、南川、彭水。次高风险区主要分布在大足、荣昌、渝北、北碚、綦江、长寿、酉阳、秀山、垫江、黔江、城口（图 4-10，表 4-10）。

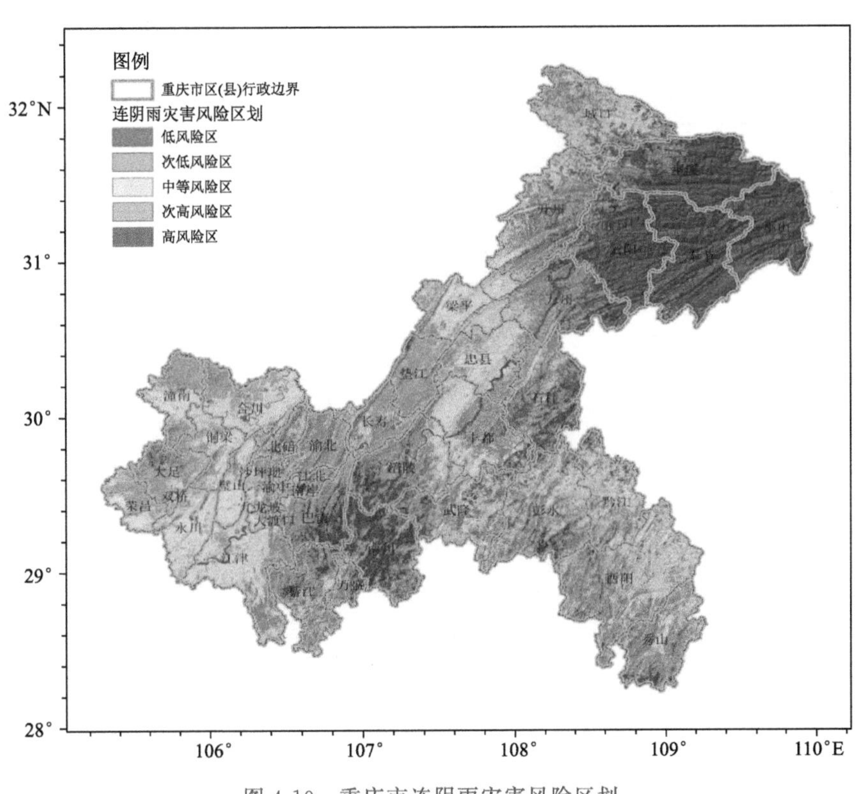

图 4-10　重庆市连阴雨灾害风险区划

中心城区除了渝中、九龙坡东北侧、沙坪坝东部、渝北西南角等城市密集地区，其余部分都属于连阴雨高或次高风险区。

表 4-10　连阴雨不同风险等级风险区占各区(县)面积比

排序	区(县)名称	高风险区风险面积比/%	次高风险区面积比/%	中等风险区面积比/%	次低风险区面积比/%	低风险区面积比/%
1	南川	58.4	37.8	3.3	0.3	0.0
2	巴南	34.5	60.3	2.5	1.2	1.4
3	涪陵	22.1	59.1	15.3	1.7	1.8
4	万盛	19.7	69.3	10.2	0.8	0.0
5	南岸	15.1	55.8	11.9	11.0	6.2
6	綦江	8.9	80.3	9.7	0.6	0.1
7	秀山	6.3	73.4	18.8	0.9	0.0
8	武隆	6.0	50.3	28.4	12.4	2.8
9	大足	5.5	86.3	10.0	0.9	0.0
10	彭水	5.5	48.9	32.6	11.1	1.8
11	垫江	3.2	90.6	5.6	0.4	0.0
12	酉阳	1.8	49.0	40.9	7.4	0.5
13	北碚	1.4	81.1	15.7	1.7	0.2
14	沙坪坝	1.3	71.6	18.7	7.7	0.8
15	渝北	1.3	84.0	9.2	4.7	0.8
16	长寿	1.1	77.9	14.7	3.4	2.7
17	江北	0.9	63.9	12.7	14.3	8.2
18	黔江	0.6	26.7	46.4	22.0	3.7
19	梁平	0.2	28.4	61.3	9.4	0.4
20	九龙坡	0.1	38.5	44.4	12.8	4.1
21	铜梁	0.1	50.5	47.7	1.5	0.2
22	潼南	0.1	16.7	36.7	43.2	2.8
23	城口	0.1	25.1	44.3	24.0	6.2
24	渝中	0.0	0.0	14.7	51.7	33.7
25	大渡口	0.0	40.3	29.3	18.5	12.0
26	璧山	0.0	24.5	71.6	3.0	0.9
27	荣昌	0.0	61.3	35.0	2.3	0.4
28	永川	0.0	18.1	71.0	8.9	1.6
29	忠县	0.0	23.7	52.9	18.7	4.7
30	合川	0.0	5.8	48.1	42.6	3.2
31	丰都	0.0	6.9	40.2	44.4	8.5
32	巫山	0.0	0.0	0.0	0.0	99.8
33	石柱	0.0	0.0	7.9	62.3	29.7
34	江津	0.0	29.4	56.1	10.5	3.6
35	万州	0.0	0.0	15.8	53.9	30.2

续表

排序	区(县)名称	高风险区风险面积比/%	次高风险区面积比/%	中等风险区面积比/%	次低风险区面积比/%	低风险区面积比/%
36	云阳	0.0	0.0	0.0	17.9	82.1
37	开州	0.0	0.3	24.6	65.0	9.8
38	巫溪	0.0	0.0	1.1	20.8	77.8
39	奉节	0.0	0.0	0.0	2.1	97.7

连阴雨防御区及主要防御措施：

连阴雨灾害以巴南、南川、彭水为重点防御区，大足、荣昌、渝北、北碚、綦江、长寿、酉阳、秀山、垫江、黔江、城口等地区为次重点防御区。

主要防御措施：

一是加强连阴雨的预报预警。

二是排查隐患区域，注意清沟排水，防低温渍涝对农业作物的影响。

(10)大风灾害风险区划

重庆市大风灾害风险分布：

高风险区主要分布在彭水、酉阳、秀山、巫山、城口、潼南。次高风险区主要分布在巫溪、梁平、武隆、永川、大足、合川、荣昌(图4-11，表4-11)。

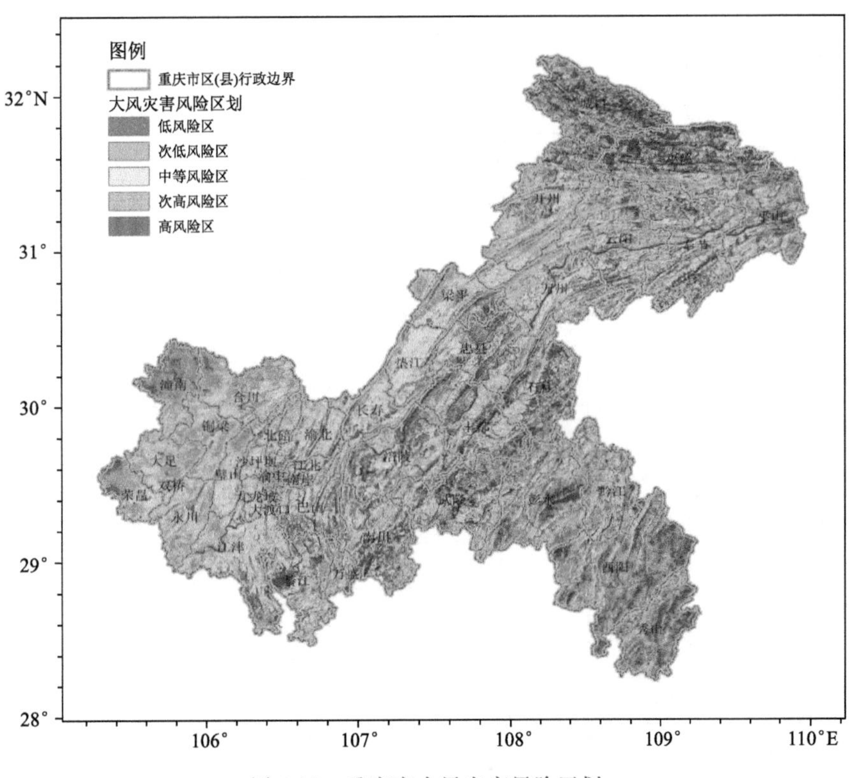

图4-11 重庆市大风灾害风险区划

表 4-11　大风不同风险等级风险区占各区(县)面积比

排序	区(县)名称	高风险区风险面积比/%	次高风险区面积比/%	中等风险区面积比/%	次低风险区面积比/%	低风险区面积比/%
1	渝中	51.2	39.7	5.1	3.3	0.7
2	秀山	23.3	49.5	22	3.0	0.3
3	潼南	18.5	66.7	11.6	0.8	0.0
4	酉阳	18.5	48.4	25.6	5.0	1.3
5	大渡口	17.3	24.9	36.2	17.9	3.8
6	荣昌	14.9	54.6	25.6	1.0	0.8
7	江北	12.6	16.2	40.5	24.6	6.1
8	巫山	11.2	32.1	33.0	13.8	8.4
9	彭水	11.2	40.7	33.4	10.9	3.4
10	南岸	10.6	13.3	30.5	37.2	8.3
11	九龙坡	9.0	21.9	49.9	15.3	3.8
12	石柱	8.5	23.5	28.9	18.9	19.6
13	黔江	6.7	37.0	38.4	12.4	3.9
14	城口	6.6	15.4	24.0	22.2	30.5
15	丰都	6.4	12.5	28.2	37.0	15.8
16	巫溪	6.3	14.9	25.6	23.4	29.1
17	沙坪坝	6.1	24.6	47.6	17.8	4.0
18	合川	5.6	52.8	36.7	3.4	0.2
19	武隆	5.1	19.6	34.0	25.2	15.7
20	长寿	4.5	16.5	49.4	23.6	5.0
21	云阳	4.5	18.3	44.5	26.4	6.2
22	江津	4.0	20.9	50.0	17.8	6.2
23	万盛	3.9	25.0	39.0	22.0	8.7
24	南川	3.9	17.2	32.3	28.7	16.3
25	渝北	3.6	10.6	53.5	26.3	5.5
26	开州	3.6	22.3	44.8	20.7	7.8
27	万州	3.3	13.7	49.4	25.9	7.2
28	涪陵	3.2	7.8	30.6	39.8	18.6
29	忠县	3.0	4.7	29.5	49.5	13.3
30	奉节	2.9	15.0	39.2	27.5	14.8
31	璧山	2.0	29.1	59.1	9.0	0.8
32	巴南	2.0	3.2	31.9	48.2	14.8
33	梁平	2.0	30.1	38.1	21.6	6.7

续表

排序	区(县)名称	高风险区风险面积比/%	次高风险区面积比/%	中等风险区面积比/%	次低风险区面积比/%	低风险区面积比/%
34	北碚	1.9	28.0	50.5	16.9	2.7
35	大足	1.8	51.6	44.0	4.6	0.4
36	永川	1.7	44.9	44.4	7.5	0.8
37	綦江	1.1	12.6	39.1	30.3	15.6
38	铜梁	0.8	49.0	41.7	7.7	0.8
39	垫江	0.2	7.1	59.0	28.6	4.7

中心城区大风灾害高、次高风险区主要分布在渝中区、九龙坡区东北角、渝北西南角、沙坪坝东部和南岸区西侧等城市密度较高的区域。

大风灾害防御区及主要防御措施：

大风灾害以彭水、酉阳、秀山、巫山、城口、潼南为重点防御区，巫溪、梁平、武隆、永川、大足、合川、荣昌为次重点防御区。

主要防御措施：

一是大风多发区域的各级人民政府和相关部门应当组织开展大风灾害隐患和风险排查。

二是建(构)筑物、场所和设施等所有权人或者管理人应当定期开展防风避险巡查，设置必要的警示标志，采取防护措施，避免搁置物、悬挂物脱落、坠落。

三是高空、水上等户外作业人员停止作业，危险地带人员撤离。

四是危险地带和危房居民以及船舶应到避风场所避风。

五是停止露天集体活动，立即疏散人员。

4.2　基于风险矩阵法的气象灾害风险评估

风险矩阵(Risk matrix)是用于识别风险和对其进行优先排序的有效工具。风险矩阵可以直观地显现组织风险的分布情况，有助于管理者确定风险管理的关键控制点和风险应对方案。一旦风险被识别以后，就可以依据其对组织目标的影响程度和发生的可能性等维度来绘制风险矩阵。

4.2.1　风险矩阵方法

风险矩阵法是一种灾害风险定量评估方法(《风险管理 风险评估技术》GB/T 27921—2011)，以暴雨为例构建的风险矩阵由降水强度等级分值 P 和承灾体易损性分值 C 组成。P 值大小代表致灾因子危险性的强弱，可以考虑暴雨的大小、频次等。C 值为与暴雨风险评估相关的人口、社会经济、自然地理的加权综合分级指标。风险等级分值 R 为暴雨灾害风险，是 P 与 C 相乘的结果。将其分为 4 个等级：较低风险的 R 值为 0～2；有一定风险的 R 分值为 3～4；次高风险的 R 分值为 6～9；高风险的 R 分值为 12～16(表 4-12)。

表 4-12 暴雨灾害风险分级矩阵

风险等级 R		承灾体易损性 C			
		1	2	3	4
降水强度等级 P	0	0	0	0	0
	1	1	2	3	4
	2	2	4	6	8
	3	3	6	9	12
	4	4	8	12	16

4.2.2 实例应用

基于风险矩阵法构建的暴雨灾害风险评估模型，以万盛经开区工业园区为研究对象开展暴雨灾害风险评估。结果显示万盛经开区工业园区暴雨灾害风险为中等风险。

(1)万盛工业园区暴雨致灾因子危险性分析

根据资料统计，1990—2019 年，万盛经开区工业园区参证站共出现暴雨日数 86.0 d，年平均暴雨日 2.9 d，其中 2002 年多达 7.0 d。暴雨主要集中于 3—11 月，但是从统计数据上来看 3 月和 11 月份出现过 1 次暴雨，其中 6 月和 8 月最多，平均暴雨日数 0.7 d。大暴雨最多出现在 7 月，为 2 次，2007 年 7 月 12 日出现大暴雨，降水量达到 204.1 mm。暴雨量的年际变化相对较大。1990—2019 年，年均暴雨量 66.9 mm，一年中出现暴雨的最早日期是 3 月 20 日(2014 年)，最晚日期是 11 月 5 日(1996 年)。

因为暴雨是引起洪水、山洪、内涝及滑坡泥石流等自然灾害的主要因素，从降水以及暴雨过程的强度和发生频率两个方面来分析雨涝致灾因子危险性。其中降水强度重点考虑逐年的平均降水量，日累计降水量(与流域洪水及滑坡泥石流等灾害相关性较高)及 1 h 累计降水量(与山洪、内涝及滑坡泥石流等灾害的发生相关性较高)。降水频次主要考虑暴雨年平均发生次数(图 4-12，表 4-13)。

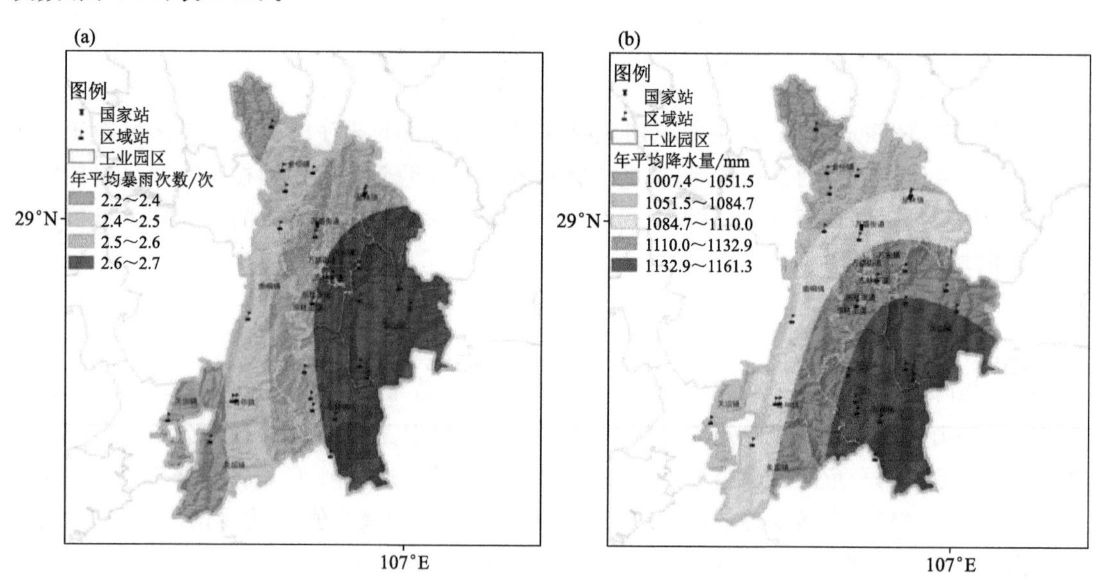

图 4-12 万盛区年平均暴雨次数(a)和年平均降水量(b)空间分布

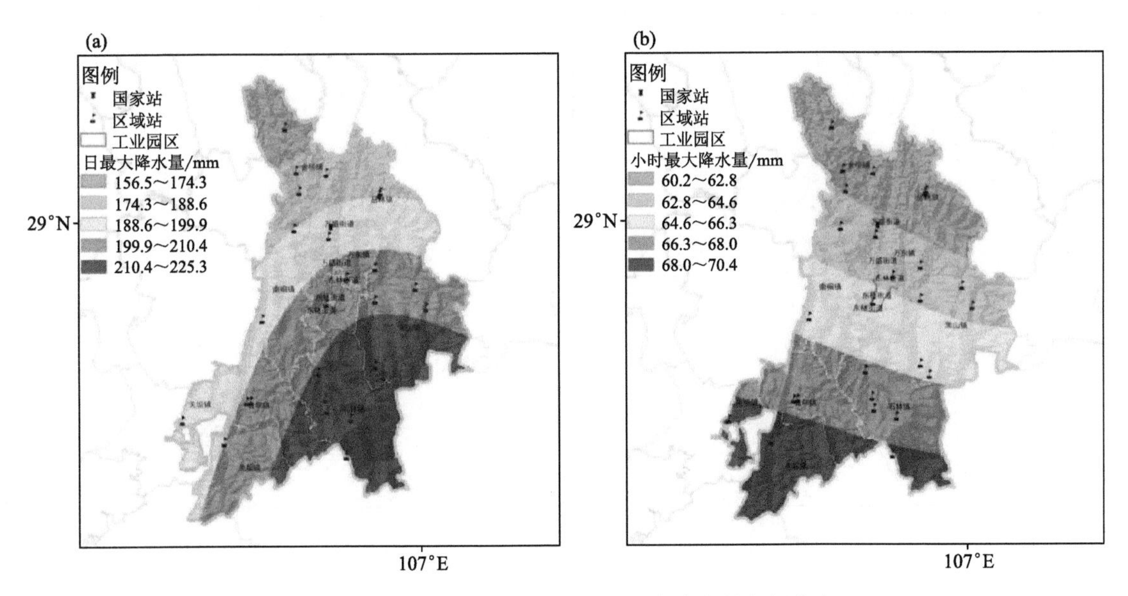

图 4-13 万盛区日(a)和小时(b)最大降水量空间分布

采用加权综合的方式将标准化处理后的万盛区年平均暴雨次数、年平均降水量，日最大降水量和小时最大降水量进行计算，其中权重各取 1/4。得到万盛区暴雨致灾因子危险性空间分布(图 4-14)。从图中可以看出万盛经开区处于 4 级和 3 级范围内。暴雨致灾因子危险性总体较高。

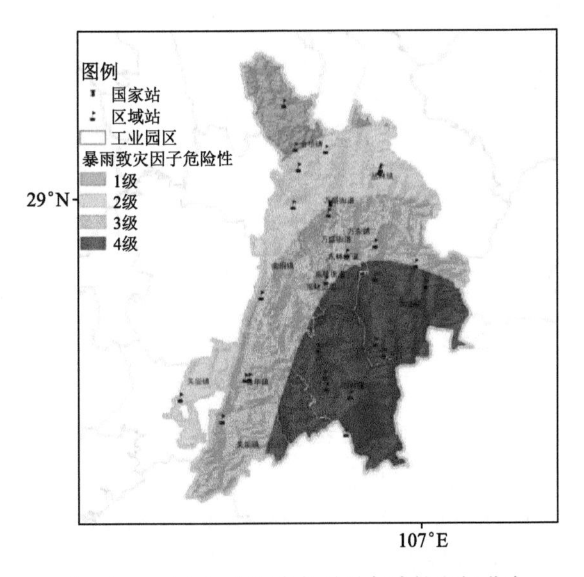

图 4-14 万盛区暴雨致灾因子危险性空间分布

(2)万盛工业园区暴雨承灾体易损性分析

通过万盛区暴雨承灾体暴露度、脆弱性和防灾减灾能力(图 4-15、图 4-16)加权综合计算，按照 4.1.2 小节的方法和权重计算出万盛区暴雨灾害承灾体易损性空间分布(图 4-17)。可以看

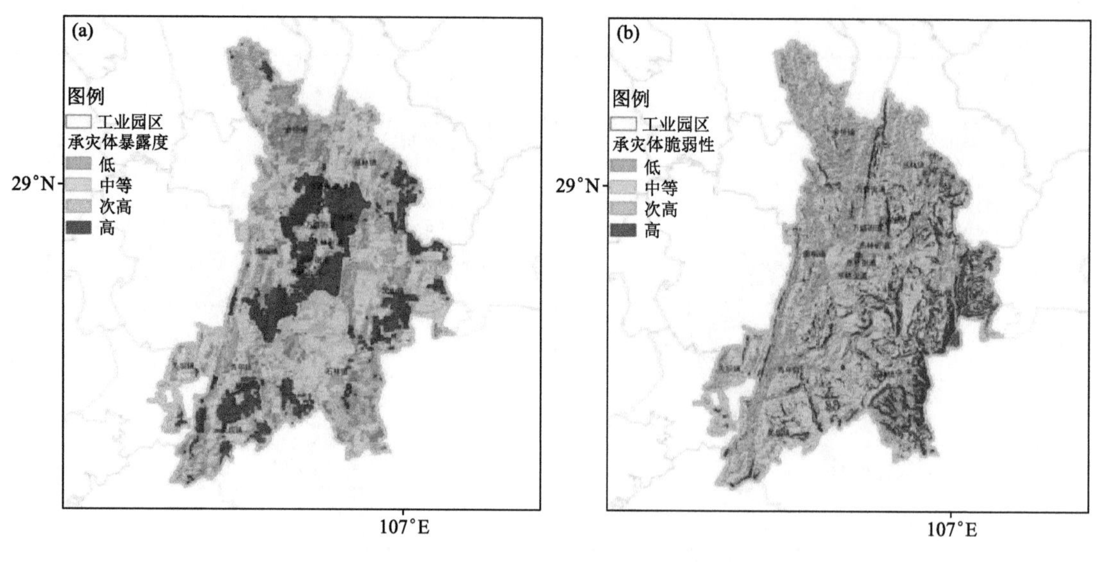

图 4-15　万盛区暴雨承灾体暴露度(a)和脆弱性(b)空间分布

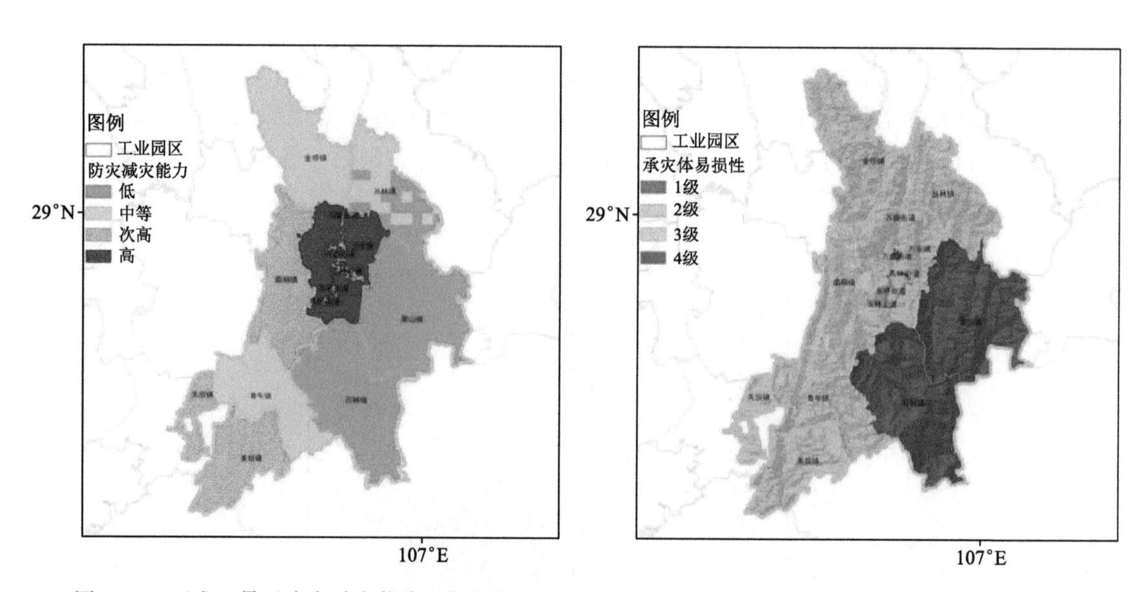

图 4-16　万盛区暴雨防灾减灾能力空间分布

图 4-17　万盛区暴雨承灾体易损性空间分布

出，万盛经开区暴雨灾害承灾体易损性为 2 级。

(3)万盛区工业园区暴雨灾害风险评估

暴雨灾种致灾因子危险性考虑逐年的平均降水量、日累计降水量、1 h 累计降水量以及暴雨年平均发生次数，通过加权综合得到万盛经开区暴雨灾害致灾因子危险性处于 4 级和 3 级范围内，暴雨致灾因子危险性总体较高。通过风险矩阵法将万盛及经开区暴雨致灾因子危险性和承灾体易损性进行计算得到万盛经开区暴雨灾害风险等级为中等风险(图 4-18)。

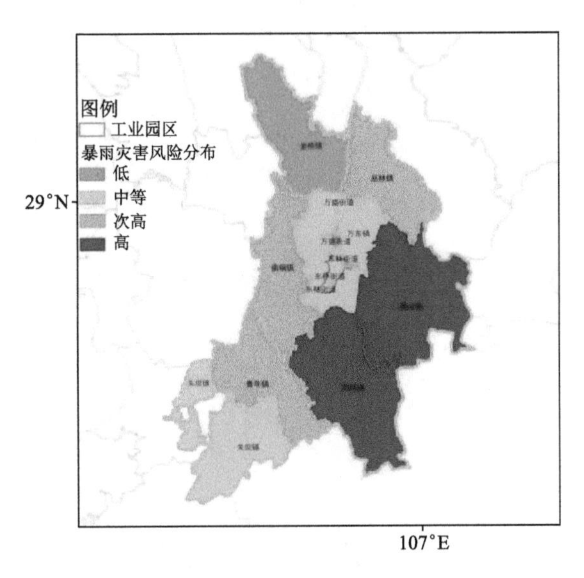

图 4-18 万盛及经开区暴雨灾害风险空间分布

4.3 暴雨致灾阈值确定案例

以三峡库区普里河下游流域为例，利用 FloodArea 水文模型对该流域 2014 年 8 月 11 日的山洪过程进行模拟，采用统计分析方法确定雨-洪关系得到流水坡、龙洞沟、龙嘴和万里学校隐患点在淹没水深分别为 0 m、0.6 m、1.2 m 和 1.8 m 下对应的临界阈值。

4.3.1 流域概况

普里河下游流域位于重庆市开州区内，流经其内 2 个乡镇和 1 个街道：南门镇、长沙镇和赵家街道(图 4-19)。普里河发源于重庆市梁平区城东乡，与南河平行向东北流，于开州区渠口镇汇入小江。河长 116 km，流域面积 1178 km^2。普里河在南门镇以下为下游，河长约 42 km，平均坡降 0.72%。南门镇至赵家街道，水流平缓，河床宽一般 70～150 m。普里河是典型的山溪性河流，流量极不稳定，水位变幅大，是有名的灾害性河流，下游洪灾尤为严重。受亚热带湿润季风气候影响，流域内汛期炎热多雨，中部地势较低的地方极易受到暴雨山洪灾害的影响。

2014 年 8 月 9 日—12 日 08 时，开州区普降大到暴雨，清江河流域大暴雨，其中 11 日 7—12 时为强降水时段。从降水量的空间分布图(图 4-20)可知，降水主要集中在长沙镇和赵家街道。受强降水影响，清江河流域洪水猛涨，流域内南门镇、长沙镇不同程度受灾。其内花林站于 11 日 13 时 41 分达到最大淹没深度 2.52 m。此次洪灾造成开州区 12 个乡镇 39.64 万人不同程度受灾，直接经济损失 2.30 亿元。

根据灾后实际调查数据共确定隐患点 4 个，分别是龙洞沟、流水坡、龙嘴和万里学校，海拔高度分别为 250 m、268 m、210 m 和 191 m。其中流水坡和龙嘴隐患点主要以养殖业为主，职工人数分别为 40 人和 12 人，龙洞沟隐患点主要是峰仙牧业，职工人数 21 人，万里学校是一所小学。

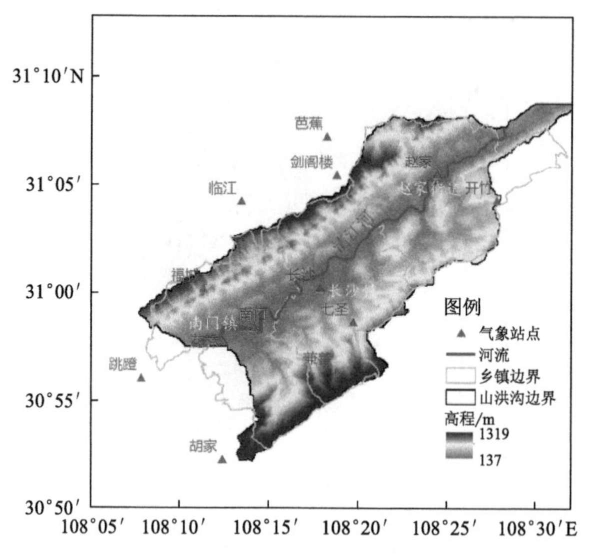

图 4-19　清江河流域高程(单位:m)及气象站点分布图

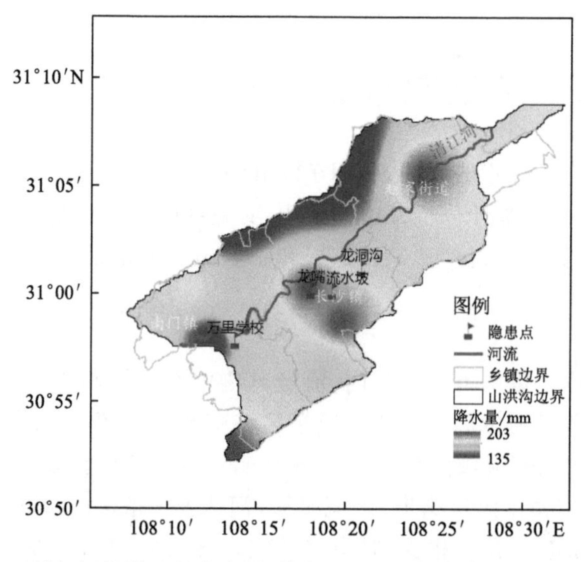

图 4-20　清江河流域过程降水量(单位:mm)和山洪隐患点的空间分布

4.3.2　方法介绍

(1)地表径流系数的计算

流域内地表径流系数的计算采用的是 SCS 模型。该模型主要应用于无资料地区的径流模拟,依据地表覆盖类型来确定 SCS 模型的参数,其显著特点是能够客观反映土壤类型、土地利用方式及前期土壤含水量对降水径流的影响,且模型结构简单、所需参数少。SCS 模型计算公式如下:

$$S=\frac{25400}{CN}-254 \tag{4-5}$$

$$Q = \frac{(P - 0.2S)^2}{P + 0.8S} \tag{4-6}$$

$$k = \frac{Q}{P} \tag{4-7}$$

式(4-5)中，S 为潜在入渗量；CN 为反映流域前期土壤湿润程度、坡度、土壤类型和土地利用现状的综合特性的量。CN 值是根据国家气候中心下发的不同土地利用类型下的 CN 值表换算得到。式(4-6)中，Q 为产流量，P 为降水量。文中将流域附近区域站和自动站的逐小时降水数据通过反距离权重插值法(IDW)插值到面上，转换成与 DEM 数据范围和大小及坐标系都一致的栅格数据。式(4-7)中，k 即为需要计算的地表径流系数。

(2)地表水力糙度(Strilker 系数)的计算

根据土地利用类型及其糙率表(表 4-13)，将不同类型的土地利用数据换算成对应的地表水力糙度。

表 4-13　土地利用类型及其糙率

土地覆盖分类	居民地	水体	旱地	水浇地	林地
地表水力糙度	12.5	33.0	28.0	20.0	12.0

(3)流域面雨量数据的计算

利用 FloodArea 水文模型进行淹没模拟时，需要输入流域面雨量数据。借助于 ArcGIS 软件，利用泰森多边形法计算清江河流域的面雨量数据。

4.3.3　山洪淹没模拟和阈值确定

(1)最大交换率(Maximum Exchange Rate)的率定

FloodArea 水文模型是基于 GIS 栅格数据，利用二维非恒定流水动力模型，计算基于水动力的方法，同时考虑了一个栅格的周围八个单元。相邻单元的水流宽度被认为是相等的；位于对角线的单元，以不同的长度算法来计算。对邻近单元的泻入量由 manning-stricker 公式计算。水流方向由栅格间坡度决定，坡度由单元之间的最低的水位和最高的地形高程之间的差异所决定。

最大交换率是指存在于当前单元格并可以向邻近单元格分配的水量的百分率。最大交换率的值与模拟流域的下垫面类型有关，在运行 FloodArea 模型时，为了使得模拟结果更接近实际情况，首先需要对这一参数进行率定。

以花林站作为标准，采用不同的最大交换率(0.1%、0.2%、0.5%、1.0%、2.0%、3.0%、4.0%、5.0%、6.0%、7.0%、8.0%、9.0%、10.0%)分别对 2014 年 8 月 10 日 21 时—11 日 21 时这一暴雨山洪过程进行模拟，根据模拟的逐时淹没水深，找到最接近实际情况(最大淹没水深出现的时间和最大淹没深度均最接近实际情况)下对应的最大交换率。由图 4-21 可知，8 月 10 日 21 时—11 日 07 时，花林站的逐时淹没水深都在 0 值附近基本没有变化；从 11 日 08 时开始，淹没深度开始迅速加深，最大交换率越大，最大淹没水深出现的时间越晚且最大淹没深度越深。当最大交换率不超过 2%时，在 11 日 08—21 时会出现一个最大淹没深度，随后淹没深度开始减小；当最大交换率超过 2%时，在 11 日 08—21 时，淹没深度随时间增大而增大，没有出现淹没水深回落的情况。根据历史资料，花林站在 11 日 13 时 41 分达到最大淹没深度

2.52 m，与历史情况最接近的为最大交换率为0.1%的模拟情况，在11日14时达到最大淹没深度2.815 m。因此将最大交换率参数确定为0.1%。在最大交换率为0.1%的情况下，模拟出的长沙镇附近隐患点(天子河至吉香)在11日15时的淹没水深为2.38 m。根据历史灾情资料，11日15时长沙镇场镇平均进水深度2.0 m以上，可见模拟结果与实际情况基本一致。

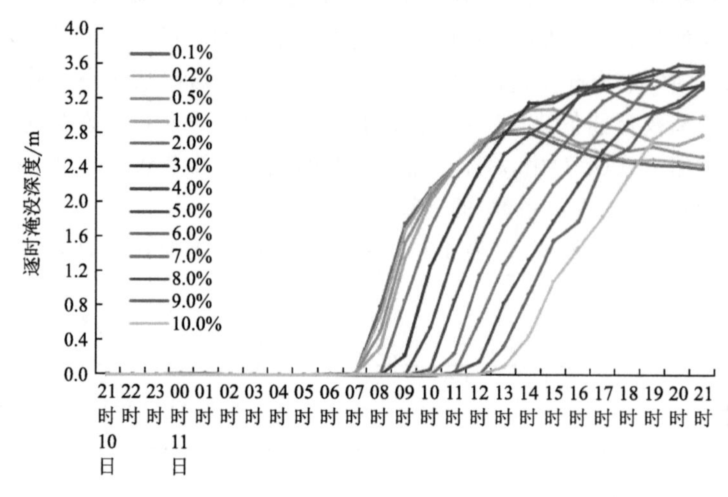

图4-21 不同最大交换率下模拟的花林站逐时淹没水深(单位：m)

(2)山洪淹没过程的模拟

根据上述方法计算出清江河流域内的地表径流系数、地表水力糙度和流域的面雨量数据，并将上一节确定的最大交换率参数一并代入FloodArea中，对2014年8月10日21时—11日21时这一暴雨过程进行逐时淹没水深模拟，得到清江河流域的逐时淹没水深，此处选取其中第2 h、4 h、6 h、8 h的淹没水深(图4-22)和淹没面积(表4-14)。根据山洪淹没深度可能对人造成的影响，将山洪灾害风险分为三个等级，淹没预警点0.6 m、1.2 m、1.8 m分别为三级、二级和一级。不同时效内，达到不同山洪灾害风险等级对应的降水量，为不同灾害等级的致灾临界面雨量。

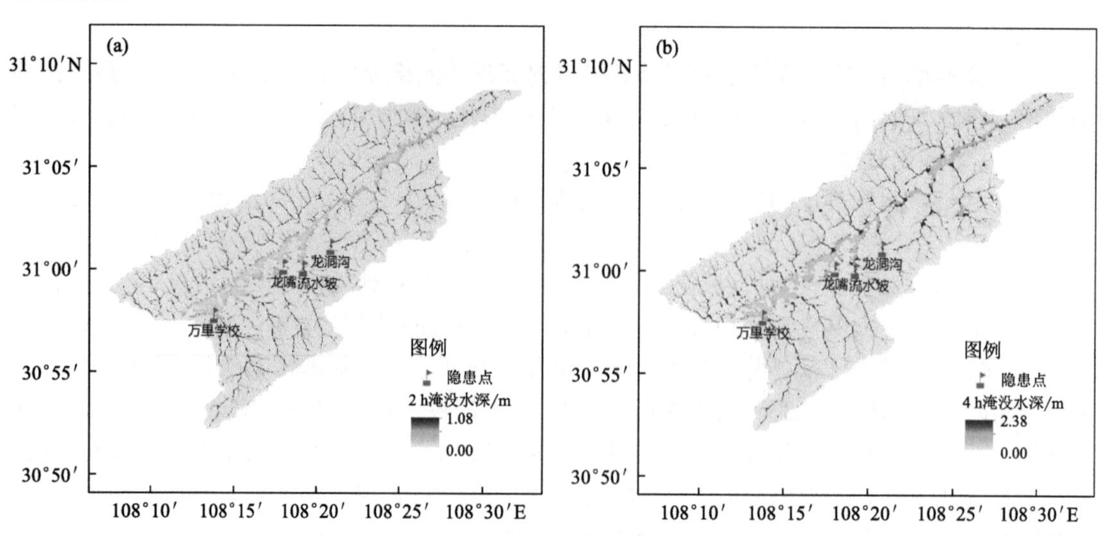

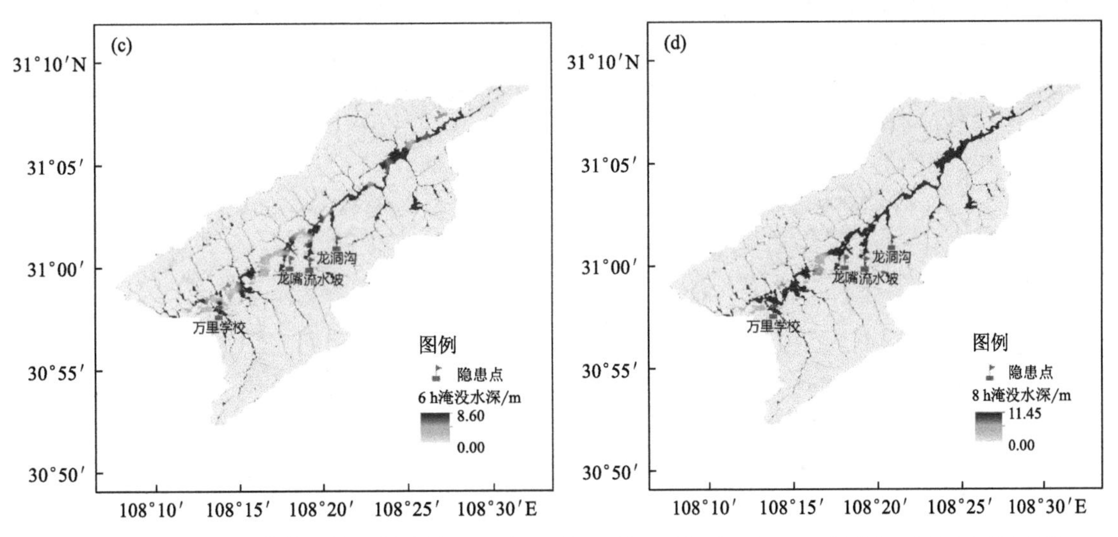

图 4-22　FloodArea 模拟的清江河流域 2014 年 8 月 10 日 22 时(a)、11 日 00 时(b)、11 日 02 时(c)和 11 日 04 时(d)淹没水深(单位:m)

表 4-14　FloodArea 模拟的清江河流域不同淹没深度的淹没面积　　(单位:km^2)

时刻	不同淹没深度对应的淹没面积			
	0.0～0.6 m	0.6～1.2 m	1.2～1.8 m	>1.8 m
8 月 10 日 22 时	432.40	0.00	0.00	0.00
8 月 11 日 00 时	431.67	0.75	0.01	0.00
8 月 11 日 02 时	427.94	3.89	0.53	0.09
8 月 11 日 04 时	425.55	6.54	0.23	0.13

由上述可知,8 月 10 日 22 时,地表开始产生细小径流并向清江河汇流,此时淹没深度均小于 0.6 m。11 日 00 时,细小径流汇合成较大径流,进一步向清江河汇流,此时 0.0～0.6 m 深度的淹没面积较上一时刻减小,0.6～1.2 m 深度的淹没面积增加,开始出现 1.2～1.8 m 的淹没深度,大于 1.8 m 的淹没深度还没有。11 日 02 时,地表径流大多已经汇流到清江河,主要淹没范围和最大淹没深度均集中在清江河附近,与此同时,较小淹没深度的淹没面积逐渐减小,较大淹没深度的淹没面积逐渐增大,开始出现大于 1.8 m 的淹没水深。11 日 04 时,汇流结果较上一时刻更加明显,最大淹没水深加深,较大淹没深度的淹没面积增大,较小淹没深度的淹没面积减小。总之,随着时间的推移,淹没水深逐渐加深,较大淹没水深的淹没面积逐渐增大,较小淹没水深的淹没面积逐渐减小,体现出一个汇流的过程,与实际情况相符。

(3)阈值确定

利用上节模拟的各隐患点的逐时淹没水深数据,首先将不同小时累计面雨量分别与模拟淹没水深之间建立方程,然后选取其中相关系数最大的方程作为累计面雨量与模拟淹没水深之间的确定关系,最后将不同淹没等级(0.6 m、1.2 m 和 1.8 m)的淹没水深代入方程,得到不同淹没等级下对应的致灾临界面雨量。以流水坡隐患点为例,统计分析了模拟水深与前 1～6 h 累计面雨量的相关关系(图 4-23)。由图可知,模拟淹没水深与 1～6 h 累计面雨量的相关系数的平方分别为 0.876、0.928、0.859、0.769、0.660 和 0.657,其中与 2 h 累计面雨量的相关系数最大，因此对于流水坡隐患点选取 2 h 累计面雨量与模拟淹没水深建立多项式方程，将 0.6 m、1.2 m 和 1.8 m 的淹没深度代入方程，得到对应的致灾临界面雨量（表 4-15）。按照上述方法即可得到其余 3 个隐患点不同淹没等级下对应的临界面雨量。

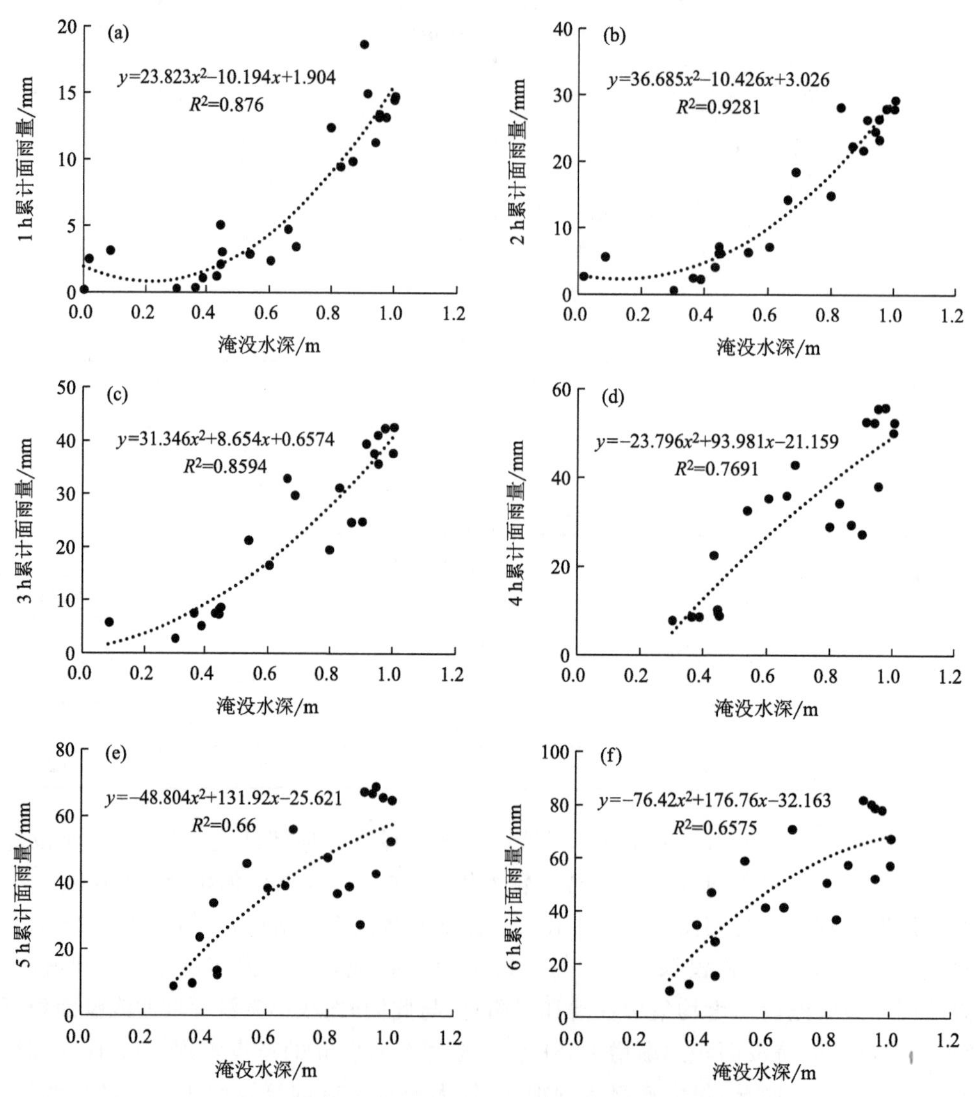

图 4-23 2014 年 8 月 11 日清江河流域流水坡隐患点模拟淹没水深与 1 h(a)、2 h(b)、3 h(c)、4 h(d)、5 h(e)和 6 h(f)累计面雨量的关系

表 4-15 不同淹没等级下对应的致灾临界面雨量

隐患点名称	累计面雨量时长/h	淹没深度与累计面雨量的方程	相关系数	临界面雨量/mm		
				0.6 m	1.2 m	1.8 m
流水坡	2	$y=36.685x^2-10.426x+3.026$	0.96	9.9	43.3	103.1
龙洞沟	2	$y=57.837x^2-11.512x+2.4297$	0.94	16.3	71.9	169.0
龙嘴	4	$y=134.25x-25.446$	0.92	55.1	135.6	216.2
万里学校	6	$y=86.948x-31.119$	0.95	21.0	73.2	125.3

本节利用FloodArea水文模型对2014年8月10日21时—11日21时重庆市清江河流域暴雨山洪淹没过程进行模拟，采用统计分析方法确定4个隐患点逐时淹没水深与不同时间尺度的面雨量的关系及不同淹没等级下对应的临界面雨量，确定4个隐患点不同淹没等级下的临界面雨量：①流水坡隐患点，当2 h累计面雨量分别达到9.9 mm、43.3 mm和103.1 mm时，淹没水深可能达到0.6 m、1.2 m和1.8 m；②龙洞沟隐患点，当2 h累计面雨量分别达到16.3 mm、71.9 mm和169.0 mm时，淹没水深可能达到0.6 m、1.2 m和1.8 m；③龙嘴隐患点，当4 h累计面雨量分别达到55.1 mm、135.6 mm和216.2 mm时，淹没水深可能达到0.6 m、1.2 m和1.8 m；④万里学校隐患点，当6 h累计面雨量分别达到21.0 mm、73.2 mm和125.3 mm时，淹没水深可能达到0.6 m、1.2 m和1.8 m。

4.4　本章小结

气象灾害风险评估是基于灾害风险理论及气象灾害风险形成机理，通过对气象灾害致灾因子危险性、承灾体暴露度、承灾体脆弱性、防灾减灾能力等多种因子的综合分析，形成气象灾害对人、经济、社会影响的定量评估。本章构建了气象灾害风险评价的框架、方法与模型，对气象灾害风险程度进行评价和等级划分，提出相应的防御措施。为重大项目或重大规划气候可行性论证提供规避气象灾害风险的基础依据。

① 针对不同的气象灾害，从致灾因子危险性、承灾体暴露度、承灾体脆弱性和防灾减灾能力4个方面，构建了重庆暴雨、干旱、高温、低温、强降温、冰雹、雷电、大雾、连阴雨和大风等气象灾害风险评估模型，利用气象、生态和社会经济数据，运用GIS空间数据分析功能完成了风险评估与区划，为重大规划提供了提供规避气象灾害风险的基础依据。

② 基于风险矩阵法的气象灾害风险评估以暴雨灾害为研究对象，通过加权综合得到万盛经开区暴雨致灾因子危险性总体较高。通过风险矩阵法将万盛及经开区暴雨致灾因子危险性和承灾体评估指标进行计算得到万盛经开区暴雨灾害风险等级为中等风险。此方法在实际的灾害风险评估业务中可明确各个评估单元的灾害风险高低，为各级政府和部门有针对性地做好气象灾害防灾减灾保障服务提供技术支持。

③ 利用FloodArea水文模型对2014年8月10日21时—11日21时重庆市清江河流域暴雨山洪淹没过程进行模拟，采用统计分析方法确定4个隐患点逐时淹没水深与不同时间尺度的面雨量的关系及不同淹没等级下对应的临界面雨量，确定4个隐患点不同淹没等级下的临界面雨量。通过水文模型对实际暴雨灾情的模拟，为暴雨致灾临界阈值的确定提供更科学的支持。

第5章　多尺度数值模拟技术研究及应用

随着社会经济的不断发展，为社会各界提供更精细化的气候可行性论证服务、进行更精细化的区域气候研究也变得越发重要。而在开展相关工作时，高时空分辨率的格点化数据是重要的数据支撑。利用格点化数据，可得到特定区域任意坐标点的气象环境特征，从而能极大地提高服务和研究的广度及深度。

目前获取格点化数据的方法主要有：直接使用再分析资料、利用地面站观测数据进行插值生成以及使用数值模式进行模拟得到。国际上常用的再分析资料通常分辨率较低，难以满足实际需求。利用站点观测进行插值，由于难以考虑大气的动力、热力过程等因素且受制于站点观测密度，对风场、湿度等空间不连续要素，插值误差较大。而数值模式通过对已发展较为完善的大气动力学方程进行积分，并利用各种参数化方案对热力、动力过程做近似求解，最终可得到较为真实的三维气象要素场。由于其理论成熟、得到的要素类型丰富，因此数值模拟在格点化气象数据的制作及应用中往往扮演了重要的角色。同时，通过修改下垫面信息，可以利用数值模式开展敏感性试验，从而评估用地信息变化后对局地天气气候产生的可能影响。

数值模式根据其适用的领域和尺度可以分为多种类型，如适合开展全球大气模拟的气候系统模式、适合开展局地气候或天气过程模拟的中尺度数值模式、适合模拟十到百米级微尺度边界层内气候特征的微尺度模式以及适合模拟米级大气湍流特征的CFD模式等。为不同应用场景挑选合适的数值模式进行试验，是气候可行性论证中非常重要的前期工作。然而，一个地区的天气和气候具有明显的多尺度特征，尤其是在地形复杂的重庆地区。因此在实际应用中，仅采用单一类型的数值模式往往难以满足需求。为解决这一问题，可通过开展多尺度数值模拟的方式进行试验，即使用空间尺度较大数值模式模拟得到背景场，后将其作为背景场驱动空间尺度较小的模式模拟得到最终结果。

本章首先对一种适合在气候可行性论证中使用的中尺度气象数值模式（WRF模式）及其相关资料同化算法进行介绍，然后介绍了一个由重庆市气候中心与南京大学合作研发的微尺度数值模式，以及一种CFD流体力学模式；最后对多尺度数值模拟在重庆地区的应用案例进行了介绍。

5.1　中尺度数值模式简介

随着计算机技术的迅速发展，数值模式在数值天气预报及天气、气候研究中起到了越发重要的作用。为对数值模式进行规范，以便业务科研中的交流，美国国家大气研究中心（NCAR）、美国国家环境预报中心（NCEP）、美国国家海洋和大气管理局（NOAA）以及天气预报研究院（FSL）联合开发了新一代中尺度天气预报模式（简称WRF模式）。由于精度高、模拟效果好、代码开源等特点，不管是在业务部门还是科研机构，WRF模式都得到了广泛应用，其在区域气候数值模拟研究中的适用性也得到了大量论证。

WRF 模式包含三个主要结构层：驱动层、中间层和模式层。其中，驱动层负责模式初始化、输入输出、时间积分、计算区域嵌套以及并行计算等；中间层则负责提供驱动层与模式层之间的交互和接口；模式层则主要包括动力学框架、物理过程等。除此之外，WRF 模式还提供了多种理想试验方案、多种模式初始化方案、多个滤波方案以及大量的物理过程参数化方案等，以更好地应用于不同情境。WRFv4.0 以上版本在水平方向采用 Arakawa-C 网格，垂直方向采用气压-地形跟随混合坐标系；时间积分采用三阶 Runge-Kutta 方案。图 5-1 给出了 WRF 模式垂直和水平方向交错网格示意图。

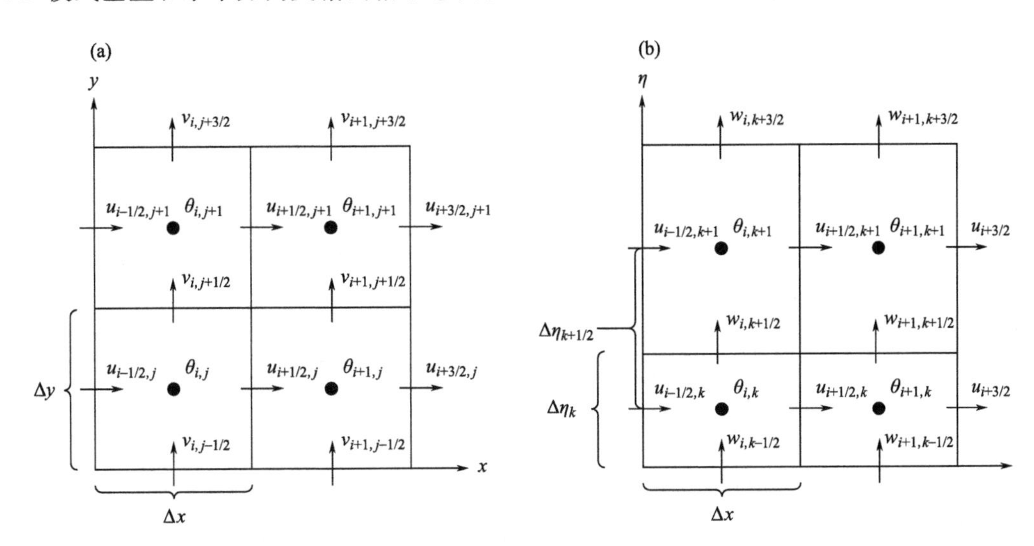

图 5-1 WRF 模式水平(a)及垂直(b)方向网格

在实际多尺度数值模拟应用中，可使用 WRF 模式模拟得到目标区域周边的中尺度背景场，以此作为驱动微尺度或 CFD 模式的驱动数据。为得到精度更高、更接近真实气候特征的模拟结果，可利用自动站观测数据，通过资料同化算法对模拟结果进行订正。下面对 WRF 模式中较为常用的 FDDA 同化做简单介绍。

FDDA 同化也称为松弛逼近(Nudging)。这是由 Hoke 等(1976)提出的一种连续同化方法，通过对模式积分方程添加逼近项使每一步积分都能向观测场逼近，并且积分时间越长同化效果越好。Nudging 方法作用于每一积分步，其同化过程不会造成严重的不连续问题；由于利用了模式积分进行动力约束，也不会破坏模式各变量间的物理平衡。Nudging 同化的常见方程形式为：

$$\frac{\mathrm{d}X}{\mathrm{d}t}=F(X)+t_w\cdot G\cdot(y^{\circ}-\mathrm{H}X) \tag{5-1}$$

其中，$F(X)$为模式预报方程；G 为 Nudging 算子，t_w 为时间权重算子。方程右侧第二项被称为松弛强迫项。由于松弛强迫项是人为所加，没有物理意义，所以通常应有较小的量级。根据 Stauffer 等(1990)的研究，t_w 的形式为：

$$t_{w_t}=\frac{w_t}{\sum\limits_{t=t_o-t_N}^{t_o} w_t\cdot\Delta t} \tag{5-2}$$

其中：

$$
\begin{aligned}
w_t &= 1 && (|t-t_o|<\tau/2) \\
w_t &= \frac{(\tau-|t-t_o|)}{\tau/2} && (\tau/2 \leqslant |t-t_o| \leqslant \tau) \\
w_t &= 0 && (|t-t_o|>\tau)
\end{aligned}
\tag{5-3}
$$

式中：t_{w_t} 和 w_t 分别为当前时刻的权重和对应的权重系数；t 和 t_o 分别指代积分时刻和观测资料时刻；τ 等于同化时间窗口长度的一半。根据该计算公式，可得到对应权重系数 w_t 的分布图像（图 5-2）。从图中可知，当模式积分接近观测数据时间点时，其时间权重将增大，否则将减小。

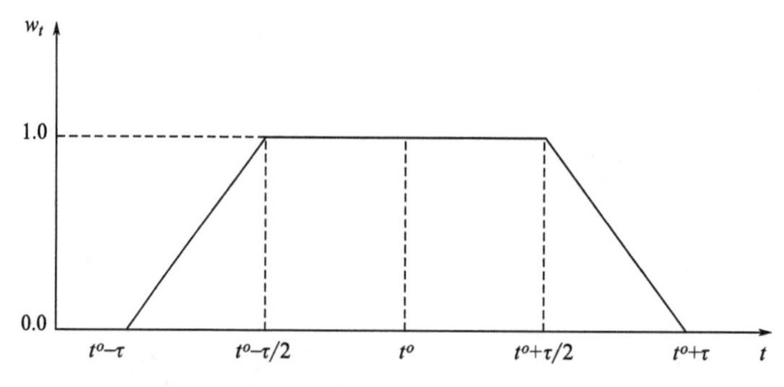

图 5-2　权重系数 w_t 随时间变化的示意图

Nudging 同化虽然提出已久，但由于效果稳定且易于实现，当前依然在数值预报业务和研究中受到广泛使用。Davolio 等（2004）使用 Nudging 方法同化降水数据，改善了模式对降水落区和量级的模拟；Yu 等（2007）通过对比 WRF 的 Nudging 模块 WRF-FDDA 与 WRF-3DVar 的同化效果，发现在对试验中所参考的强对流过程的模拟上，观测松弛法有更好的表现；Otte 等（2012）的试验表明，Nudging 方法在区域气候数值模拟中，不但不会抑制极端事件的发生，反而能提高模式的模拟效果。

WRF 模式中也内置了 Nudging 同化模块，即 WRF-FDDA 模块。该模块最初为 MM5 模式中的 Nudging 同化系统，后被移植到 WRF 模式中（Liu et al.，2005；Deng et al.，2009）。WRF 模式中 OBS-FDDA 的公式为：

$$
\frac{\partial X}{\partial t} = F(X,x,y,\sigma,t) + G_\alpha \frac{\sum_{i=1}^{N} W_{xy,i}^2 W_{t,i}^2 \cdot W_{qc,i}^2 \cdot (y_i^{obs} - HX)}{\sum_{i=1}^{N} W_{xy,i} W_{t,i} W_{qc,i}} \tag{5-4}
$$

其中 $F(X,x,y,\sigma,t)$ 代表 WRF 模式预报方程，G_α 代表张弛系数，W_t 和 W_{qc} 分别代表了时间权重和质量控制系数，W_{xy} 为观测水平响应权重。在 FDDA 中，W_{xy} 采用 Cressman 权重进行计算：

$$
W_{xy} = \frac{R^2 - d^2}{R^2 + d^2} \tag{5-5}
$$

其中，R 代表观测影响半径，d 代表背景场格点到观测点的距离。

使用 WRF 的 FDDA 同化模块时，需要将观测资料保存为 little_r 格式文件，并在 namelist. input 中进行相应设置。之后直接进行模拟便可自动开始观测资料的同化。

5.2 微尺度数值模式简介

对于几十米到百米分辨率尺度的数值模拟，使用 WRF 模式会存在很多问题：该模式的参数化方案太过复杂，在计算时会消耗太多运算时间；模式的框架也更适合进行千米级分辨率的模拟，分辨率过高会由于非线性误差增长的问题，造成积分不稳定。为解决百米以内分辨率的数值模拟问题，需要使用专门的数值模式。

重庆—南京大学微尺度模式（简称 CNMM）是由重庆市气候中心与南京大学共同研发，在南京大学微尺度模式（蒋维楣 等，2009；苗世光 等，2002）基础上发展而来的大气微尺度模式，这两者也是国家气候中心多尺度数值模式系统的组成部分。模式使用笛卡尔坐标系，主要动力方程由连续方程、动量方程、状态方程和热力方程组成。模式采用 Klemp 质量-地形跟随坐标系，使用非静力平衡大气方程组并根据 k-ε 假设进行湍流参数化；利用强迫-恢复法并根据网格中不同土地利用类型占比计算最终地表及土壤温度。

模式不考虑地形跟随坐标系的动力方程组如式(5-6)所示。地表温度模型方程如式(5-7)所示，其中 T_g 和 T_2 分别代表地表温度和深层土壤温度，R_n、H_e、H_s、H_m、Q_a 分别代表地表净辐射、地面潜热通量、地面感热通量、深层土壤热通量和人为热通量，人为热通量的计算参考了 Haan 的方法。

在进行求解时，模式首先计算未包含扰动气压的模式方程得到虚拟速度，然后带入连续方程，利用超松弛迭代求解泊松方程得到扰动气压值，再利用扰动气压对虚拟速度进行调整。得到大气场后，再计算各物理参数化方案。在特定边界条件下，模式积分一段时间后将达到“稳态”，该稳态即可作为当前初边条件及模式参数设置下的“大气平均状态”。

$$
\begin{aligned}
&\frac{\partial u}{\partial t}+u\frac{\partial u}{\partial x}+v\frac{\partial u}{\partial z}+w\frac{\partial u}{\partial z}=-\theta\frac{\partial \pi'}{\partial x}+\frac{2}{3}\frac{\partial k}{\partial x}+\nu_t\nabla\left[\left(\frac{\partial u}{\partial x}+\frac{\partial u}{\partial x}\right)+\left(\frac{\partial u}{\partial y}+\frac{\partial v}{\partial x}\right)+\left(\frac{\partial u}{\partial z}+\frac{\partial w}{\partial x}\right)\right]\\
&\frac{\partial v}{\partial t}+u\frac{\partial v}{\partial x}+v\frac{\partial v}{\partial z}+w\frac{\partial v}{\partial z}=-\theta\frac{\partial \pi'}{\partial y}+\frac{2}{3}\frac{\partial k}{\partial y}+\nu_t\nabla\left[\left(\frac{\partial v}{\partial x}+\frac{\partial u}{\partial y}\right)+\left(\frac{\partial v}{\partial y}+\frac{\partial v}{\partial y}\right)+\left(\frac{\partial v}{\partial z}+\frac{\partial w}{\partial y}\right)\right]\\
&\frac{\partial w}{\partial t}+u\frac{\partial w}{\partial x}+v\frac{\partial w}{\partial z}+w\frac{\partial w}{\partial z}=g\frac{\theta'}{\theta}-\theta\frac{\partial \pi'}{\partial z}+\frac{2}{3}\frac{\partial k}{\partial z}+\nu_t\nabla\left[\left(\frac{\partial w}{\partial x}+\frac{\partial u}{\partial z}\right)+\left(\frac{\partial w}{\partial y}+\frac{\partial v}{\partial z}\right)+\left(\frac{\partial w}{\partial z}+\frac{\partial w}{\partial z}\right)\right]\\
&\frac{\partial u}{\partial x}+\frac{\partial v}{\partial y}+\frac{\partial w}{\partial z}=0\\
&\frac{\partial \theta}{\partial t}+u\frac{\partial \theta}{\partial x}+v\frac{\partial \theta}{\partial z}+w\frac{\partial \theta}{\partial z}=\frac{\nu_t}{\mathrm{P}_{rt}}(\Delta\cdot\theta)\\
&\frac{\partial k}{\partial t}+u\frac{\partial k}{\partial x}+v\frac{\partial k}{\partial z}+w\frac{\partial k}{\partial z}=\frac{\nu_t}{\sigma_k}(\Delta\cdot k)+\nu_t\left(\frac{\partial V_i}{\partial x_j}+\frac{\partial V_j}{\partial x_i}\right)\frac{\partial V_i}{\partial x_j}-g\frac{\nu_t}{\theta\sigma_k}\frac{\partial \theta}{\partial z}-\varepsilon\\
&\frac{\partial \varepsilon}{\partial t}+u\frac{\partial \varepsilon}{\partial x}+v\frac{\partial \varepsilon}{\partial z}+w\frac{\partial \varepsilon}{\partial z}=\frac{\nu_t}{\sigma_k}(\Delta\cdot\varepsilon)+\frac{\varepsilon}{k}\left[C_1\nu_t\left(\frac{\partial V_i}{\partial x_j}+\frac{\partial V_j}{\partial x_i}\right)\frac{\partial V_i}{\partial x_j}-C_3 g\frac{\nu_t}{\theta\sigma_k}\frac{\partial \theta}{\partial z}\right]-C_2\frac{\varepsilon^2}{k}
\end{aligned}
\tag{5-6}
$$

$$C_g \frac{\partial T_g}{\partial t} = R_n - H_e - H_s - H_m + Q_a$$

$$\frac{\partial T_2}{\partial t} = \frac{1}{\tau}(T_g - T_2) \tag{5-7}$$

$$Q_a = Q\left\{1 - 0.6\cos\left[\frac{\pi(h-3)}{12}\right]\right\}$$

尽管微尺度模式较 WRF 模式已简化了很多，但实际积分时需要不断迭代至收敛，因此依然存在耗时较长的问题。为了解决这一问题，模式使用了红黑排序法(Red-Black SOR)进行超松弛迭代代码的并行化设计。该算法巧妙地利用了离散差分数值求解时可以跳过中心格点的特点，将二维网格拆分为红、黑两种格点并分开求解，从而实现高效并行运算。图 5-3 给出了红黑排序法的示意图，图 5-4 给出了算法代码在 CNMM 中的部分实现。

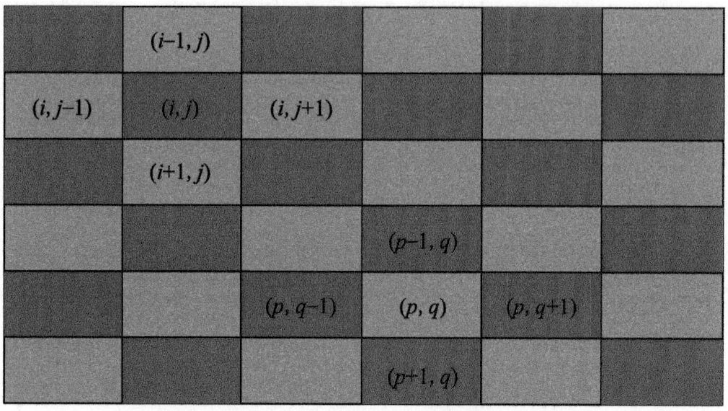

(i-1, j)
(i, j-1) (i, j) (i, j+1)
(i+1, j)
(p-1, q)
(p, q-1) (p, q) (p, q+1)
(p+1, q)

图 5-3 红黑排序法对二维网格的划分

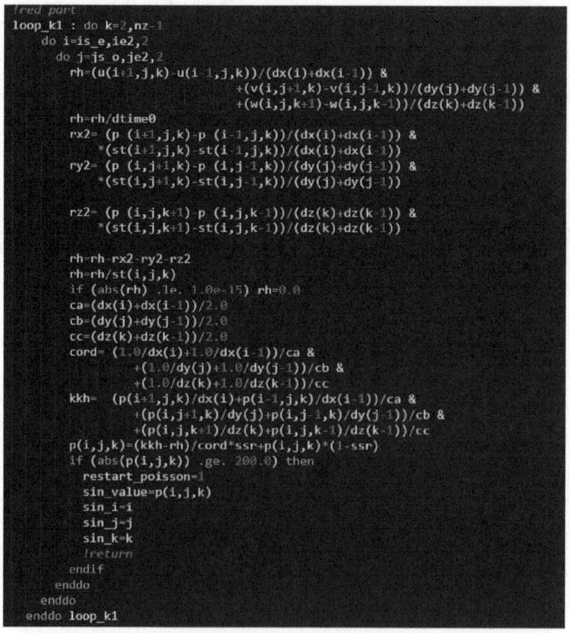

```
!red part
loop_k1 : do k=2,nz-1
    do i=is_e,ie2,2
      do j=js_o,je2,2
        rh=(u(i+1,j,k)-u(i-1,j,k))/(dx(i)+dx(i-1)) &
                                  +(v(i,j+1,k)-v(i,j-1,k))/(dy(j)+dy(j-1)) &
                                  +(w(i,j,k+1)-w(i,j,k-1))/(dz(k)+dz(k-1))
        rh=rh/dtime0
        rx2= (p (i+1,j,k)-p (i-1,j,k))/(dx(i)+dx(i-1)) &
            *(st(i+1,j,k)-st(i-1,j,k))/(dx(i)+dx(i-1))
        ry2= (p (i,j+1,k)-p (i,j-1,k))/(dy(j)+dy(j-1)) &
            *(st(i,j+1,k)-st(i,j-1,k))/(dy(j)+dy(j-1))

        rz2= (p (i,j,k+1)-p (i,j,k-1))/(dz(k)+dz(k-1)) &
            *(st(i,j,k+1)-st(i,j,k-1))/(dz(k)+dz(k-1))

        rh=rh-rx2-ry2-rz2
        rh=rh/st(i,j,k)
        if (abs(rh) .le. 1.0e-15) rh=0.0
        ca=(dx(i)+dx(i-1))/2.0
        cb=(dy(j)+dy(j-1))/2.0
        cc=(dz(k)+dz(k-1))/2.0
        cord= (1.0/dx(i)+1.0/dx(i-1))/ca &
              +(1.0/dy(j)+1.0/dy(j-1))/cb &
              +(1.0/dz(k)+1.0/dz(k-1))/cc
        kkh=  (p(i+1,j,k)/dx(i)+p(i-1,j,k)/dx(i-1))/ca &
              +(p(i,j+1,k)/dy(j)+p(i,j-1,k)/dy(j-1))/cb &
              +(p(i,j,k+1)/dz(k)+p(i,j,k-1)/dz(k-1))/cc
        p(i,j,k)=(kkh-rh)/cord*ssr+p(i,j,k)*(1-ssr)
        if (abs(p(i,j,k)) .ge. 200.0) then
          restart_poisson=1
          sin_value=p(i,j,k)
          sin_i=i
          sin_j=j
          sin_k=k
          !return
        endif
      enddo
    enddo
  enddo loop_k1
```

图 5-4 红黑排序法在 CNMM 中的部分实现

图 5-5 给出了利用 CNMM 模式对 WRF 模式模拟结果做逐小时降尺度诊断后得到的站点所在位置平均气温和风速时间序列，从图中可见 WRF 模式模拟的风速普遍较实际风速偏大；经过 CNMM 降尺度诊断后，模拟所得风速的误差得到改善。

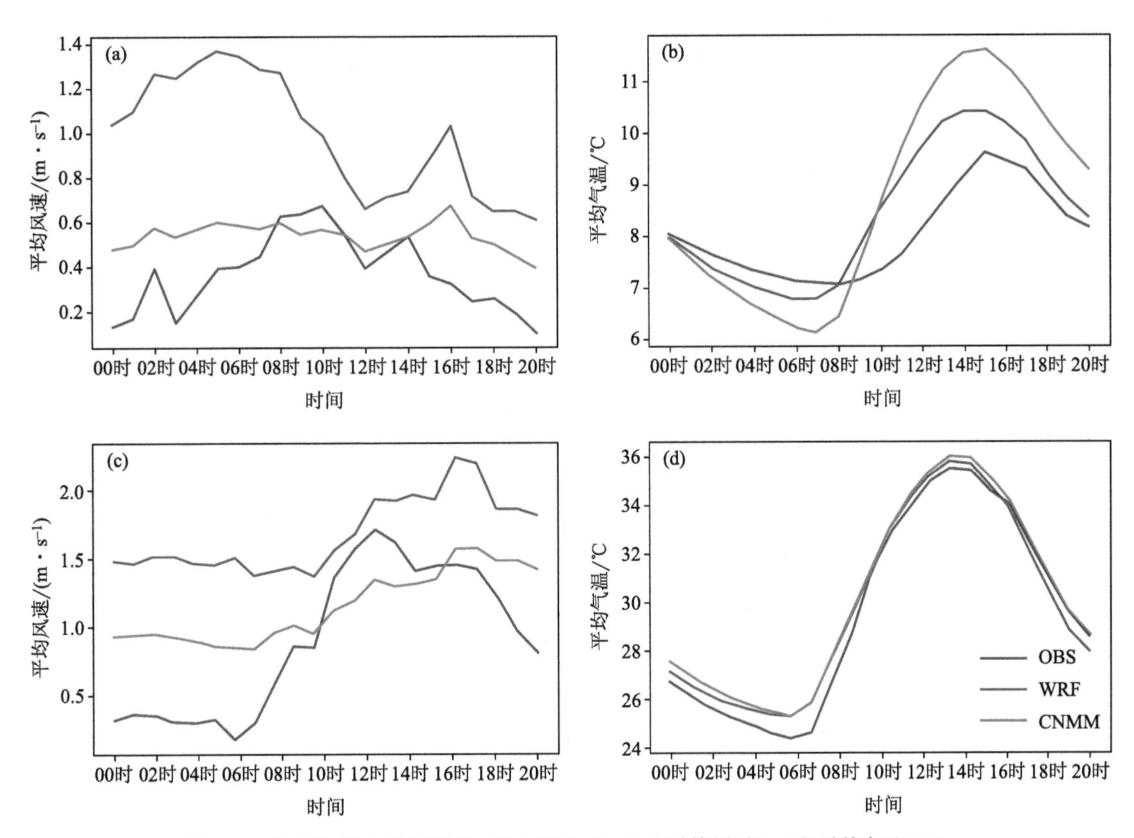

图 5-5 蓝线为微尺度模拟的 2020 年 1 月 18 日平均风速(a)和平均气温(b)、2020 年 7 月 29 日平均风速(c)和平均气温(d)

（红线和灰线分别为对应观测和 WRF 模拟结果）

5.3 计算流体力学模式

计算流体力学模式(CFD)一般将流体力学控制方程中的积分、微分项近似地表示为离散的代数形式，使其成为代数方程组，然后通过计算机求解这些离散的代数方程组，获得离散的时间/空间点上的数值解。与传统气象数值模式不同，CFD 模式一般不关注大气中的相变过程，通过极高分辨率(米级)的模拟和湍流参数化方案，得到接近真实情况的风场及局地湍流特征。

常用的 CFD 模式有很多，可以按模拟湍流的方式简单分为直接模拟(DNS)模式、大涡模拟(LES)模式和雷诺时均法(RANS)模式。而重庆市气候中心在气候可行性论证工作中使用的 CFD 模式，是日本东北大学基于 LES 开发的一个局地气象模式(Sha，2002，2008)。表 5-1 给出了该模式的具体参数。该模式基于三维笛卡尔坐标，采用 blocking-off 手段来处理陡峭的地形和复杂建筑物。模式采用有限元方法离散 Navier-Stokes 方程组，同时利用压力速度耦合 SIMPLER 方法进行求解（Patankar，1980）。模式在每个积分步长中反复迭代至收敛，以保证各要素的物理一致性。方程平流采用的是三阶 QUICK 方案（Leonard，1979）。时间积分采用完全隐式方案。次网格湍流的处理则是采用 Lilly-Smagorinsky 大涡模拟模型（Lilly，1962；Smagorinsky，1963）。该局地模式为干模式，不包含湿过程和辐射过程。详细模式介绍请参考 Sha（2008）。

表 5-1　CFD 模式参数

参数	描述
基本方程	非静力、完全可压纳维-斯托克斯方程
坐标	三维笛卡尔
离散方法	有限元
网格	规则结构化交错网格
水平空间分辨率	一致
时间积分方案	完全隐式
平流方案	QUICK
求解方法	SIMPLER
下垫面处理方法	blocking-off
湍流方案	Lilly-Smagorinsky LES

5.4　应用案例

数值模式在气候可行性论证中的应用具有明显的差异化特征，不同的区域、不同规模的论证项目会有不同的数值模拟方案。本节将对多个数值模式在气候可行性论证工作中的应用案例进行介绍。

5.4.1　湿地公园对局地气候舒适性影响的数值试验

（1）梁平农田湿地公园介绍

重庆市梁平区位于重庆市东北部，是成渝城市群的重要节点城市。为有效改善城市气候适应性，营造良好的宜居环境、提高局地气候舒适度，当地规划部门拟对城市周边的农田、林地、水系、山体等进行保护及开发利用。因此，拟在梁平区主要城镇的上风方向规划 25 km^2 的农田保护区，并在其中建设农田湿地公园（图 5-6a），湿地公园的第一期工程拟建设在保护区的西南角。但为了合理开支政府经费并尽量减小对当地居民生产生活的影响，需要对现存及后续方案进行设计论证。从图 5-6a 可知，梁平地区地势陡峭多变；主要的城市区域（梁山街道和双桂街道）位于保护区南部地形相对平坦的山谷地带。图 5-6b 所示为利用梁平地区风玫瑰图。结果显示当地出现频率最多的风向为东北风和东北偏北风，合计占比 20.6%。结合图 5-6a 可知城市区域并非完全处于保护区的下风方向，而是与主导风向近似平行。

（2）WRF 模式及参数设置

本节 WRF 模式设置采用 4 层网格嵌套，从外到内模式网格分辨率分别为：9 km、3 km、

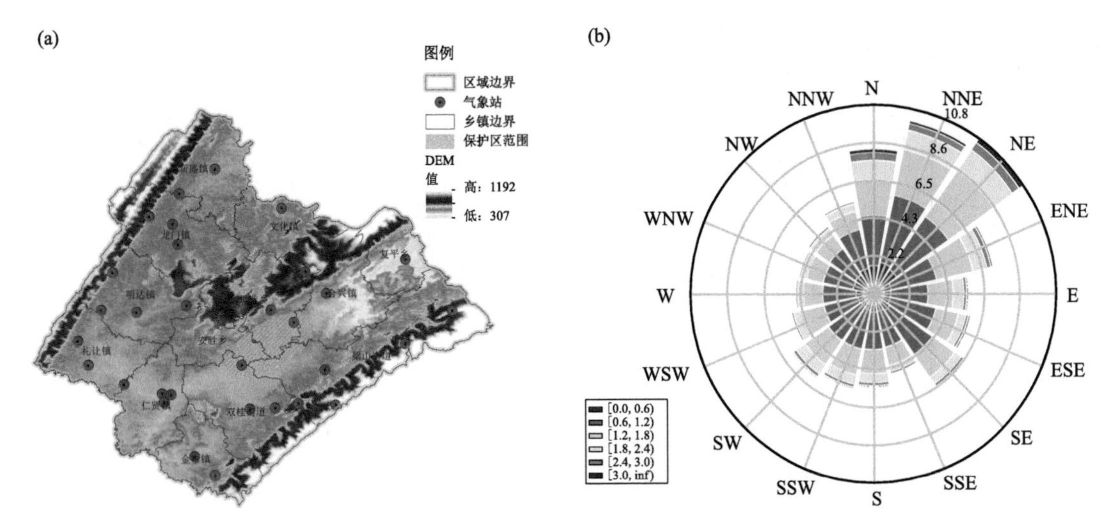

图 5-6 (a)梁平地区规划图(阴影代表保护区范围,红点代表当地自动气象站,填色代表 DEM 高程);(b)梁平地区风向风速玫瑰图

1 km、333.33 m。网格采用兰伯特投影坐标系,最外层网格中心纬度和经度分别为 31°N 和 105°E,参考纬度为 30°N 和 60°N,参考经度为 105°E。图 5-7 所示为模式网格范围和嵌套设置。模式使用 NCEP 的全球 1°× 1°再分析资料(FNL)作为初始场,微物理参数化方案采用 WSM6 方案,长波辐射参数化采用 RRTM 方案、短波辐射参数化采用 Dudhia 方案,陆面过程采用 CLM4 陆面模式进行耦合,边界层参数化采用 YSU 方案。2014 年 8 月初梁平地区盛行风向与多年盛行风向一致即东北偏北风,所以模式选取模拟时间为 2014 年 7 月 28 日—8 月 6 日,前 4 d 作为模式启动时间而舍去。

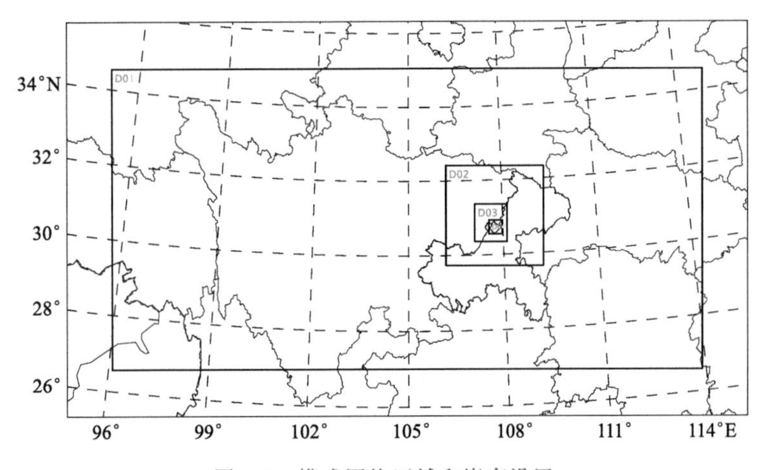

图 5-7 模式网格区域和嵌套设置

图 5-8 所示为 WRF 模拟结果中 2 m 气温和模拟区域内所有观测站实测温度平均值的时间变化对比。可以看到 WRF 模式的模拟结果与观测数值在变化趋势上基本一致,数值误差较小,说明模式能较好地模拟该地的气象环境,用于分析该地的局地气候是可行且可信的。

(3)湿地面积和位置的局地气候调节作用分析

① 湿地面积敏感性试验。为对比不同湿地规划面积对区域气象环境的影响,首先设计了

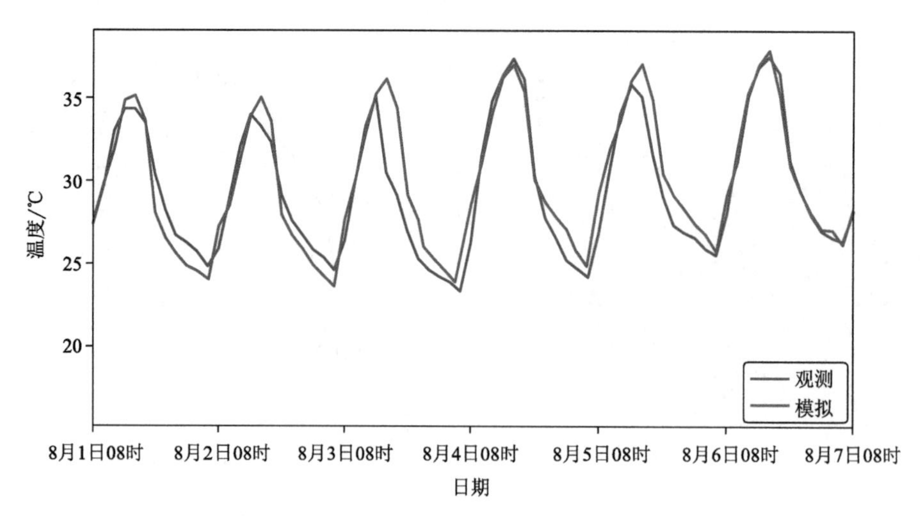

图 5-8　WRF 模式最内层网格平均温度和站点实测平均温度的时间变化

四组试验，分别为：控制实验，不规划湿地；敏感试验 1，在农田湿地一期工程位置上，放置面积约 10 km^2 的湿地；敏感试验 2，放置面积约 15 km^2 的湿地；敏感试验 3，放置面积约 20 km^2 的湿地。图 5-9 所示为不同试验模式最内层网格的土地利用分布。

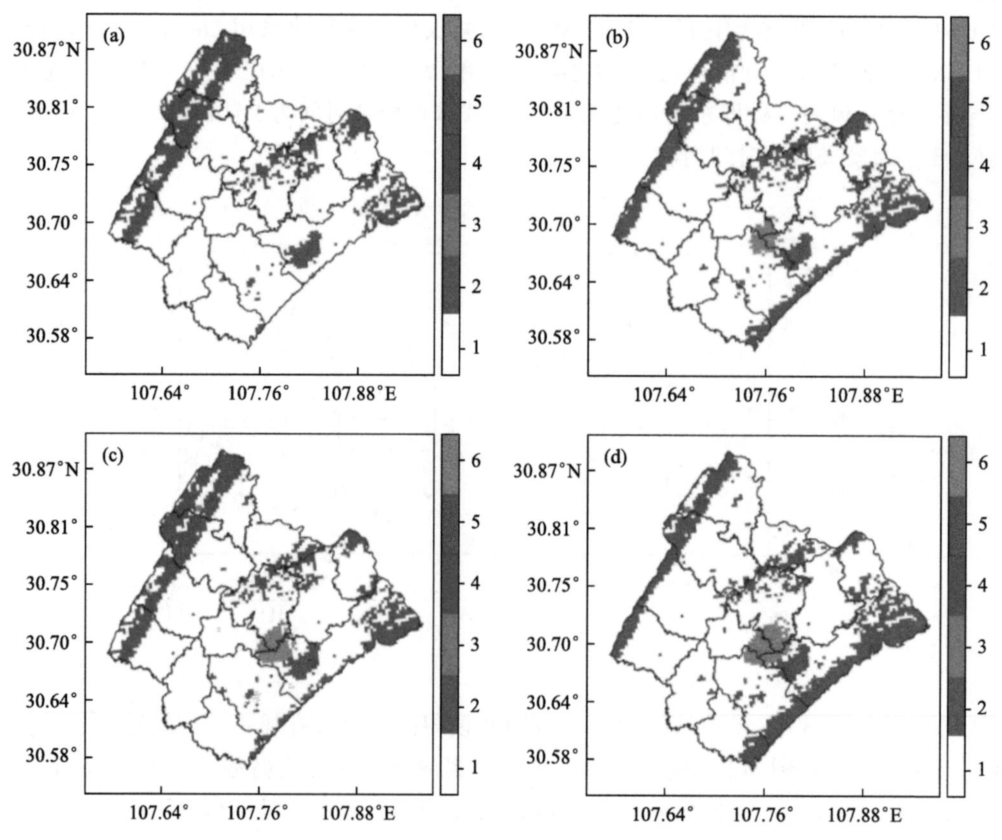

图 5-9　控制试验(a)和敏感试验 1(b)、敏感试验 2(c)、敏感试验 3(d)的土地利用
（色标 1～6 依次代表农业用地、树林、草地、水体、城市和湿地）

图 5-10 所示为 2014 年 8 月 1—6 日(后文无特殊说明皆同)每天下午(13—18 时),三组敏感试验平均 2 m 气温相对控制试验的差异。从图中可见,当湿地面积为 10 km^2 时,模拟区域内的降温并不明显,温度变化区域空间分布没有一致性特征,说明因湿地面积过小,下垫面修改后对局地气候影响不大,只形成小的气温波动;而敏感试验 2、敏感试验 3 的降温较为明显,出现了大面积 0.2 ℃以上的降温区域。20 km^2 湿地带来的降温区域面积较 15 km^2 湿地略大,但降温幅度并无太大差异。同时,从白天各敏感试验平均 2 m 相对湿度对控制实验的差异可知(图略),不同面积的湿地对研究区域都有增湿效果,但以 15 km^2 和 20 km^2 规划面积时较为明显。

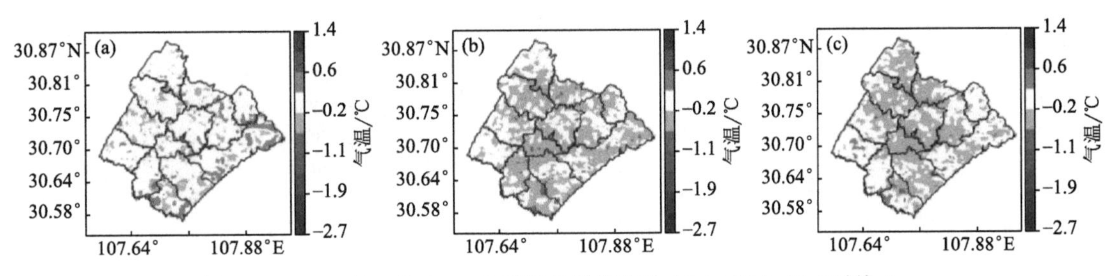

图 5-10 2014 年 8 月 1—6 日下午的敏感试验 1(a)、2(b)、3(c)平均 2 m 气温相对控制试验的差异(单位:℃)

以上分析表明,增加湿地下垫面对当地气温和湿度有一定改变,并以湿地面积为 15 km^2 和 20 km^2 时效果较为明显,但二者间并无太大差异。综合各方面因素,考虑到工程成本和保护区内其他规划调整,认为规划 15 km^2 面积的湿地较为合适。

②湿地位置敏感性试验。为进一步探索湿地公园位置对局地气象环境的影响,继续设计了三组敏感性试验,分别为:敏感试验 4:将 15 km^2 面积的湿地全部放在保护区的东北部;敏感试验 5:将 15 km^2 面积的湿地分为两个部分,分别放在保护区东北部和西南部,且东北部的面积较大;敏感实验 6:与敏感实验 5 类似,但两部分湿地面积相同。具体的下垫面土地利用分布如图 5-11 所示。

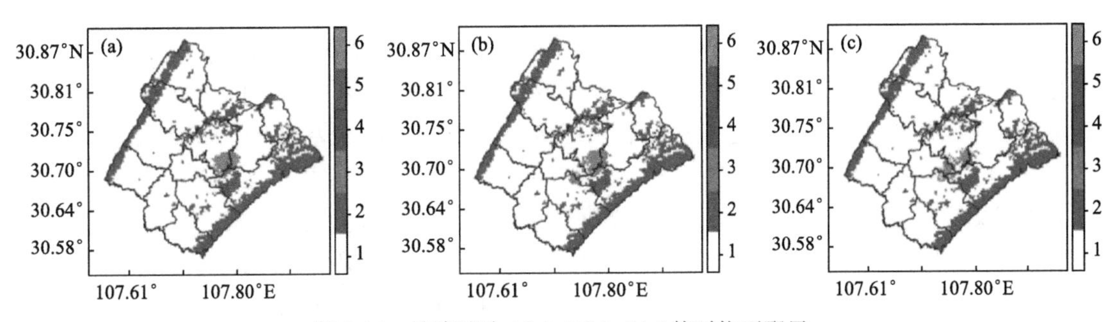

图 5-11 敏感试验 4(a)、5(b)、6(c)的下垫面配置
(色标 1～6 依次代表农业用地、树林、草地、水体、城市和湿地)

图 5-12 所示为白天与夜间各敏感试验平均 2m 温度相对控制试验的差异。可明显看出相对敏感试验 2,敏感试验 4～6 中湿地对整个模拟区域的降温作用得到明显提升:不仅降温面积增加,降温的幅度也更大。如图 5-12e～图 5-12h 所示,由于热容较大,湿地在夜间呈现增温;当湿地位置全部在保护区西南部时(图 5-12e),对研究区域几乎无降温作用;而当保护区北

部存在湿地时(图 5-12f～图 5-12h),对研究区域降温效果明显,在城市所在位置可看到明显的温度负增量,且敏感试验 5、6 降温效果略优于敏感试验 4。

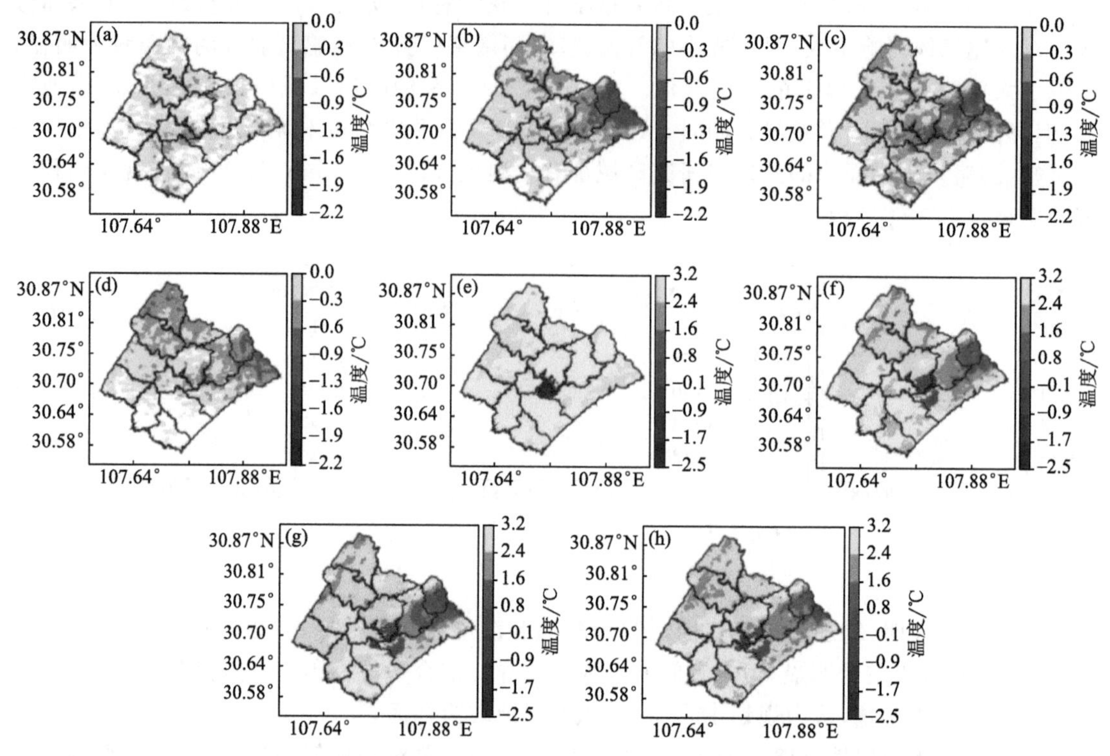

图 5-12 各敏感试验平均 2 m 温度相对控制试验的差异(单位:℃)
(a～d)分别代表敏感试验 2、4、5、6 白天的温度差异;(e～h)则代表夜间的温度差异

综合分析图 5-10 和图 5-12 发现,当地气象环境对湿地位置变化的敏感程度相比面积变化更高。为获得更具代表性的风场变化结果,进一步将模拟时间延长至 16 日。图 5-13 填色为 8 月 1—16 日敏感试验 2、4、5、6 全天平均风速与控制试验的差异,灰色线条代表平均风流场。从图中可知,当湿地全部位于保护区西南部时,研究区域风环境整体变化较小,湿地西南侧的风速有略微增加;而在敏感实验 4～6 都出现了较大面积的风速增加区域,同时可发现敏感实验 5 相比敏感实验 4、6 风速增加的区域更多。结合图 5-13 流场和图 5-6a 的地形分布可知,造成这一现象的原因可能是下垫面参数的改变产生了新风道。保护区北部刚好存在两座小山体相交构成的峡谷,当峡谷南侧的下垫面替换为摩擦系数较低的湿地时,有利于气流从此通过,进而在研究区域北部构成由南至北的新风道;而当湿地全部位于保护区西南部时,由于同峡谷位置错开,新风道未能产生,因此对局地风环境影响较小。对比图 5-13b～图 5-13d 可知,保护区北部的湿地面积越大则新风道影响范围也越大;而若在保护区南部也布置一定面积的湿地(图 5-13c,敏感实验 5),则原有风道的通风效果也会得到加强,从而对整个区域的通风环境都能有较好改善。

从以上分析可知,湿地在保护区北部或分南北两部分布置都有明显的降温效果并减缓夜间城市热岛效应,且敏感试验 5 表现略优于敏感试验 4 和 6。10 m 风场的分析表明,当保护区北部存在湿地时有利于形成新的风道,其中敏感试验 5 对当地通风环境改善效果最好。通风

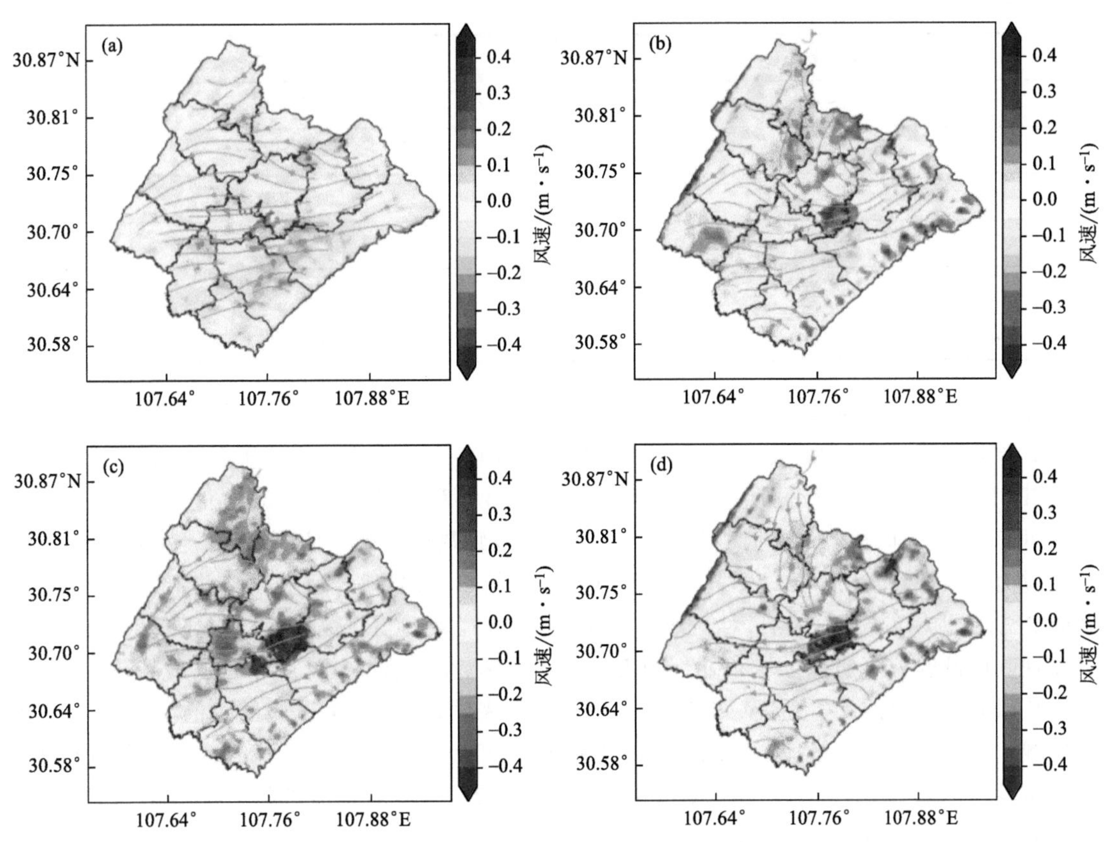

图 5-13 2014 年 8 月 1—16 日敏感试验 2(a)、4(b)、5(c)、6(d)全天平均 10 m 风速相对控制试验的差异(填色部分,单位:m·s^{-1},灰色线条代表平均风流场)

环境改变后将改善局地空气扩散能力,并与地形相互作用引发局地次级环流,进而对温度、湿度造成影响。这说明进行湿地规划时,当地风环境应当作为重要参考。而次级环流导致的各大气要素间内部关系非常复杂,将作为今后进一步的研究内容,这里不展开讨论。

(4)湿地面积和位置的局地舒适度调整分析

为更加直观地表现湿地对当地舒适性的影响,以白天及夜间 2 m 通用热气候指标(UTCI)来做进一步分析。UTCI 是由世界气象组织倡导下,多名科学家共同建立的舒适度指数模型,它通过结合气温、风速、相对湿度、辐射温度、天空云量等变量计算得到,是研究人体舒适度的常用指数。这里采用该项目官网(http://www. utci. org/)给出的六次多项式方法做近似计算。常用的 UTCI 舒适度对应等级见表 5-2。

表 5-2 UTCI 数值与对应热应力等级

UTCI 数值	热应力等级
≤−40	极端冷应力
−40～−27	非常强的冷应力
−27～−13	强冷应力
−13～0	温和冷应力

续表

UTCI 数值	热应力等级
0～9	微小冷应力
9～26	无热应力
26～32	温和热应力
32～38	强热应力
38～46	非常强的热应力
>46	极端热应力

图 5-14 所示为控制试验与敏感试验 1～5 白天、夜间 UTCI 空间分布(敏感实验 6 与敏感实验 5 差异较小，因而省略)。从整体来看，可发现在白天时段所有试验研究区域均属强热应力(UTCI 数值>32)；而夜间所有试验研究区域均属温和热应力(UTCI 数值介于 26～32)。从中可知，在白天时段，无湿地时(图 5-14a)研究区域强热应力区数值更高，甚至有数值接近超强热应力的区域；敏感试验 1(图 5-14b)因湿地面积较小，对当地舒适度调整并不明显；而敏感试验 2～5(图 5-14c～图 5-14f)对当地舒适性调整较好，高 UTCI 数值面积明显减少；另外，还可发现其他试验位于研究区域东北部的 UTCI 高值区，在敏感试验 4、5 中都已得到改善。

从研究区域夜间的舒适度(图 5-14g～图 5-14l)来看，可知各组试验结果的主要区别在城市区域。由于城市热岛效应，控制试验中城区位置 UTCI 数值较高，人体热舒适度相对较低；敏感试验 1-3(图 5-14h～图 5-14i)则由于湿地位置问题，未能对城区的舒适度做出明显调整；而不管是湿地都放置在北部还是分两部分放置(敏感试验 4、5，图 5-14k、图 5-14l)，都能明显提高城镇夜间的人体热舒适度。值得注意的是，对比图 5-14h～图 5-14l 可知，适宜的湿地位置不仅能提高其对局地气候舒适性的调整，还能较好地改善湿地公园本身的舒适度，这与新风道的形成可能存在一定关系。

由于各方案的 UTCI 数值都较为接近，因此难以计算各舒适度等级面积。为进行定量对比，图 5-15 显示了采用 Z-score 标准化后的控制试验及敏感试验 1～5 城市区域及全部研究区域白天、夜间 UTCI 平均值。经过 Z-score 标准化处理后的数据可代表其相对样本整体状态的偏差程度。由于各试验的平均值都高于最佳 UTCI 数值范围(9～26)，因此可认为负偏差越高则表明越接近最佳舒适度。从图 5-15 能明显看出，城市区域的白天、夜间以及全部研究区域的白天，控制试验与敏感试验 1～3 的 UTCI 平均值皆表现为正向偏差，而敏感试验 4、5 都比控制试验更加接近最佳舒适度，且敏感试验 5 表现略优。然而对整个区域的夜间平均 UTCI 来说，敏感试验 4、5 数值较高，敏感试验 1 和 3 相比其他方案则更接近最佳舒适度。通过对比图 5-14g～图 5-14l 可知，这是由于敏感试验 4、5 中整个研究区域内 UTCI 低值区域面积相比其他试验较少，所以导致其 UTCI 平均值更高。但由于夜间人类的主要活动区域位于城市，因此并不会影响当地居民的实际舒适度感受。

综上所述，将湿地位置移至保护区的北部，或将湿地分为两个部分分别放置在保护区的西南、东北且东北部面积较大，都能有效地提高当地的人体舒适度，且当湿地分为两部分布局时改善效果略优于全部放置在东北部。结合规划部门的第一期工程计划并综合各种因素，建议将敏感试验 5 的布局作为参考规划方案，如此就能同时满足工程规划和当地的气候舒适性调

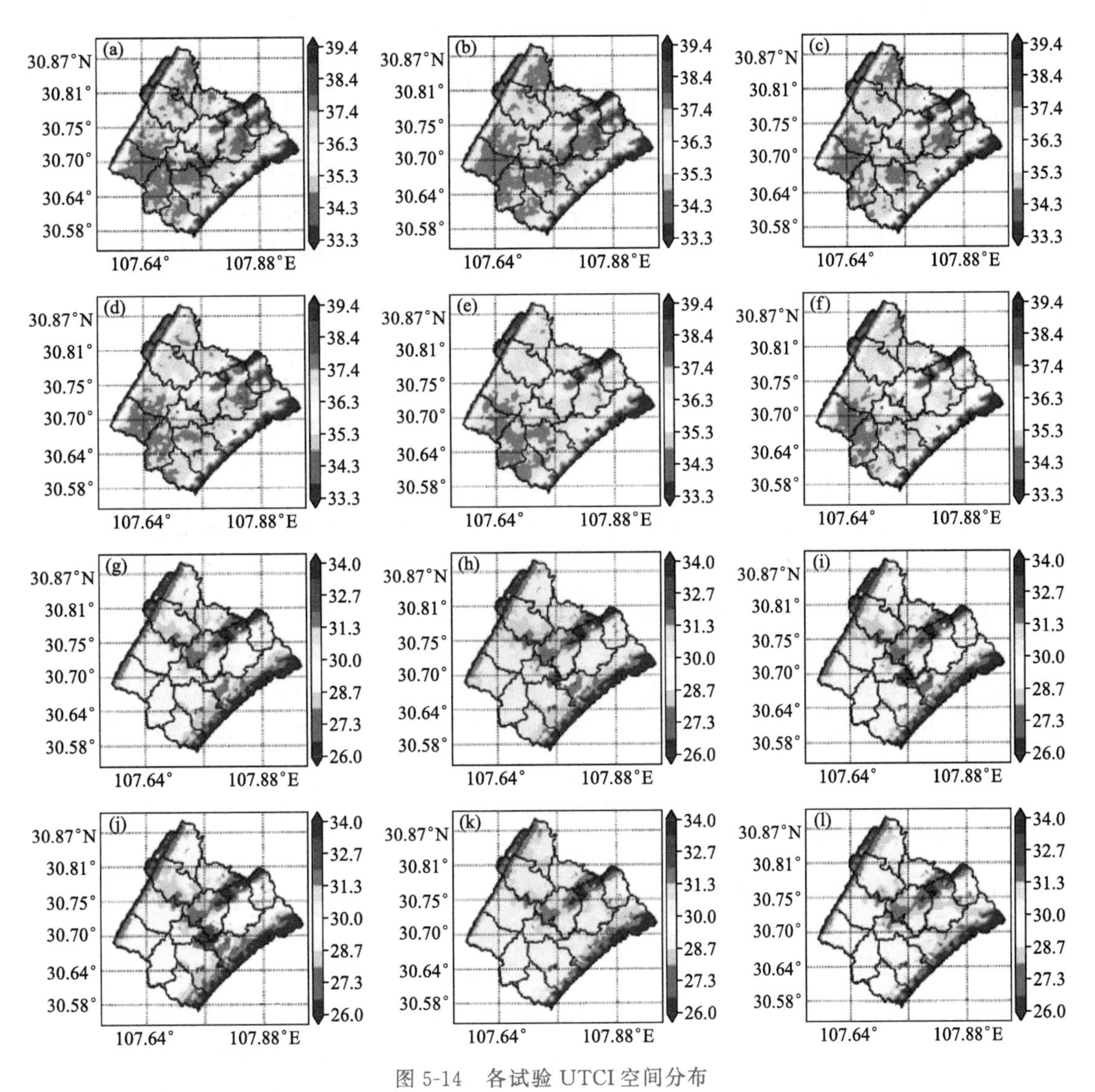

图 5-14 各试验 UTCI 空间分布

(a～f)分别代表控制试验和敏感试验 1～5 在白天的 UTCI；(g～l)代表各试验组夜间的 UTCI

整需求。另外也对将 10 km² 面积的湿地分为两部分放置或全部放置在保护区北部进行了模拟试验(图未给出)，发现其对气候环境的调整远不如 15 km² 的湿地，这说明一定面积大小的湿地是必需的。

(5)本节小结

利用 WRF 模式下垫面敏感性试验对重庆梁平区农田生态湿地公园不同规划对当地的气候舒适性的调整进行了分析。通过在保护区范围内增加湿地下垫面，对比分析了不同湿地面积和位置分布对局地气象环境及舒适度的影响，主要得出以下几点结论。

① 湿地面积敏感性试验表明，10 km² 面积的湿地对局地温度、湿度影响较小；当湿地面积为 15 km² 和 20 km² 时，能较为明显地对研究区域起到降温、增湿的作用。但由于梁平地区主导风向和复杂地形共同作用，使得湿地的气候调节能力受到限制。

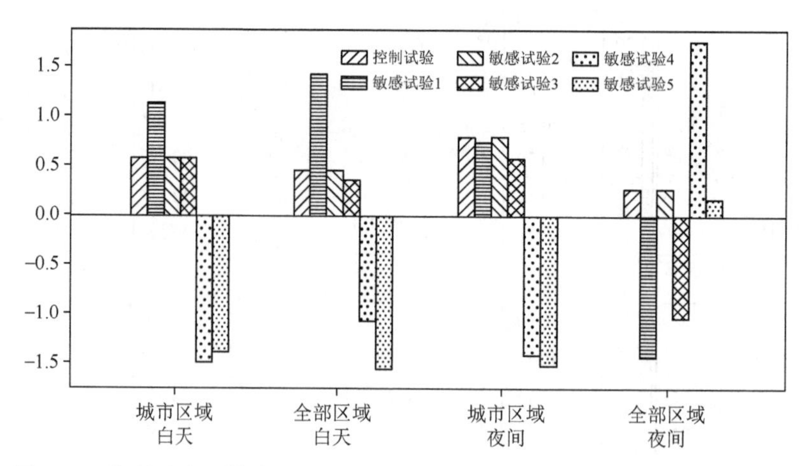

图 5-15 控制试验和敏感试验 1～5 城市及全部区域的平均 UTCI 归一化数值

② 湿地位置敏感性试验表明，相比将湿地全部放置在保护区西南角，将湿地分为西南、东北两部分或者全部放置在保护区东北部，有利于当地形成新的风道，增强模拟区域的通风能力，并进而对温度、湿度做出更好调整。这说明区域风环境对湿地布局的规划具有重要意义。相比其他方案，当湿地分为两部分且东北部面积较大时改善效果更为明显。

③ 通过计算并对比各试验方案的通用热气候指标，发现无论湿地全部放置在保护区东北部还是分为南北两部分，都能较好地改善当地气候舒适性，尤其对于夜间城镇区域的热舒适度能起到很好的调节作用，且当湿地分两部分时调节效果略优。

综合以上试验结果，并考虑到规划部门初期设计和人力物力等方面的因素，认为应该在保护区东北和西南两个部位分别修建湿地公园，总面积约为 15 km^2，且位于东北部位的湿地面积应较大。这样既能满足工程规划需求，又能较好地提高当地的气候舒适性。

5.4.2 海绵城市建设对局地气候影响的数值模拟

城市热岛效应是指城市气温明显高于郊区的现象，其主要原因是城市建筑物、街道等不透水面能吸收更多太阳辐射，因此升温较快，且大量的人为热源对大气存在加热作用。随着人类社会不断发展，城市热岛效应已经成为区域气候变化的重要因子，对局地高温热浪事件、城市居民舒适度等产生了重要影响。

重庆市悦来新城在 2011 年的重庆市城乡总体规划中，被定义为“两江现代国际商务中心”并开始大规模建设，同时也是国内首批海绵城市试点单位之一。本研究以悦来新城为研究对象，通过应用多尺度数值模拟技术，分析了不同规划方案对局地热岛效应的影响。

(1)模式设置

WRF 模式采用四层嵌套网格，由外至内水平分辨率分别为 27 km、9 km、3 km 和 1 km，垂直方向 46 层。模拟所用主要物理参数化方案包括：KF 积云对流方案、WSM6 微物理方案、Goddard 短波辐射方案、RRTM 长波辐射方案、Noah 陆面模式、MYJ 边界层参数化方案。CNMM 微尺度模式以悦来为中心，水平分辨率 80 m，垂直方向 61 层，模式顶高 2500 m。

WRF 使用 1°×1°的 FNL 再分析资料作为初始场和边界。以 2018 年 7 月作为典型高温月份，模式模拟时间为 2018 年 6 月 25 日 08 时(北京时，下同)至 8 月 1 日 00 时，前 5 天作为

spin-up 舍去，保留最内层整个 7 月逐小时输出。为使模拟结果更加准确，使用重庆地面自动气象站观测进行了逐小时四维资料同化；并使用 SRTM1 地形数据和清华大学土地利用数据对 WRF 模式原有下垫面资料进行了订正。微尺度模式使用 WRF 输出的各模式变量计算逐小时月平均值作为初始场并做逐时诊断模拟；入流方向的风场使用 Davies 边界条件进行强迫，出流方向的风场及其他模式变量的侧边界均使用无梯度边界条件；模式顶边界使用海绵边界条件，底边界利用 M-O 假设近似计算得到(Park et al.，2015)。WRF 模式和城市微尺度模式均选择自适应积分步长以保证积分连续稳定。图 5-16 给出了 WRF 和微尺度模式的网格嵌套关系。

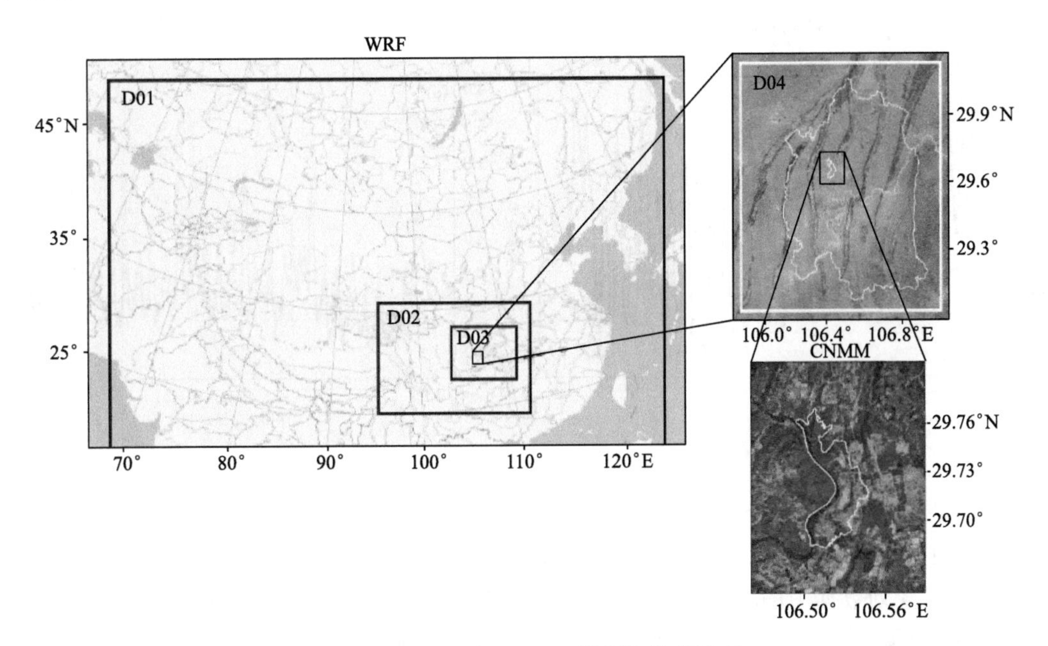

图 5-16 WRF 和 CNMM 的网格嵌套设置

由于微尺度模式模拟分辨率较高，模式动力部分积分步长需很短才能保证稳定；而辐射热力模型则无严格限制。因此为加快土地利用改变产生的影响，参照王宝民等(2004)的研究方法，模式诊断的模拟步骤为：首先保持动力场不变，仅计算辐射热平衡过程，然后再进行辐射热平衡和动力过程的同步积分；重复上述两步，直至动力场达到相对稳态便停止模拟。

图 5-17a～图 5-17d 分别为经过资料同化后 WRF 模拟的 10 m 风速、2 m 气温、2 m 相对湿度和地面气压插值到重庆市主城区各气象站后的平均值与实际观测平均值时间序列。从图中可以看出，气温、气压和相对湿度的模拟值和变化趋势均与观测基本一致；模拟的风速由于是瞬时值因此较观测偏大，但二者变化趋势也较为接近。因此可使用该结果作为本地 2018 年 7 月气象特征的近似。

(2)敏感性试验结果分析

根据规划文件，悦来新城海绵城市的建设包括了公建民建小区、城市水系、市政道路、园林绿地等 75 个项目，其中绿化率的增加及合理的城市规划是建设方案的重要组成部分。由于透水海绵材料的使用对热岛效应影响较小且难以在模式中表达，这里主要考虑对比海绵城市与传统城市土地利用规划方案对局地微气候产生的不同影响。因此，微尺度模拟设计了三组试

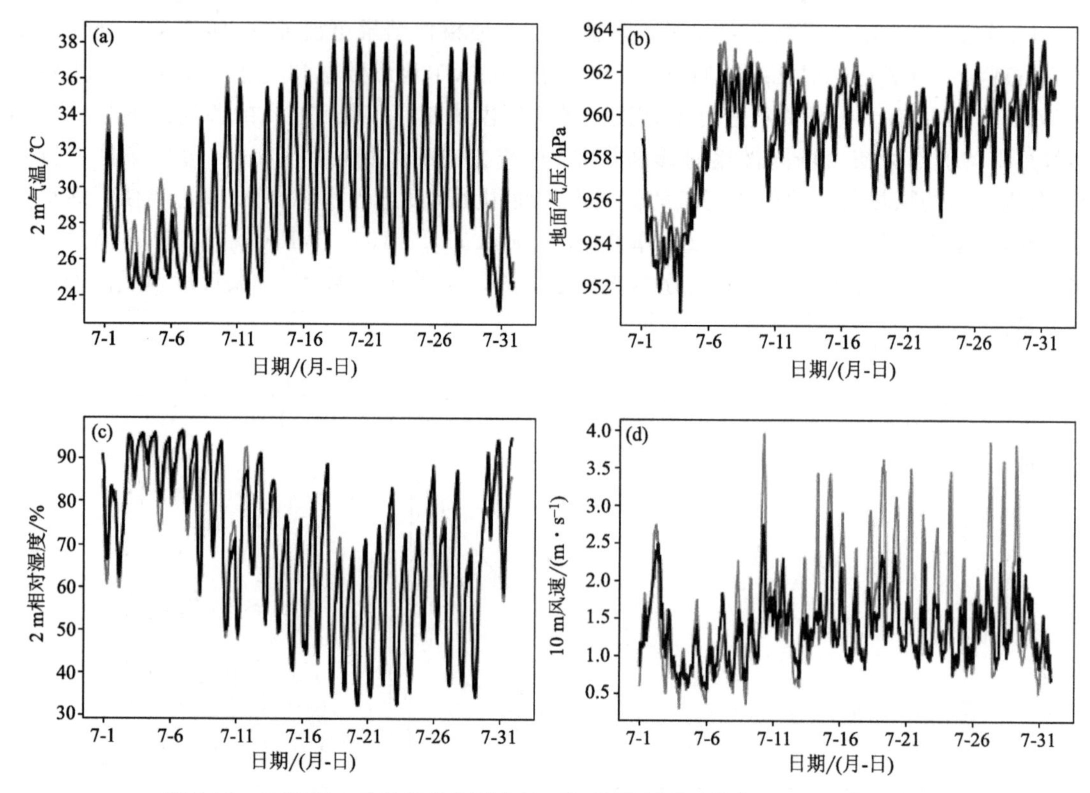

图 5-17 2018 年 7 月重庆市各国家地面气象站观测平均值和 WRF 模拟结果
(a)10 m 风速;(b)2 m 气温;(c)2 m 相对湿度;(d)地面气压

验:①试验 1(Exp1):根据悦来海绵城市规划方案,修改了模式中悦来行政区划内的土地利用类型,同时将规划数据中的不透水面比率作为城市土地利用所占比重。悦来行政区之外的城市部分则按中国《城市道路绿化规划与设计规范》将绿化率设为 25%,最终得到的模拟区域土地利用及城市比重(图 5-18)。②试验 2(Exp2,图略):根据传统城市规划,将悦来行政区内的土地利用类型全部修改为城市,绿化率均为 25%。③试验 3(Exp3,图略):悦来行政区内的绿化率设为 Exp1 中对应区域的平均绿化率(约 40%),其余与 Exp2 相同。

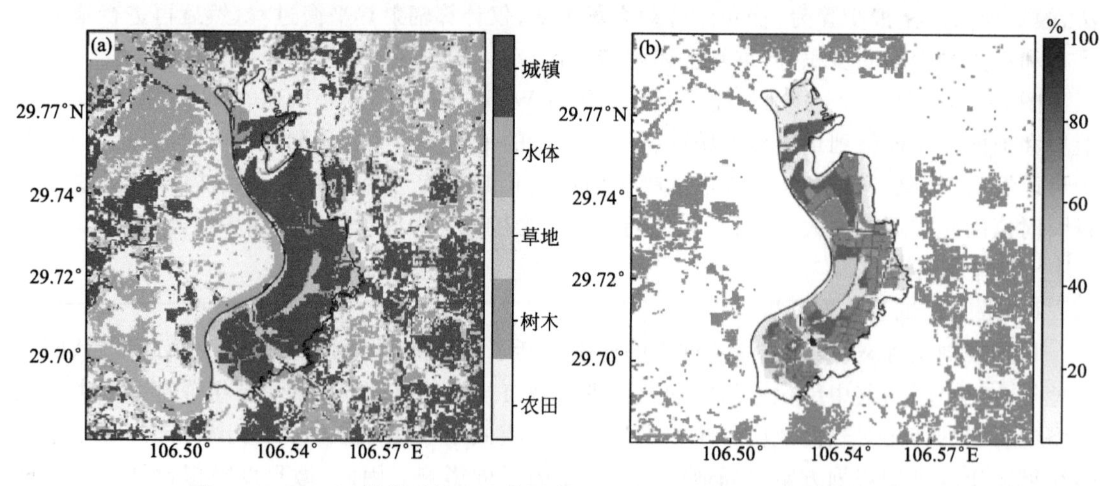

图 5-18 CNMM 模拟时的土地利用类型(a)和城市面积占比空间分布(b)

由于微尺度模拟空间范围较小，难以区分“城市”和“郊区”并计算热岛强度指数。考虑到实际中更关注行人高度的气象条件，因此进行逐小时诊断模拟后，主要对三组试验悦来行政区内的近地面气象要素展开分析。对比三个试验方案的悦来边界内逐小时平均 2 m 气温(图 5-19)可知，单纯增加绿化(Exp3)和采用海绵城市规划(Exp1)相比传统城市规划(Exp2)都能起到降温的效果，而海绵城市规划方案的降温效果略优于单纯增绿的方案。Exp1 相对 Exp2 和 Exp3 的最大温差出现在 15 时左右，分别达到－0.5 ℃和－0.13 ℃。

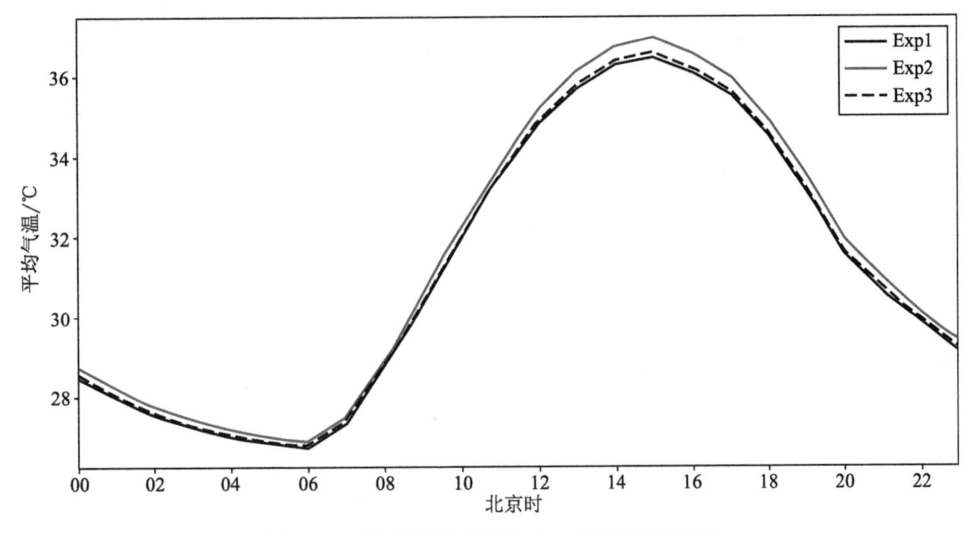

图 5-19　模拟的悦来平均 2 m 气温时间序列
(黑色实线、灰色实线和灰色虚线分别代表 Exp1～Exp3)

7 月午后悦来地区入流风为东南风，与当地实际观测较为一致；同时模式也较好地模拟出了城市区域的高温及河道上空的低温。由温度场可知，采用传统城市规划(图 5-20b)时悦来南部和北部均存在较大面积的高温中心，表现为明显的“热岛”。而整体增加绿化率后(图 5-20c)，尽管悦来北部的高温有所缓解，但南部片状高温中心依然较大。当采用海绵城市规划后(图 5-20a)，高温被分散式的绿地切割，悦来南部和北部的高温中心均明显缩小。综合对比可知，海绵城市规划方案中个别局部高密度城建区的温度其实并不比单纯提高整体绿化率的试验结果更低，但结合图 5-19 可知，海绵城市规划全区平均气温是三组试验中最低的，这说明采用海绵城市规划相比单纯地提高整体绿化率能更有效地减缓当地热岛效应，同时也使城市功能区的布局更加合理。

图 5-21 为 Exp1 和 Exp2 在 16 时的 2 m 气温和 10 m 风速差异。由图 5-21a 可知，采用海绵城市规划后悦来大部分地区都有降温趋势，最大降温位于悦来北部的保留林地和中部、南部的景观绿地区。根据悦来地区的地形分布，悦来中部属于背风坡洼地，容易形成局地高温中心；而采用海绵城市规划后，各类景观绿地和防护林以及城建区合理的绿化率布局共同形成了若干零星冷源，使高温难以聚集。风速(图 5-21b)则主要在悦来西南部及北部等规划城市比重较低的区域增加趋势较明显。结合图 5-20 的风向，可知对夏季白天盛行东南风的悦来，采用海绵城市规划后改善了局部通风环境，在中部和西部构造了新的风道，能有益于热量扩散。

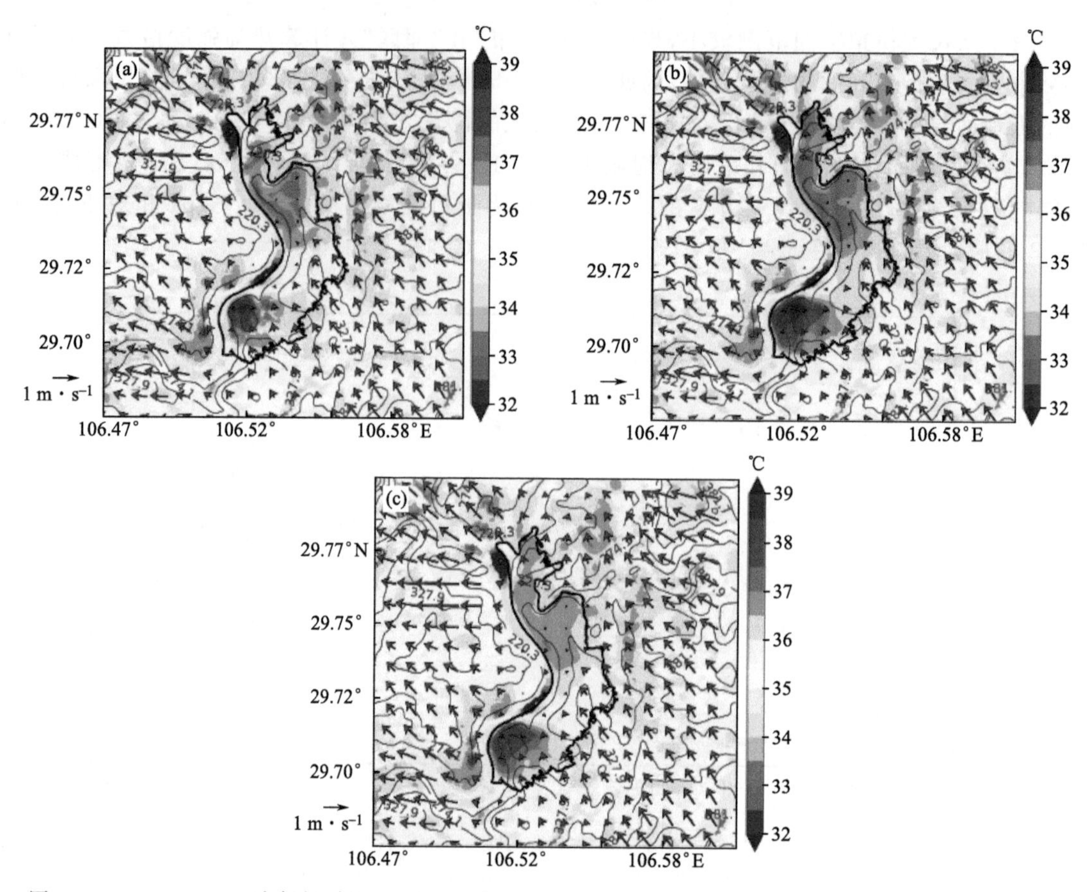

图 5-20 Exp1～Exp3 诊断得到的 16 时 2 m 气温(彩色区,单位:℃)及 10 m 风场(箭头,单位:m · s^{-1})(等值线为地形)

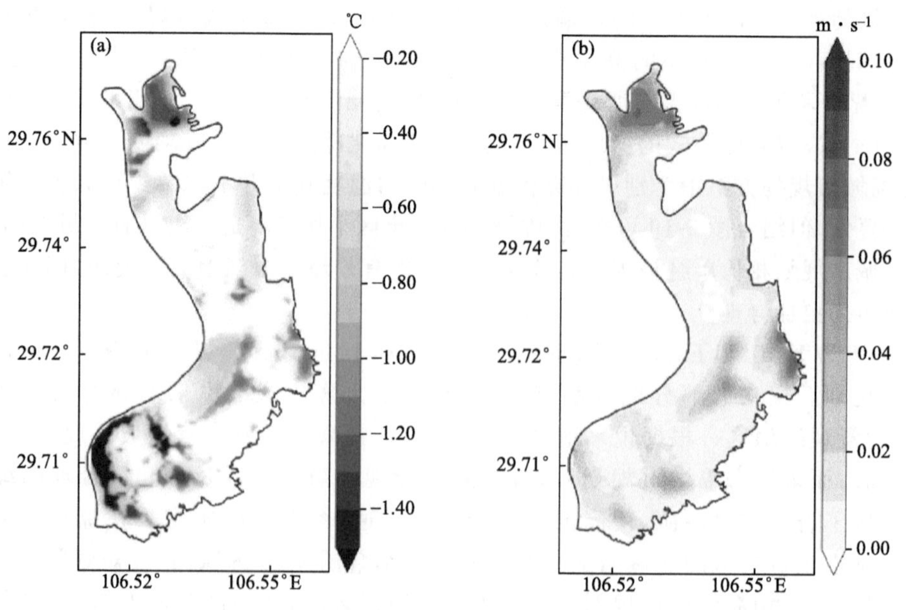

图 5-21 海绵城市规划方案(Exp1)2 m 气温(a)和 10 m 风速(b)的诊断结果与传统城市方案(Exp2)之差

(3)本节小结

本研究利用多尺度数值模拟技术,对悦来海绵城市开展敏感性试验,分析了不同用地规划方案对当地风热环境的影响,主要结论如下。

① 单纯将区域平均绿化率调整到与海绵城市一致水平的规划方案,虽然相比传统城市规划方案能起到一定的降温作用,但海绵城市方案模拟得到的平均温度却依然是三组试验中最低:15 时平均气温相比传统规划方案和单纯增绿方案下降了各约 0.5 ℃和 0.13 ℃。这说明海绵城市规划通过合理的土地利用空间布局,更好地缓解了热岛效应。

② 从规划前后气温和风速的空间差异来看,海绵城市规划方案通过布置零散的绿地,使高温中心被分割,难以聚集;同时也改善了城市的局部通风环境,进而有助于热量扩散。

5.4.3 重庆市广阳岛生态规划对局地气候影响的数值模拟试验

重庆市广阳岛是长江上游面积最大的江心岛,也是重庆主城区内最近、面积最大的休闲生态岛,正在打造长江生态文明创新实验区。评估生态规划前后下垫面的变化将对局地气候条件产生影响是广阳岛总体设计规划的重要组成部分,本研究结合规划前后下垫面特征的变化,利用区域边界层模式模拟了生态规划前后广阳岛气温、风速、舒适度的变化,分析广阳岛生态规划对该地区局地气候的影响,为城市快速发展进程中的土地合理开发、生态环境保护提供技术参考。

广阳岛位于重庆市南岸区明月山、铜锣山之间的长江江心上,广阳岛范围为 106°40′—106°50′E,29°33′—29°35′N。全岛陆地面积约 6.5 km^2,陆地最长处约 7 km,最宽处约 2 km,江岸线长约 16 km,为长江流域一个大型的内河岛屿。地形西凸东平,北高南低,最高点海拔 282 m。岛上自然生态环境优越,植物生长条件良好,植被覆盖率高,是重庆市区最洁净的农林生态系统。

(1)模式设置

广阳岛面积仅为 6.5 km^2,仅用 WRF 模式很难进行如此精细的模拟,因此采用了多模式嵌套的方式,即:首先使用 WRF 模式进行较大尺度的区域气候模拟,然后利用模拟结果驱动 CNMM 进行精细化诊断分析。

图 5-22 为 WRF 模拟时采用的嵌套网格及地形分布。模式采用四层嵌套,最外层水平分辨率 27 km,最内层水平分辨率 1 km,覆盖重庆市中心城区。模式垂直方向设为 46 层,顶层气压 50 hPa。WRF 模拟采用的主要物理参数化方案包括:KF 积云对流方案、WSM6 微物理方案、Goddard 短波辐射方案、RRTM 长波辐射方案、Noah 陆面模式、MYJ 边界层参数化方案,同时在第四网格中开启城市冠层参数化方案。为订正模式误差,在模拟时使用了重庆市近 2000 个区域自动站进行逐小时资料同化,并使用 FNL 再分析资料进行大尺度环流形势调整。另外,为更准确地反映当地下垫面特征,使用了 ALOS 12.5 m 分辨率 DEM 数据作为模拟时的地形数据,并使用清华大学 2017 年 30 m 分辨率土地覆盖资料(http://data.ess.tsinghua.edu.cn/)作为模式土地利用数据。

通过计算 WRF 模拟要素逐日平均与多年平均的相关系数,最后选取 2020 年 1 月 18 日和 2020 年 7 月 29 日作为典型日,并最终使用这两日的逐小时 WRF 模拟结果驱动 CNMM 进行诊断模拟。CNMM 水平分辨率设为 50 m,垂直方向 31 层,模式顶高 2500 m。图 5-23 给出了进行微尺度模拟时的地形及土地利用分布,可见广阳岛位于模式中心位置,

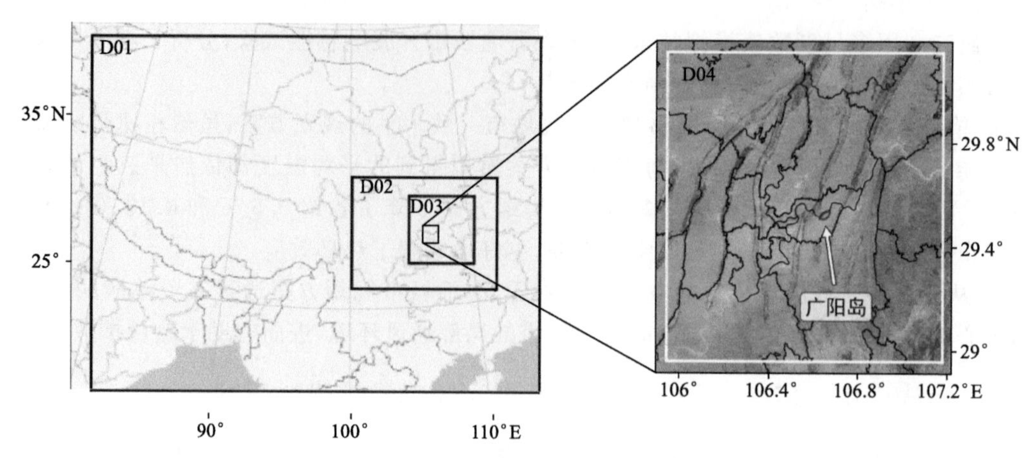

图 5-22 WRF 模式模拟的多重网格嵌套分布

（左上角为网格编号）

岛屿西北方向海拔较高，最高可达 550 m 以上，岛屿本身位于低洼河谷地带，岛上最高海拔约 300 m。根据土地利用分布情况，可见岛屿南部、东北部以城镇用地为主，中部、西部以树木、草地等植被为主。

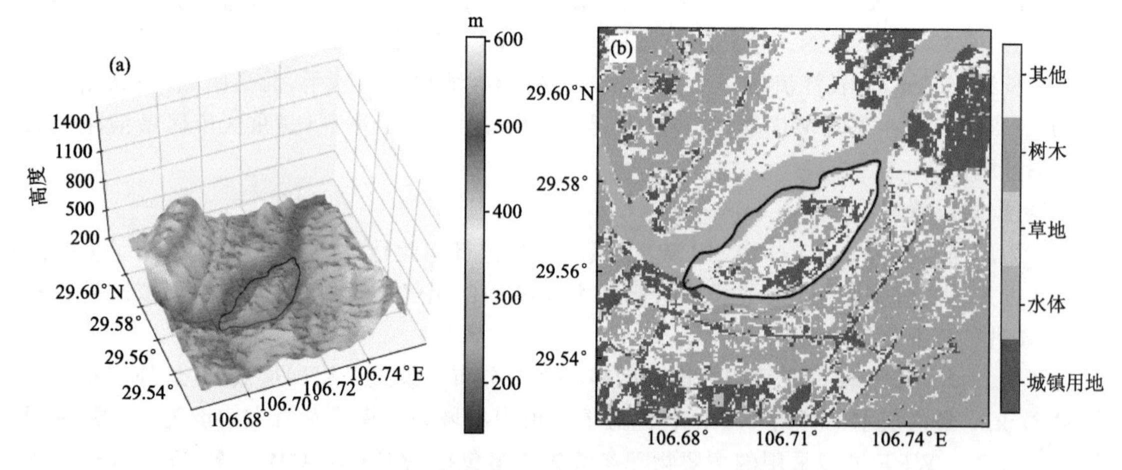

图 5-23 CNMM 模式模拟时的地形(a)和土地利用(b)

在微尺度模式积分时，采用 Davies 边界条件，不断使用 WRF 模式气候态数据对微尺度模式进行边界强迫。微尺度模式使用诊断模式运行，当检测到模式变量不再发生明显变化后，便视为积分达到收敛，从而得到模拟范围内的逐小时微尺度大气稳态，即可作为当地可能的精细化气象要素特征进行分析。另外，为使微尺度模式变量更快适应局地精细化下垫面信息，参考前人研究，首先对模式的地表辐射模块做快速积分，然后再进行大气动力部分的模拟。

另外，为了研究广阳岛当前规划方案对局地气候带来的影响，根据规划方提供的土地利用数据，修改了模式中原有的土地利用资料，进行下垫面敏感性试验。图 5-24 为模拟试验中的控制试验（原始）土地利用（图 5-24a）、敏感性试验（规划）土地利用（图 5-24b）和地形空间分布。

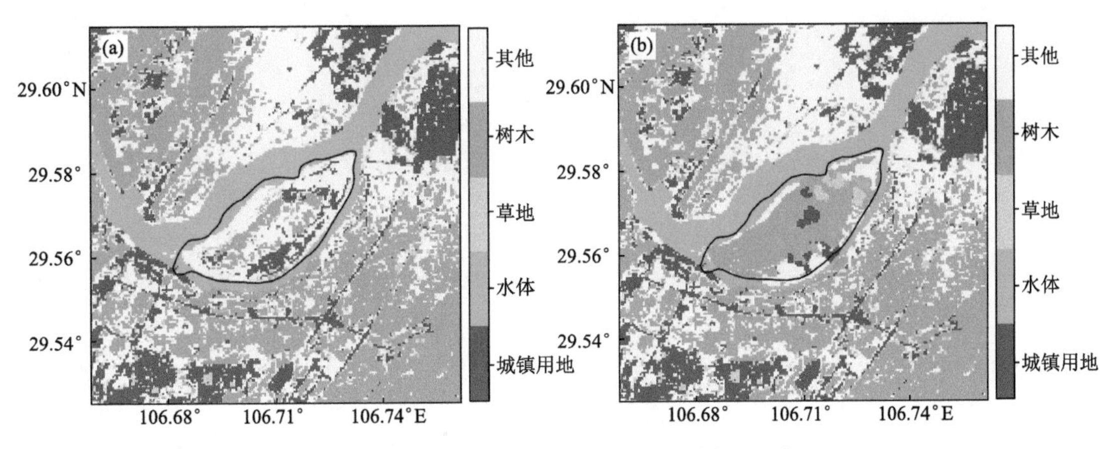

图 5-24 广阳岛周边原始土地利用(a)、规划土地利用(b)

(2)模拟结果分析

① 广阳岛微气候现状：图 5-26 为 CNMM 诊断模拟得到的广阳岛原始土地利用时 1 月(图 5-25a)和 7 月(图 5-25b)典型日日平均风场，其中箭头代表风矢量，填色代表风速。从图 5-25a 可看出，广阳岛冬季(1 月)以北风、东北风为主要入流风。岛屿处于河谷地带，风速整体较周边高海拔地区偏小。岛内风速受两岸风速的影响，整体风速呈北高南低的分布特征。根据图 5-25b，首先可见 7 月典型日广阳岛及其周边整体风速都较 1 月有明显提升，模拟范围内局地最大日平均风速超过了 2 $m \cdot s^{-1}$；风速空间分布依然为岛屿北部风速较南部更高。风速空间分布也与 1 月类似，以东北风为主要入流风。

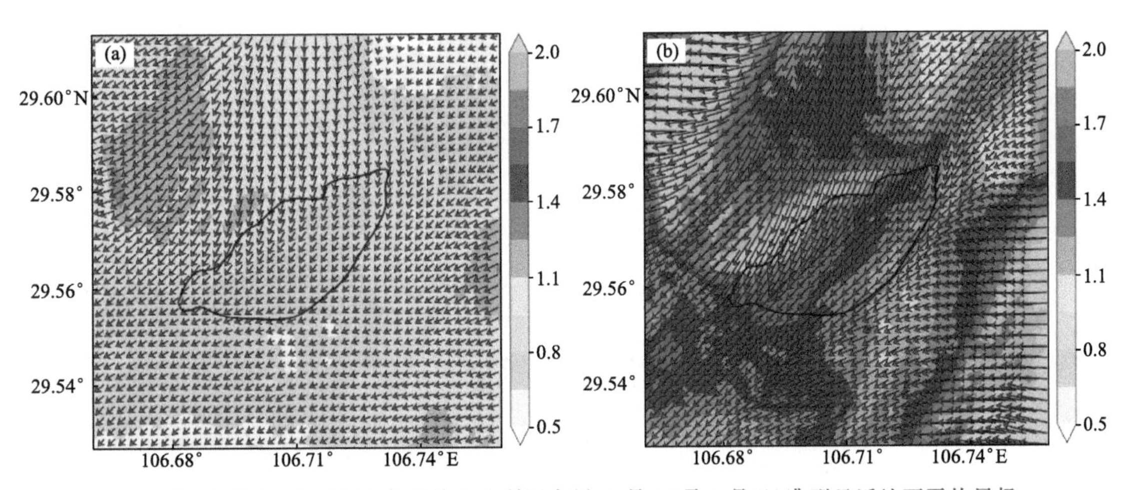

图 5-25 CNMM 模拟广阳岛原始土地利用布局，1 月(a)及 7 月(b)典型日近地面平均风场

(箭头为风矢量，填色为风速，单位：$m \cdot s^{-1}$)

图 5-26 为 CNMM 模拟得到的广阳岛原始土地利用 1 月(图 5-26a)和 7 月(图 5-26b)典型日日平均气温。从中可以看出，无论 1 月和 7 月，岛屿相对周边地区均表现为相对高温，只不过 1 月气温空间分布相对均匀(高温)，而 7 月高温中心更加集中。广阳岛上的高温中心主要集中在岛屿南部、东北部等城镇用地相对更多的区域，岛屿北部气温相对更低。这一特征在 1 月和 7 月都有较为明显的体现，不过 1 月岛内最高气温为 10 ℃左右，而 7 月典型日最高日平

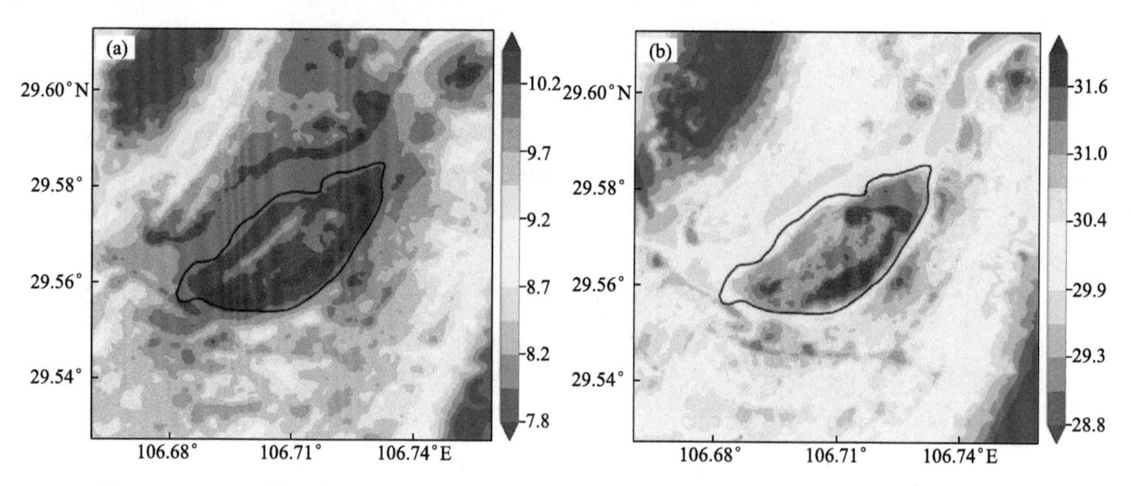

图 5-26 CNMM 模拟广阳岛原始土地利用布局，1 月(a)及 7 月(b)近地面平均气温(单位：℃)

均气温超过了 31 ℃，属于炎热等级，说明广阳岛夏季人体感受是相对较热的。

② 规划对广阳岛微气候的影响：图 5-27 为 CNMM 模拟得到的新规划布局情况下，广阳岛区域 1 月(图 5-27a、图 5-27b)及 7 月(图 5-27c、图 5-27d)近地面大气稳态分布相对原始规划方案的偏差。从风环境的变化来看，首先可根据图 5-27a、图 5-27c 得知岛屿南部和东北部风速呈明显增大的趋势，并以夏季风速增加最明显，局地风速提升可达 0.1 $m \cdot s^{-1}$ 以上。风速提升的

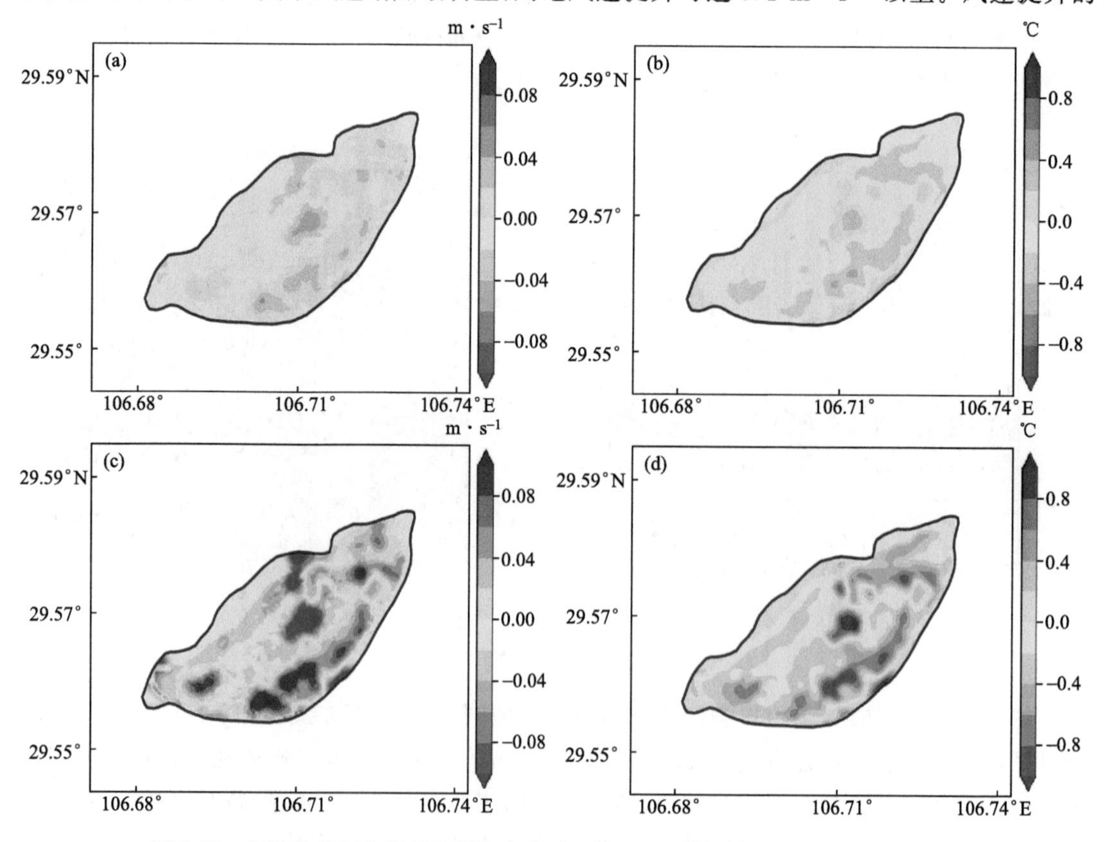

图 5-27 广阳岛规划方案相比原本方案时 1 月(a)、7 月(c)的日平均风速差异和 1 月(b)、7 月(d)的日平均气温差异

原因应该是原本岛屿南部和东北部的建筑用地被替换为植被，下垫面拖曳系数下降，因此通风环境得到改善。同理，岛屿中部新增建筑物用地区域的风速相比规划前有一定程度下降，岛屿西北部由裸土改变为植被的区域风速也有轻微下降趋势。从热环境来看，规划后广阳岛的气温整体下降较为明显，并以夏季变化最显著，夏季典型日局地日平均气温最大降温超过 1 ℃；冬季气温变化则相对较小。降温主要集中在岛屿南部、东北部等原本建筑物用地较为密集的区域。

为更好地说明广阳岛的舒适度情况，利用人体舒适度公式计算了舒适度指数。图 5-28a、图 5-28b 为原始土地利用得到的 1 月和 7 月舒适度指数，图 5-28c、图 5-28d 为新规划所得结果。从图 5-28a 中可知，1 月典型日广阳岛全岛人体感受为较为清凉的等级（舒适度指数低于50），岛屿中到南部是舒适度相对最高的区域；而根据图 5-28c，规划后广阳岛整体气温有所下降，岛屿南部舒适度相对较高的区域有略微减小，但整体与规划前差异不大。就 7 月份而言，规划前（图 5-28b）广阳岛岛内大部分区域舒适度指数均超过 75，属人体感受偏热的等级，并以岛屿南部、东北部人体感受最不舒适；而规划后（图 5-28d）虽然舒适度指数依然属于偏热的等级，但岛上舒适度指数超过 77 的区域明显减小。这说明规划方案可以较好地起到改善广阳岛夏季人体舒适度的作用。

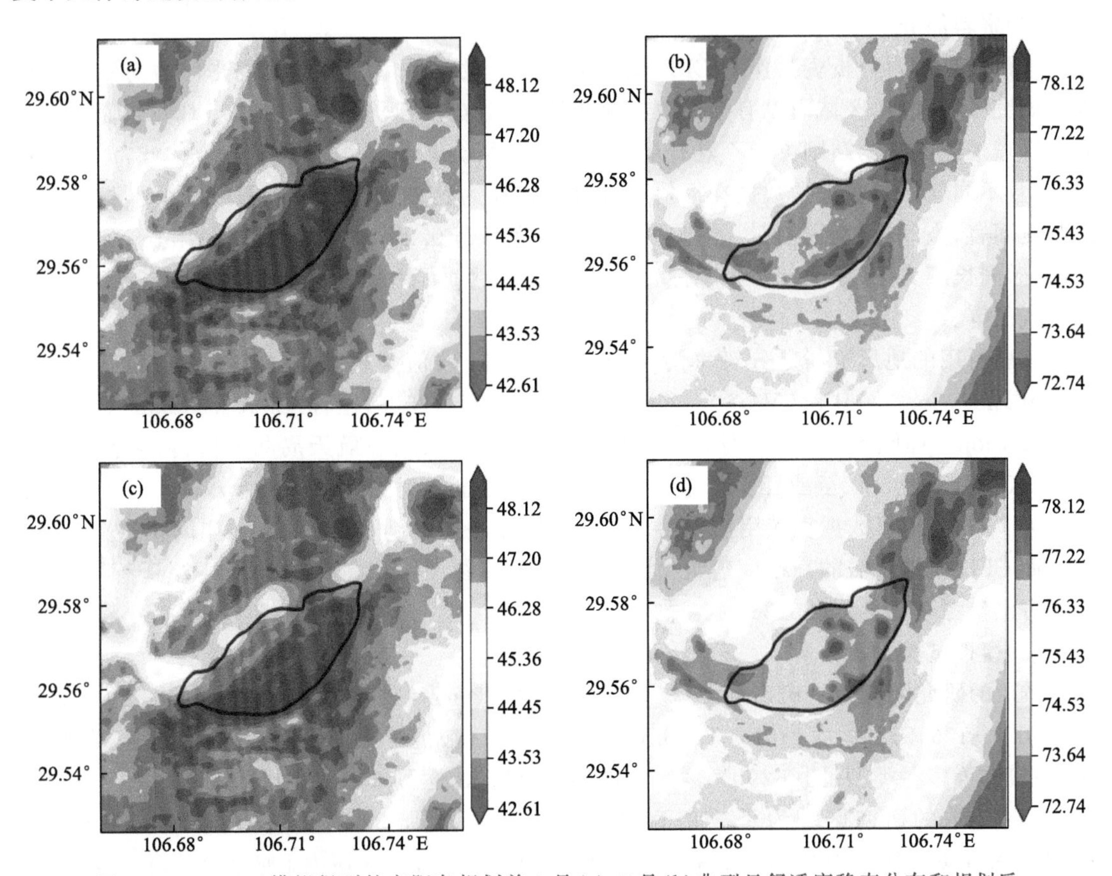

图 5-28 CNMM 模拟得到的广阳岛规划前 1 月(a)、7 月(b)典型日舒适度稳态分布和规划后 1 月(c)、7 月(d)的舒适度稳态分布

③ 本节小结：本研究以重庆广阳岛为例，应用区域模式 WRF 嵌套 CNMM 微尺度模式模拟了生态规划对广阳岛域局地气候环境条件的影响，主要结论认为：生态规划方案能起到改善

广阳岛的局地微气候(增大风速、减少局地高温聚集、提高人体舒适度)的作用,尤其是对夏季岛屿南部、东北部的舒适度有相对明显的改善。

5.4.4 基于大涡模拟的小区气候态精细化风环境模拟试验

城市气象条件直接影响广大市民的生活生产。随着城市化进程的加快,城市建筑物数量和高度不断增加,人们受城市气象的影响越来越显著(蒋维楣 等,2010)。同时,人们的生活水平不断提高,对生活质量本身以及环境的要求也越来越高,对城市气象服务的需求也急剧增加(崔桂香 等,2013)。除了热岛效应、污染物扩散等城市气候效应,人们越来越关注城市中的风环境对日常生活的影响。不利的风场会影响人体舒适度,威胁行人行车安全,并进一步对基础设施、交通秩序以及户外活动造成负面影响。因此,增进对城市局地风环境的认识,尤其是对其精细结构的探索,是实现城市精细化气候业务服务和提升气象防灾减灾能力的关键。

本研究采用基于 LES 原理开发的 CFD 模式,结合高分辨率下垫面(陡峭地形和复杂建筑物)资料,以重庆市渝北区龙湖社区为例,对小区的风环境进行高分辨率的数值模拟,探讨气候态下小区精细化风场的一般特征,并进一步分析小区建筑物布局对局地环流的调节作用。

(1)资料简介

本研究采用再分析资料作为 CFD 模式驱动场。没有采用常规地面观测作为初始场的原因是研究区域太小,区域内没有架设地面观测站或其他现场观测仪器(如高塔观测),而选用离研究区域最近的观测站则可能不具有局地代表性。再分析资料虽然水平分辨率低,但空间覆盖广,且不同气压层次上的数据在插值后可以直接作为初始廓线来驱动 CFD 模式,相比于地面观测而言,空间连续性较好。本节采用空间分辨率为 0.25°×0.25°的 ERA-interim 再分析资料,时间长度为 1979—2017 年,时间分辨率为逐月平均,用到的气象要素包含三维风场、温度和气压等。

试验所用的地形资料是分辨率为 90 m 的 SRTM 数值高程数据 4.1 版本(SRTM 90 m Digital Elevation Database V4.1)。SRTM(Jarvis et al.,2008)全称"Shuttle Radar Topography Mission",即航天飞机雷达地形测绘任务,由美国国家航空航天局测绘所得,数据范围为 60°N—56°S,东经 180°至西经 180°之间的所有区域,覆盖全球陆地表面的 80%以上,垂直高度误差为 16 m。地形数据在使用前采用双线性插值方法插值到 5 m×5 m 的空间格点上。

而 CFD 模拟所需的高精度建筑物资料(包含建筑物形状和高度)提取自卫星遥感影像图,提取方法参考李嘉良等(2013)。

(2)模拟试验设置

选取的研究区域为重庆市渝北区龙湖社区(图 5-29a),经纬度范围为 29.600°—29.312°N,106.507°—106.518°E,大小约为 1.5 km×1.0 km。区域内下垫面复杂,包括水泥地、草地、湖面、建筑物等多种类型(图 5-29b),区域内地形落差较大,达到 30 m 以上(图 5-29c)。

研究选取的研究区域为重庆市渝北区龙湖社区(图 5-29a),经纬度范围为 29.600°—29.312°N,106.507°—106.518°E,大小约为 1.5 km×1.0 km。区域内下垫面复杂,包括水泥地、草地、湖面、建筑物等多种类型(图 5-29b),区域内地形落差较大,达到 30 m 以上(图 5-29c)。

图 5-29d 为研究区域数值建模结果,整个小区呈现四周高中间低的盆地型形态。区域东部为高层住宅以及商务写字楼区,高度在 100 m 以上。区域中部为香樟林别墅区,分布在九龙湖周围,楼层基在 3 层以下。西部为龙湖西苑小高层住宅区,高度在 50 m 左右。

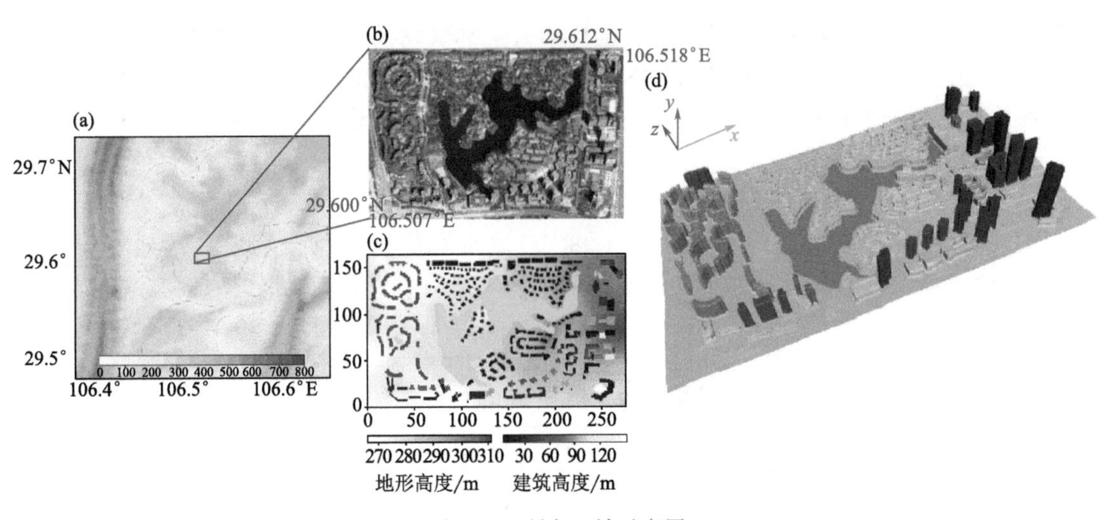

图 5-29 研究区域示意图

(a)研究区域在重庆市区的所在方位(填色为地形高度,单位:m);(b)研究区域的卫星影像图;(c)研究区域下垫面(建筑物和地形)建模结果(单位:m);(d)研究区域建模结果的三维视图

模式采用局地直角坐标系,x、y、z 分别为纬向、经向和垂直方向。水平分辨率为 5 m,垂直分辨率在 50 m 以下为 5 m,50 m 以上以 1 m 递增。总的格点数为 300×200×60,总的区域范围为 1.5 km×1 km×1.52 km。模式侧边界条件采用放射边界条件,底边界采用固体无滑移条件。模式积分步长为 1 s,积分时长为半小时。

研究的分析主要基于达到稳态时的模式结果进行分析。在积分过程中,气象要素场需要一定的时间去适应被显式刻画的地形及建筑物(动力适应),才能达到相对稳定的状态。这里以春季试验为例,对模式积分过程中的动量扰动通量和热量扰动通量进行计算,结果如图 5-30。随

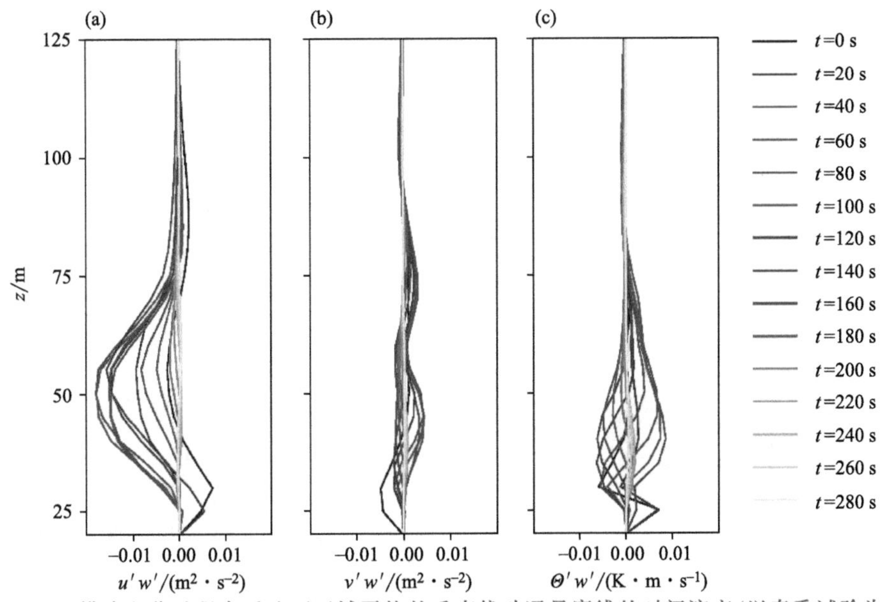

图 5-30 CFD 模式积分过程中近地面区域平均的垂直扰动通量廓线的时间演变(以春季试验为例)(a)

(a)纬向扰动动量通量($u'w'$,单位:$m^2 \cdot s^{-2}$);(b)经向扰动动量通量($v'w'$,单位:$m^2 \cdot s^{-2}$)和(c)扰动热量通量($\theta'w'$,单位:$K \cdot m \cdot s^{-1}$)

着模式不断积分，垂直动量扰动通量和热量扰动通量廓线均发生了较大的变化。在 $t=280$ s 及其之后，扰动通量垂直廓线的形状基本保持不变，可以认为此时气象要素场已经适应复杂的下垫面并且达到一个相对稳定的状态。下文的分析，若无特别说明，均指达模式到稳态时($t=280$ s)的输出结果。

(3)气候态下小区精细化风环境一般特征

图 5-31 为 CFD 模式达到稳态时($t=280$ s)城市冠层内三维流场以及离地 5 m(5 m AGL)处的风场。CFD 模式模拟的四个季节的平均风速与离研究区域最近的气象站近 5 年统

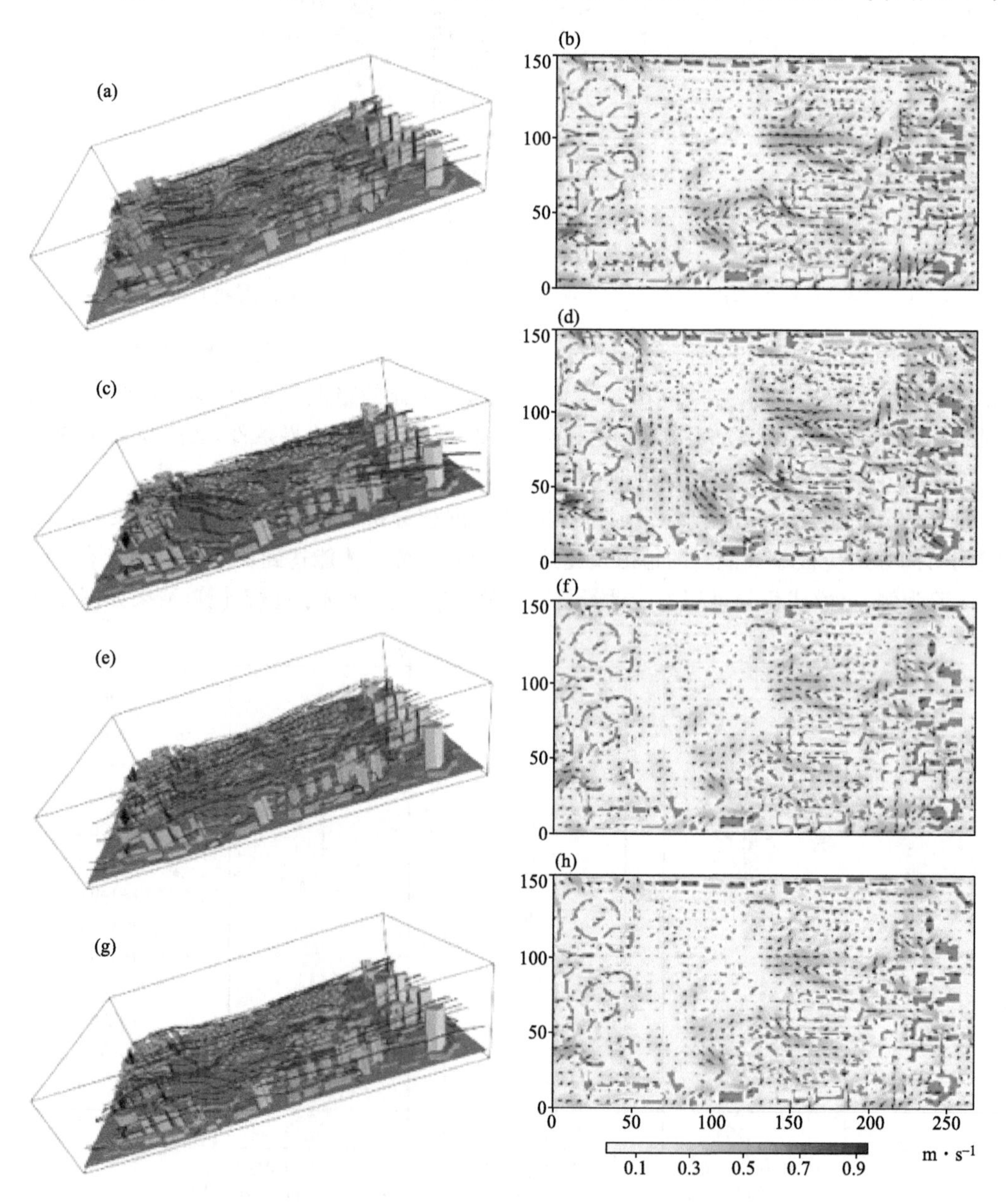

图 5-31 龙湖社区精细化风环境的一般特征

左列为城市冠层内部流场的三维视图(线条为流线，方向从右到左；颜色为垂直运动，暖色上升，冷色下沉)，右列为 5 m 高度处(5 m AGL)的风场(箭头，颜色为风速，单位：$m\cdot s^{-1}$)(从上到下分别为 4 月、7 月、10 月和 1 月)

计的平均风速较为接近。由图可知，由于小区下垫面复杂，流场具有明显的空间差异性，尤其是在城市冠层内部，流场极为散乱，表现为非常精细的三维结构。这种流场的分布与下垫面地形和建筑物的动力作用密切相关。

在春季4月(图5-31a)，CFD模式入流(即背景风场)为偏东风，量级为0.6 $m \cdot s^{-1}$ 左右。受下垫面影响，小区内风向和风速均发生较大变化，与背景风场产生明显差异。在小区东部，由于高层建筑的存在，风场被阻隔。这种阻隔作用的结果是使得风场沿着东—西向的街道流入小区内部，同时在高层建筑周围产生绕流等现象。而在东部高层建筑下游方向(即西侧)产生明显的下沉运动。在小区中部，由于建筑物高度普遍不高，而且大部分范围被小区内的九龙湖所控制，因此小区内的风场相对来说比较均一，只在局部出现绕流以及上升下沉运动。当这些较为平滑的流线到达小区西部，遇到高度较高且分布比较密集的建筑群时，风场又一次被阻隔，并且在西部小区上游方向(即东侧)产生明显的强度较强的上升运动。另外，在西部建筑群内部，风场也是非常复杂的。具体建筑物配置对局地流场的影响将在后文详细分析。从近地面风场(图5-31b)可以看到，小区内的整体风速明显小于背景风场，区域平均值约为0.2 $m \cdot s^{-1}$。这可归因于下垫面粗糙元强烈的摩擦拖曳效应。但是在部分区域，如小区中部的九龙湖附近，风速则可以达到0.8 $m \cdot s^{-1}$ 的量级，明显高于背景风场的0.6 $m \cdot s^{-1}$。可见，建筑物对于小区内局地强风的形成也是有着非常重要的作用。有一个比较一致的特征，就是强风总是倾向于在开阔地带以及与背景风场方向一致的街道上出现。在风向上，不同的区域差别也非常明显。在东部以及西部的高层建筑群区域，风场变化较大，并且与背景风场的偏东风产生明显差异。如在$(x,y)=(225,25)$等处，甚至出现北风，与背景风场相差约90°。而在开阔区域，如在中部的九龙湖区域，风场则与背景风入流较为一致。可见，局地建筑物布局对风向也有明显的调节作用。

在夏季7月，小区的中尺度背景入流转变为东南风，近地面风速为0.6 $m \cdot s^{-1}$。由于该入流方向发生较大改变，小区内的环流场较春季来说也发生较大改变。流线主要呈现东南—西北走向(图5-31c)。在小区入口处(即东南部)，受局部密集的高层建筑影响，流线表现为明显的三维复杂特征。在建筑群后部出现大范围的下沉运动。在小区中部，流场三维特征明显减弱，变得较为平直。在下游，受九龙湖西北岸陆地以及西北侧建筑的影响，流场被整体抬升，出现非常明显的上升运动。在建筑群内部，受单个建筑物影响，风场则极为不规则。从近地面风场(图5-31d)可以看到，小区内整体风速较背景入流小，只有0.3 $m \cdot s^{-1}$ 左右。与春季相比，较强的风场仍然出现在九龙湖等开阔区域，只是风向有所改变，从偏东风转变为东南风。部分区域在春季出现风速大值而在夏季不再出现风速的大值，如在$(x,y)=(50,50)$等处。在夏季，则多出很多出现风速的大值区域，如在$(x,y)=(55,85)$等处。可见在不同季节，随着中尺度背景入流的改变，即使小区建筑物配置不发生变化，小区内的风环境也会产生较大差异。

再分析资料统计得到的龙湖社区所在区域的秋季和冬季代表月份的初始场基本一致，即两个季节风向均为偏东风，风速约为0.2 $m \cdot s^{-1}$。可以推断，两个季节CFD模式模拟的结果基本一致。从模拟结果(图5-31e～图5-31h)可以看出，不管是三维视图还是平面图，两个季节的差异并不明显。这里仅对秋季10月的结果进行分析。从流场的三维图(图5-31e)以及近地面风场(图5-31f)可以看到，流线形状以及风场的分布与春季4月(图5-31a、图5-31b)很相似。主要是因为这两个季节的中尺度背景入流均为偏东风，只是在量级上有所差异。10月区域平均的量级只能达到0.15 $m \cdot s^{-1}$。但是在部分区域，如$(x,y)=(102,40)$等处，秋季风速却高于春季。可见,减小背景风速而不改变风向,并不是单纯地使小区的近地面风速按比例减小。

(4)局地建筑物布局对小区流场的机械影响

由上文分析可知,建筑物布局能显著调节局地风场的分布特征。这里选取三个子区域(图 5-32 黑色方框)进行进一步分析。子区域 A、B、C 分别代表单个孤立高层建筑、分散低矮建筑群和密集高层建筑群等三个典型的建筑物布局。由于不同季节中尺度背景入流不尽相同,小区精细化风场也表现出明显的季节差异。受篇幅限制,这里仅选取背景入流差异较大的春季和夏季进行具体分析。

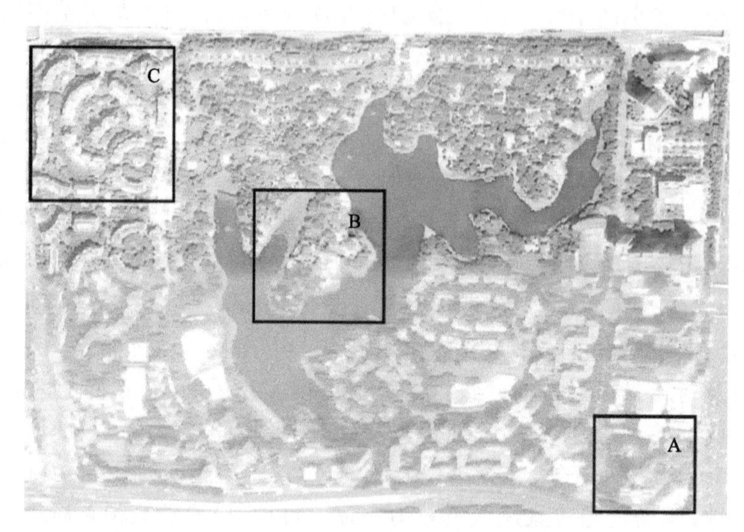

图 5-32　三个典型建筑物布局子区域的分布

① 单个孤立高层建筑。图 5-33 为单个高层建筑在 4 月和 7 月的三维环流场。由图可知,该建筑对局地环流具有明显的调节作用,尤其是在低层近地面附近,这种调节作用使得环流场十分复杂。但在较高层次(如建筑物层顶附近),流线则较为平直。

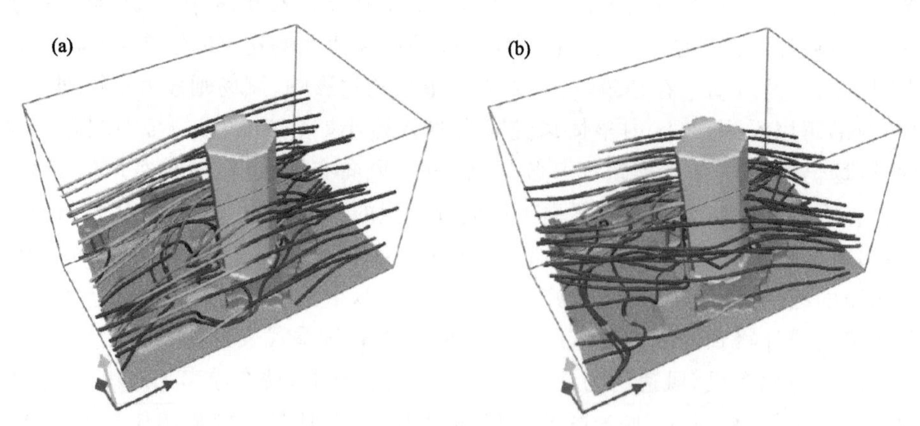

图 5-33　4 月(a)、7 月(b)单个高层建筑(子区域 A)周围的三维环流场

(线条为流线,方向从右到左,颜色代表上升运动,暖色上升,冷色下沉)

这里进一步对不同层次的风场特征进行分析(图 5-34)。在低层(z=295 m)(图 5-34a、图 5-34b),虽然模式入口处背景入流在春季和夏季分别为偏东风和东南风,但对子区域 A 来

说，受上游建筑物的影响，该区域的局地入流基本一致，均为偏东风，且量级相差不大。因此，该区域的风场表现也基本一致。在建筑物东部，表现为明显的绕流，并在建筑物西南侧辐合，产生明显的上升运动。这种辐合运动在春季强度更强，上升运动也更大。在建筑物中层($z=315$ m)(图 5-34c、图 5-34d)，子区域 A 的局地入流方向在两个季节存在较大差异，因此其环流场也有所不同。春季，建筑物东侧产生明显绕流，同时紧贴建筑物附近存在明显的下沉运动(气流受建筑物阻隔所致)，气流在西侧汇合并伴随强的上升运动，在该区域产生水平风速较低的尾流区。夏季，类似的现象则分别产生在建筑物的东南侧和西北侧。在建筑物顶层附近($z=379$ m)(图 5-34e、图 5-34f)，两个季节的局地入流比中低层更均匀。水平方向上，建筑物的作用与低层一致，使风场产生绕流；在垂直方向上，建筑物则使风场在迎风面产生明显的上升运动，在背风面产生明显下沉运动。

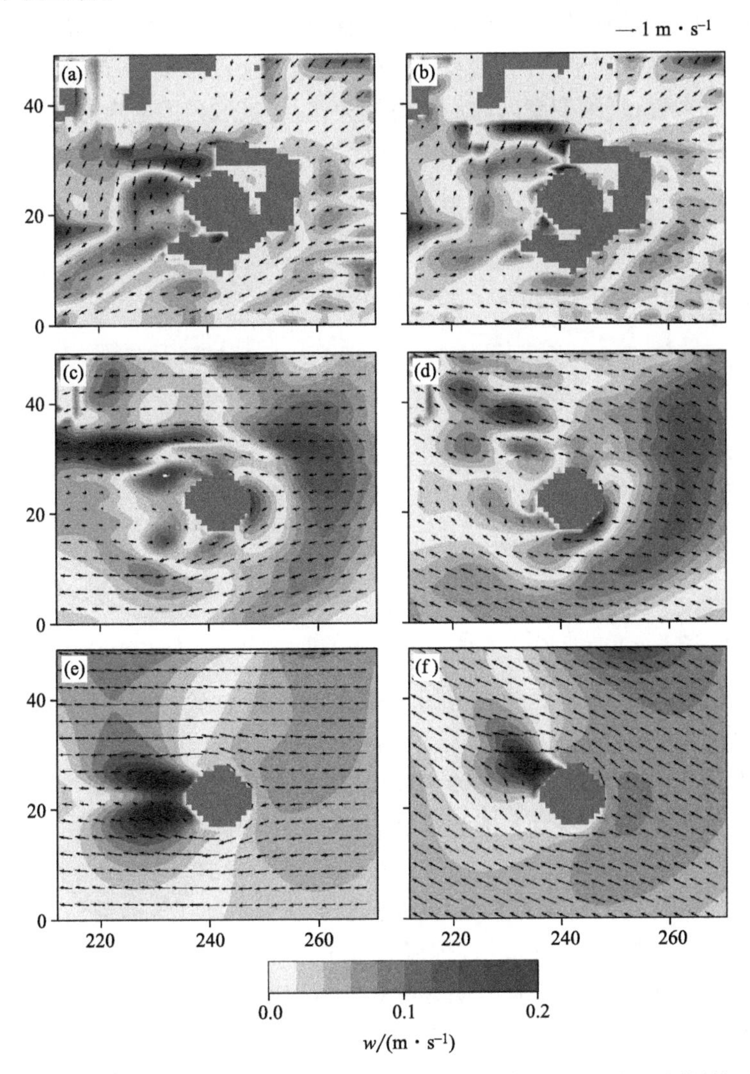

图 5-34　4 月(a)、(c)、(e)和 7 月(b)、(d)、(f)单个高层建筑(子区域 A)周围的环流场

(箭头为水平风场，单位：$m \cdot s^{-1}$；填色为垂直风速，单位：$m \cdot s^{-1}$，灰色块为建筑物)

(a)(b)$z=295$ m；(c)(d)$z=315$ m；(e)(f)$z=379$ m

② 低矮分散建筑群。图 5-35 和图 5-36 为子区域 B 周围流场的三维视图和城市冠层内不同层次的风场分布。可以看到，低矮分散的建筑群对局地流场也有明显的调节作用。在建筑物顶层以下，两个季节的风场表现基本一致，只是夏季的风速量级比春季更大。虽然整个模式的中尺度背景入流在春季和夏季有较大差异，但可能受上游建筑物布局的影响，使得子区域 B 近地面的局地入流在两个季节的差异并不明显。因此，区域内的局地风环境差异也并不大。在建筑物低层($z=280$ m，图 5-36a、图 5-36b)，受地形的阻隔影响(子区域 B 所在的别墅区坐落于九龙湖的西北岸)，水平风沿着湖岸分布，入流风向随之由东南风转变为西北风，在别墅区东侧则转变为偏南风。同时，风场在遇到湖岸时，还被明显地抬升(图 5-35)。这种抬升作用在夏季更为明显，这是因为局地入流风速在夏季更大而造成的。在中层($z=290$ m，图 5-36c、图 5-36d)，单个别墅对局地风场也能产生显著影响，同时不同别墅周围的环流场也能相互干扰影响，使得别墅区内部的风场十分的杂乱。就整个别墅区的整体效果而言，他们能作为下垫面摩擦力，产生拖曳效应，使别墅区内的风速显著降低。这种影响在背景风速本来就很小的春季尤其明显。相对来说，夏季别墅区内的风速较大，对于区域内的通风有积极作用。在建筑层顶附近($z=300$ m，图 5-36e、图 5-36f)，风场受建筑物的影响变小，因而其分布与模式中尺度背景入流较为一致。

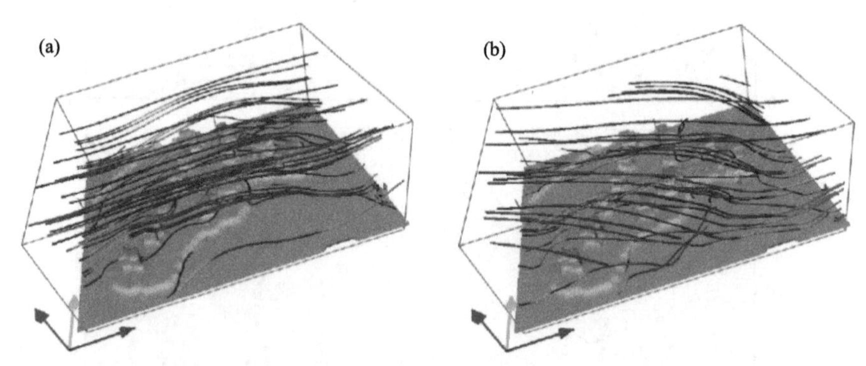

图 5-35　4 月(a)、7 月(b)分散低矮建筑群(子区域 B)周围的三维环流场
(线条为流线，方向从右到左，颜色代表上升运动，暖色上升，冷色下沉)

③ 密集高层建筑群。图 5-37 和图 5-38 分别为子区域 C 城市冠层内的流场的三维视图和不同层次的风场分布。在低层($z=280$ m，图 5-38a、图 5-38b)，由于子区域 C 内的高层建筑基本呈现封闭状态，加之不同的单个高层建筑周围的环流相互干扰，使得小区内近地面的整体风速很小。这种现象在春、夏两季均很明显。这表明，这种建筑物布局对于小区通风以及污染物扩散是极为不利的。在中低层($z=295$ m，图 5-38c、图 5-38d)，风场的分布同近地面类似，但单个建筑物对局地流场的影响更为显著，可以明显地看到不同建筑物周围的强烈的上升、下沉运动。同时，小区内的风速有所增加，但强度仍然很弱。在建筑物顶层附近($z=315$ m，图 5-38e、图 5-38f)，小区内的风环境有明显改观。风速明显增加，达到接近于模式中尺度背景入流的量级，约为 0.5 $m \cdot s^{-1}$，风向也主要与背景入流一致。

(5)住宅区风环境品质定量评估

住宅区的风环境品质直接影响着居民的生活舒适度。但传统基于站点观测的风环境品质评估技术具有定量化程度小、精细化程度不高的问题。这里针对重庆主城这种复杂的山地型城市，利用 CFD 高分辨率数值模式，结合超越概率阈值法，制定了一套适用于重庆住宅区的风

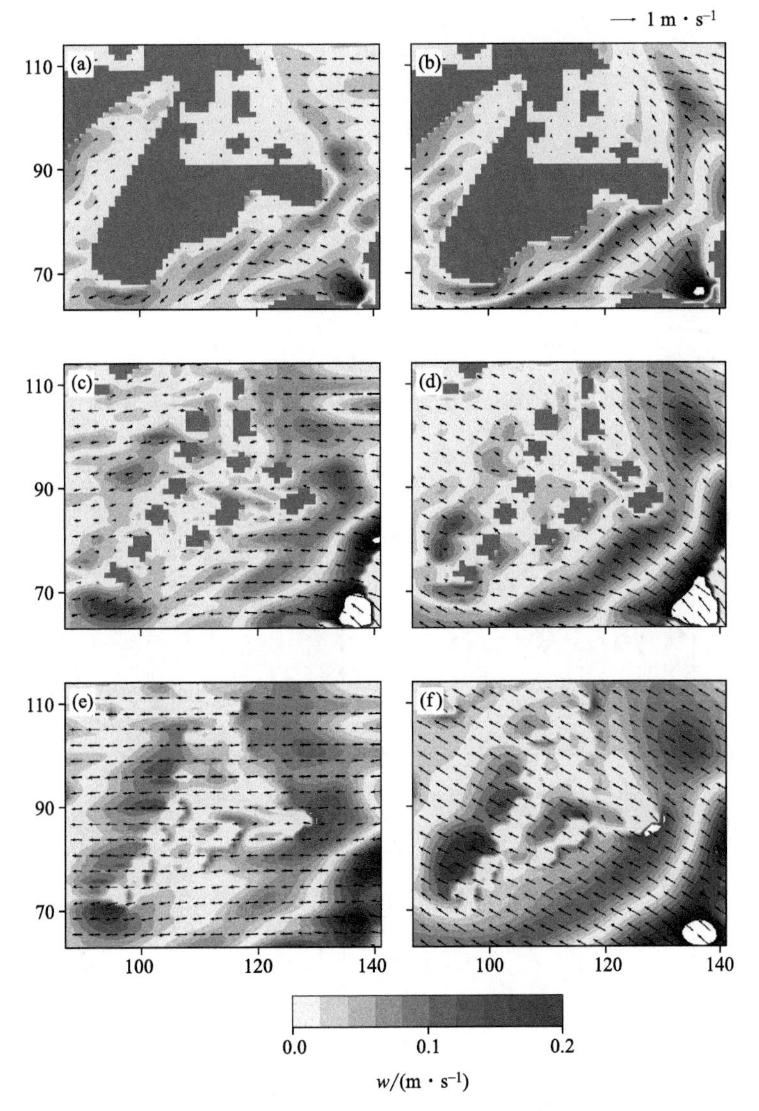

图 5-36 4月(a、c、e)和7月(b、d、f)$z=280$ m高度(a、b)、$z=290$ m高度(c、d)和$z=300$ m高度(e、f)处分散低矮建筑群(子区域B)周围的三维环流场

(箭头为水平风场,单位:m·s^{-1};填色为垂直风速,单位:m·s^{-1},灰色块为建筑物)

环境品质定量评估准则,并进一步建立了适用于山地型城市住宅区精细化风环境定量评估方法和流程。

常用的风环境品质评估有风速阈值法(Penwarden,1973)、风速比值法和超越概率阈值法(Soligo et al.,1998;Mochida et al.,2008),其中以超越概率阈值法相对成熟。根据前人研究,超越概率阈值法又分为基于大概率事件的评估和基于偶发事件的评估,前者主要考虑风速的整体分布情况,后者则考虑风速的极端情况。本研究针对两种概率事件,结合CFD模拟分别设计了评估流程(图5-39和图5-40)。相较于传统的评估方案,本研究创新性地引入了CFD模拟环节,从而可以得到超越概率的空间分布,进而能开展精细化的风环境品质评估。

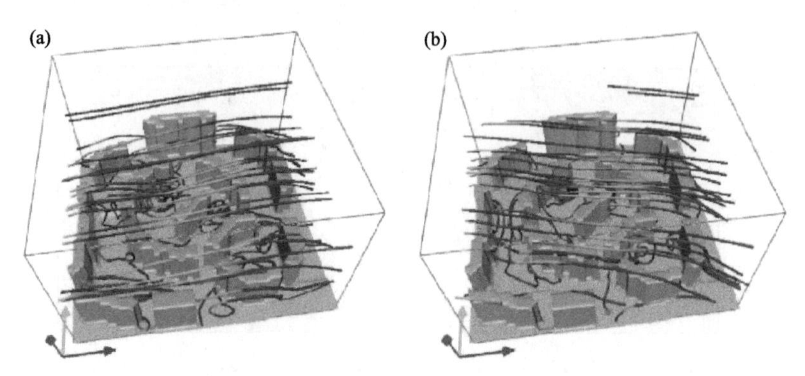

图 5-37 4 月(a)、7 月(b)密集高层建筑群(子区域 C)周围的环流场

(线条为流线,方向从右到左,颜色代表上升运动,暖色上升,冷色下沉)

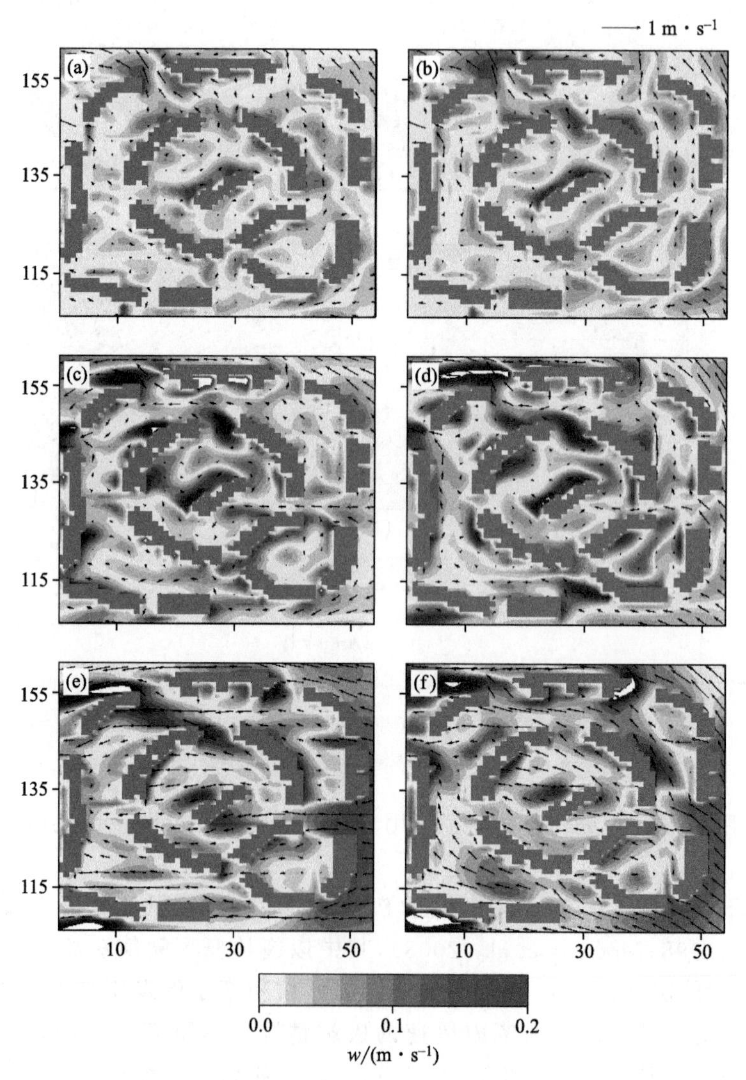

图 5-38 4 月(a、c、e)和 7 月(b、d、f)$z=280$ m 高度(a、b),$z=295$ m 高度(c、d)和 $z=315$ m 高度(e、f)处密集高层建筑群(子区域 C)周围的三维环流场

(箭头为水平风场,单位:$m\cdot s^{-1}$;填色为垂直风速,单位:$m\cdot s^{-1}$,灰色块为建筑物)

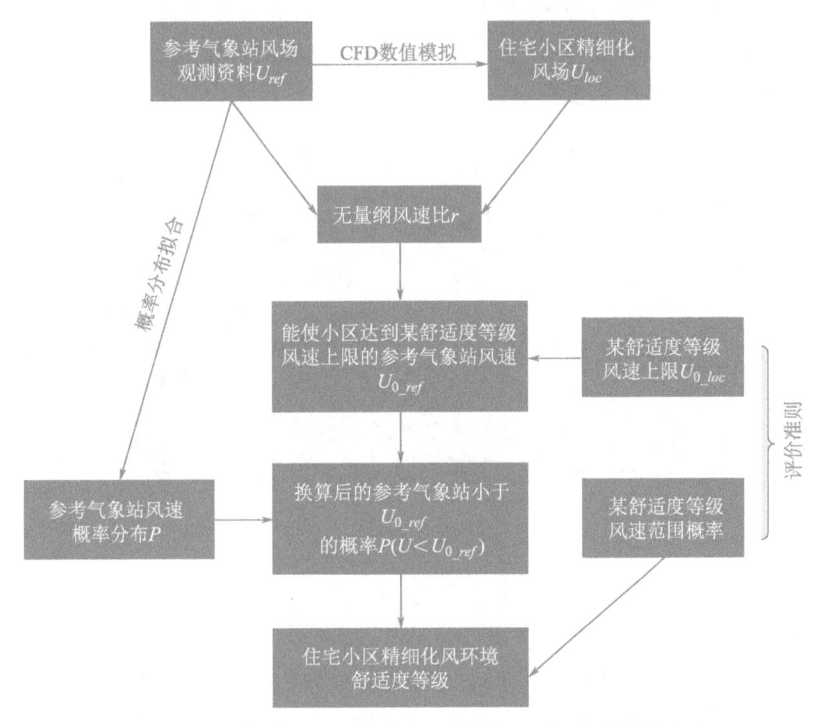

图 5-39 针对大概率事件的住宅小区风环境品质评估流程

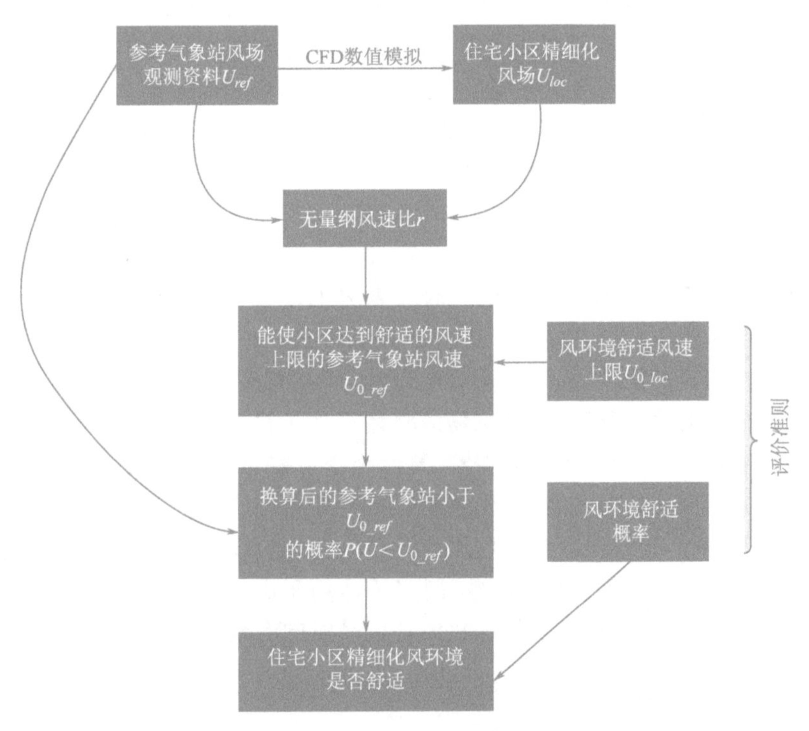

图 5-40 针对偶发事件的住宅小区风环境品质评估流程

图 5-41 给出了基于上述评估流程得到的龙湖社区精细化风环境品质分布。在结合了CFD 模拟结果后,可以更清晰地看出住宅区内不同区域的风环境状况。这一技术可为住宅区的规划设计、品质提升提供重要参考。

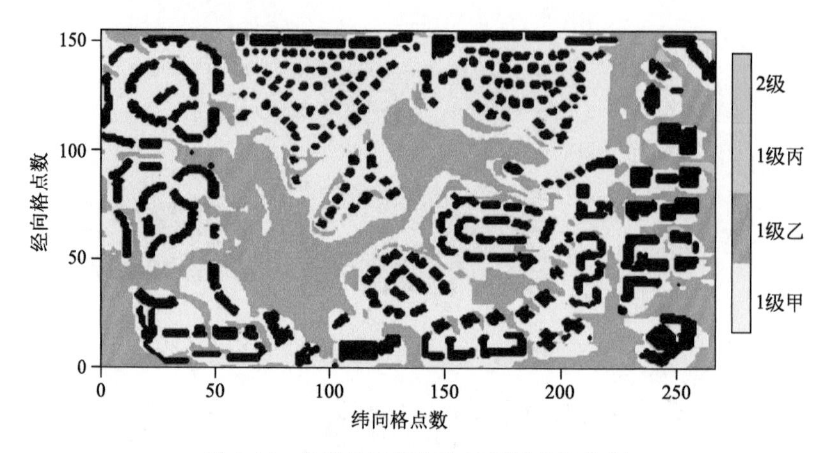

图 5-41　龙湖社区精细化风环境品质分布

(6)本节小结

对具有复杂下垫面的城市小区精细化风环境进行研究是当前相关领域的热点,而针对具有复杂地形的山地型城市(如重庆)的研究还比较匮乏。本节采用基于 LES 的 CFD 模式,结合高分辨率下垫面资料(含陡峭地形和复杂建筑物),以重庆市渝北区龙湖社区为例,对小区的风环境进行高分辨率的数值模拟,探讨了气候态下小区精细化风场的一般特征,并进一步分析了小区建筑物布局对局地环流的调节作用,形成了如下主要结论。

① 下垫面(包括地形和建筑物等)能显著调节小区内风场的分布,风速大值区主要出现在九龙湖等开阔区域以及与中尺度背景入流方向一致的街道中;九龙湖形状对近地面风场的分布也有重要作用。在小区四周高层建筑密集的地带,风场极为散乱不规则;在较为封闭的建筑物组团(如小区西北部圆形状分布的建筑群)内,很难出现较强的风速,甚至出现静风现象。建筑物的这些影响在近地面,尤其是在城市冠层内部,最为明显,越往上这种影响越弱。

② 针对春季和夏季中尺度背景入流有较大差异的季节,对单个孤立高层建筑、低矮分散建筑群和密集高层建筑群的风环境特征进行了详细分析。结果表明,单个孤立高层建筑近地面迎风面附近存在明显的绕流,局地风速有所增加,而在背风面附近则形成了尾流区,水平风速较低。在低矮分散的建筑群区域,建筑物的整体高度不高,流场相对来说比较一致,且由于上游建筑物的影响,使得区域局地入流在春、夏两个季节差异不明显,夏季风速更大,有利于小区的通风。在密集高层建筑群内,由于建筑物群本身的布局比较封闭,加之不同建筑物的环流场存在相互干扰及影响,使得小区近地面风速几乎为零,非常不利于小区通风和污染物扩散。

③ 基于超越概率法和 CFD 模拟技术,制定了适用于山地型城市的风环境品质定量评估准则,提供了一种定量化评估住宅区精细化风环境品质的有效方法和手段。

5.4.5　重庆中心城区精细风环境特征研究

城市是受气候变化影响尤为显著的地区,也是人为温室气体排放的"主角"。重庆作为西部大开发的重要战略支点,处在"一带一路"和长江经济带的联结点上,承接了党中央建设"内陆开放高地，山清水秀美丽之地”、实现“高质量发展，高品质生活”的重要目标任务。但近年来较快的城市化进程和独特的山地气候环境特征，又造成重庆中心城区城市热岛强度增强，夏季高温热浪事件加剧。新阶段下的重庆城市规划建设，需以实现“双碳”为目标，优化调整产业结构、能源结构、运输结构和用地结构，科学规划城市空间布局；同时，在城市规划中还应充分考虑天气气候因素，以此增加城市空气流动、缓解城市“热岛效应”、增强城市污染物扩散能力。其中，摸清重庆中心城区风环境基本特征、评估城区精细化风环境，是优化城市规划和建设管理的前期基础性工作，对改善城市微气候、提高城市环境的宜居性、提升城市气候韧性、保障公众健康、推进生态文明建设和促进经济社会可持续发展具有重大意义。

本书拟基于站点气象观测数据、地形资料、土地利用资料等，综合运用数值模拟、资料同化、复杂地形风场订正技术，对重庆中心城区的精细化风环境开展研究。

(1)模式设置

本研究中开展精细风场模拟时使用了 WRF 模式结合风场地形诊断降尺度的方式。其中，WRF 模式采用了四层嵌套，采用兰伯特投影，最外层网格中心经纬度为 35°N 和 94°E。由外至内，各层网格分辨率分别为：27 km、9 km、3 km 和 1 km，网格的空间位置如图 5-42 所示，可见最内层网格已覆盖了中心城区全部区域。

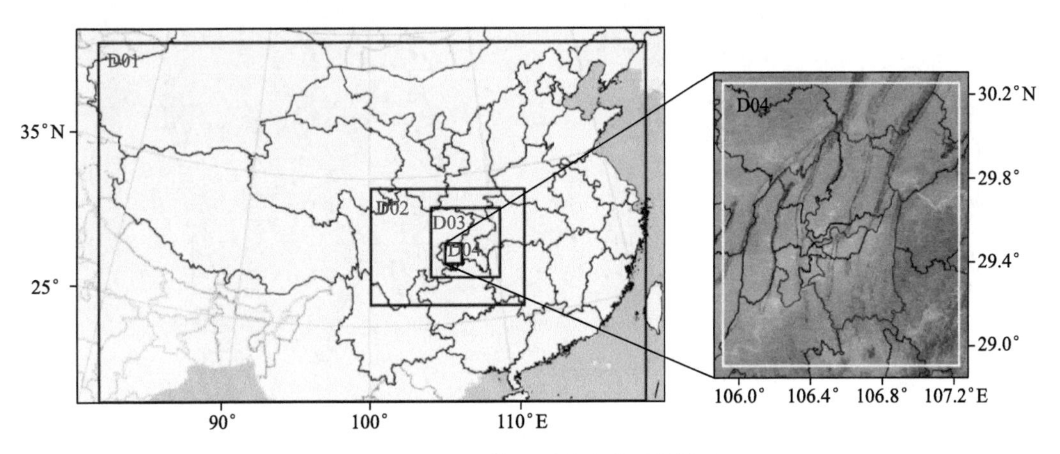

图 5-42 WRF 模拟时的嵌套网格设置

模式垂直方向设为 46 层，顶层气压 50 hPa。模拟采用的主要物理参数化方案包括：KF 积云对流方案、WSM6 微物理方案、RRTMG 短波辐射方案、RRTMG 长波辐射方案、Noah 陆面模式、YSU 边界层参数化方案。为更好地模拟城市对局地气候的影响，模拟时在第四网格中开启了城市冠层参数化方案。模拟时对 2017—2021 年 1 月、4 月、7 月、10 月四个典型月，共 20 个月份展开逐月连续模拟，并使用自适应积分步长，最终得到逐小时的三维大气场模拟结果。研究所用地形资料为 ASTER GDEM(V2)资料，原始空间分辨率为 30 m；土地利用数据使用了第三次国土空间调查结果，原始空间分辨率为 100 m；模式驱动场为 FNL1°×1°再分析资料。所有地理信息资料和驱动数据均插值到模拟区域网格。

为了得到百米分辨率的精细风场，这里使用一个风场诊断模型在 WRF 模拟结果的基础上做降尺度分析。该模型主要考虑在初始场中加入局地地形对风环境的影响，如山体阻挡、狭管效应等，并基于质量守恒定律建立泛函，通过变分法求解散度最小化的三维风场，即为最终风场结果。开展降尺度分析时，模型诊断范围仅包括中心城区区域，所用地形数据和土地利用分辨率为 100 m。模型垂直层次为 6 层，最高一层离地面 9000 m，最底层离地 10 m，最终输出为最底层风场数据。考虑到诊断模型计算效率，本研究中仅在近地面风场的分析中使用诊断模型，而通风量的计算则依然使用 WRF 模拟结果。

(2)中心城区平均风速及风向

图 5-43 给出了模式模拟得到的中心城区 2017—2021 年全年平均风速及昼夜平均风速，以及对应时间段各格点主导风向。首先从风速来看，中心城区风速整体呈北部和东南部较高、中西部相对较低的特征；风速的大小与下垫面类型和地形海拔关系密切：城镇密集区域及平行岭谷间的谷底风速相对较小，高海拔区域、建筑物稀疏区域等地风速相对较大，其中“两江四岸”核心区和沙坪坝区是明显的低风速区，夜间平均风速低于 0.5 $m \cdot s^{-1}$；风速相对较大的区域基本集中在几条主要山脉上。对比图 5-43b 和图 5-43c，可知中心城区白天风速整体较夜间更大，其中沙坪坝区、“两江四岸”核心区等地的夜间平均风速不足 0.5 $m \cdot s^{-1}$。

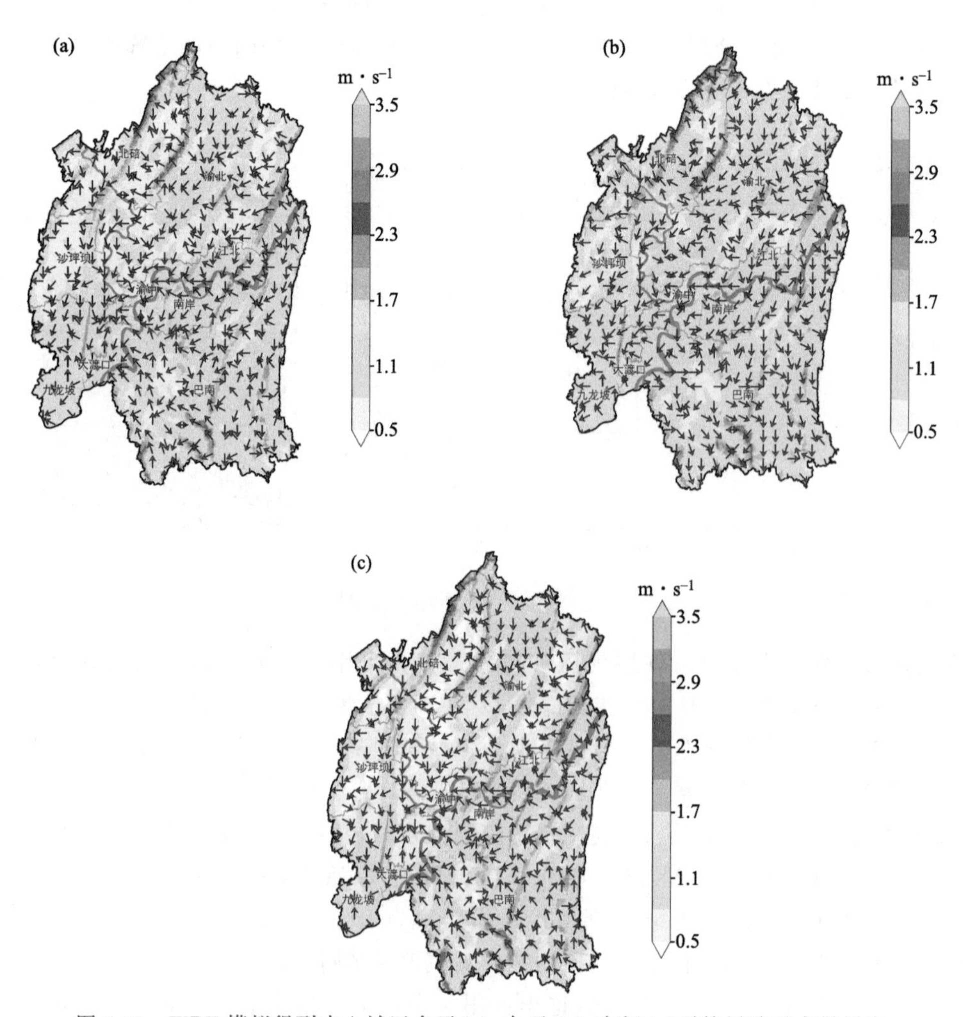

图 5-43 WRF 模拟得到中心城区全天(a)、白天(b)、夜间(c)平均风速及主导风向

(箭头代表风矢量)

而从风向来看，中心城区大部分区域以北风或东北风为主导风，但巴南东南部，即圣灯山一带，存在很多偏南风为主导风的格点。结合当地地形，这可能是背景风场与局地地形共同作用，形成大量局地绕流的结果。对比图 5-43b 和图 5-43c，可见中心城区昼夜主导风向存在一定差异，尤其对于地形复杂区域，甚至可能出现昼夜主导风向完全相反的情况（如巴南东南部区域）。不过整体而言，无论昼夜中心城区都以北风或东北风为主导风，尤其是中心城区中西部、中北部等长江以北区域。

图 5-44 给出了模拟所得春、夏、秋、冬四个季节代表月（4 月、7 月、10 月和 1 月）中心城区平均风速和主导风向。能看出无论哪一个季节，中心城区大部分区域都以北风和东北风为主导风，尤其是沙坪坝、九龙坡、北碚、渝北、渝中、江北、南岸等地；夏季偏南风明显较其他月份增加，主要集中在巴南、九龙坡南部、大渡口等地。整体来看，中心城区的几条平行岭谷，如缙云山和中梁山间谷地、中梁山和铜锣山间谷地以及铜锣山和明月山间谷地，均为相对明显的北风风道，风道起于中心城区最北端华蓥山一带，止于长江沿线，西部止于大渡口，中部止于渝中区一带，东部止于南岸区一带。

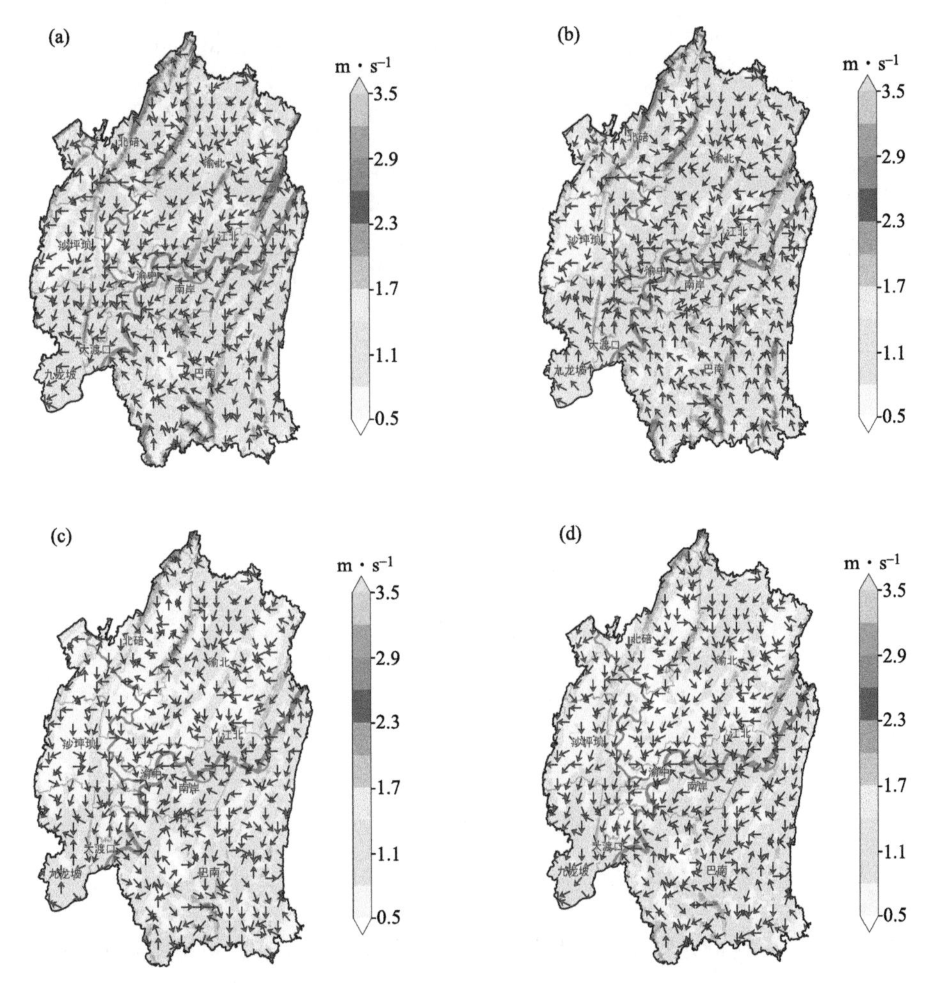

图 5-44　WRF 模拟得到中心城区春季(a)、夏季(b)、秋季(c)、冬季(d)典型月平均风速及主导风向，
（填色代表风速，箭头代表风矢量）

从风速来看，中心城区春、夏两季风速整体大于秋、冬季，尤其是高海拔地区，春、夏两季的平均风速可接近 3 m·s^{-1}，秋、冬季则最大约为 2.5 m·s^{-1}。同时，建筑物密集区域的低风速带也非常明显，秋季和冬季的"两江四岸"核心区、沙坪坝、渝北龙兴、北碚复兴等商业相对发达、建筑物密集区都是风速相对较低的区域，局地最低平均风速小于 0.5 m·s^{-1}。

(3)中心城区软轻风和静风频率

软轻风指风速介于 0.3～3.5 m·s^{-1} 的风，是城市风环境分析、通风廊道规划中的重要参考要素。图 5-45 为基于模式结果统计得到的中心城区昼夜软轻风频率，从中可以看出，中心城区北部、东南部等高海拔区域软轻风频率较高；而受建筑物拖曳作用影响，建筑物密集区（如"两江四岸"核心区、沙坪坝商圈、北碚复兴一带、渝北龙兴镇一带）软轻风频率较低。同时，软轻风白天频率较夜间更多的特征也得到反映。

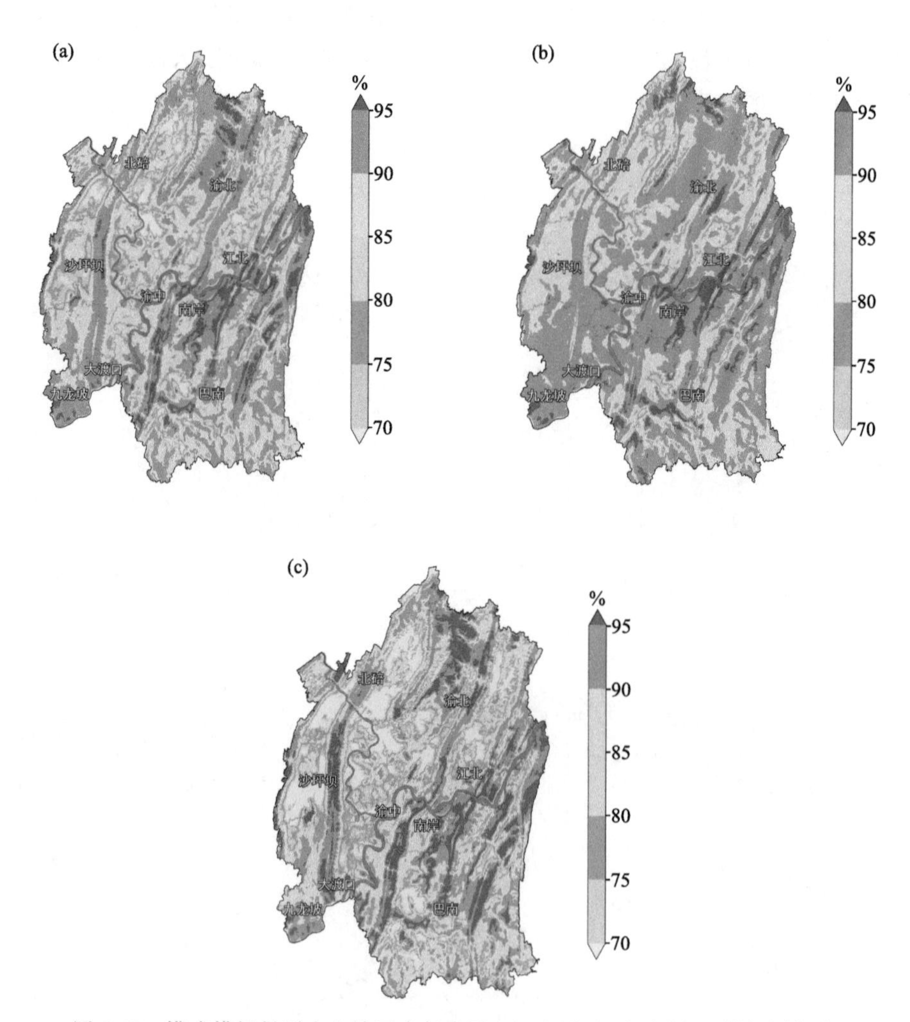

图 5-45 模式模拟得到中心城区全年全天(a)、白天(b)和夜间(c)软轻风频率

图 5-46 为模式模拟得到的中心城区静风频率。结合图 5-45，能更清晰地看出中心城区的主要风速段为软轻风（0.3～3.3 m·s^{-1}）和静风（0.0～0.2 m·s^{-1}）。而静风出现频率较高的区域与低洼地带及密集城建区高度吻合，充分说明了城市和局地地形对中心城区风场流动

的影响。另外，可知中心城区夜间静风频率较白天更大。

图 5-46　模式模拟得到中心城区全年全天(a)、白天(b)和夜间(c)静风频率

图 5-47 为模式模拟得到的中心城区四个季节代表月的软轻风频率。能看出不同季节的软轻风频率在空间分布上与全年统计的结果是基本一致的，软轻风大多数时候出现在高海拔区域或建筑物密度较小且地形开阔的区域；建筑物密度较大、河谷或山脚谷地等地势低洼地带，软轻风占比较小。另外，春、夏两季的软轻风频率整体高于秋、冬两季。

图 5-48 为模式模拟得到的中心城区四个季节代表月软轻风平均风速。与中心城区整体的平均风速对比可知，软轻风风速的空间分布与风速结果类似，大值区基本集中在几条山脉上，春、夏两季的地形开阔区域或建筑物稀疏区域的软轻风也能达到 $1.5\ m \cdot s^{-1}$ 左右。值得注意的是，单就软轻风而言，中心城区大部分区域都能接近 $1\ m \cdot s^{-1}$，这说明即使在建筑物密集的“两江四岸”核心区，依然有一定的软轻风资源。

(4)中心城区通风量

为更好地评估中心城区风环境，这里利用模式模拟结果计算了中心城区的通风量，从而分析各地的大气扩散能力。通风量是水平风速在大气混合层内随高度的积分，是衡量一个地区风环境的重要指标。其计算公式如下式所示：

$$V_E = \int_0^H u(z)\mathrm{d}z$$

其中，V_E 代表通风量，H 为大气混合层高度，z 为垂直方向高度，u 为不同高度上的水平风速。通过分析通风量的特征，可得到地区通风能力的强弱。而计算通风量首先需要计算混合层高度。由于 WRF 模式输出并没有包含混合层高度，这里采用罗氏法对混合层高度做近似计算。

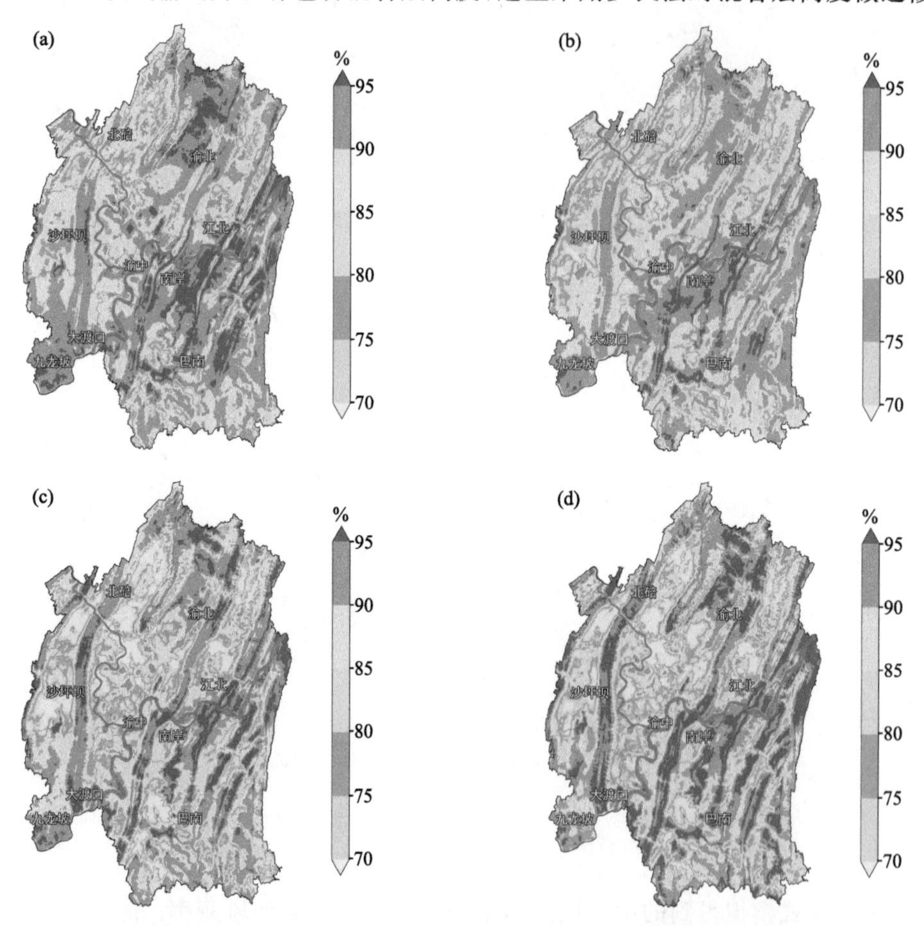

图 5-47 模式模拟得到中心城区春季(a)、夏季(b)、秋季(c)、冬季(d)代表月软轻风频率

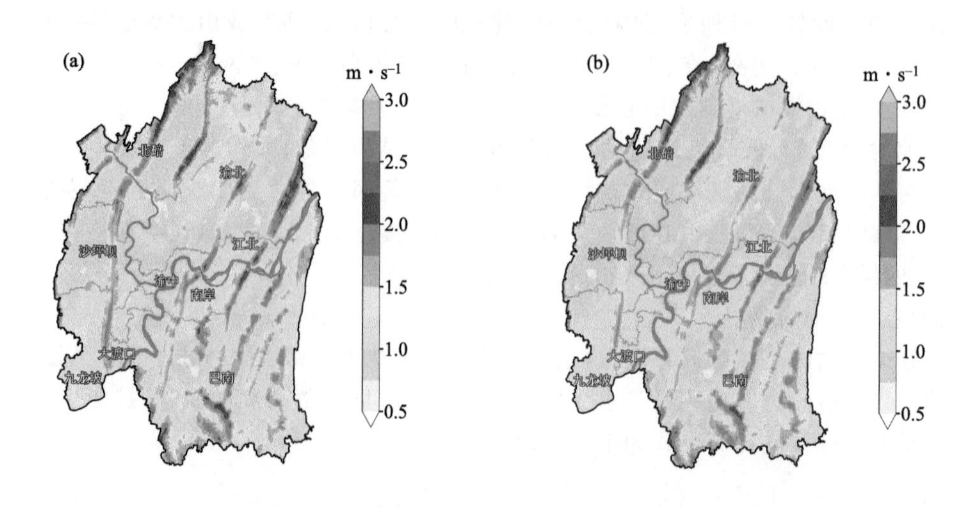

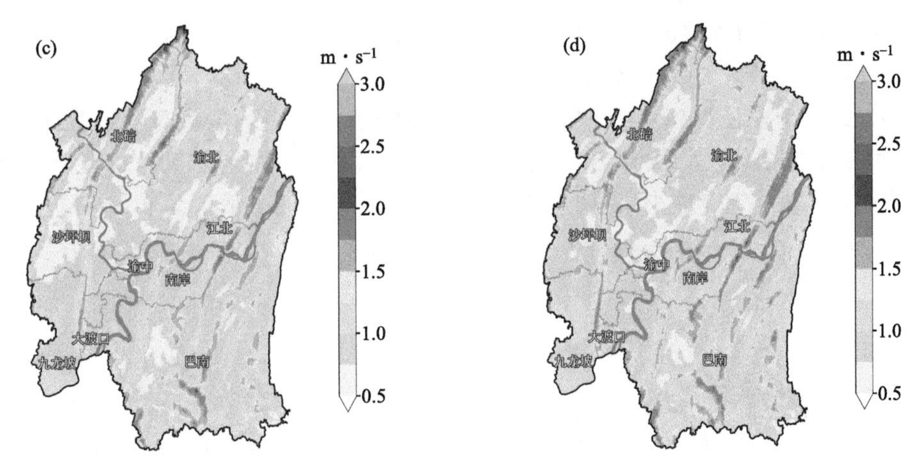

图 5-48　模式模拟得到中心城区春季(a)、夏季(b)、秋季(c)、冬季(d)代表月平均软轻风风速

图 5-49 给出了模拟得到的中心城区全天和昼夜的平均通风量。能看出中心城区的通风量与海拔和下垫面类型是高度吻合的：几条主要的山脉上，通风量数值都较大；低洼谷地及建筑物密集区等风速相对较小的区域，通风量也会相对偏小。从图 5-49 来看，除高海拔地区外，中心城区通风量大值区基本集中在九龙坡、大渡口、南岸、江北东部一带以及渝北空港一带、北

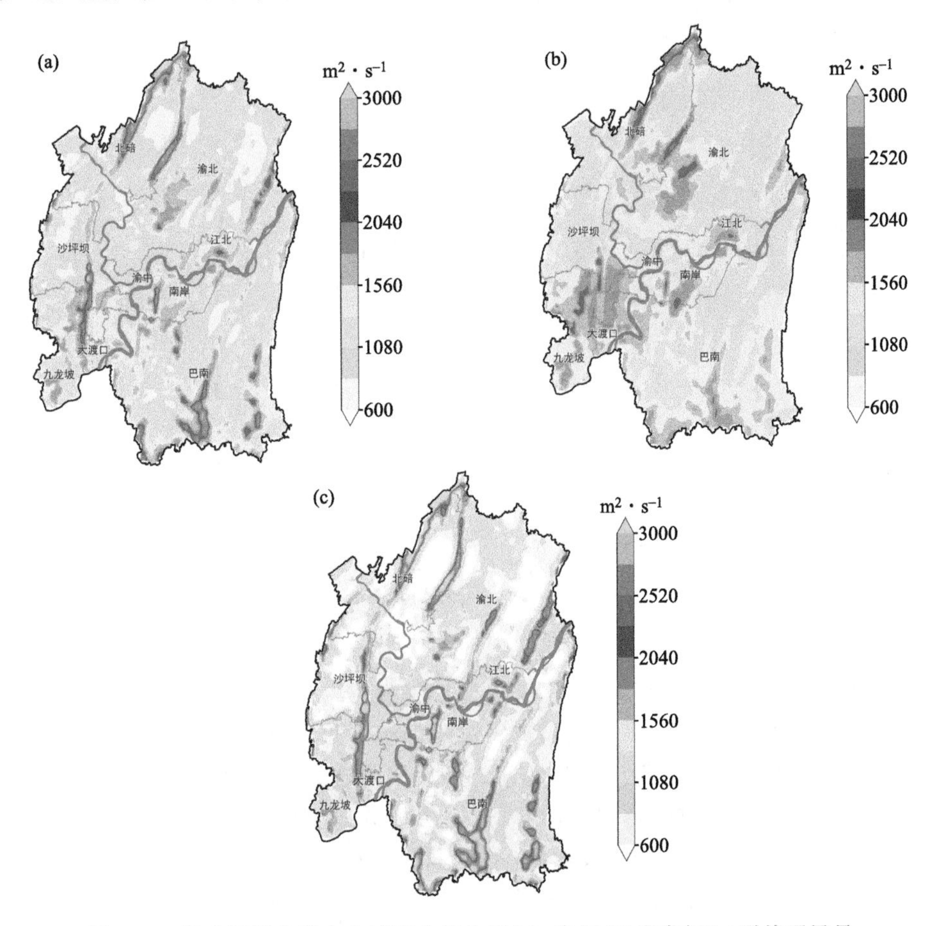

图 5-49　模式模拟得到中心城区全年全天(a)、白天(b)和夜间(c)平均通风量

部华蓥山一带和巴南南部等区域。对比昼夜的通风量差异，可知中心城区白天通风量较夜间更大，说明夜间中心城区大气扩散能力相对较差。

图 5-50 给出了模拟得到的中心城区四个季节代表月的平均通风量。可见不同季节通风量的空间分布与全年平均类似，仅数值大小上有所不同。其中，通风量以夏季最大，春季次之，秋季相对较小，冬季最小，说明中心城区秋、冬季节大气扩散能力相对较低，风环境相对较差。

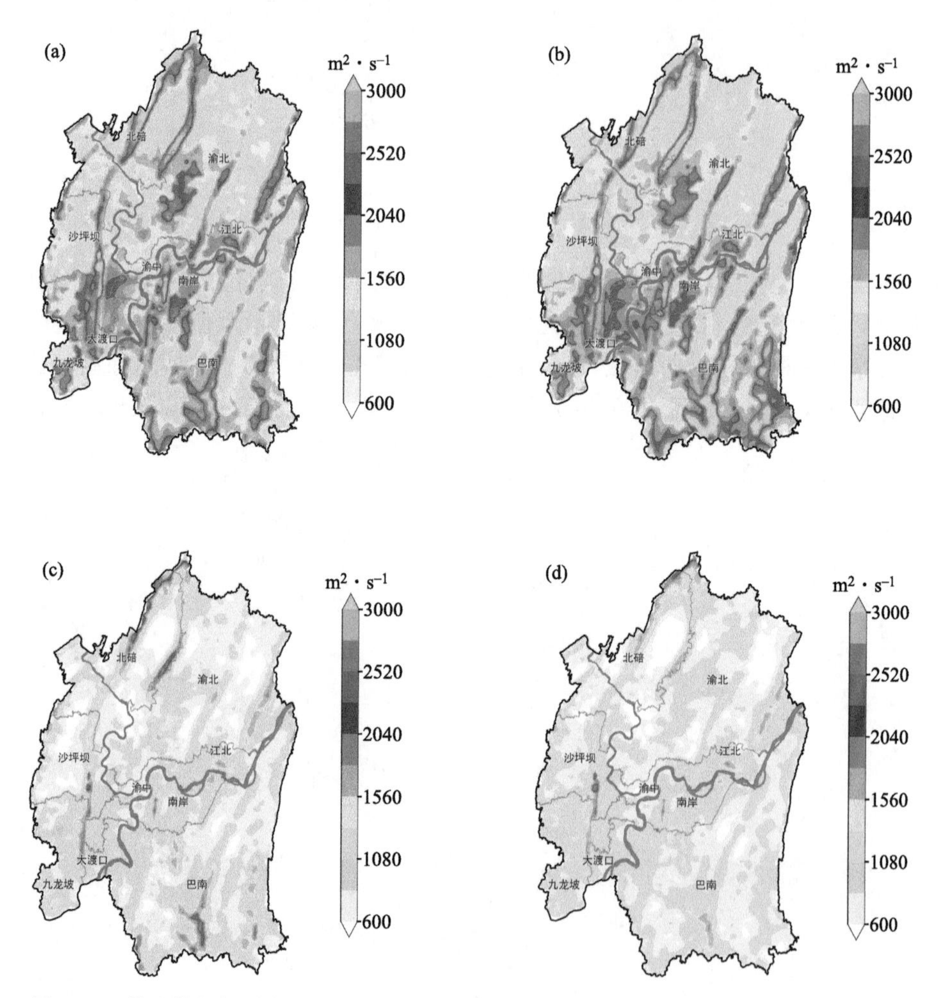

图 5-50 模式模拟得到中心城区春季(a)、夏季(b)、秋季(c)、冬季(d)代表月平均通风量

(5)大风气象灾害风险

为更好地分析中心城区风环境特征，这里利用气象灾害风险评估方法，基于数值模拟结果和站点插值结果，对中心城区的大风气象灾害风险等级进行了计算。

大风气象灾害致灾因子主要考虑的是近 5 年大风极端风速空间分布以及大风日数，其中大风日数基于站点统计后插值得到，极端风速则由模式模拟结果和插值结果加权平均得到。孕灾环境主要考虑地形标准差和植被指数，承灾体主要考虑的是人口，防灾减灾能力主要考虑人均 GDP。最终得到的中心城区大风气象灾害风险分布如图 5-51，可见中心城区高海拔区域、地形开阔区域都属于高和较高风险区；同时，城区北部风险整体较南部更高。而在“两江四岸”核心区一带，尽管由于风速较小，风险等级整体属中等风险，但因局地复杂地形影响，可能会出现“狭管效应”，故也存在部分较高或高风险的区域。

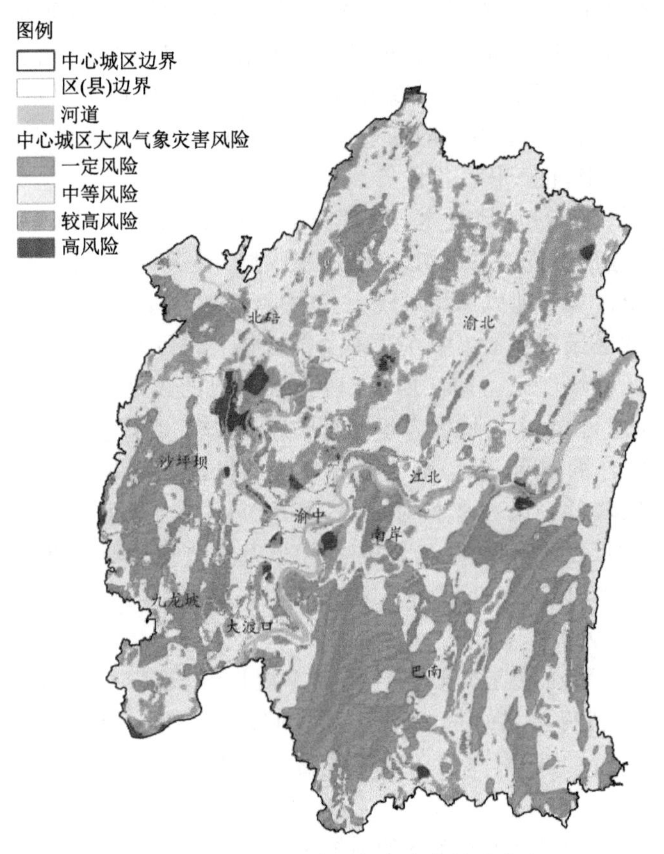

图 5-51 中心城区大风气象灾害风险分布

根据大风气象灾害风险区划结果，可将中心城区高海拔区域、地形开阔区、建筑物密集区及部分狭窄航道等划为重点防御区。对于这些区域，建议主要采取如下防御措施。

一是大风多发区域的各级人民政府和相关部门应当组织开展大风灾害隐患和风险排查。

二是建(构)筑物、场所和设施等所有权人或管理人应当定期开展防风避险巡查，设置必要的警示标志，采取防护措施，避免搁置物、悬挂物脱落、坠落。

三是高空、水上等户外作业人员停止作业，危险地带人员撤离。

四是危险地带和危房居民以及船舶应到避风场所避风。

五是停止露天集体活动，立即疏散人员。

(6)本节小结

本节基于数值模拟技术、复杂地形风场降尺度模型等，对中心城区精细化风场、大风灾害风险等风环境相关要素进行了分析，结果如下。

① 就风向而言，中心城区的风向具有局地性强、复杂多变的特征。尤其是靠近河道或位于山顶、山脚的站点，存在主导风向和次主导风向相反、昼夜主导风向相反的情况。这说明中心城区靠近河道或地形陡峭的区域有相对明显的山谷风或河陆风效应，对风向产生了影响。不过整体而言，大部分站点以北风或东北风为主导风，但巴南圣灯山一带(即中心城区东南

部)，存在很多偏南风为主导风的格点。这可能是背景风场与局地地形共同作用，形成大量局地绕流的结果。

就不同季节的风向而言，春季、秋季和冬季的风向一致性较高，夏季偏南风的频率有所增加。不过所有季节，中心城区大部分区域都以北风和东北风为主导风，尤其是沙坪坝、九龙坡、北碚、渝北、渝中、江北、南岸等地。夏季以偏南风为主导风的区域主要集中在巴南、九龙坡南部、大渡口等地。整体来看，中心城区的几条平行岭谷均为相对明显的北风风道，风道起于中心城区最北端华蓥山一带，止于长江沿线。

② 就风速而言，中心城区风速整体呈北部和东南部较大、中西部相对较小的特征，风速的大小与下垫面类型和地形海拔关系密切，城镇面积区域及平行岭谷间的谷底风速相对较小，高海拔区域、建筑物稀疏区域等地风速相对较大，其中两江四岸核心区和沙坪坝区是明显的低风速区，风速相对较大的区域则基本集中在几条主要山脉上。另外，中心城区白天风速整体较夜间更大，模拟结果显示沙坪坝区、“两江四岸”核心区等地的夜间平均风速不足 $0.5\ m \cdot s^{-1}$。而对比不同季节的风速可知，中心城区春季和夏季风速较秋、冬季更大。

③ 针对软轻风的分析表明，中心城区大部分区域风速都属软轻风风速段。中心城区北部、东南部等高海拔区域软轻风频率相对更高，可达 90%以上；而建筑物密集区(如“两江四岸”核心区、沙坪坝商圈、北碚复兴、渝北龙兴一带)以及一些地形崎岖的山谷地带，软轻风频率相对较低，这些地区更多时候以静风为主。从时间上来看，软轻风白天出现频率较夜间更多，春、夏两季较秋、冬两季更多。

软轻风风速分布与平均风速类似，春、夏两季地形开阔区或建筑物稀疏区的软轻风能达 $1.5\ m \cdot s^{-1}$ 左右。值得注意的是，无论白天夜间还是不同季节，中心城区大部分区域的软轻风都能接近 $1\ m \cdot s^{-1}$，说明即使在建筑物密集的“两江四岸”核心区，依然有一定软轻风资源。

④针对通风量的分析表明，中心城区的通风量大小与海拔和下垫面类型关系密切，通风量数值最大值基本出现在海拔较高的山脉上，低洼谷地及建筑物密集区等区域，通风量则相对偏小。除海拔较高地区外，中心城区通风量大值区基本集中在九龙坡、大渡口、南岸、江北东部一带以及渝北空港一带、北部华蓥山一带和巴南南部等区域。另外，白天通风量较夜间更大，春、夏季节通风量较秋、冬季更大。这说明中心城区秋季和冬季属大气扩散能力较差的季节，尤其是秋、冬季的夜间。

⑤大风气象灾害风险区划的分析结果表明，中心城区海拔较高或地形开阔区域，包括建筑物密集区和长江部分河道都属于高和较高风险区，可有针对性地开展大风灾害防御工作。

5.5 本章小结

气象数值模式是开展气候可行性论证的重要工具，对于重庆这样的复杂山地型城市而言，能考虑不同尺度信息的多尺度数值模拟技术更是关键的核心技术，基于该技术的精细化风热环境分析和以及用地规划建设对局地气候的影响评估也是气候可行性论证报告中的重要组成部分。本章节首先介绍了三种分别适用于中尺度(千米级)、微尺度(百米级)到湍流尺度(米级)气象数值模拟的数值模式，然后对五个多尺度数值模拟技术在重庆本地的应用案例进行了介绍。本章内容的小结如下。

① 通过修改垂直坐标系、模式方程，设计并行化方案，重庆市气候中心成功将南京大学小区模式升级为适合在山地型城市区域应用的 CNMM 微尺度数值模式，为气候可行性论证工作中百米以内分辨率的数值模拟提供了重要技术支撑。

② WRF、CNMM 和 CFD 三个模式具有各自适用的研究尺度，通过相互嵌套、耦合，可以实现对区域气候、微气候到建筑物风场的多尺度数值模拟及风热环境定量化评估，是一套相对完整的数值模拟体系。

③ 通过在梁平湿地公园规划方案评估、悦来海绵城市热岛效应评估、广阳岛生态规划评估、龙湖社区精细化风环境评估以及重庆中心城区精细化风环境特征分析等工作中开展应用，多尺度数值模拟技术的模拟精度、应用的广度和深度都得到了验证。其中，通过与市规划院合作，重庆中心城区精细风环境特征研究有关工作被应用于中心城区通风廊道规划中，完成了一级和二级廊道的设计。这说明重庆市气候中心在多尺度数值模拟技术及其应用上已经具有相对成熟的体系和技术流程。

第6章　基于大数据的气候可行性论证系统研发

6.1　“重庆天资·智能气候业务系统”建设思路和目标

6.1.1　建设目标

基于“气象＋大数据云平台”，运用大数据挖掘、机器学习等技术，建立“重庆天资·智能气候业务系统”，包含气候监测分析、气候预测、气象灾害风险评估、生态气候评估、气候可行性论证等各个子系统建设，可以为气候、气候变化、气候资源开发和大气环境评价等业务工作的开展提供重要的支撑，可以更好地优化业务工作流程，提高业务工作效率，向智慧服务系统体系发展。到2022年，大数据、云计算、人工智能等信息技术在气候监测分析、气候预测、生态气候评估、气象灾害风险评估以及气候可行性论证服务中得到充分应用，基本建成符合“预报精准、服务精细、平台智能、技术领先、管理科学”的智慧气象业务体系的气候业务系统。

6.1.2　建设思路

“重庆天资·智能气候业务系统”基础数据和结果基于重庆市气象局“气象＋大数据云平台”，同时系统采用“大中台、微服务”的策略，将重庆市气候中心常规的业务需求变成规范化的功能模块，放置在系统中台，通过气候监测分析、气候预测、气象灾害风险评估、生态气候评估和气候可行性论证单元的建设，实现基于重庆市气象局的大数据资源的分析应用，加强数据挖掘、机器学习、深度学习等人工智能技术在气候监测预测、气象灾害风险评估、生态气候评估、气候可行性论证中的融合应用。同时引入三维气象GIS用于更直观快速地呈现出结果。基于该建设思路，可针对服务对象灵活多变的特点定制不同的前端，前端服务出口可统一调用中台的功能模块。随着未来新项目的进入，还会有模块不断积累，基于这种平台建设理念，就能根据用户的具体需求，定制前端，快速地建成一个完整的系统(图6-1)。

6.1.3　系统架构

“重庆天资·智能气候业务系统”是重庆智慧气象“四天”系统-“天资”系统的组成部分。“重庆天资·智能气候业务系统”的建设融入大数据挖掘、机器学习等技术，着力构建以大数据为中心的整体性气候业务体系，将大力推动气候监测、预测等相关业务工作，实现预报智能化、服务智慧化，提供高质量气象服务保障。

“重庆天资·智能气候业务系统”是重庆市气候中心集约化、智能化的业务系统，“重庆天资·智能气候业务系统”建设和完善将会推进已建业务系统的集约整合，推进数据和算法向大数

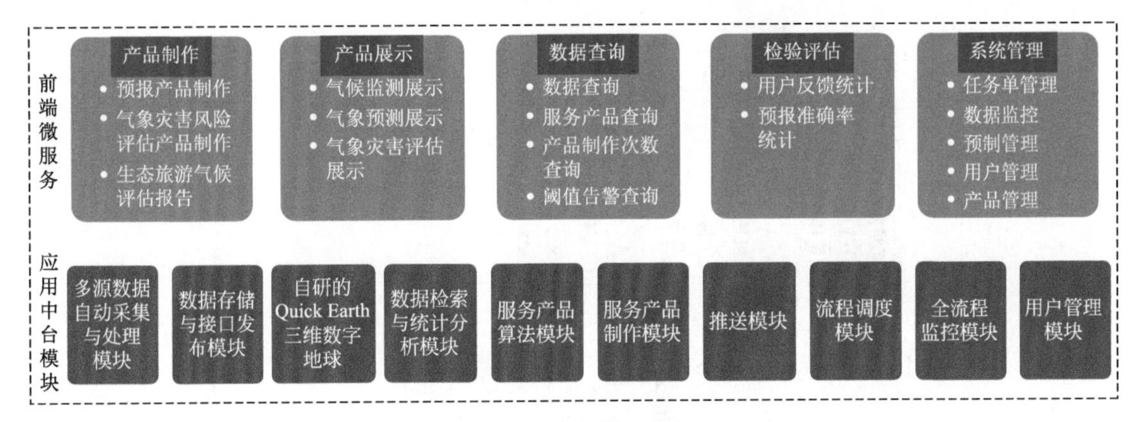

图 6-1 系统建设思路

据云平台集成以及“云化”的改造，推进业务向“云＋端”应用及共建、共享的新业态升级。该系统主要包括气候监测分析单元、气候预测单元、气象灾害风险评估单元、生态气候评估单元和气候可行性论证单元5个部分，基本涵盖了气候中心日常业务和服务的主要内容(图 6-2、图 6-3)。

图 6-2 “重庆天资·智能气候业务系统”整体框架图

“重庆天资·智能气候业务系统”采用分层架构设计，由下至上分别由基础设施层、资料收集处理层、产品加工及服务层以及用户层构成(图 6-4)。

(1)基础设施层

通过租用信息中心的存储计算资源池和网络安全设备构建本系统所需基础设施。存储计算资源池是整个项目的基础构件，主要由物理服务器(或虚拟机)构成，在此基础上安装部署系统软件环境，为系统运行提供硬件支撑，网络安全设备主要由防火墙构成，负责保障整个系统与外部安全的交互，并保证系统不受恶意攻击。

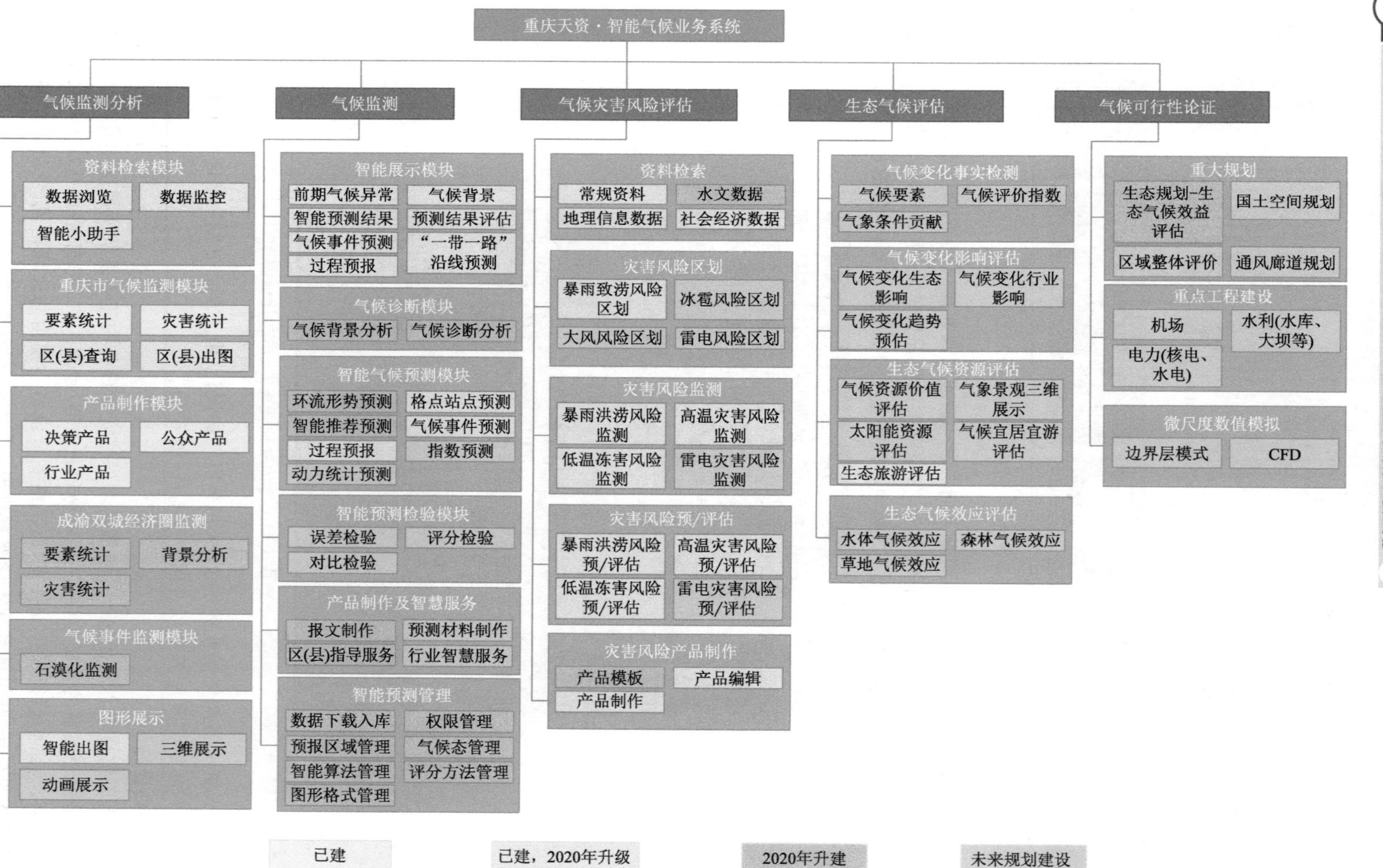

图 6-3 “重庆天资·智能气候业务系统”建设总体规划

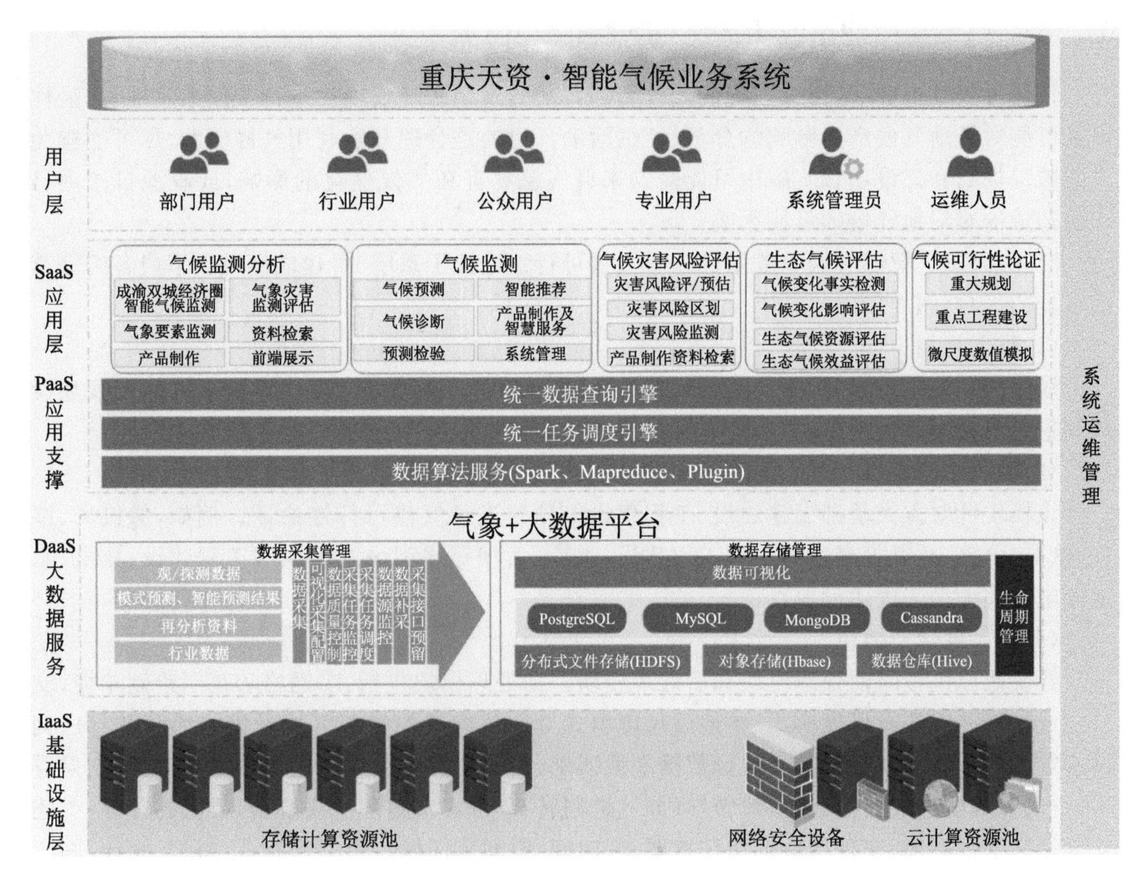

图 6-4　系统架构图

(2)资料收集处理层

系统依托气象大数据平台数据采集模块汇集气候要素数据、模式模拟数据、灾情数据、行业共享数据等信息，根据数据的类型等进行存储；提供包括分布式文件存储、分布式实时数据库、数据仓库、对象存储等多种数据存储方案，可根据业务需求自行选择合理的存储方案，在此基础上提供生命周期管理、全文检索引擎、数据集管理、插件管理、流程引擎、数据统计等功能模块。

(3)产品加工及服务层

在数据存储与处理的基础上，通过 Restful API 和 SDK 的形式对外部系统提供数据访问的读写的服务，同时支持数据统计分析可视化。服务层提供各应用服务，可提供以重庆为中心，覆盖川渝城市群的智能气候监测分析、气候预测、气象灾害风险评估、生态气候评估以及与气候条件密切相关的规划和建设项目的气候可行性论证。

(4)用户层

用户层是系统的服务对象，包括部门用户、行业用户、专业用户、管理人员、系统运维人员、行业用户、专业用户等。

(5)监控运维管理

运维管理子系统提供系统运维监控、服务业务管理、用户及权限管理等功能，实现系统故障快速定位和排查、数据和产品全流程监控、业务规则快速设置、用户信息管理。

6.1.4 “气候可行性论证子系统”建设思路和目标

气候可行性论证，是指对与气候条件密切相关的规划和建设项目进行气候适宜性、风险性以及可能对局地气候产生影响的分析、评估活动。目的是合理开发利用气候资源，尽可能避免或者减轻规划和建设项目实施中可能受到来自气象灾害和气候变化的影响，或者源自于项目建设造成的对局地气候的可能影响。

“重庆天资·智能气候业务系统——气候可行性论证子系统”将建成涵盖以下内容的完整的智能的平台（图 6-5）。

（1）重大规划

该模块针对生态规划、国土空间规划、区域整体评价、通风廊道规划等重点区域发展建设规划进行气候可行性论证。

（2）重点工程建设

该模块针对重大基础设施建设、工程建设等项目进行气候可行性论证。例如，像机场、港口、铁路、公路、桥梁等交通类大型工程建设；水库、大坝等水利设施等大型工程建设；核电、水电等电力类大型工程建设项目。

（3）微尺度数值模拟

建设数值模拟的前处理模块和后处理模块。前处理模块包括：①网格和范围绘制功能，支持在线绘制并确认微尺度模式、本地微尺度模式等数值模式的模拟区域及网格绘制并导出网格参数；②模式土地利用数据、地形数据在线匹配、修改功能。后处理模块包括：①模拟结果导入，自动完成模拟误差检验、格式转换（如二进制转 nc 格式）、图片在线绘制、数值统计等；②建立模拟结果数据库，实现自由选择任意要素、时间、空间范围模拟数据的调取、拼接、统计、图片绘制等功能。

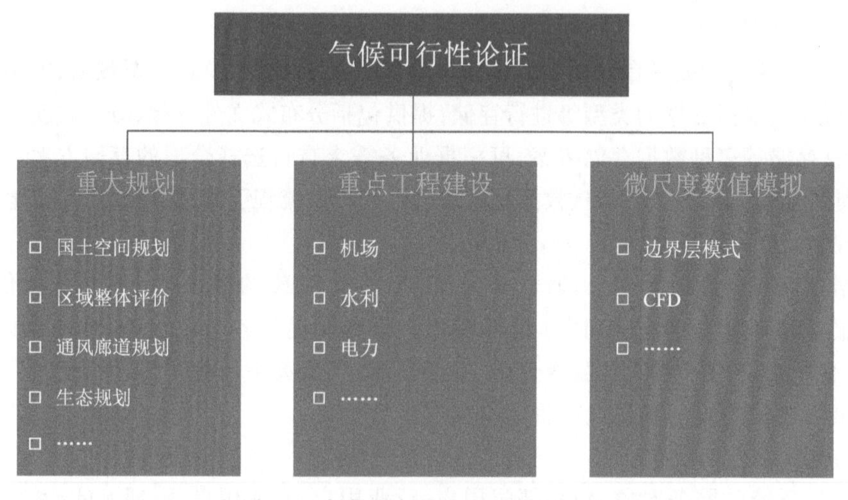

图 6-5 气候可行性论证子系统涵盖

气候可行性论证子系统通过内置多种报告模板，通过统一的数据计入和算法，可将高精度地形、图片插入导出，能够有效地解决业务人员耗时、耗力繁琐的评估论证过程，使业务人员将更多的精力投入到技术方法研究及如何提升服务质量中。

6.2 “气候可行性论证子系统”建设与应用

6.2.1 建设内容

“气候可行性论证系统”属于“重庆天资·智能气候业务系统”的子系统，该系统建设内容为“建设气候可行性论证·生态气候效益评估”模块，具体包括以下三个方面。

① 基础数据接入。根据评估区域的范围、经纬度信息，自动匹配相应的国家站和区域自动站数据，并进行初步的质量控制；留存模式数据接口，接入生态气候效益气候可行性论证所需的基础数据。

② 分析子模块建设。建设气候背景分析、高影响天气分析、生态气候效益指标计算3大子模块。

③ 业务功能实现。实现图表可视化、自由导出等的业务功能。

以上部分内容(如基础数据接入和业务功能实现)分布在系统模块建设的各个部分。对各子模块建设内容进行细化，具体包括基础数据接入、参证气象站选取、气候背景分析、高影响天气分析、生态气候效益评估五大部分，详细说明如下。

① 基础数据接入：实现论证区域的范围文件、气象台站观测资料、台站观测历史沿革资料、气象灾害数据、典型个例模式数据等的自由导入、导出，为生态气候效益评估奠定数据基础。

② 参证气象站选取：根据论证范围自动选取相关气象台站，实现国家站的时间一致性分析判断，国家站与区域站的空间分布一致性对比，论证参证气象站的代表性。

③ 气候背景分析：基于参证气象站选取结果，展示气压、气温、降水、风速风向、相对湿度、日照等气象要素的年际、月际、日变化。

④ 高影响天气分析：基于论证区域的气象灾害数据，计算不同灾害占比情况，确定主要灾害类型和关键气象因子，分析极端天气气候事件的变化情况，计算极端气候事件的重现期。

⑤ 生态气候效益评估：计算人体舒适度指数、通用热气候指数、风效指数、温湿指数、城市热岛强度指数等，获得论证评估区域各站点及整体的生态气候效益情况。

6.2.2 建设方案

(1)基础数据接入

手动接入论证区域地形范围数据、相关站点历史沿革数据、新搜集的气象灾害、数值模式模拟数据等，根据论证范围，自动接入相关气象站观测数据、已有的气象灾害数据，支持数据的导入导出。

① 气象数据：接入论证区域周边气象站资料，包括国家站、区域自动站逐小时观测数据等，并对该类数据进行初步的质量控制。对各要素值的质量控制以接入的自动检查为主，检查内容包括气候学界限值检查、气候极值检查、数据内部一致性检查和数据时间一致性检查。

数据缺测检查：气象资料中如要素数据为缺测或空白，则值应为相应规定的特征值。数据缺测检查判断数据中的要素值是否等于特征值，进而确定要素是否缺测或空白。

气候学界限值检查:根据传入参数判断气象资料的各要素数值是否在气候学界限值的合理范围内。

主要变化范围检查:根据台站历史值或其他因素确定其以往检测气象要素的主要变化范围,判断待检各要素值是否在该范围内。

时间一致性检查:同一台站的同一要素,在邻近时间应该满足一定的变化规律。

内部一致性检查:同一站点的某些不同观测要素应满足一定的关系,如地面天气报中海平面气压和本站气压。内部一致性检查部件对这些要素进行检查,判断是否满足要求的关系。

② 气象灾害:气象灾害数据通过对接灾情直报系统,导入气象灾害数据;同时支持导入其他途径收集到的灾害数据。

③ 模式模拟数据:基础数据接入留存模式数据接口,接入生态气候效益气候可行性论证所需的基础数据,为气候可行性论证预留数据拓展的相关服务功能。

(2)参证气象站选取

支持通过任意选定/输入评估区域范围、经纬度信息,利用经纬度信息自动匹配区域内的自动站位置信息,查询显示该区域内的国家站、区域自动站,展示自动站各要素观测数据。根据观测数据,从周边气象站中选取参证气象站,通过时空分布一致性对比论证参证气象站的代表性。

① 时间一致性分析:利用滑动 t 检验等突变检验方法,对拟选参证气象站气象要素的年际变化序列进行均一性检验,结合台站历史沿革资料,采用差值或比值订正法对非自然因素造成的突变进行初步订正,得出时间一致性分析结论。

② 空间一致性对比:利用拟选参证气象站与论证区域周边区域站的气象要素(气温、降水、风速等)的多年平均值进行对比,同时计算各站点间的相关系数,分析参证站与区域站的空间一致性。

(3)气候背景分析

基于参证气象站选取结果,对参证气象站中气温(平均气温、平均最高气温、平均最低气温)、气压(平均气压、平均最高气压、平均最低气压)、降水(降水量、降水日数)、风向风速、相对湿度、降水(降水量、降水日数)、日照时数、能见度等常规气象要素进行年际变化、月季变化以及日变化的统计分析。

分别设定年际、月际、日变化的时段,以折线图、柱状图等方式展示气象要素的多时间尺度变化,具体数值显示在表格中,可进行图表联动,图表可导出。

(4)高影响天气分析

高影响天气分析基于论证区域的气象灾害数据,计算不同灾害占比情况,确定主要灾害类型和关键气象因子,分析极端天气气候事件的变化情况,计算极端气候事件的重现期。统计结果以饼图、曲线图、柱状图等形式展示,表格可查看数据,图表可导出。

① 关键气象因子确定:自动统计论证范围内的气象灾害占比情况,以饼状图表示,并输出重要个例简报,结合气象灾害敏感度调查结果,确定高影响天气的关键气象因子。

② 极端天气气候事件分析主要有以下三点。

日数统计:灵活设定阈值,计算暴雨、高温、大风、雷电等气象灾害的日数变化。

极值统计:设置起止时段,自动统计关键气象因子的年(月)极值的变化情况、发生时间等。

重现期计算:嵌入多种极值概率模型,根据极值数据进行概率拟合,通过误差分析选取最优模型进行重现期计算。

(5)生态气候效益评估

生态气候效益指标是基于站点或栅格化的数据，通过模块内嵌包括人体舒适度、通用热气候指数、风效指数、温湿指数、城市热岛强度指数等在内的计算公式方法，实现生态气候效益指标的自动处理计算。

6.2.3 建设情况

"重庆天资·智能气候业务系统——气候可行性论证子系统"，评估功能模块包含三大部分：站点评估、格点评估、模块管理(图 6-6)。2020 年建设完成内容主要聚焦于气候可行性论证子系统首页(图 6-7)展示页面和站点评估模块，包含"评估区确定→参证气象站选取→气候特征分析"，涵盖了原建设方案的五大部分(基础数据接入、参证气象站选取、气候背景分析、高影响天气分析、生态气候效益评估)的所有内容，下面进行详细说明。

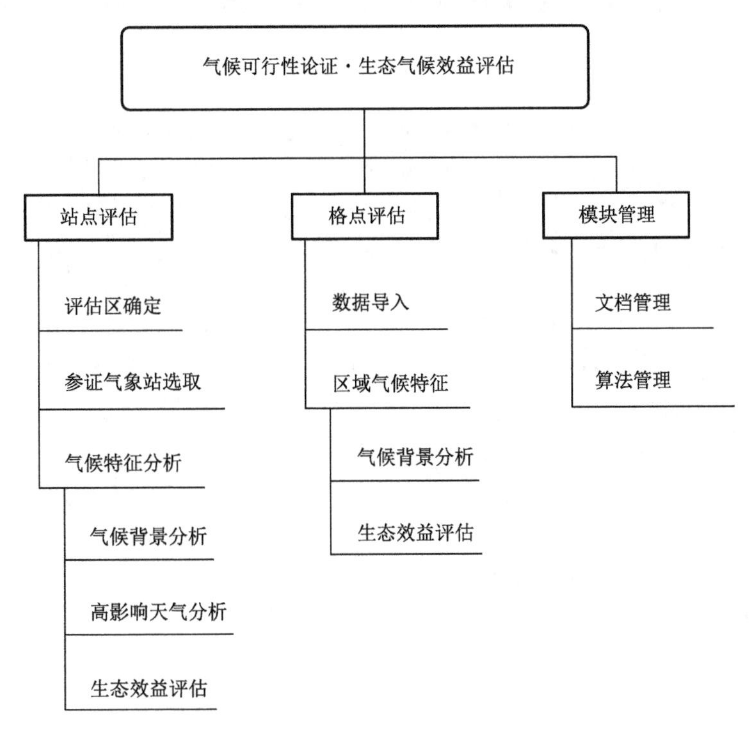

图 6-6 气候可行性论证子系统评估功能模块组成

(1)基础数据接入

① 评估区确定，接入地理数据和气象站数据。主要通过 4 种方式对评估区进行确定，分别是自定义输入(中心点经纬度、半径范围)、地图框选、上传 shp 文件、历史区域，一般采用上传 shp 文件方式，且上传后的园区地理范围存在记忆功能，存储于历史区域之中，可进行增加和删除。论证区域选定后，自动缩放至论证区，匹配周边的国家气象站和区域自动站，并对区域自动站的观测要素类型进行区分显示。具体界面如图 6-8 所示。

② 气候特征分析—高影响天气分析，接入气象灾害数据。高影响天气确定通过历史灾情数据查看和添加对参证气象站及周边地区气象灾害类型发生频率、频数进行统计。具体界面

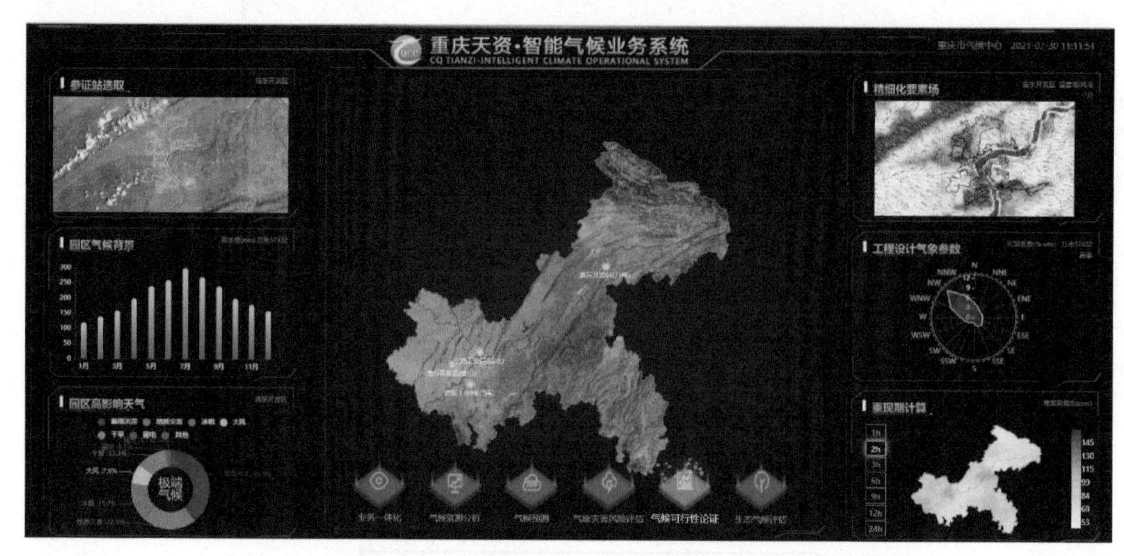

图 6-7　气候可行性论证子系统首页展示

图 6-8　站点评估—评估区确定

见图 6-9 和图 6-10。

③ 格点分析—数据导入，接入精细化数值模拟数据。导入精细化数值模拟结果，以 .nc 数据文件为主，同时导入模拟区域的地理范围，点击上传。数据上传后存入历史数据库，后续操作可通过导入历史数据方式进行区域气候特征分析。

(2)参证气象站选取

主要包含气象站信息、时间一致性分析、空间一致性分析。其中：气象站信息包含自动站类型、站名、站号、距离评估区中心点、经度、纬度、海拔、地址、要素类型、建站时间。时间一致性分析显示统计时间范围内拟选参证气象站(国家站)的平均气温、降水、风速、气压、相对湿度、日照时数等要素的年际变化。空间一致性分析对比选取的国家站和区域自动站在空间分布上是否一致，包含气温、降水、风速等气压要素的多年平均月际变化曲线、各站气象要素的多

图 6-9　气候特征分析—高影响天气分析—高影响天气确定流程一

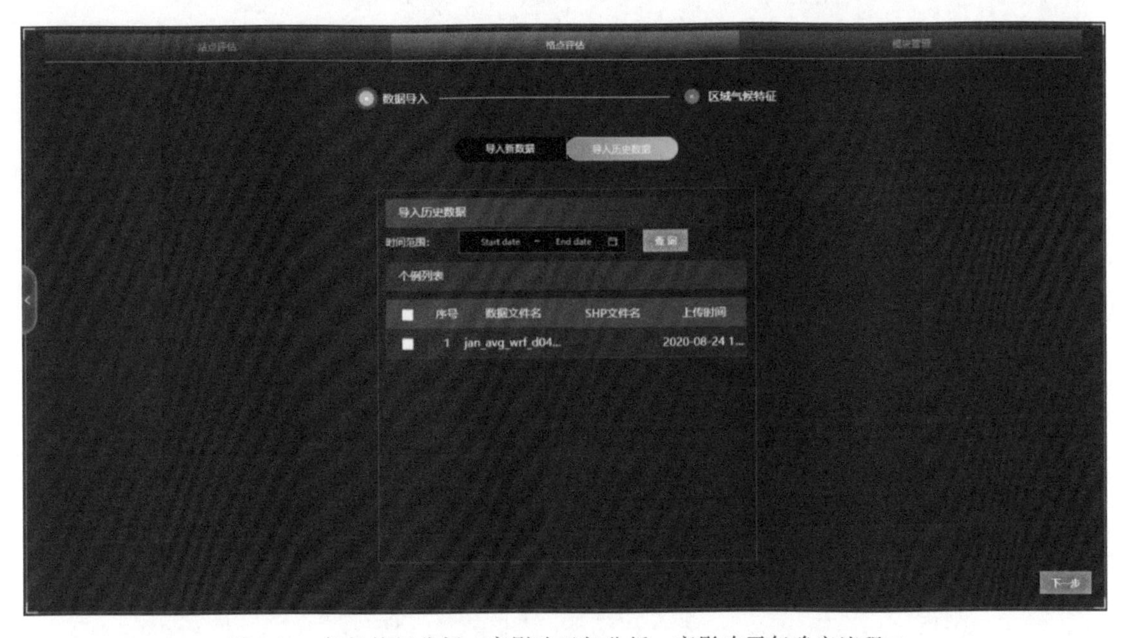

图 6-10　气候特征分析—高影响天气分析—高影响天气确定流程二

年平均值统计、拟选参证气象站与周边区域站气象要素月距平相关系数。

具体界面展示如图 6-11 所示。

(3)气候背景分析

基于参证气象站选取结果，对参证气象站中气温(平均气温、平均最高气温、平均最低气温)、气压(平均气压、平均最高气压、平均最低气压)、降水(降水量、降水日数)、风向风速、相对湿度、降水(降水量、降水日数)、日照时数、能见度等常规气象要素进行年际变化、月季变化以

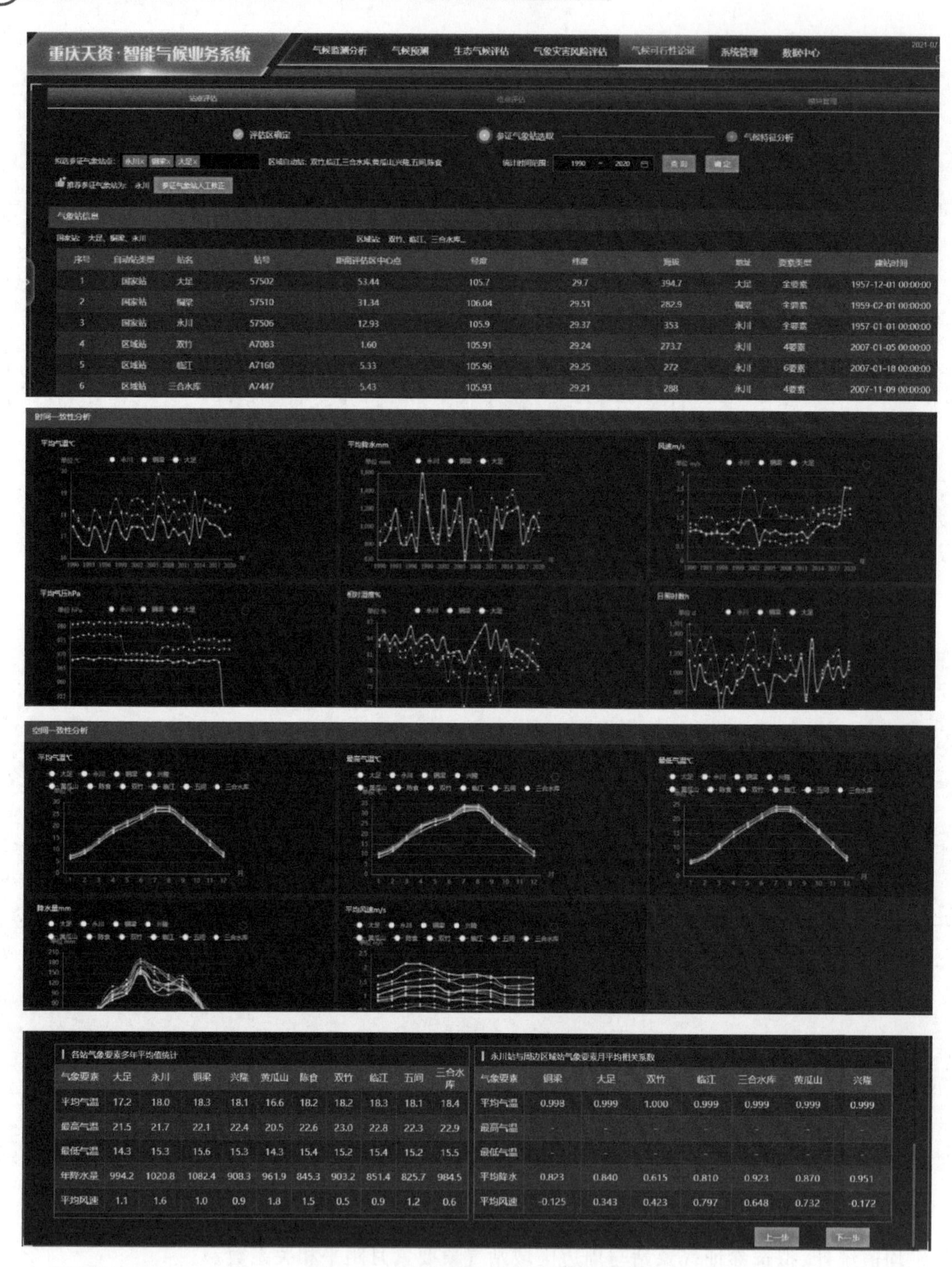

图 6-11　站点评估—参证气象站选取

及日变化的统计分析。

分别设定年际、月际、日变化的时段，以折线图、柱状图等方式展示气象要素的多时间尺度变化，具体数值显示在表格中，可进行图表联动，图表可导出。

具体建设结果如图 6-12 所示。

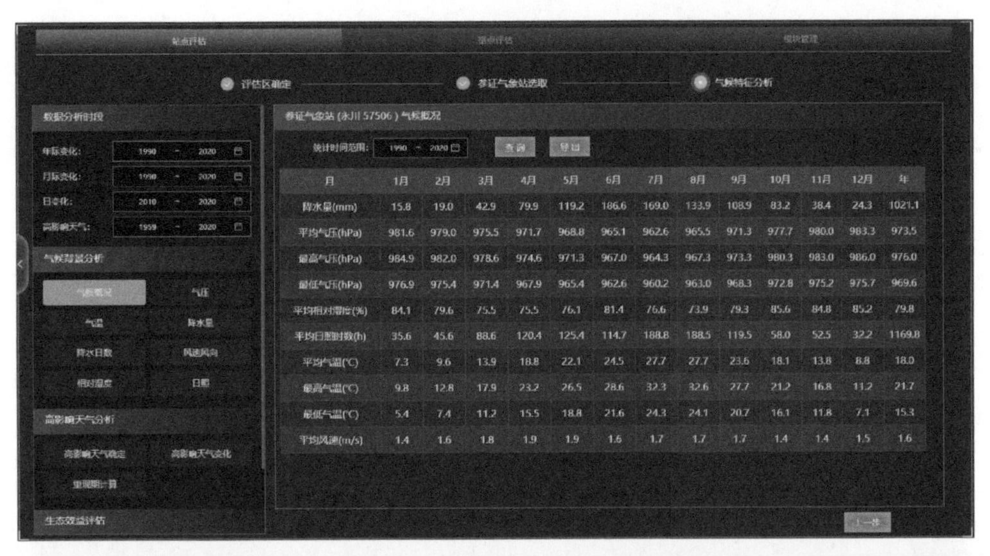

月	1月	2月	3月	4月	5月	6月	7月	8月	9月	10月	11月	12月	年
降水量(mm)	15.8	19.0	42.9	79.9	119.2	186.6	169.0	133.9	108.9	83.2	38.4	24.3	1021.1
平均气压(hPa)	981.6	979.0	975.5	971.7	968.8	965.1	962.6	965.5	971.3	977.7	980.0	983.3	973.5
最高气压(hPa)	984.9	982.0	978.6	974.6	971.3	967.0	964.3	967.3	973.3	980.3	983.0	986.0	976.0
最低气压(hPa)	976.9	975.4	971.4	967.9	965.4	962.6	960.2	963.0	968.3	972.8	975.2	975.7	969.6
平均相对湿度(%)	84.1	79.6	75.5	75.5	76.1	81.4	76.6	73.9	79.3	85.6	84.8	85.2	79.8
平均日照时数(h)	35.6	45.6	88.6	120.4	125.4	114.7	188.8	188.5	119.5	58.0	52.5	32.2	1169.8
平均气温(℃)	7.3	9.6	13.9	18.8	22.1	24.5	27.7	27.7	23.6	18.1	13.8	8.8	18.0
最高气温(℃)	9.8	12.8	17.9	23.2	26.5	28.6	32.3	32.6	27.7	21.2	16.8	11.2	21.7
最低气温(℃)	5.4	7.4	11.2	15.5	18.8	21.6	24.3	24.1	20.7	16.1	11.8	7.1	15.3
平均风速(m/s)	1.4	1.6	1.8	1.9	1.9	1.6	1.7	1.7	1.7	1.4	1.4	1.5	1.6

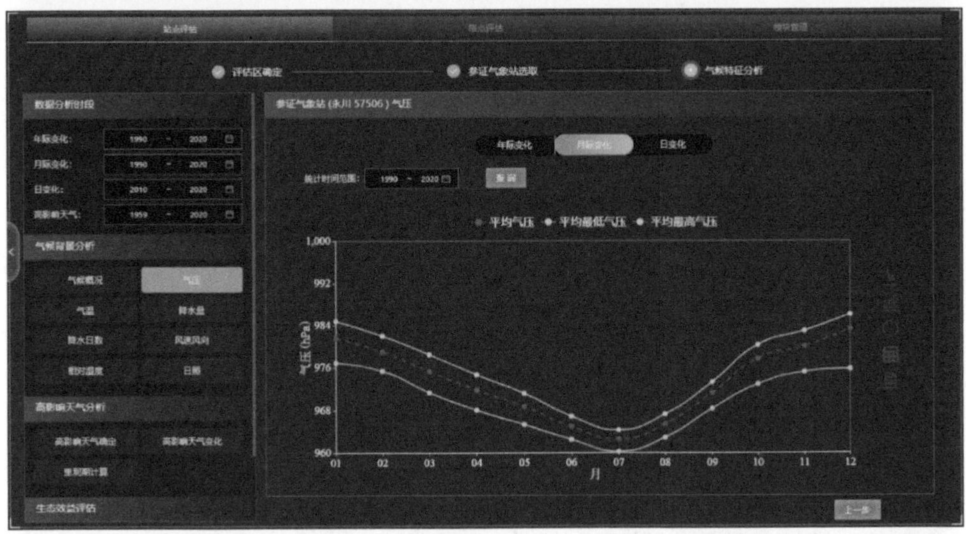

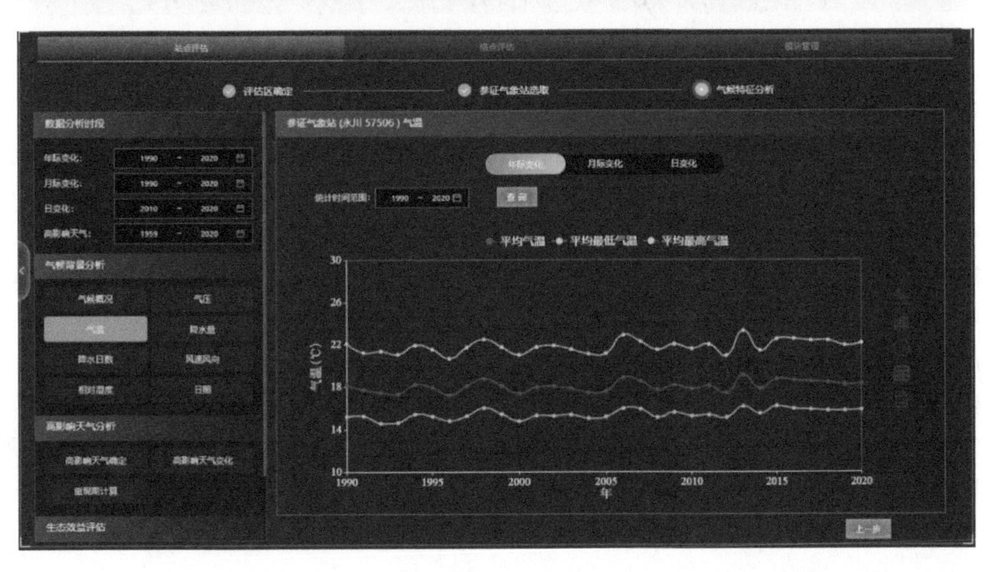

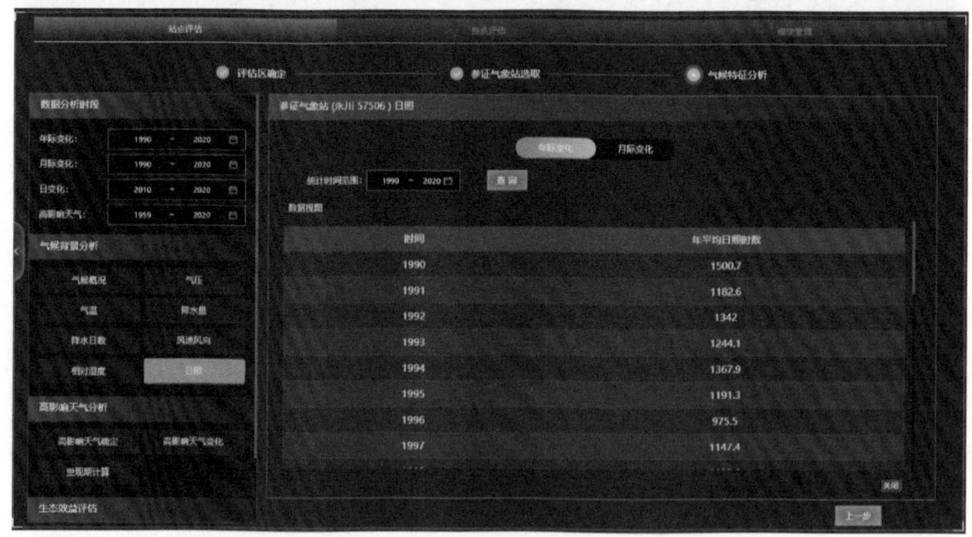

图 6-12　站点评估—气候特征分析、气候背景分析

(4)高影响天气分析

高影响天气分析包含高影响天气确定、高影响天气变化和重现期计算，具体如下：高影响天气确定通过历史灾情数据查看和添加对参证气象站及周边地区气象灾害类型发生频率、频数进行统计；高影响天气变化包含暴雨、冰雹、大风、高温、雷电等灾害性天气的变化情况；重现期计算默认最大日降水量、高温日数、极端高温、温度最高月平均高温、温度最低月平均低温等要素的概率拟合和重现期计算，也可自定义上传其他序列进行重现期计算。

展示结果如图 6-13 所示。

(5)生态气候效益评估

生态效益评估包含人体舒适度指数、温湿指数、风效指数、通用热气候指数的计算和展示，并提供数据下载功能。具体展示如图 6-14 所示。

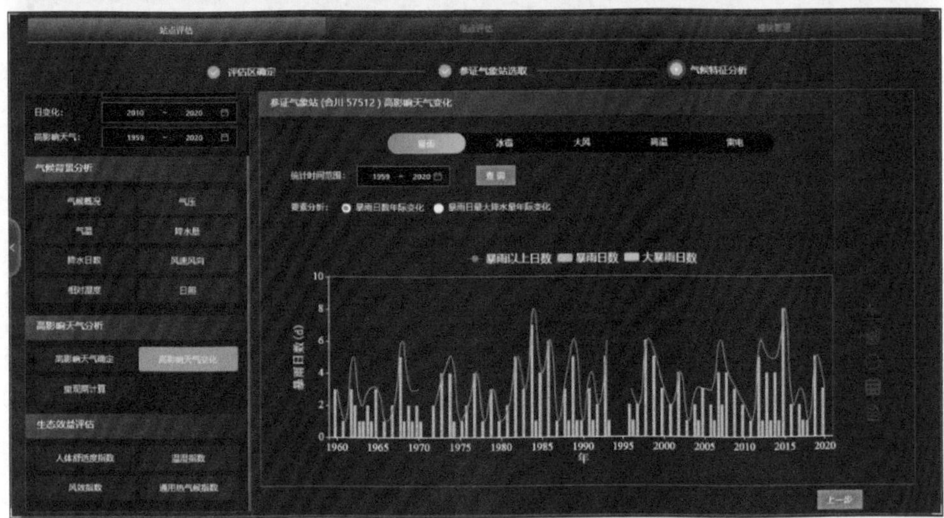

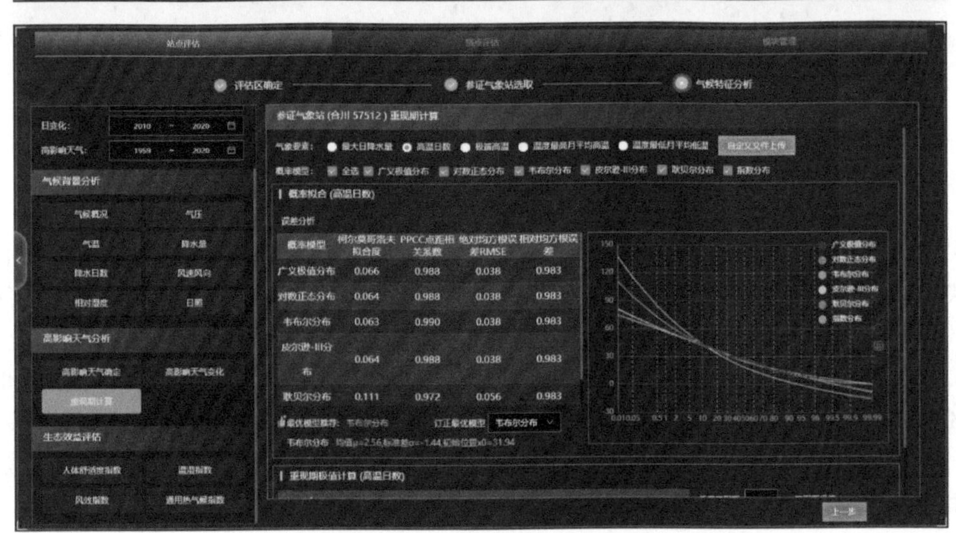

图 6-13　站点评估—气候特征分析、高影响天气分析

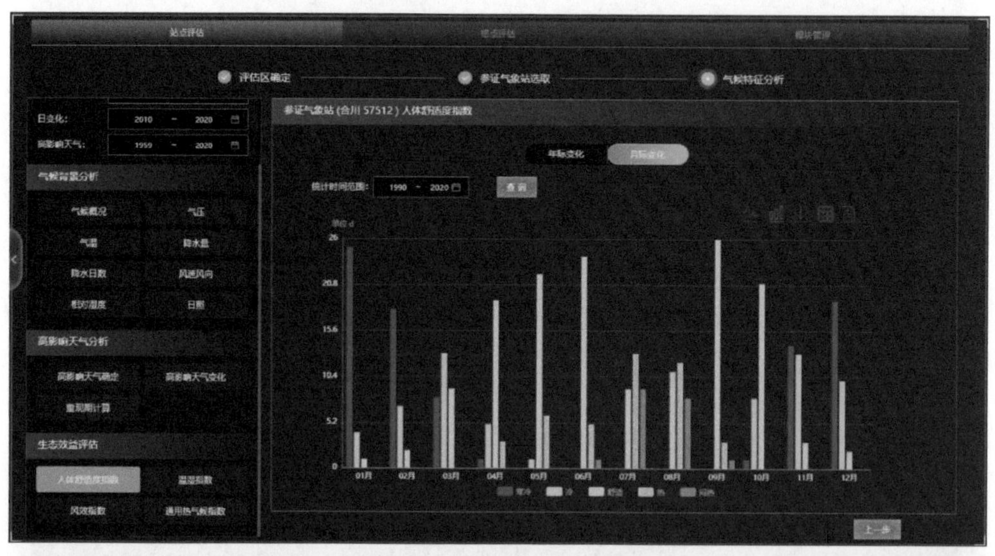

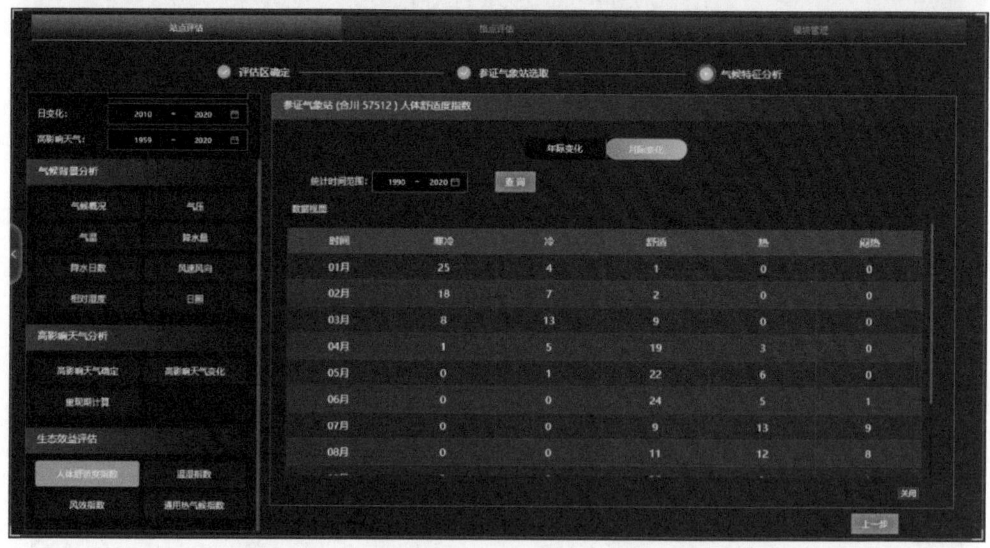

图 6-14 站点评估—气候特征分析、生态效益评估

6.2.4 业务应用

实现“重庆天资·智能气候业务系统——气候可行性论证子系统——生态气候效益评估子模块”在重庆气候应用服务中的应用。系统中的评估区确定、参证气象站选取、气候背景分析、高影响天气分析、重现期计算等模块，顺利地应用到重庆璧山国家高新区、合川工业园区、港城工业园区、重庆经开区、重庆高新区、重庆两江新区、重庆空港工业园区唐家沱组团C标准分区、重庆梁平工业园区、重庆两路寸滩保税港区等园区的气候可行性论证区域整体评价报告中，为保质保量完成园区气候可行性论证区域整体评价工作提供了技术支撑，取得了较好业务应用效果。

6.3　本章小结

研发了基于大数据的气候可行性论证系统。该系统融合了 PRISM＋STMAS 算法对站点观测数据进行地形适应空间插值及误差订正的精细化格点数据制作、城市微尺度数值模拟、建筑节能设计参数、设计风速和基本风压计算、设计暴雨雨型、设计暴雨量、气象灾害风险区划图等多种技术，实现了重庆地区生态工程的气候效应评估、规划设计气候可行性论证、海绵城市热岛效应评估、气象灾害风险评估等精细化气候论证评估，提高了重庆气候应用服务能力。

参考文献

蔡敏，丁裕国，江志红，2007. L-矩估计方法在极端降水研究中的应用[J]. 气象科学，27(6)：597-603.

蔡敏，丁裕国，江志红，2007. 我国东部极端降水时空分布及其概率特征[J]. 高原气象，26(2)：309-318.

车生泉，谢长坤，2020. 上海气候变化脆弱性评估与治理对策[J]. 风景园林，27(12)：69-74.

陈锋，董美莹，冀春晓，2016. 综合分析法在复杂地形气温精细格点化中的应用[J]. 高原气象，35(5)：1376-1388.

陈明，傅抱璞，于强，1995. 山区地形对暴雨的影响[J]. 地理学报，50(3)：256-263.

陈元芳，李兴凯，陈民，等，2008. 考虑历史洪水时 Gumbel 分布线性矩法的研究[J]. 水电能源科学，26(1)：1-4.

陈元芳，李兴凯，陈民，等，2008. 可考虑历史洪水信息的广义极值分布线性矩法的研究[J]. 水文，28(3)：8-13.

陈元芳，沙志贵，陈剑池，等，2001. 具有历史洪水时 P-Ⅲ分布线性矩法的研究[J]. 河海大学学报(自然科学版)，29(4)：76-80.

陈元芳，沙志贵，顾圣华，等，2003. 可考虑历史洪水对数正态分布线性矩法的研究[J]. 河海大学学报(自然科学版)，31(1)：80-83.

崔桂香，张兆顺，许春晓，等，2013. 城市大气环境的大涡模拟研究进展[J]. 力学进展，43(3)：295-328.

党冰，杜吴鹏，房小怡，等，2021. 基于生态文明理念的气候适应性城市规划[J]. 地理科学研究，10(1)：27-32.

董良鹏，江志红，沈素红，2014. 近十年长江三角洲城市热岛变化及其与城市群发展的关系[J]. 大气科学学报，37(2)：146-154.

方精云，郭兆迪，朴世龙，等，2007. 1981—2000 年中国陆地植被碳汇的估算[J]. 中国科学：地球科学，37(6)：804.

付祥钊，张慧玲，黄光德，2008. 关于中国建筑节能气候分区的探讨[J]. 暖通空调，38(2)：44-47.

顾骏强，陈海燕，徐集云，2000. 瑞安市暴雨强度概率分布公式参数估计研究[J]. 应用气象学报，11(3)：355-363.

郭渠，廖代强，孙佳，等，2015. 重庆主城区暴雨强度公式推算和应用探讨[J]，气象，41(3)：336-345.

贺芳芳，徐卫忠，周坤，等，2018. 基于雷达资料的上海地区暴雨面雨量计算及应用[J]. 气象，44(7)：944-951.

胡良红，2021. 基于生态文明理念的气候适应性城市规划分析[J]. 华东科技，2021(8)：476.

姜晓剑，刘小军，黄芬，等，2010. 逐日气象要素空间插值方法的比较[J]. 应用生态学报，21(3)：624-630.

江志红，丁裕国，朱莲芳，等，2009. 利用广义帕雷托分布拟合中国东部日极端降水的试验[J]. 高原气象，28(3)：543-580.

江志红，祝亚鹏，马红云，等，2018. 同化自动站资料建立三峡地区 2014 年 1 月高分辨率温度场的模拟研究[J]. 大气科学学报，41(3)：289-297.

蒋维楣，王咏薇，张宁，2009. 城市陆面过程与边界层结构研究[J]. 地球科学进展，24(4)：411-419.

蒋维楣，苗世光，张宁，等，2010. 城市气象与边界层数值模拟研究[J]. 地球科学进展，25(5)：463-473.

蒋育昊，刘鹏举，夏智武，等，2016. 基于 PRISM 的山地环境大气湿度的空间插值[J]. 福建农林大学学报(自然版)，45(6)：692-699.

蒋育昊，刘鹏举，夏智武，等，2017. 站点密度对复杂地形 PRISM 月降雨空间插值精度的影响[J]. 南京林业大学学报(自然科学版)，41(4)：115-120.

金光炎，2000. 城市设计暴雨频率计算问题[J]. 水文，20(2)：14-18.

金家明,2010. 城市暴雨强度公式编制及应用方法[J]. 中国市政工程(1):38-42.
李超,唐千红,陈宇,等,2017. 多源数据融合系统LAPS的研究进展及其在实况数据服务中的应用[J]. 气象科技进展,7(2):32-38.
李嘉良,张超,齐红甲,等,2013. 遥感影像提取建筑物高度的方法[J]. 河北联合大学学报(自然科学版),35(2):121-125.
李兴凯,陈元芳,2009. 考虑历史洪水时指数分布线性矩法的研究[J]. 水电能源科学,27(2):52-54.
李兴凯,陈元芳,2010. 暴雨频率分布线型优选方法的研究[J]. 水文,30(2):50-53.
李朝奎,陈良,王勇,2007. 降雨量分布的空间插值方法研究——以美国爱达荷州为例[J]. 矿产与地质,21(6):684-687.
蔺延文,1992. 设计风速计算[J]. 公路,37(1):31-33.
刘强,林孝松,2015. 重庆市降雨空间模拟方法研究[J]. 重庆工商大学学报:自然科学版,32(10):28-32.
马京津,李书严,王冀,2012. 北京市强降雨分区及重现期研究[J]. 气象,38(5):569-576.
毛慧琴,杜尧东,宋丽莉,2004. 广州短历时降水极值概率分布模型研究[J]. 气象,30(10):3-6.
苗世光,蒋维楣,王晓云,等,2002. 城市小区气象与污染扩散数值模式建立的研究[J]. 环境科学学报,22(4):478-483.
彭文甫,周介铭,徐新良,等,2016. 基于土地利用变化的四川省碳排放与碳足迹效应及时空格局[J]. 生态学报,36(22):16.
任雨,李明财,郭军,等,2012. 天津地区设计暴雨强度的推算与适用[J]. 应用气象学报,23(3):364-368.
邵尧明,何明俊,2008. 现行规范中城市暴雨强度公式中有关问题探讨[J]. 中国给水排水,24(2):99-102.
水利部水文局,南京水利科学研究院,2006. 中国暴雨统计参数图集[M],北京:中国水利水电出版社.
司波,余锦华,丁裕国,2012. 四川盆地短历时强降水极值分布的研究[J]. 气象科学,32(4):403-410.
宋丽琼,田原,邬伦,等,2008. 日降水量的空间插值方法与应用对比分析——以深圳市为例[J]. 地球信息科学学报,10(5):566-572.
苏志,范万新,黄颖,等,2010. 北部湾沿海最大风速分布特征及工程设计风速推算[J]. 台湾海峡,29(2):167-172.
王刚,张华兵,薛菲,等,2017. 成都市县域土地利用碳收支与经济发展关系研究[J]. 自然资源学报,32(7):13.
王海军,张峻,王宏记,等,2010. 长江三峡地区宜昌、巴东短历时极值降水特征分析[J]. 暴雨灾害,29(1):38-43.
王家祁,胡明思,1990. 中国点暴雨量极值的分布[J]. 水科学进展,1(1):2-12.
王胜蓝,周宝同,2017. 重庆市土地利用碳排放空间关联分析[J]. 西南师范大学学报:自然科学版,42(4):8.
巫黎明,许遐祯,张洋,等,2010. 江苏省输电线路设计风速误差分析及订正[J]. 电力勘测设计,17(5):27-31.
吴昌广,林德生,周志翔,等,2010. 三峡库区降水量的空间插值方法及时空分布[J]. 长江流域资源与环境,19(7):752-758.
夏智武,刘鹏举,陈增威,等,2016. 山地环境日气温PRISM空间插值研究[J]. 北京林业大学学报,38(1):83-90.
肖红艳,袁兴中,李波,等,2012. 土地利用变化碳排放效应研究——以重庆市为例[J]. 重庆师范大学学报:自然科学版,29(1):6.
谢志清,姜爱军,杜银,等,2005. 长江三角洲强降水过程年极值分布特征研究[J]. 南京气象学院学报,28(2):267-274.
熊敏诠,2013. 滑动窗口的普通克立格方法在降水量插值中的应用[J]. 气象,39(4):486-493.
徐成东,2008. 基于线性加权回归模型的降水量空间插值方法研究[D]. 开封:河南大学.
徐成东,孔云峰,仝文伟,2008. 线性加权回归模型的高原山地区域降水空间插值研究[J]. 地球信息科学学报,10(1):14-19.

徐连军,励建全,李田,等,2007. 上海市短历时暴雨强度公式研究[J]. 中国市政工程(4):46-48.

徐天献,王玉宽,傅斌,2010. 四川省降水空间分布的插值分析[J]. 人民长江,41(10):9-12.

曾于珈,廖和平,孙泽乾,2019. 城乡建设用地时空演变及形成机理——以重庆市南岸区为例[J]. 西南大学学报:自然科学版,41(2):9.

张婷,魏凤英,2006. 华南地区汛期极端降水的概率分布特征[J]. 气象学报,67(3):442-451

赵荣钦,黄贤金,钟太洋,等,2013. 区域土地利用结构的碳效应评估及低碳优化[J]. 农业工程学报,29(17):10.

中华人民共和国住房和城乡建设部,2012. 建筑结构荷载规范:GB 50009—2012[S]. 北京:中国建筑工业出版社.

中华人民共和国住房和城乡建设部,2006. 室外排水设计规范:GB 50014—2006[S]. 北京:中国计划出版社.

中华人民共和国住房和城乡建设部,2016. 民用建筑热工设计规范:GB 50176—2016[S]. 北京:中国建筑工业出版社.

中华人民共和国建设部,2014. 建筑节能气象参数标准:JGJ/T 346—2014[S]. 北京:中国建筑工业出版社.

中华人民共和国建设部,2015. 公路桥涵设计通用规范:JTG D60—2015[S]. 北京:中国建筑工业出版社.

中华人民共和国交通运输部,2018. 公路桥梁抗风设计规范:JTG/T 3306-01—2018[S]. 北京:人民交通出版社.

周宝同,邵俊明,刘小波,等,2016. 重庆市不同功能区建设用地碳排放的库兹涅茨曲线特征分析[J]. 中国岩溶,35(6):10.

朱浩楠,闵锦忠,杜宁珠,2016. HBFNEnKF 混合同化方法设计及检验[J]. 大气科学,40(5):995-1008.

朱华忠,罗天祥,CHRISTOPHER DALY,2003. 中国高分辨率温度和降水模拟数据的验证[J]. 地理研究,22(3):349-359.

ADHIKARY S K,MUTTIL N,YILMAZ A G,2017. Cokriging for enhanced spatial interpolation of rainfall in two Australian catchments[J]. Hydrol Process,31(12):2143-2161.

AKRAM M,HAYAT A,2014. Comparison of Estimators of the Weibull Distribution[J]. Journal of Statistical Theory and Practice,8(2):238-259.

BERGTHÓRSSON P,DÖÖS B R,1955. Numerical Weather Map Analysis1[J]. Tellus,7(3):329-340.

BONTA J V,RAO A R,1988. Comparison of four design-storm hyetographs[J]. T ASAE(31):0102-0106.

CACUCI D G,NAVON I M,IONESCU-BUJOR M,2013. Computational methods for data evaluation and assimilation[M]. CRC Press.

CHOW V T,1964. Statistical and probability analysis of hydrologic data,sec. 8-I in handbook of Applied Hydrology,McGraw-Hill,New York.

CRESSMAN G P,1959. An operational objective analysis system[J]. Monthly Weather Review,87(10):367-374.

DALY C,2002. Variable influence of terrain on precipitation patterns:Delineation and use of effective terrain height in PRISM. Oregon State University,7 pp.

DALY C,GIBSON W P,TAYLOR G H,et al,2002. A knowledge-based approach to the statistical mapping of climate[J]. Climate Res,22(2):99-113.

DALY C,HALBLEIB M,SMITH J I,et al,2008. Physiographically sensitive mapping of climatological temperature and precipitation across the conterminous United States[J]. Int J Climatol,28(15):2031-2064.

DAVOLIO S,BUZZI A,2004. A nudging scheme for the assimilation of precipitation data into a mesoscale model[J]. Weather and Forecasting,19(5):855-871.

DENG A,STAUFFER D R,GAUDET B,et al,2009. Update on WRF-ARW end-to-end multi-scale FDDA system[C]//10th Annual WRF Users' Workshop. 23.

EVENSEN G,1994. Sequential data assimilation with a nonlinear quasi-geostrophic model using Monte Carlo methods to forecast error statistics[J]. Journal of Geophysical Research:Oceans,99(C5):10143-10162.

FADEIKINA O,VOLKOVA R,KARPOVAE,2019. Statistical Analysis of Results from the Attestation of Biological Standard Samples:Use of the Mann-Whitney Test [J]. Pharmaceutical Chemistry Journal,53(7):655-659.

FINKELSTEIN J M,SCHAFER R E,1971. Improved goodness-of-fit tests[J]. Biometrika,58 (3):641-645

GREENWOOD J A,LANDWEHR J M,MATALAS N C,et al. 1979. Probability weighted moments:Definition and relation to parameters of several distribution expressible in inverse form[J]. Water Resources Res,15(5):1049-1054.

HEVESI J A,ISTOK J D,FLINT A L,1992. Precipitation Estimation in Mountainous Terrain Using Multivariate Geostatistics. Part I:Structural Analysis[J]. J Appl Meteor,31(7):661-676.

HOKE J E,ANTHES R A . 1976. The Initialization of Numerical Models by a Dynamic-Initialization Technique[J]. Mon. wea. rev,104(12):1551.

HOSKING J R M,1990. L-moments:analysis and estimation of distributions using linear combinations of order statistics[J]. J Royal Stat Soc B (Methodological),52(1):105-124.

JARVIS A,REUTER H I,NELSON A,et al. 2008. Hole-filled SRTM for the globe Version 4. Available from the CGIAR-CSI SRTM 90 m Database.

KALMAN R E,1960. A new approach to linear filtering and prediction problems[J]. Journal of basic Engineering,82(1):35-45.

LAKSHMIVARAHAN S,LEWIS J M,2013. Nudging methods:A critical overview[M]//Data Assimilation for Atmospheric,Oceanic and Hydrologic Applications (Vol. II). Springer Berlin Heidelberg,27-57.

LANDWEHR J M,MATALAS N C,WALLIS J R,1979. Probability weighted moments compared with some traditional techniques in estimating Gumbel Parameters and quantiles[J]. Water Resources Res,15(5):1055-1064.

LEI L,STAUFFER D R,DENG A,2012. A hybrid nudging-ensemble Kalman filter approach to data assimilation. PartII:application in a shallow-water model[J]. Tellus A,64.

LEONARD B P,1979. A stable and accurate convection modeling procedure based on quadratic upstream interpolation[J]. Computer Methods in Applied Mechanics and Engineering,19(1):59-98.

LEWIS J M,LAKSHMIVARAHAN S,DHALL S,2006. Dynamic data assimilation:a least squares approach [M]. Cambridge University Press.

LILLY D K,1962. On the numerical simulation of buoyant convection[J]. Tellus,14(2):148-172.

LIU Y,BOURGEOIS A,WARNER T,et al. 2005. Implementation of observation-nudging based FDDA into WRF for supporting ATEC test operations[C]//Proceeding of Sixth WRF/15th MM5 Users Workshop,1-4.

LORENC A C,1986. Analysis methods for numerical weather prediction[J]. Quarterly Journal of the Royal Meteorological Society,112(474):1177-1194.

LORENC A C,2003. Modelling of error covariances by 4D-Var data assimilation[J]. Quarterly Journal of the Royal Meteorological Society,129(595):3167-3182.

MANN H B,WHITNEY D R. 1947. On a test of whether one of two random variables is stochastically larger than the other[J]. The Annals of Mathematical Statistics,18(1):50-60.

MILLER R N,GHIL M,GAUTHIEZ F,1994. Advanced data assimilation in strongly nonlinear dynamical systems[J]. Journal of the atmospheric sciences,51(8):1037-1056.

MOCHIDA A,LUN I Y F,2008. A statistical method for the evaluation of extreme wind speeds[J]. Journal of

Wind Engineering and Industrial Aerodynamics, 96(10), 1749-1762.

OTTE T L, NOLTE C G, OTTE M J, et al. 2012, Does nudging squelch the extremes in regional climate modeling? [J]. Journal of Climate, 25(20): 7046-7066.

PAN Y, ZHU K, XUE M, et al. 2014. A GSI-based coupled EnSRF-En3DVar hybrid data assimilation system for the operational Rapid Refresh model: Tests at a reduced resolution[J]. Monthly Weather Review, 142 (10): 3756-3780.

PANOFSKY R A, 1949. Objective weather-map analysis[J]. Journal of Meteorology, 6(6): 386-392.

PARK J, JANG D H, 2016. Application of MK-PRISM for interpolation of wind speed and comparison with co-kriging in South Korea[J]. GISci Remote Sens, 53(4): 421-443.

PARK S B, BAIK J J, HAN B S, 2015. Large-eddy simulation of turbulent flow in a densely built-up urban area [J]. Environmental Fluid Mechanics, 15(2): 235-250.

PATANKAR S V, 1980. Numerical heat transfer and fluid flow[M]. Taylor & Francis Press, 1-255.

PENWARDEN A V, 1973. The Use of Wind Speed Thresholds in the Analysis of Windstorm Data[J]. Journal of Applied Meteorology, 12(2), 332-338.

PILGRIM D H, CORDERY I, 1975. Rainfall temporal patterns for design floods[J]. Journal of the Hydraulics Division 101(1): 81-95.

SASAKI Y K, 1958. An objective analysis based on the variational method[M]. 36: 77-88.

SHA W, 2002. Design of the dynamics core for a new-generation numerical model of the local meteorology[J]. Kaiyo Mon., 2: 107-112(in Japanese).

SHA W, 2008. Local meteorological model based on LES over the Cartesian coordinate and complex surface in Japanese[M]. Meteorological Society of Japan Press: 21-26.

SMAGORINSKY J, 1963. General circulation experiments with the primitive equations[J]. Monthly Weather Review, 91(3): 99-164.

SOLIGO M, K L EBI, S K ALLEN, 1998. A method for assessing the exceedance probability of climate change impacts[J]. Environmental Science & Policy, 1(4), 235-246.

STAUFFER D R, SEAMAN N L, 1990. Use of four-dimensional data assimilation in a limited-area mesoscale model. Part I: Experiments with synoptic-scale data[J]. Monthly Weather Review, 118(6): 1250-1277.

TALAGRAND O, 1997, Assimilation of observations, an introduction[J]. Journal-Meteorological Society of Japan Series 2, 75: 81-99.

WANG X, BARKER D M, SNYDER C, et al. 2008. A hybrid ETKF-3DVAR data assimilation scheme for the WRF model. Part I: Observing system simulation experiment[J]. Monthly Weather Review, 136(12): 5116-5131.

WIENER N, 1949. Extrapolation, interpolation, and smoothing of stationary time series[M]. Cambridge, MA: MIT press, 45-50.

XIE Y, KOCH S, MCGINLEY J, et al, 2011. A Space-Time Multiscale Analysis System: A Sequential Variational Analysis Approach[J]. Monthly Weather Review, 139(4): 1224-1240.

XU W, ZOU Y, ZHANG G, et al, 2015. A comparison among spatial interpolation techniques for daily rainfall data in Sichuan Province, China[J]. Int J Climatol, 35(10): 2898-2907.

YU W, LIU Y, WARNER T P, 2007. An Evaluation of 3DVAR, Nudging-based FDDA, and a Hybrid Scheme for Summer Convection Forecasts Using the WRF-ARW Model[J].

YUBAO, LIU N, 2012. Analysis and forecasting over complex terrain with the NCAR 4D-REKF data assimilation and forecasting system[C]//14th Conference on Mesoscale Processes.